CLEAN ENERGY
PATENT

洁净能源领域专利导航

中国科学院大连化学物理研究所
中国科学院青岛生物能源与过程研究所 组织编写

杜 伟 荣 倩 桑石云 田 洋 徐小宁◎主编

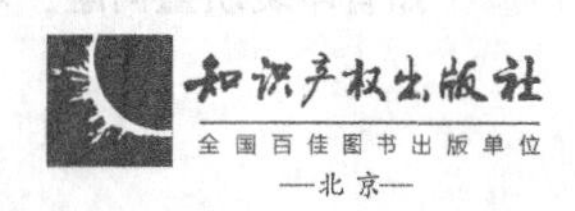

图书在版编目（CIP）数据

洁净能源领域专利导航/中国科学院大连化学物理研究所，中国科学院青岛生物能源与过程研究所组织编写；杜伟等主编. —北京：知识产权出版社，2022.10

ISBN 978-7-5130-8241-9

Ⅰ.①洁… Ⅱ.①中… ②中… ③杜… Ⅲ.①能源—专利—研究 Ⅳ.①TK01

中国版本图书馆 CIP 数据核字（2022）第121541号

内容提要

本书紧密围绕洁净能源领域的关键技术，结合科研创新和应用的进展，对先进储能技术、氢能及燃料电池技术以及重要低碳醇制备技术开展专利检索和专利导航分析，对洁净能源领域的研究方向、产业化前景、市场化及合作研究等方面提出建议。采用专利检索系统的数据库进行专利检索分析，通过基本态势分析，确定主要技术竞争者和技术发展热点；开展洁净能源领域的科研创新和成果转化关键技术的知识产权战略研究；分析洁净能源领域的发展趋势，明晰产业发展和技术研发路径，指明洁净能源领域科研创新的方向。

责任编辑：尹　娟　　　　**责任印制**：孙婷婷

洁净能源领域专利导航

JIEJING NENGYUAN LINGYU ZHUANLI DAOHANG

中国科学院大连化学物理研究所
中国科学院青岛生物能源与过程研究所　组织编写
杜　伟　荣　倩　桑石云　田　洋　徐小宁　主编

出版发行：知识产权出版社有限责任公司　　**网　址**：http://www.ipph.cn
http://www.laichushu.com
电　话：010-82004826
社　址：北京市海淀区气象路50号院　　**邮　编**：100081
责编电话：010-82000860转8702　　**责编邮箱**：yinjuan@cnipr.com
发行电话：010-82000860转8101　　**发行传真**：010-82000893
印　刷：北京中献拓方科技发展有限公司　　**经　销**：新华书店、各大网上书店及相关专业书店
开　本：720mm×1000mm　1/16　　**印　张**：22
版　次：2022年10月第1版　　**印　次**：2022年10月第1次印刷
字　数：456千字　　**定　价**：88.00元
ISBN 978-7-5130-8241-9

编委会

本书由中国科学院A类战略性先导科技专项“变革性洁净能源关键技术与示范”（专项编号：DA21000000）和青岛市科技成果熟化与转化中心（项目编号：QIBEBTSHZX－201907）资助出版。

序　言

能源是现代社会的血液，攸关国计民生和国家安全。党的十八大以来，中国的能源发展进入新时代，能源结构清洁低碳转型已经成为当前及未来发展大势。科技创新将在能源结构转型中发挥引领和支撑作用。在现代知识产权体系相对完善的法治社会，技术创新和产业升级与知识产权之间有密切的联系。从专利入手分析技术和产业发展趋势是非常必要和有益的工作。相信将洁净能源关键技术创新与专利导航的理论和方法相结合，发挥专利分析在能源产业发展中的导航作用，将有利于促进洁净能源领域的科研创新和成果转化、提升科技和产业创新能力。

专利导航是以专利信息资源利用和专利分析为基础，把专利运用嵌入产业技术创新、产品创新、组织创新和商业模式创新之中，引导和支撑产业科学研究发展是一项探索性很强的研究工作，也是需要多专业互相配合的综合性工作。该书结合科研项目全过程理念和专利导航的分析技术和方法，围绕洁净能源领域关键技术，包括全钒液流电池技术、氢燃料电池技术、煤制乙醇技术等，开展全球专利检索分析，通过知识产权战略研究，分析产业发展趋势，并在研究方向、专利布局、产业化前景、市场化及合作研究等方面提出了建议。

经过作者艰苦的努力，在中国科学院 A 类战略性先导科技专项“变革性洁净能源关键技术与示范”和青岛市科技成果熟化与转化中心的资助下，该书最终能够出版，是值得祝贺的。希望众多关心关注我国能源科技创新、产业发展和专利布局的同行们能够阅读本书并有所收获。

刘中民

中国工程院院士

中国科学院大连化学物理研究所所长

中国科学院青岛生物能源与过程研究所所长

2022 年 7 月

前　言

专利导航，以专利信息资源利用和专利分析为基础，把专利运用嵌入产业技术创新、产品创新、组织创新和商业模式创新之中，是引导和支撑产业科学发展的一项探索性工作。专利导航的主要目的是探索建立专利信息分析与产业运行决策深度融合、专利创造与产业创新能力高度匹配、专利布局对产业竞争地位保障有力、专利价值实现对产业运行效益有力支撑的工作机制，推动产业的专利协同运用，培育形成专利导航产业发展新模式。

2013 年 4 月，国家知识产权局发布《关于实施专利导航试点工程的通知》，首次正式提出专利导航是以专利信息资源利用和专利分析为基础，把专利运用嵌入产业技术创新、产品创新、组织创新和商业模式创新，引导和支撑产业实现自主可控、科学发展的探索性工作。随后国家专利导航试点工程面向企业、产业、区域全面铺开，专利导航的理念延伸到知识产权分析评议、区域布局等工作，并取得明显成效。2021 年 6 月，用于指导、规范专利导航工作的《专利导航指南》（GB/T 39551—2020）系列国家标准正式实施。开展专利导航工作，能够推动建立专利信息分析与产业运行决策深度融合、专利创造与产业创新能力高度匹配、专利布局对产业竞争地位保障有力、专利价值实现对产业运行效益支撑有效的工作机制，实现产业运行中专利制度的综合运用；有助于促进创新资源的优化配置，增强关键领域自主知识产权创造和储备，助力实现高水平科技自立自强，保障产业链、供应链稳定安全。

本书的目标是围绕洁净能源领域的科研创新和成果转化关键技术开展知识产权战略研究，分析产业发展趋势，引领科研创新的方向，护航中国原创技术的竞争优势。在科技研究、产业规划和专利运营等活动中，通过利用专利信息等数据资源，分析产业格局和科技创新方向，明晰产业发展和技术研发路径，提高决策科学性。

本书主要采用 incoPat 专利检索系统，结合国家知识产权局的专利数据库，进行专利检索分析；通过基本态势分析，确定主要技术竞争者和技术发展热点，确定分析数据的范围并进行分类；结合技术生命周期分析和专利地域分析，找出关键技术的专利信息，进行权利要求的进一步比对。通过专利导航分析，了解技术的发展现状、科研水平等。同时，本书通过研究《科研组织知识产权管理规范》（GB/T 33250—2016）中关于专利导航、知识产权信息分析利用和科研项目全过程管理的要求，根据项目的不同进展阶段提出专利保护策略、产业化前景及市场发展趋势，并对合作研究提出相关建议。本书紧密围绕洁净能源领域的关键技术，结合科研创新和应用的进展，讲述这一领域悄悄发生的变化，在研究方向、产业化前景，市场化及合作研究等方面提出一些建议。让读者能够读懂、学会如何为科研创新、专利申请及市场开拓尽心做好专利导航分析。对洁净能源领域的科研人员，知识产权专员以及专利代理师具有很好的参考作用。

本书是青岛市高校院所科技成果集成熟化试点项目——“青岛市科技成果熟化与转化中心”建设的成果之一，也是中国科学院大连化学物理研究所和中国科学院青岛生物能源与过程研究所融合发展的成果之一，由两个研究所的知识产权专员组成项目团队，共同开展专利导航工作。因此，本书更是两个研究所的知识产权专员团队共同协作、一致努力一年获得的成果。

本书围绕洁净能源领域、结合科研项目全过程理念和专利导航的分析技术和方法，对科研创新、产业园区建设和市场竞争具有较好的实用价值。本书的出版必将促进洁净能源领域科技创新和成果转化，为读者提供可操作性和实践性较强的帮助。围绕洁净能源领域，对重要低碳醇制备技术、金属空气燃料电池关键技术等方向开展全球专利检索分析，并提出专利布局的建议。

本书分为三编，对先进储能技术、氢能及燃料电池技术以及重要低碳醇制备技术开展了专利检索和专利导航分析。为了更好地开展这项工作，本书编写团队先后开展了多次集中的培训和讨论，对每一个检索表达式和标引进行了深入的讨论和完善。

由于技术背景和能力所限，本书编写组对专利导航理论和方法的理解还比较粗浅，难免出现错漏和不足之处，部分领域选取了代表性技术方向进行专利导航分析，分析结果仅代表项目团队的一些浅见，不当之处，敬请读者批评指正。希望通过本书，结合专利导航分析的实际工作，能够帮助科研人员或者专利撰写及专利分析人员在实际操作过程中解决一些具体问题，提供一些有益参考。

目　录

CONTENTS

第一编　先进储能技术专利导航分析

第二编　氢能及燃料电池技术专利导航分析

第一编

先进储能技术专利导航分析

技术领域：

全钒液流电池技术

固态锂电池技术

二氧化碳电化学还原技术

第1章 研究概况

1.1 研究背景及目的

1.1.1 研究背景

能源是支撑人类生存的基本要素，是国民经济的物质基础，是推动世界发展的动力之源。随着国民经济发展和人民生活水平的提高，对能源的需求也越来越多。化石能源的大量消费，不仅造成化石能源的日益短缺，同时，也造成了严重的环境污染，雾霾和恶劣气候频发。提高能源供给能力，保证能源安全，支撑人类社会可持续发展已成为全球性挑战。以化石能源为主的能源结构显然无法支撑人类社会的可持续发展。因此，开发绿色高效的可再生能源，提高其在能源供应结构中的比重是实现人类可持续发展的必然选择。可再生能源发电，如风能、太阳能发电受到昼夜更替、季节更迭等自然环境和地理条件的影响，电能输出具有不连续、不稳定、不可控的特点，给电网的安全稳定运行带来严重冲击。

为缓解可再生能源发电对电网的冲击，提高电网对可再生能源发电的接纳能力，需要通过大容量储能装置进行调幅调频，平滑输出、计划跟踪发电，提高可再生能源发电的连续性、稳定性和可控性，减少大规模可再生能源发电并网对电网的冲击。因此，先进储能技术是解决可再生能源发电普及应用的关键瓶颈技术。而储能和二氧化碳电催化转化技术都是落实我国能源革命、实现能源结构转型的关键要素。

储能作为电能的载体，是智能电网与实现可再生能源发电的关键核心技术；目前，限制储能产业化的挑战来源于系统成本与可靠性，主要涉及能量转化过程中关键材料、部件的快速衰减、系统在不同应用工况中的稳定性差异等关键科学与技术问题。但是，复杂的电化学过程使上述技术从微观体相和表界面基础研究到宏观系统应用研究都面临严峻的挑战。中试放大平台的缺乏成为制约我国储能技术领域关键材料和部件的国产化与规模化等“卡脖子”技术实现突破的重要因素。以储能为核心技术，率先在发电侧、输配电侧和用户侧实现能源的可控调度，保障可再生能源大规模应用、提高常规电力系统及区域能源系统效率、实现交通领域的清洁能源替代，是我国建立“安全、经济、高效、低碳、共享”的能源体系的必然选择，也是落实“能源革命”战略的必由之路。

现代全球能源经济严重依赖化石资源，而化石资源的燃烧会带来二氧化碳排放引起温室效应等环境问题，为了在满足长期经济增长的能源需求的同时减轻对环境的污染，亟须开发一种可持续的替代性能量来源。CO_2 是一种化学性质极其稳定的气体，为了使其分子断键并转化为可以利用的燃料等化工品，主要方法有采用热化学方法在高温下催化加氢转化、采用光催化方法直接还原、采用光电催化方法还原、采用电化学方法施加一定电位转化等。考虑把风能和太阳能等可再生电力转化到全球能源供应是其中一种有前途的方式，然而，这些资源本身间歇性的特点造成储存产生的电力成本高昂。而为缓解化石资源燃烧释放的二氧化碳排放带来的环境污染问题，以电能的方式将二氧化碳还原到碳基化学品的清洁燃料是最有效的能源转化方式之一，可以实现将可再生能源转变为高能量密度的燃料储存，具有重要的现实意义，电化学还原 CO_2 的研究，也是目前世界范围内的研究热点。无论是储能还是 CO_2 电催化转化均涉及共性的电化学反应过程以及关键科学与技术问题。

发展储能技术已经成为各国政府关注和支持的焦点。国际可再生能源署发布的第三版 *Rethinking Energy 2017* 报告指出，储能技术未来的使用量将大幅增多。美国自 20 世纪 90 年代以来，已投入超过 25 亿美元（约 160 亿元人民币）用于储能技术研发，并陆续推出了《可再生与绿色能源存储技术方案》《2011—2015 年储能计划》和《联邦和私营部门扩大可再生能源和储能行动计划》等多项政策来支持储能的研发和示范应用。德国政府正在实施一项宏大的能源转型战略，到 2030 年和 2050 年使可再生能源供电的比例分别达到 50% 以上和 80% 以上，旨在使可再生能源成为德国未来电力供应的核心，而能源存储技术的快速发展则成为该战略的有效支撑。日本自 20 世纪 70 年代就开始对储能技术研发进行持续资助，2011—2020 年先后投入 400 多亿日元（相当于 30 多亿元人民币）用于储能技术研发。

自 2017 年 10 月我国先进储能技术及应用发展的首个指导性政策《关于促进储能技术与产业发展的指导意见》正式发布以来，储能行业政策更新频率密集，不断针对集中/分布式储能技术和电源侧、电网侧和用户侧应用进行研究拓展，先后发布了《关于开展分布式发电市场化交易试点的通知》《分布式发电管理办法》《关于创新和完善促进绿色发展价格机制的意见》《关于促进电化学储能健康有序发展的指导意见》等，推进储能产业的落地发展。为进一步推进我国储能技术与产业健康发展，支撑清洁低碳、安全高效能源体系建设和能源高质量发展，国家发展改革委、科技部、工业和信息化部、国家能源局联合发布《贯彻落实〈关于促进储能技术与产业发展的指导意见〉2019—2020 年行动计划》，为推动储能产业工作做出了明确的职能分工。我国储能行业起步虽晚，但装机容量发展迅速。截至 2016 年年底，我国储能累计装机规模为 24.3GW，同比增长 4.7%；截至 2017 年年底，储能累计装机规模为 28.9GW，同比增长 19%；截至 2018 年年底，储能累计装机规模为 31.2GW，同比增长 8%；据统计，2019 年我国储能累计装机规模达到 34.6GW。这与国家政策支持、国内广阔的储能市场、储能相关标准发布等密切相关。但是储能系统成本较高、可靠性较差等限制了储能应用示范，因而仍缺乏储能系统运行数据和经验，储能商业化模式尚未形成；另外，我国电力市场还存在开放程度不够高、储能的价值收益无法体现、缺乏长寿命运行数据积累、储能的投资回报周期无法准确评估等不足之处，严重阻碍了储能产业的发展。

近年来，国家出台了一系列重要政策推动储能技术的产业化发展。2016年，先后发布《中华人民共和国国民经济和社会发展第十三个五年规划纲要》《能源技术革命创新行动计划（2016—2030年）》《关于积极推进“互联网+”行动的指导意见》《国家创新驱动发展战略纲要》，重点部署先进储能技术的研发。2017—2019年，先后发布《关于促进储能技术与产业发展的指导意见》《贯彻落实〈关于促进储能技术与产业发展的指导意见〉2019—2020年行动计划》《关于调整完善新能源汽车推广应用财政补贴政策的通知》，促进储能技术的产业化发展。

作为能源大省，山东省能源消费结构不平衡，煤炭消费占能源消费的80%，电力消费不足5%。能源消费总量和能耗居全国首位。煤炭消费总量大、占比高是山东省能源结构的突出矛盾。

山东省发展和改革委员会发布的《山东省能源中长期发展规划》中指出，科学有序发展煤电，布局大型、高效煤电项目，2020年煤电装机容量达到10000万千瓦，2020年至2030年不再新增煤电装机。打造陆海“双千万千瓦级风电基地”，建设东部风电大省。到2020年，全省风电装机容量达到1400万千瓦；到2030年，装机容量达2300万千瓦。《山东省2018—2020年煤炭消费减量替代工作方案》提出，“十三五”期间山东省煤炭消费总量压减10%。文件明确加强清洁能源开发利用，减少化石能源消费，实施非化石能源倍增行动计划，因地制宜发展风电、太阳能发电、核电、生物质能发电等，扩大新能源和可再生能源开发利用规模。到2020年，新能源和可再生能源发电总装机容量达到3000万千瓦左右。同时，大力实施“外电入鲁”，减少省内煤炭消费。强化智能电网建设，提高“外电入鲁”中可再生能源电量比重。到2020年，全省接纳省外来电能力达到3500万千瓦。

2020年10月山东省政府新闻办召开新闻发布会，介绍全省能源结构优化调整有关情况，发布会上，山东省能源局领导介绍了山东省在储能发展方面的工作规划。随着山东省新能源装机比例迅速增加，省外来电送入电力大幅提高，以及煤电机组供热改造不断提速，山东电网调峰形势较为严峻。煤电机组日内启停机调峰、特殊时期弃风弃光趋于常态化，亟须增加调峰资源和丰富调峰手段，提升电网调节能力。储能系统既能提高低谷用电负荷，又能提高高峰供电能力，是解决当前电力运行面临问题的最为有效措施。因此，山东省把发展储能作为全省能源改革发展的重点工作之一，典型示范，重点突破。近期将尽快研究出台加快推动储能发展的相关政策，争取利用5年时间，基本形成符合山东实际的储能技术路径，储能系统配置规模基本满足经济社会发展需求，储能产业规模和企业竞争实力大幅提升，支撑服务体系更加完备，发展环境不断优化。计划分两个阶段实施：第一阶段，试点示范（2020—2022 年），通过政策引导储能起步，依托示范项目探索储能商用模式，建立健全政策体系和管理机制；第二阶段，全面市场化（2023—2025 年），在电力市场成熟稳定、储能设备价格大幅下降、配套服务体系不断完善的基础上，通过政策退坡机制，推动储能应用全面进入市场，构建较为完善的储能发展工作格局。

据北极星储能网整理统计，目前山东省已发布 2020 年储能重点项目名单，包括压缩空气储能、储能电池、梯次利用、多能互补等多个储能项目（表 1.1）。

表 1.1　2020 年山东省储能重点项目名单

地区	项目名称
山东省	（肥城）压缩空气储能调峰电站项目 50 兆瓦/300 兆瓦时
	德州风光储一体化发电项目（年发电 41.7 万兆瓦时）
	高比能锂氟化碳电池生产线建设项目
	动力电池添加剂项目
	锂电池化学品和电子化学品项目
	超高功率电极材料项目
	新型湿法锂电池隔膜生产项目（二期）
山东省淄博市	MHPA 智慧能源系统智能制造园区项目（年产锂电池包 5 万台套）
	国防专用设备军民融合电池项目（年产各类铅酸蓄电池 633 万 kVAh）等储能电池类项目

2017 年 10 月，中国科学院（以下简称“中科院”）依托大连化物所，筹建中科院洁净能源创新研究院（以下简称“中科院洁净能源创新院”），集合了院内能源领域 20 余家研究所及大学的相关优势研究力量，按照国家实验室体制机制先行先试，以“1 + X + N”开放融合的创新组织体系，组建能源科技“集团军”，组织开展跨学科、全方位和高强度的协同创新。2018 年 4 月，中科院依托洁净能源创新院启动实施了中科院 A 类战略性先导科技专项“变革性洁净能源关键技术与示范”（以下简称“洁净能源先导专项”）。通过变革性关键技术突破与示范，实现化石能源、可再生能源及核能的融合发展，为构建我国清洁低碳、安全高效的能源体系提供技术支撑。而储能和氢能是清洁能源多能互补与规模应用、低碳化多能战略融合两条主线的核心载体，建设储能与氢能技术创新平台将为洁净能源创新院建设和洁净能源先导专项实施提供重要支撑和保障。

从广义上讲，储能即能量存储，是指通过一种介质或者装备，把一种能量形式转换成另一种能量形式存储起来，在需要时以特定能量形式释放出来的循环过程。通常针对电能的存储，储能是指利用化学或者物理的方法将产生的能量存储起来并在需要时高效释放出来的过程。大力推进风能、太阳能等可再生能源的普及应用已成为世界各国能源安全和社会、经济可持续发展的重要战略，可再生能源正由辅助能源逐渐变为主导能源。电力系统能源结构的变化为先进储能技术的普及应用带来了新的机遇。

按照技术类型划分，已经实用化的先进储能技术主要包括物理储能和电化学储能。其中物理储能技术主要包括抽水储能和压缩空气储能，这两种储能系统具有规模大、寿命长、安全可靠、运行费用低的优点，建设规模一般在百兆瓦级以上，储能时间长达数天至十数天，适用于电力系统的削峰填谷、电网调峰、紧急事故备用容量等。但这两种储能技术都需要特殊的地理条件和配套设施，建设的局限性较大，难以满足可再生能源发电分布式建设以及电网系统分散式、局部自愈能力和智能化的要求。

电化学储能技术具有系统简单、安装便捷以及运行方式灵活等优点，建设规模一般在数千瓦至百兆瓦级别，根据储能电池种类的不同，既可适用于发电端储能需求，又可适用于输配电及用户端储能的需求，是近些年电力储能行业发展的重点。

法维翰咨询公司在其 *Research－Energy Storage for Renewables Integration*：*A Burgeoning Market* 的报告中介绍了用于风能、太阳能发电的集成（储能）技术。如图1.1所示，这些技术主要包括先进锂离子电池技术、先进液流电池技术、铅酸电池技术、钠基电池技术等。

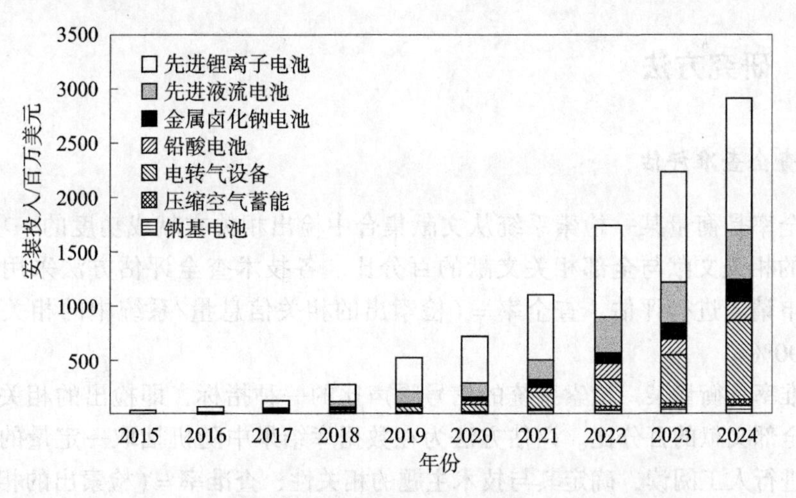

图1.1 用于风能、太阳能发电的集成（储能）技术

美国能源部2011年制订了美国储能发展计划，重点支持的储能技术主要为电化学储能技术，包括液流电池、锂离子电池、钠基电池及铅基电池（铅酸电池和铅碳电池）。

从技术成熟度、电化学储能产业化程度和项目应用规模这三方面看，锂离子电池、钠基电池、铅基电池（包括铅酸电池和铅碳电池）和液流电池等技术是目前国际商业化应用的主要电化学储能技术，据中关村储能联盟不完全统计，截至2018年年底，全球已投入运行的储能项目的累计装机规模约为181GW。其中，抽水储能的装机规模最大，约为171GW；电化学储能的累计装机规模约为66GW。

本项目将分别对全钒液流电池、锂离子二次电池、CO_2电催化转化三种关键技术的专利数据进行全面检索和分析，希望能够为本项目的产业决策、研发创新活动以及开展知识产权战略提供参考和帮助。

1.1.2 研究目的

检索全球相关专利数据：

（1）对2000年1月1日至2020年7月31日区间的本领域专利数据进行申请趋势、地域分布、申请人/发明人、技术分布等的分析；

（2）主要竞争对手（专利申请趋势、技术研发的热点和专利布局）分析；

（3）专利申请布局分析；

（4）核心技术申请布局分析；

（5）专利技术转化前景分析。

1.2 研究方法与内容

1.2.1 研究方法

1. 查全查准评估

查全率是衡量某一检索系统从文献集合中检出相关文献成功度的一项指标，即检出的相关文献与全部相关文献的百分比。各技术查全评估方法采用的是一名重要申请人进行评估，查全率 =（检索出的相关信息量/系统中的相关信息总量）×100%。

查准率是衡量某一检索系统的信号噪声比的一种指标，即检出的相关文献与检出的全部文献的百分比。评估方法为在数据库结果中随机抽取一定量的专利文献逐一进行人工阅读，确定其与技术主题的相关性，查准率 =（检索出的相关信息量/检索出的信息总量）×100%。

2. 统计分析

统计分析法是指运用数学模型等方法，对收集到的研究对象的范围、相关规模、程度等数量信息进行分析研究，从实证角度揭示事物发展变化及未来趋势，从而达到对研究对象进行正确解释的一种研究方法。对各技术分支专利信息进行统计，可以对其发展现状与趋势进行实证方面的把握。

3. 数据来源与处理

北京合享智慧科技有限公司（BEIJING INCOPAT CO. LTD.）是一家全球知识

产权数据服务提供商，专注于知识产权数据的深度整合和价值挖掘，通过旗下incoPat全球科技分析运营平台、IP资产管家、专利快车、专利大王、incoPat创新指数等多项产品为全球创新者提供值得信赖的知识产权数据服务。该公司深度融合人工智能技术与知识产权数据，实现知识产权数据的智能检索、全景分析、热点预测。成功服务全球数万家顶尖创新型企业及高成长型科技企业，包括华为、格力、三星、阿里巴巴、字节跳动等。该公司成功搭建了扎根中国、覆盖全球的发明创新知识库，助力用户提升创新竞争力，锁定新兴市场商业机会，促进我国经济转型，实现创新发展。

本报告采用incoPat（合享）工具/数据库服务系统，检索时间为2000年1月1日至2020年7月31日区间的专利数据，检索范围为全球的相关专利数据。

1.2.2 研究内容

1. 研究对象

在对先进储能技术进行分析研究的基础上，与各个技术专家、合作单位进行技术分解讨论，形成了先进储能技术分解图（图1.2）。

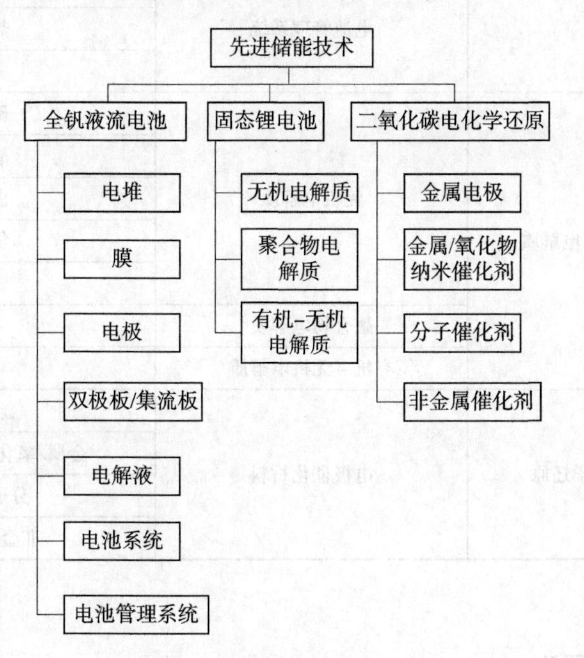

图1.2 先进储能技术分解

2. 技术分解表

先进储能技术分解见表1.2。

表 1.2　先进储能技术分解

技术领域	一级分支	二级分支
全钒液流电池	电堆	结构设计
		密封工艺
		检测评价
		组装工艺
		模块化设计
	膜	
	电极	
	双极板/集流板	
	电解液	
	电池系统	系统集成
		循环管路/泵
		电解液储罐
		操作方法
		模拟仿真
	电池管理系统	电路控制
		热管理
		其他
固态锂电池固态电解质	无机电解质	硫化物
		氧化物
		卤化物
		氢化物
		其他
	聚合物电解质	
	有机－无机电解质	
二氧化碳电化学还原	电极催化材料	金属电极
		金属/氧化物纳米催化剂
		分子催化剂
		非金属催化剂

1.2.3　标引原则

本章重点选择全钒液流电池、固态锂电池固态电解质和二氧化碳电化学化原三个技术方向作为研究对象，并分别对每项技术进行如下技术分类标引和重点技术分析。

全钒液流电池根据电池组成分为电堆、膜、电极、双极板/集流板、电解液、电池系统、电池管理系统，其中对电堆核心技术进行二级分类，分为结构设计、密封工艺、检测评价、组装工艺和模块化设计。

固态锂电池固态电解质根据不同组分分为无机电解质、聚合物电解质和有机－无机电解质，其中无机电解质分为硫化物、氧化物、卤化物、氢化物和其他；其中硫化物又分为硫化物玻璃陶瓷、硫银锗矿、硫代－lisicon和其他硫化物；氧化物分为石榴石、nasicon、氧化物玻璃陶瓷、钙钛矿、反钙钛矿、lisicon和其他氧化物。

二氧化碳电化学化原重点分析电极催化材料，根据活性组分的不同分为金属电极（Pb、Hg、In、Sn、Bi、Cd、Tl、Au、Ag、Zn、Pd、Ga、Ni、Fe、Pt、Co、Rh、Ir、W、Cu、合金），金属/氧化物纳米催化剂（贵金属和非贵金属），分子催化剂（金属卟啉、金属酞菁等），非金属催化剂（碳材料和杂原子掺杂材料）。

第2章　全钒液流电池技术专利导航分析

2.1　全钒液流电池技术概况

液流电池（Redox flow battery）技术是一种大规模高效电化学储能（蓄电）新技术。通过电解质溶液中活性离子的氧化－还原反应，实现电能的充、放。充电时，正极发生氧化反应，活性物质价态升高；负极发生还原反应，活性物质价态降低。放电时则正好相反，正极发生还原反应，活性物质价态降低；负极发生氧化反应，活性物质价态升高。与传统二次电池直接采用活性物质做电极不同，液流电池的电极均为惰性电极，其只为电极反应提供反应场所，活性物质通常以离子状态存储于电解液中。正极和负极电解液分别装在两个储罐中，通过送液泵实现电解液在管路系统中的循环（图2.1）。氧化还原液流电池概念最早在1974年由美国学者（Thaller L. H.）首次提出，随后科学家们开始针对不同活性电对的液流电池体系相继进行研究。

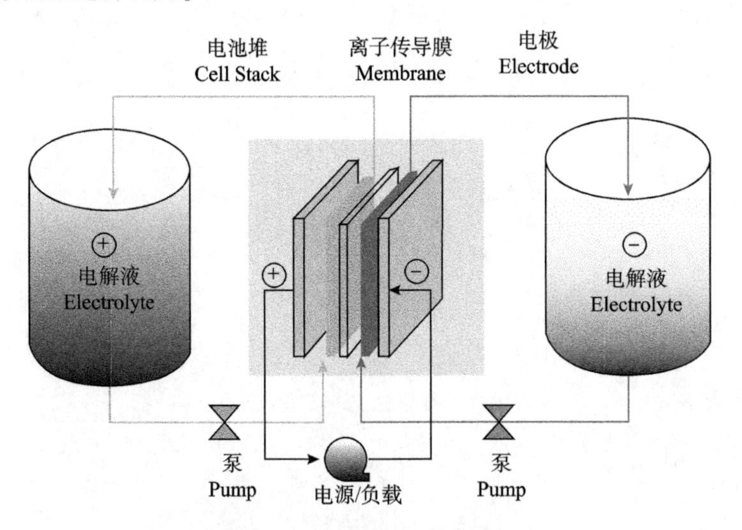

图2.1　液流电池流程示意图

根据发生反应的活性电对不同，液流电池可以分为：全钒液流电池、锌溴液流电池、多硫化钠/溴液流电池、铁铬液流电池、钒/多卤化物液流电池、锌/铈液流电池、半液流电池。虽然各自的电化学体系不同，但都具备以下特点：

（1）功率和容量相互独立，输出功率由电池模块的大小和数量决定，储能容量由电解液的浓度和体积决定，故可实现功率与容量的独立设计。

（2）能量转化效率高，启动速度快。

（3）具有很强的过载能力和深度放电能力。

（4）部件多为廉价的碳材料、工程塑料，材料来源丰富，易于回收。

全钒液流电池储能技术目前已进入大规模商业示范运行和市场开拓阶段，其在储能领域具有大规模、长寿命、可循环利用、环境友好等优点，是先进储能应用的首选之一。图 2.2 为全钒液流电池工作原理示意图。电池正极反应电对为 VO^{2+}/VO_2^+，负极反应电对为 V^{2+}/V^{3+}，电池充放电时，在电极表面发生如下反应：

正极：$VO^{2+} + H_2O - e^- \underset{充电}{\overset{放电}{\rightleftharpoons}} VO_2^+ + 2H^+$

负极：$V^{3+} + e^- \underset{充电}{\overset{放电}{\rightleftharpoons}} V^{2+}$

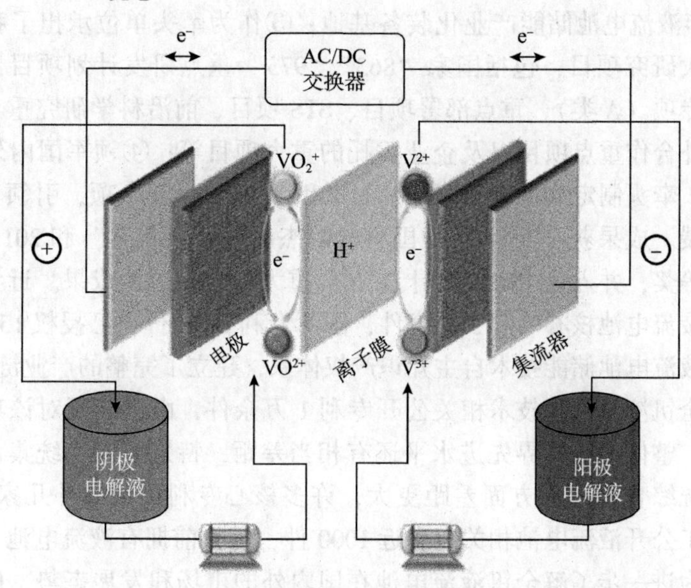

图 2.2　全钒液流电池工作原理示意图

全钒液流电池储能系统主要由电堆、电解质溶液、电解质溶液储供单元、系统控制单元等部分组成。电堆是由一节或一节以上的单电池按特定要求串、并联而成。单电池由正、负电极、双极板、膜、液流框、密封件等压合而成。因此全钒液流电池的核心关键材料主要包括电极、双极板、膜、液流框和电解质溶液。

全钒液流电池体系的研发工作最早由澳大利亚新南威尔士大学的学者（Maria Skyllas-Kazacos 等）提出，并于 1986 年申请了世界上第一个全钒液流电池的专利（申请号：AU55562/86）。1993 年日本住友电工获得相关专利，并对电池关键技术进行大量研究，并开展应用示范，全钒液流电池随着 VRB Power Systems 公司和日本住友电工技术的快速发展和商业化运作进入实用化阶段。2009 年，中国普能公司收购了 VRB Power Systems 公司全部的技术、专利和资产。我国全钒液流电池技术的研究工作始于 20 世纪末，目前主要研发单位有中科院大连化物所、融科储能、中科院金属所、攀枝花钢铁研究院有限公司、国网武汉南瑞。

中科院大连化物所作为国内较早开始液流电池储能技术研究机构之一，储能技术研究团队近年来坚持产、学、研、用的创新开发机制，在成果转化方面开展大量工作，通过技术入股成立了融科储能。经过十余年的研究开发工作，该团队在基础研究、技术研发、工程化、示范应用等方面均取得了系列进展。解决了液流电池关键材料、高性能电堆和先进储能系统集成等关键科学和工程问题，取得了一系列技术突破。①完成了从实验室基础研究到产业化应用的发展过程，在国内外实施了包括2012年全球最大规模的5MW/10MWh全钒液流电池储能系统、国内首套5kW/5kWh锌溴单液流电池储能示范系统在内的近40项商业化示范工程，2016年获批国家能源局200MW/800MWh全球最大液流电池储能电站，目前一期工程100MW/400MWh项目完成主体工程建设，并进入单体模块调试阶段；②建立了300MW/年液流电池储能产业化装备基地；③作为牵头单位承担了我国储能相关的多项重大研究项目，包括国家“863”“973”重点研发计划项目，中科院战略先导科技专项（A类）、重点部署项目、STS项目、前沿科学研究重点项目、国际合作局对外合作重点项目以及企业委托的重大项目等；④领军国内外液流电池标准的制定，牵头制定液流电池国际、国家和行业标准10余项，引领全球液流电池技术的发展。成果获“2014年中国科学院杰出科技成就奖”和2015年国家技术发明奖二等奖，并入选中科院“十二五”重大标志性进展成果。近年来，研究团队共申请液流电池核心专利350余件，国际专利20余件，已授权150余件，形成了完整的液流电池储能技术自主知识产权体系，建立了完整的产业链。

目前，全钒液流电池技术相关公开专利1万余件，由于我国对该项技术研究的起步较晚，整体上与世界先进水平还有相当差距，特别是在系统集成、工程实现、能量系统综合管理等方面差距更大，许多核心专利仍被国外几家公司垄断，日本住友电工公开液流电池相关专利近1000件，是目前拥有液流电池专利数量最多的企业。为进一步了解全钒液流电池在国内外的市场和发展态势，确保液流电池相关项目的顺利进行，防范未来产业化知识产权风险，开展全球专利分析，进而为本项目的产业决策、研发创新活动及开展知识产权战略研究提供参考和帮助。

2.2 全钒液流电池技术全球专利分析

2.2.1 专利查全查准率

命中数据：13 582条；10 437件；7394个简单同族。查全率为98.2%，查准率为87.5%。

2. 2. 2　申请趋势分析

经检索、批量和人工去噪后统计，截至 2020 年 7 月 31 日，共检索到 2000—2020 年申请并公开的 10 437 件全钒液流电池相关专利，图 2. 3 和图 2. 4 给出了全钒液流电池相关专利申请及公开数量的发展趋势。从图中可以明显看出，全钒液流电池技术 2000—2009 年专利申请始终在一个平稳的趋势，全国年申请量在 150 ~ 200 件，2009 年之后申请量出现激增，年度专利申请数量突破 300 件，并在之后的几年间呈现陡增的趋势，该技术研究进入发展旺盛期。从 2017 年开始，专利申请数量呈现下降趋势，通过研究背景和市场调查发现，导致其研发热度下降的主要原因是全钒液流电池（钒电池）电解液原料五氧化二钒价格激增，2017 年 7 月以后，仅仅一个月的时间，98% 片状五氧化二钒价格从 7 月初的 9. 3 ~ 9. 5 万元/吨飙升到 19 ~ 20 万元/吨。钒的市场价格出现了成倍增长，与 2016 年年初相比，钒的市场价格上涨了 6 ~ 7 倍，创造了 2008 年经济危机以来最高价格水平。钒价格的增长严重制约了钒电池快速实现商业化的进程，此外由于发明专利在申请后 18 个月公开，实用新型专利和外观设计专利从申请到公开也有一定滞后性，因此 2019 年和 2020 年的专利申请数据还不足以完全反映其真实的申请数据。

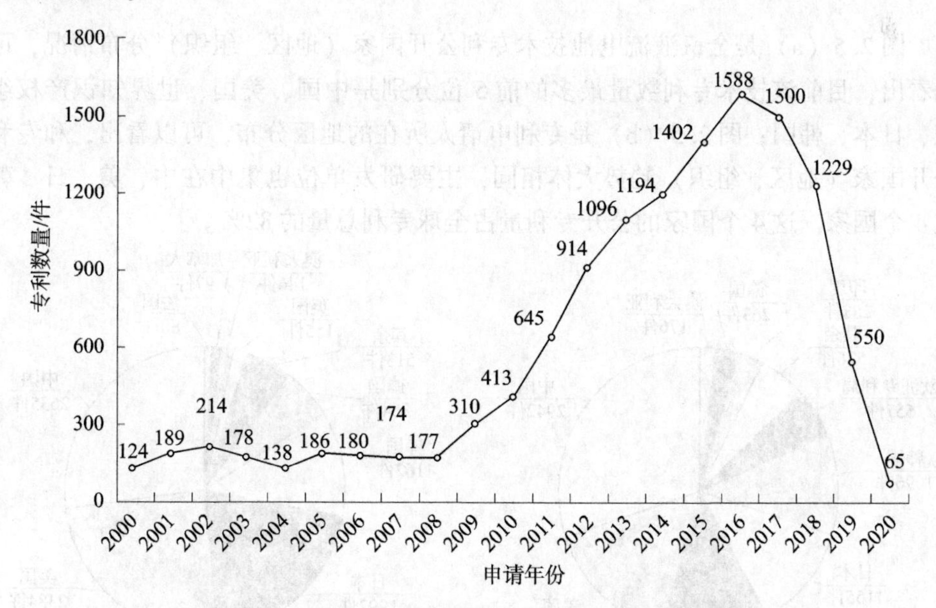

图 2. 3　全钒液流电池相关专利申请数量的发展趋势

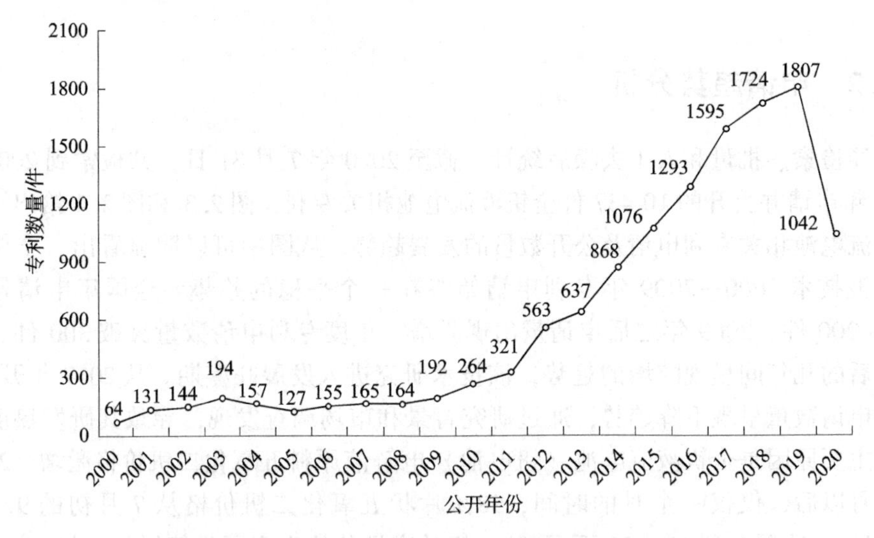

图 2.4 全钒液流电池相关专利公开数量的发展趋势

2.2.3 申请国家（地区、组织）分布

1. 专利公开国家（地区、组织）分布

图 2.5（a）是全钒液流电池技术专利公开国家（地区、组织）分布情况，可以看出，目前该技术专利数量最多的前 5 位分别是中国、美国、世界知识产权组织、日本、韩国；图 2.5（b）是专利申请人所在的地区分布，可以看出，和专利公开国家（地区、组织）趋势大体相同，主要研发单位也集中在中、美、日、韩这 4 个国家。这 4 个国家的公开专利量占全球专利总量的 82%。

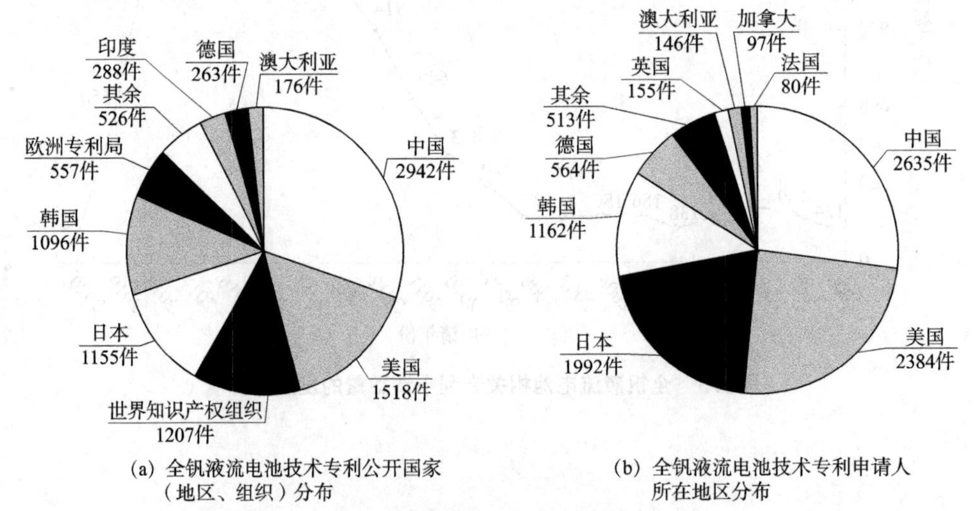

(a) 全钒液流电池技术专利公开国家（地区、组织）分布

(b) 全钒液流电池技术专利申请人所在地区分布

图 2.5 全钒液流电池技术专利公开国家（地区、组织）分布（a）、专利申请人所在地区分布（b）

2. 主要国家（地区、组织）专利数量时间走势对比

图 2.6 给出了全球前 6 个国家（地区、组织）全钒液流电池专利申请量的发展趋势。从图中可以看出，在 2005 年之前申请量较多的国家为美国和日本。美国 2001—2009 年申请趋势较为稳定，从 2009 年之后出现快速增长趋势；日本在 2006 年之后申请量出现回落，通过相关文献和新闻报道可知，主要原因是当时专利申请量第一的日本住友电工生产的液流电池关键材料全部靠进口，高昂的成本严重阻碍该技术发展，成本难以降低使该企业一度停止对液流电池的开发应用。中国自 2009 年之后的 10 年间申请量出现激增态势，年度申请总量远超过其他各国。韩国自 2010 年开始重视该技术发展，专利申请量出现大幅上升态势，但 2017 年开始出现回落。可见中国近几年随着对储能技术支持力度的加大，液流电池储能技术已经在全球占据一定主导地位。同时，随着中国液流电池市场的蓬勃发展，日本也认识到该技术的可行性，自 2010 年又重新启动了液流电池的开发工作。

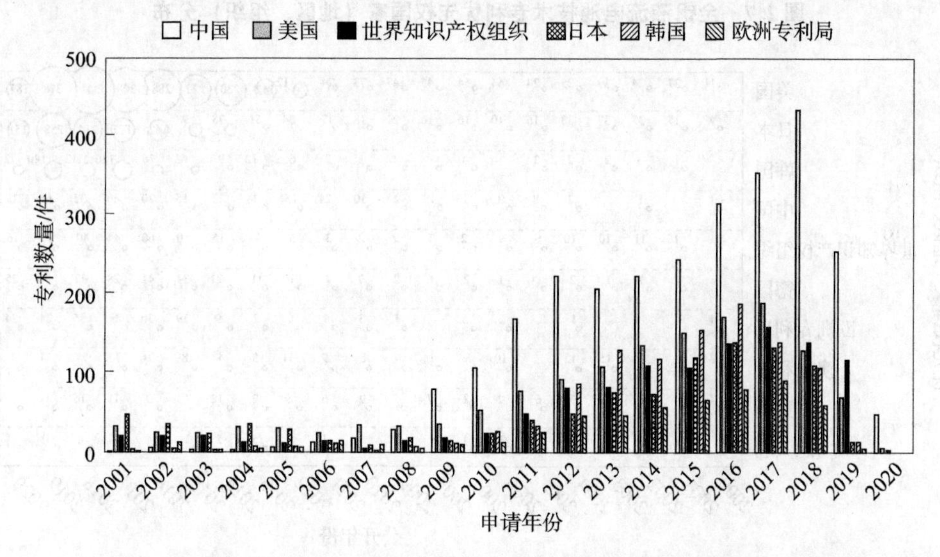

图 2.6　主要国家（地区、组织）全钒液流电池技术专利申请量的发展趋势

3. 优先权国家（地区、组织）分布

对图 2.7 所示的全钒液流电池技术专利优先权国家（地区、组织）分布进行统计分析发现，具有优先权专利最多的国家（地区、组织）是美国和日本，优先权专利数量分别占总数的 22.4% 和 11.4%，而韩国、中国、世界知识产权组织等各国家（地区、组织）的优先权占比不足 5%，与专利强国相比还是存在一定差距。如图 2.8 所示，美国专利受理数量大幅领先于随后其他各国家/地区，尤其是自 2014 年至 2019 年，优先权专利数量逐年上升，远超世界其他各国；日本紧随其后，通过技术背景可知，日本是该项技术的主要原创国之一，拥有世界专利排名第一的日本住友电工。优先权专利数量多显示了美国和日本在全钒液流电池技

术领域中的全球领导地位。同时表明，我国应该加强核心专利的国际保护，特别是对美国、日本这些技术强国的地域布局，以防范未来进入国际市场的知识产权侵权风险。

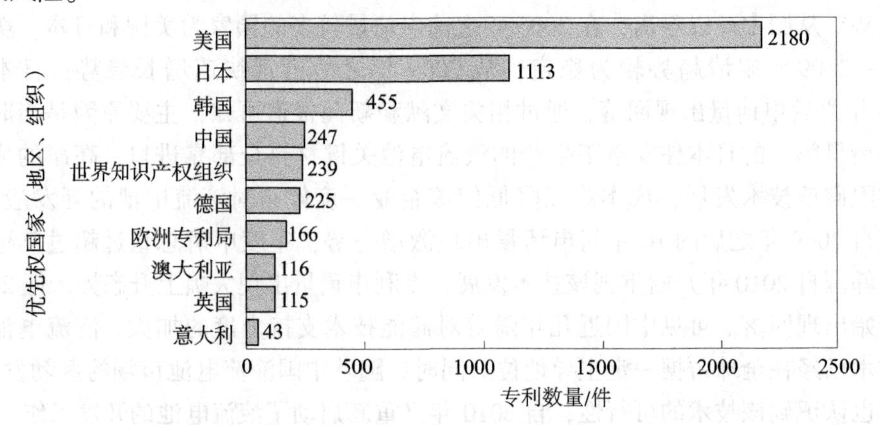

图 2.7　全钒液流电池技术专利优先权国家（地区、组织）分布

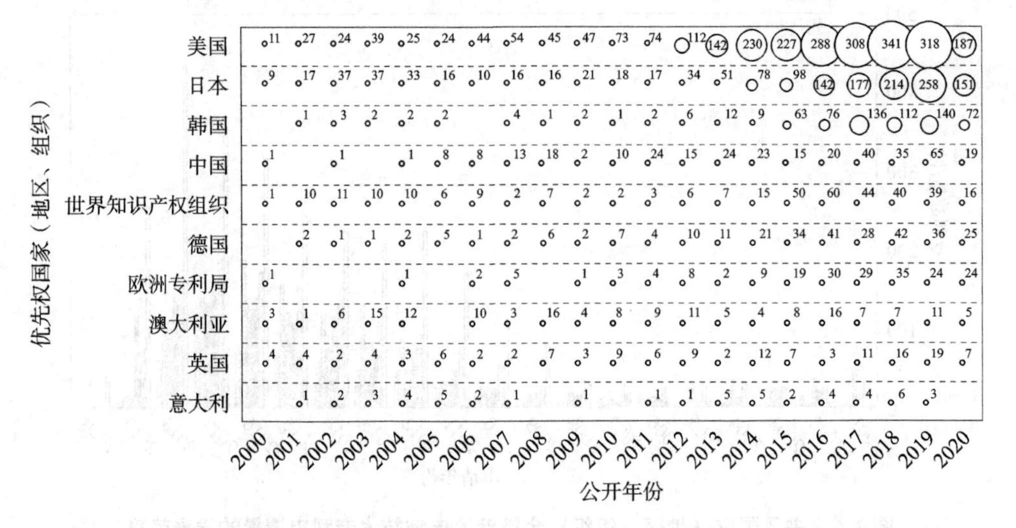

图 2.8　全钒液流电池技术优先权国家（地区、组织）专利数量的发展趋势（单位：件）

4. 主要国家（地区、组织）专利申请活跃度分析

全钒液流电池专利技术研发近年来较为活跃的国家分别是中国、美国、日本和韩国，各国 2016—2020 年专利受理量均为该国总量的 50% 左右，同时 PCT 途径申请专利的活跃度也非常高，占总量的 55.7%（表 2.1）。可见，近几年中、美、日、韩这些国家在该技术领域的研发和专利保护力度及重视程度较高，同时 PCT 申请量的增多也反映出全钒液流电池技术领域的申请人开始加大该技术的研发力度、提高核心技术的开发，并欲进一步进行国际市场的专利布局，加快在全钒液流电池技术领域的扩张步伐，有望推动全球全钒液流储能电池产业的快速发展。

表 2.1　主要国家（地区、组织）全钒液流电池技术专利申请活跃度

国家（地区、组织）		中国	美国	世界知识产权组织	日本	韩国
专利总量/件		2763	1518	1207	1155	1096
申请活跃度	2016—2020 年专利受理量/件	1651	723	672	523	611
	2016—2020 年专利占比/%	59.8	47.6	55.7	45.3	55.8

2014—2019 年，全钒液流电池技术专利主要在中国、美国、世界知识产权组织公开，数量较多（图 2.9）。

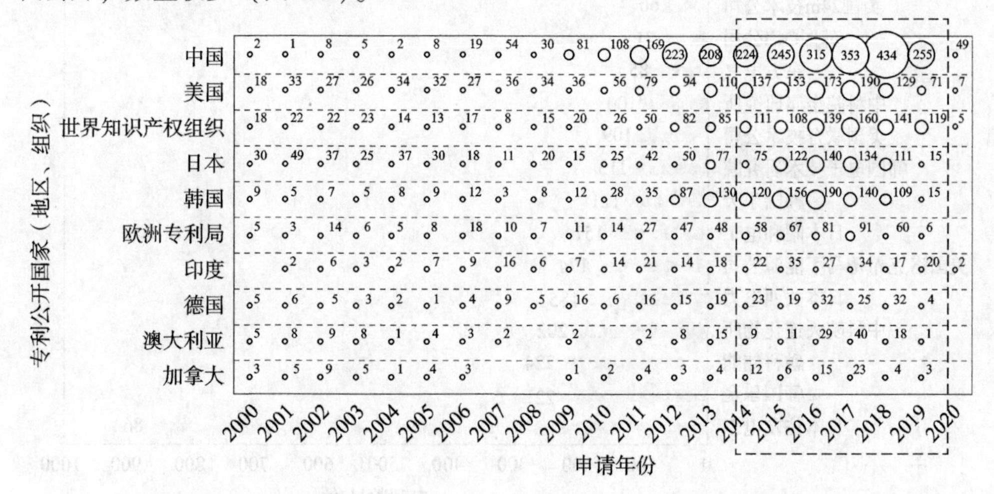

图 2.9　全钒液流电池技术专利公开国家（地区、组织）专利数量的发展趋势（单位：件）

2.2.4　竞争专利权人分析

1. 竞争专利权人分布情况

图 2.10 给出了目前全钒液流电池专利数量前 15 位的主要申请人，其中排名第一的日本住友电工的相关专利数量高达 864 件，遥遥领先于其他申请机构，已经形成了一个强大的技术堡垒。其次是韩国乐金、融科储能和中科院大连化物所、日本关西电力、美国洛克希德马丁能源公司，其中前 15 位专利申请人有 12 位来自企业，可见全钒液流电池技术目前处于相对成熟阶段，也越来越多地得到了市场认可，整体产业已经进入市场化初期阶段。

重要国家/地区的主要申请机构分布一方面可以反映不同来源地的重点机构的专利地域布局，另一方面也可以反映世界各国对该国家/地区市场的重视程度，同时在一定程度上反映技术相互间流动情况。

全钒液液电池重要国家（地区、组织）的主要申请机构见表 2.2。从表 2.2 可以看出，目标国家（地区、组织）为中国的主要申请机构分别为中科院大连化物所－融科储能、中科院金属所、日本住友电工、东方电气。目标国家（地区、组织）为美国的主要申请机构为日本住友电工、美国联合技术公司、美国24m技术公司和韩国乐金。目标国家（地区、组织）为日本的主要申请机构依次为日本住友电工、日本关西电力和日本京瓷公司。PCT专利申请排名前4位的公司分别为日本住友电工、日本昭和电工、韩国乐金和美国3M公司。目标国家（地区、组织）为韩国的主要申请机构为韩国乐金、韩国乐天、韩国能源研究所和日本住友电工。

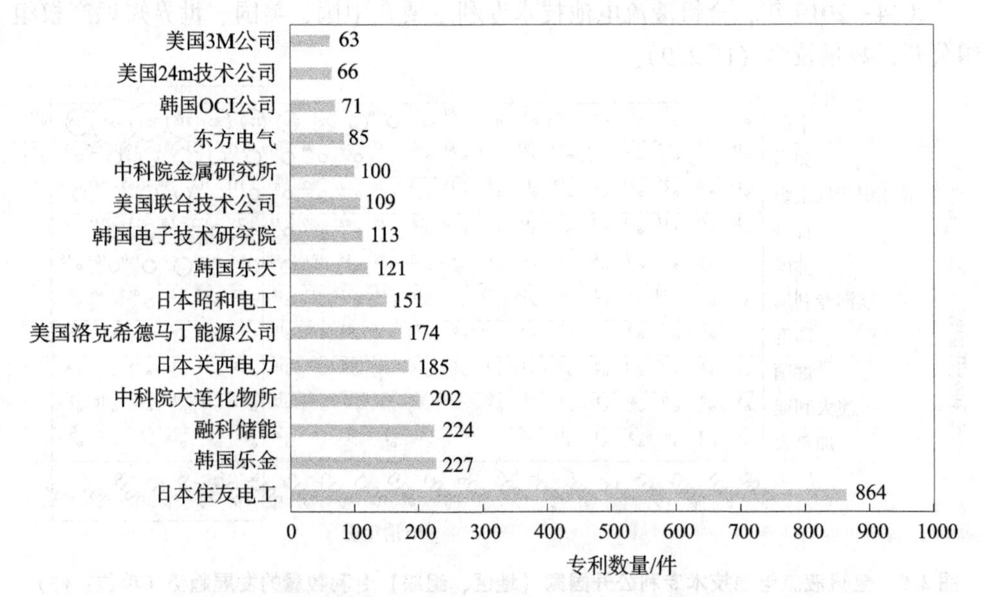

图2.10　全球全钒液流电池专利技术主要竞争专利权人分布

表2.2　全钒液流电池重要目标国家（地区、组织）的主要申请机构（单位：件）

目标国家（地区、组织）	数量	主要申请机构情况		
		名称	申请数量	申请人国别
中国	2763	中科院大连化物所－融科储能	414	中国
		中科院金属所	100	中国
		日本住友电工	94	日本
		东方电气	85	中国
美国	1518	日本住友电工	88	日本
		美国联合技术公司	32	美国
		美国24m技术公司	31	美国
		韩国乐金	28	韩国
世界知识产权组织	1207	日本住友电工	115	日本
		日本昭和电工	44	美国
		韩国乐金	31	韩国
		美国3M公司	26	美国
日本	1155	日本住友电工	257	日本
		日本关西电力	140	日本
		日本京瓷公司	30	日本

续表

目标国家（地区、组织）	数量	主要申请机构情况		
		名称	申请数量	申请人国别
韩国	1096	韩国乐金	139	韩国
		韩国乐天	50	韩国
		韩国能源研究所	48	韩国
		日本住友电工	44	日本

整体来看，申请量最多的中国市场除了中国本土申请机构之外，最大的国外来华申请机构仍是日本住友电工，但是中国本土申请机构并未大量进入国外申请专利；国外主要申请机构更加关注美国市场，同时也开始将核心专利进入中国市场。

从专利保护策略来看，日本住友电工在全球的专利布局较为广泛，在日本、美国、中国、韩国主要几个国家均进行了大量的专利布局，在世界范围内占有较大的技术优势。

2. 竞争专利权人专利活跃情况

图2.11显示了全球排名前10位申请机构的专利申请量的发展趋势，整体上来看，申请机构自2010年开始都呈现明显上升趋势。近几年随着能源格局的变化，全球开始高度重视可再生能源发展，储能技术是实现可再生能源合理利用的必经之路，在全球储能政策的推动下，特别是中国近些年在液流电池储能技术方面取得一系列的技术突破，也在一定程度带动了全球液流电池储能技术的快速发展。

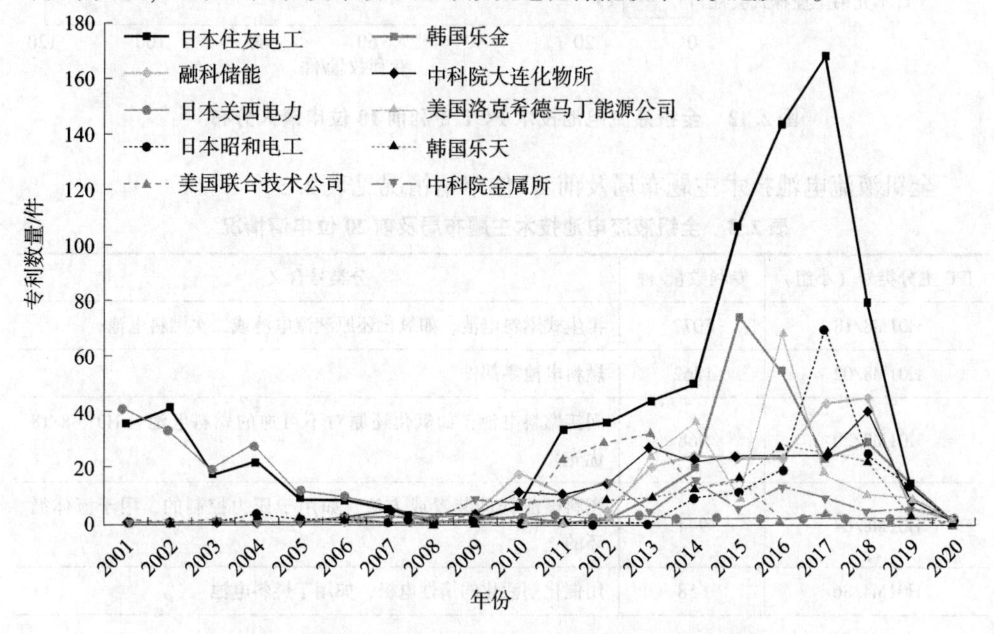

图2.11 全球全钒液流电池技术主要竞争专利权人专利申请量的发展趋势

2016—2020年活跃度较高的申请机构仍然以日本住友电工最为突出，其次是韩国乐金、美国洛克希德马丁能源、日本昭和电工以及中科院大连化物所和融科储能。后面重点对日本住友电工的专利进行详细分析。

3. 主要竞争专利权人PCT申请专利布局情况

从全钒液流电池技术PCT专利前10位申请人分布情况（图2.12）看，目前申请PCT专利数量最多的日本住友电工（115件），其次是日本昭和电工、韩国乐金、美国3M公司、美国联合技术公司、韩国乐天，申请量均在20件以上，目前PCT申请量前10位中还没有一家中国申请机构，可见我国虽然在该技术领域的总专利数量排名第一，但是对重要专利的海外市场布局还远远落后于国外主要竞争专利权人，如果未来我们的液流电池技术进入国际市场，必须针对国家的有效专利及重要专利权人的专利技术进行详细比对，预防知识产权侵权纠纷。

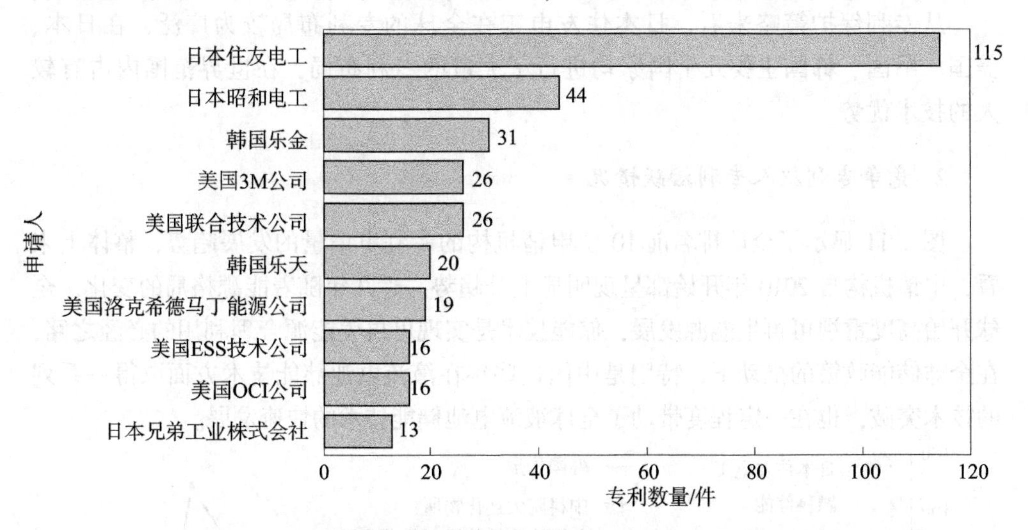

图2.12 全钒液流电池技术PCT专利前10位申请人分布

全钒液流电池技术主题布局及前20位申请情况见表2.3。

表2.3 全钒液流电池技术主题布局及前20位申请情况

IPC主分类号（小组）	专利数量/件	分类号含义
H01M8/18	5077	再生式燃料电池，如氧化还原液流电池或二次燃料电池
H01M8/02	1262	燃料电池零部件
H01M8/20	968	间接燃料电池，如氧化还原对不可逆的燃料电池（H01M8/18优先）
H01M8/04	944	燃料电池辅助装置或方法，如用于压力控制的、用于流体循环的
H01M4/86	658	用催化剂活化的惰性电极，如用于燃料电池

续表

IPC 主分类号（小组）	专利数量/件	分类号含义
H01M4/96	581	碳基电极
H01M4/88	443	用催化剂活化的惰性电极的制造方法
H01M8/24	442	把燃料电池组合成电池组，如组合电池
C08J5/22	403	离子交换树脂膜的制造
H01M8/04276	387	
H01M2/16	362	隔板、薄膜、膜片、间隔元件等零部件及其制造方法
H01M8/10	348	固体电解质的燃料电池
H01M8/04186	340	
H01M10/36	317	
H01M8/0273	287	
H01M8/0258	252	
H02J7/00	226	用于电池组的充电或去极化或用于由电池组向负载供电的装置
H01M4/02	223	由活性材料组成或包括活性材料的电极
H01M4/90	205	
H01M4/36	199	电极活性材料的选择

2.3　全钒液流电池技术中国专利分析

2.3.1　中国专利基本趋势统计分析

我国既是储能技术的主要生产消费市场，也是具备一定技术研发实力的区域之一，尤其是液流电池储能技术处于国际领先水平，图 2.13 给出了我国全钒液流电池专利年度申请及公开情况。从年度专利公开量统计的结果可以看出，中国液流电池储能技术在近 20 年时间里，2000—2008 年专利申请数量一直保持在一个相对稳定的状态，在 2010—2019 年每年的专利申请数量呈急剧增长趋势，表明液流电池储能技术在我国日益受到重视，该电池技术研究进入了一个快速发展时期。

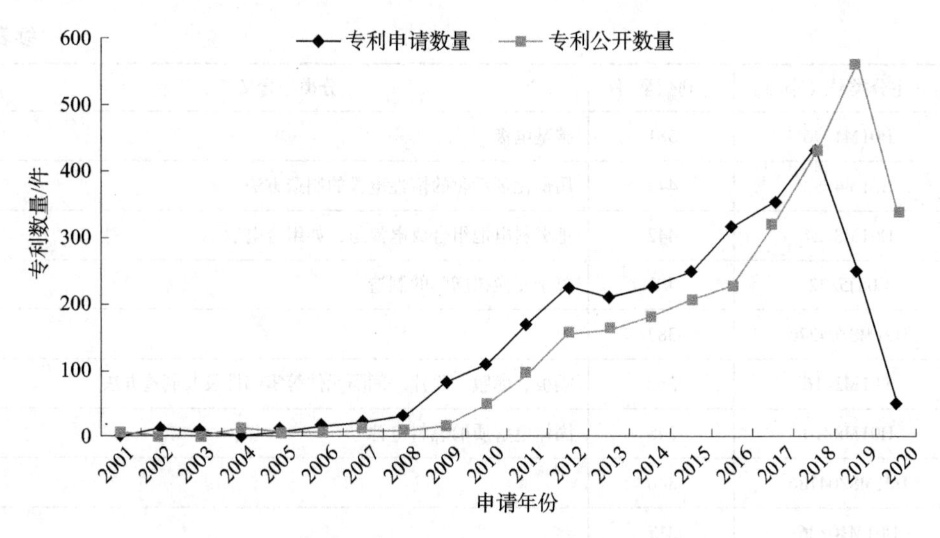

图 2.13　全钒液流电池中国专利年度申请及公开情况

2.3.2　中国专利主要申请人分析

图 2.14 给出了中国专利主要申请人申请与授权量分布情况，可以看出，目前排名前 10 位的申请人中，企业共有 7 家，科研机构和大学共占 3 家，申请量最多的中科院大连化物所和融科储能，两家专利申请总量近 400 件，授权专利 200 余件，远超过中国其他申请人，研发能力和技术优势明显；前 10 位申请人中唯一一家国外申请人，是目前该领域专利数量最多的日本住友电工，在我国布局的专利已近百件，可见日本住友电工对我国的储能市场非常重视。从授权数量上看，除了中科院大连化物所和融科储能，中科院金属所和东方电气的授权专利也达到了 50 多件，从专利分布来看，目前中国的液流电池市场主要以中国本土申请人为主，前 5 位申请人的技术优势更为突出。

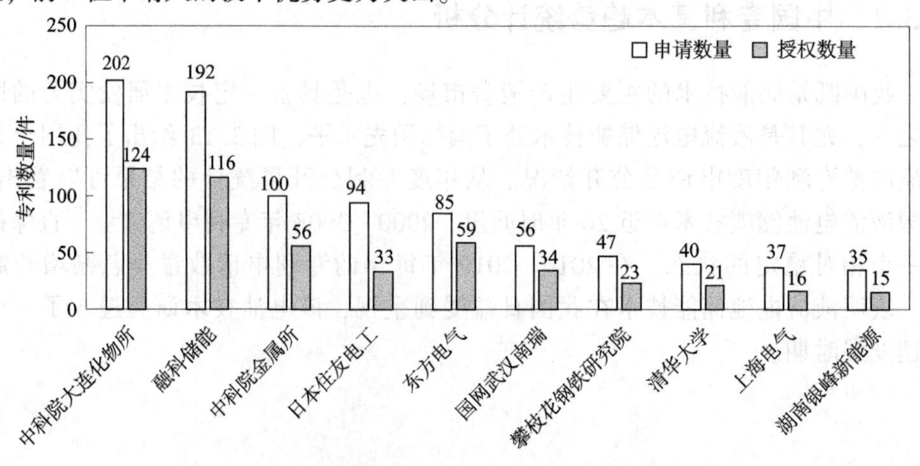

图 2.14　中国专利主要申请人申请量与授权量分布情况

图 2.15 给出了 2010—2018 年中国专利主要申请人申请活跃情况，由于 2019 年和 2020 年两年的申请还没有完全公开，因此这两年的数据不进行分析。从申请趋势看，中科院大连化物所的专利申请量一直保持相对稳定的上升趋势，融科储能在 2012 年和 2016 年度两次出现专利申请量下滑，在 2017 年和 2018 年两年申请量保持增长态势；中科院金属所的专利一直保持着年度申请量为 10 件左右的趋势；日本住友电工在我国的专利布局总体呈现一个逐渐上升的趋势，尤其是在 2017 年全球遭遇钒电解液原料五氧化二钒价格激增的影响下，日本住友电工当年在我国的专利申请量达到 30 余件，位居该年度中国专利申请量排行之首；东方电气的申请数量整体呈现下滑趋势，考虑是否已经停止该项技术的研发。国网武汉南瑞在全钒液流电池领域的申请数量在 2016—2018 年也基本保持在每年 10 件左右。

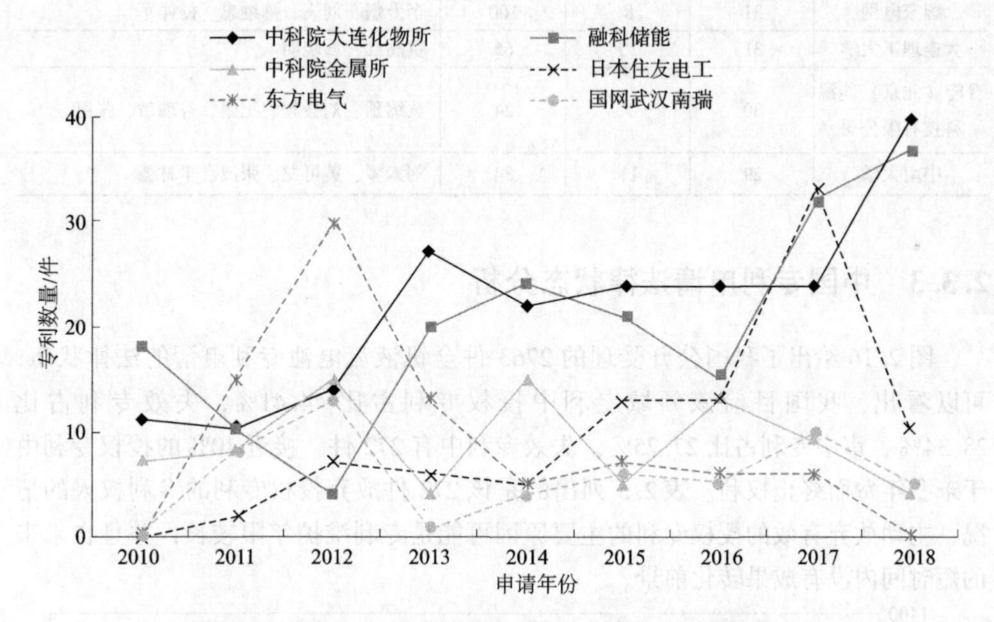

图 2.15　2010—2018 年中国专利主要申请人申请活跃情况

表 2.4 列出了全钒液流电池主要竞争专利权人研发阵容情况，目前我国主要竞争专利权人在全钒液流电池技术研发队伍阵容最大的是国家电网，专利发明人总数为 100 人，其次是中南大学研发团队 84 人、清华大学 77 人、国网武汉南瑞 75 人。主要竞争专利权人的活动年期在 10 年以上的分别为中科院金属所、清华大学、大连理工大学和中南大学，可以看出这几家都是研究所或大学，一直在做这方面的基础研发工作，企业的研发时间相对大学和科研院所整体上稍短一些，这也符合一项技术从基础研究到产业化发展进程的规律。

表 2.4 全钒液流电池国内主要竞争专利权人研发阵容

申请人	申请人研发力		申请人研发阵容	
	专利申请量/件	活动年期（有专利申请的年度）/年	发明人数/人	主要发明人
中科院金属所	100	15	66	严川伟、刘建国、赵丽娜、侯绍宇
东方电气	85	8	41	汤浩、殷聪、谢光有、高艳、房红琳、周正
国网武汉南瑞	56	9	75	李爱魁、刘飞、马军、杜涛、杨祥军
攀枝花钢铁研究院	51	8	50	李道玉、彭穗、陈勇、曹敏、韩慧果、刘波
清华大学	40	12	77	王保国
上海电气	37	7	38	杨霖霖、林友斌、周禹、余姝媛、苏秀丽
湖南银峰新能源	35	9	46	吴雄伟、胡永清、吴雪文
国家电网	31	8	100	李爱魁、刘飞、陈继忠、杨祥军
大连理工大学	31	10	65	贺高红、焉晓明
普能（北京）能源科技有限公司	30	5	24	黄绵延、刘会超、王建、谷瑞敏、张臣
中南大学	29	11	84	刘素琴、黄可龙、张波、李林德

2.3.3 中国专利申请法律状态分析

图 2.16 给出了我国公开受理的 2763 件全钒液流电池专利申请的法律状态，可以看出，我国目前该领域专利中授权专利占比 44.41%，失效专利占比 28.34%，审中专利占比 27.25%。失效专利中有 272 件、接近 10% 的授权专利由于未缴年费而终止权利。表 2.5 列出的是该 272 件放弃授权专利的专利权人的情况，主动放弃有效的授权专利的主要原因可能是专利维护年限较长，并且在未来的短时间内没有成果转化前景。

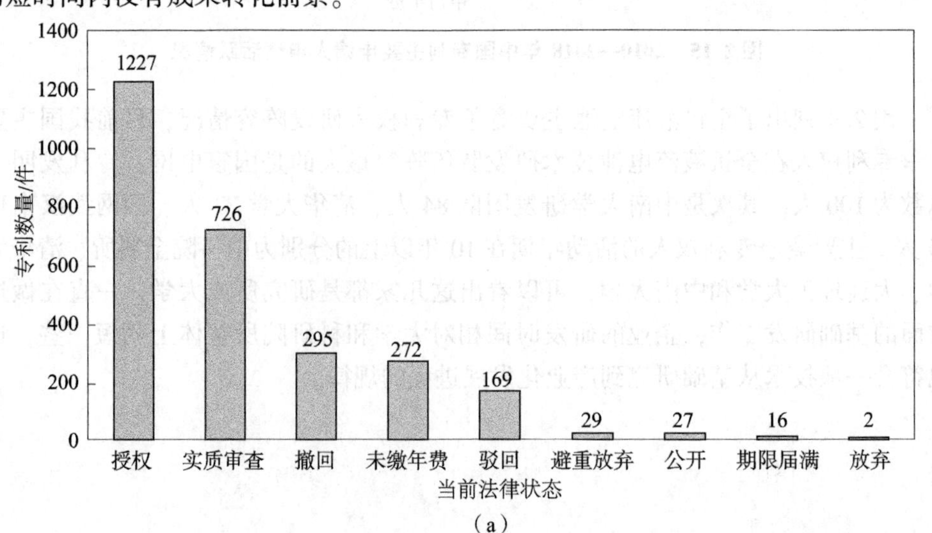

（a）

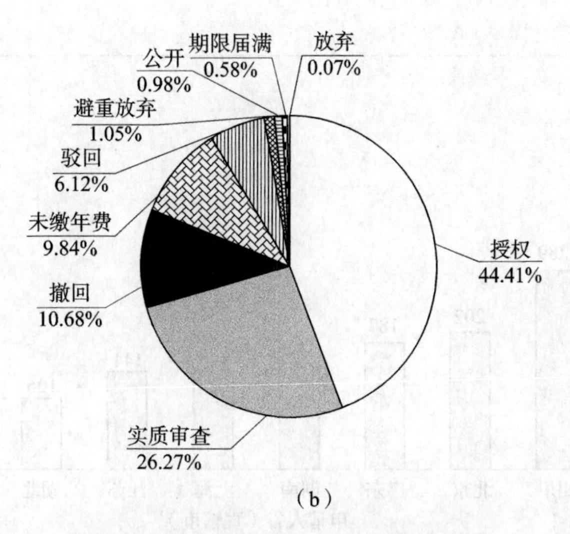

（b）

图 2.16　全钒液流电池中国专利法律状态

表 2.5　全钒液流电池放弃授权专利的专利权人情况

申请人	专利数量/件	申请人	专利数量/件
中南大学	12	厦门大学	4
成都天宇创新科技有限公司	9	吉林大学	4
清华大学	8	国网武汉南瑞	4
攀钢集团有限公司	8	攀钢集团攀枝花钢铁研究院	4
安徽浙科智创新能源科技有限公司	7	日本住友电工	3
上海裕豪机电有限公司	7	普能（北京）能源科技有限公司	3
中科院大连化物所	6	中国人民解放军 63971 部队	3
四川中物电新能源科技有限公司	6	中科院金属所	3
上海林洋储能科技有限公司	6	云廷志	3
广州市泓能五金有限公司	6	上海市电力公司	3
珠海锂源新能源科技有限公司	6	北京金能燃料电池有限公司	3
孙卫	6	华秦储能技术有限公司	3
夏嘉琪	5	融科储能	3
湖南维邦新能源有限公司	5	山东东岳高分子材料有限公司	3
北京普能	4	成都赢创科技有限公司	3

2.3.4　中国省市排名情况

全钒液流电池技术产出排名前 10 位的省（直辖市）分别是辽宁、四川、北京、广东、湖南、上海、江苏、湖北、山东、安徽，其中辽宁省在该技术领域的优势尤为明显（图 2.17）。

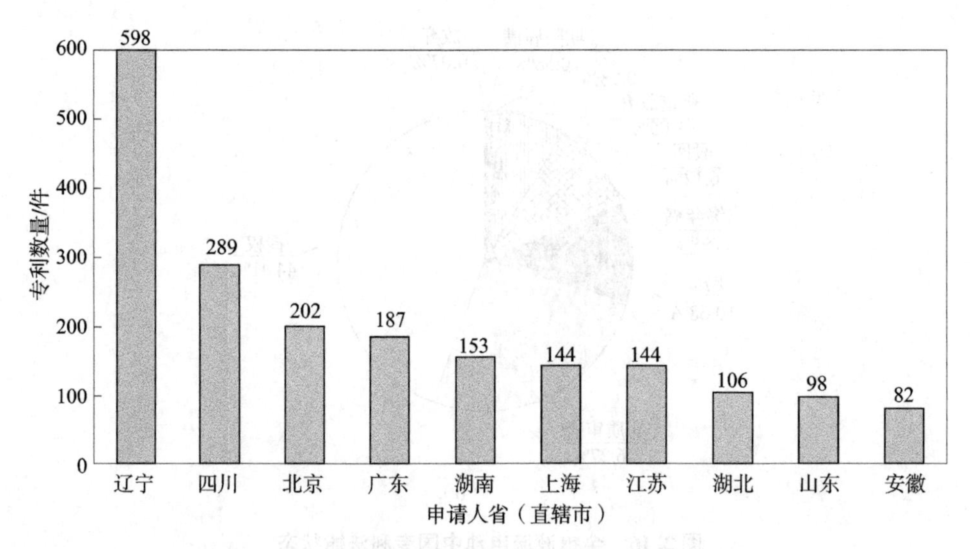

图 2.17 全钒液流电池专利省（直辖市）排名情况

2.3.5 国外来华申请专利分析

1. 中国专利申请人国家（地区、组织）分布

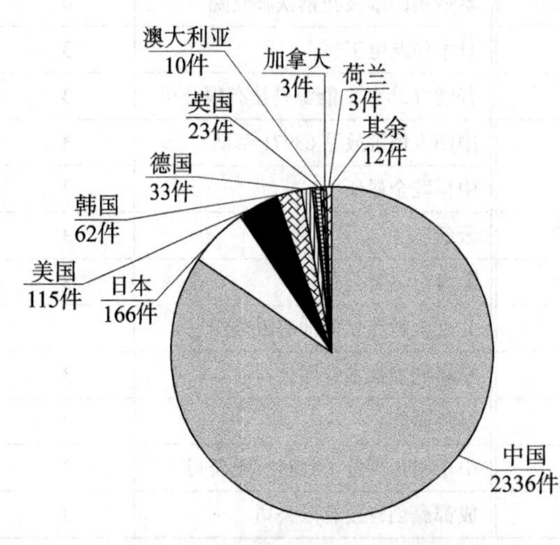

图 2.18 全钒液流电池中国专利申请人国家（地区、组织）

在检索到的 2763 件全钒液流电池中国专利申请中，我国本土申请人申请 2336 件，占 85%；其余 400 余件专利来自国外机构，主要来源于日本（166 件）、美国（115 件）、韩国（62 件）、德国（33 件）、英国（23 件）、澳大利亚（10 件）（图 2.18）。

2. 进驻中国的国外申请人年度公开情况

从图 2.19 可以看出，2011—2020 年国外专利权人进驻中国的专利申请量逐年上升，2019 年当年公开数量超过 100 件，可见国外主要专利权人对中国的储能市场前景比较看好，将大量的重要专利进入中国申请，有意提前在中国市场做技术布局。

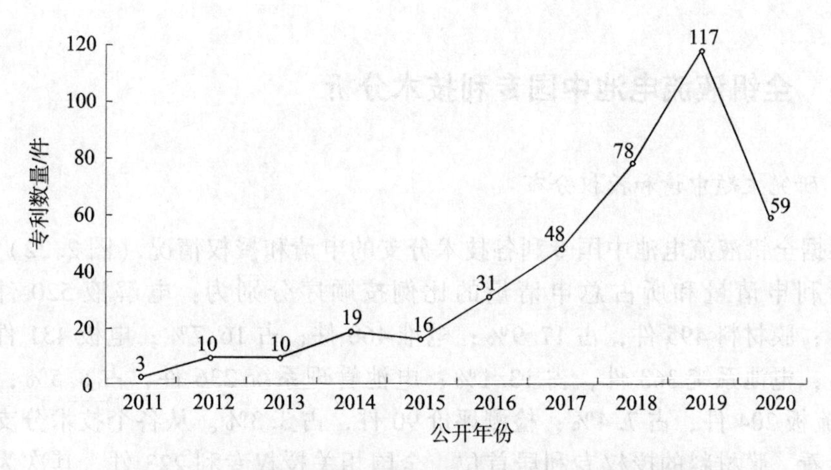

图 2.19 全钒液流电池中国专利国外申请人年度公开情况

从图 2.20 全钒液流电池国外机构在华申请专利排名看，日本住友电工的专利数量已经近 100 件，其次是韩国乐金、日本昭和电工、美国联合工艺公司和美国 OCI 公司。国外来华申请的专利共 400 余件，从目前法律状态看，处于实质审查阶段的占 43.00%，授权专利占比 32.00%（图 2.21）。

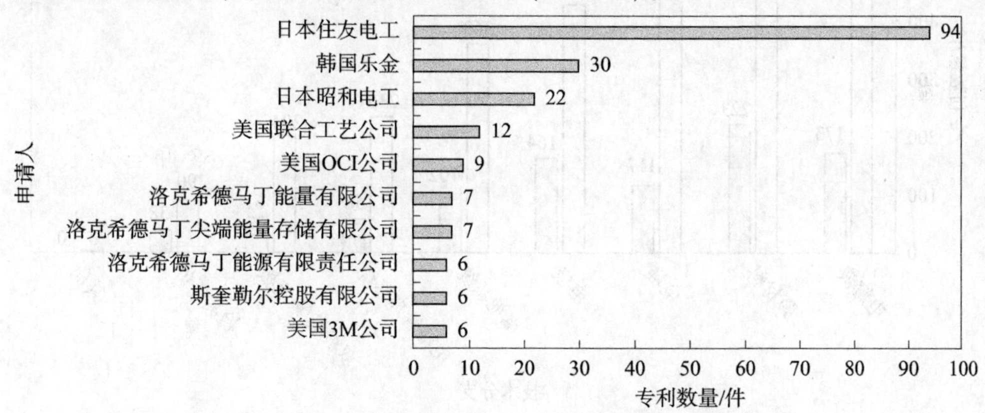

图 2.20 全钒液流电池国外机构在华申请专利分布情况

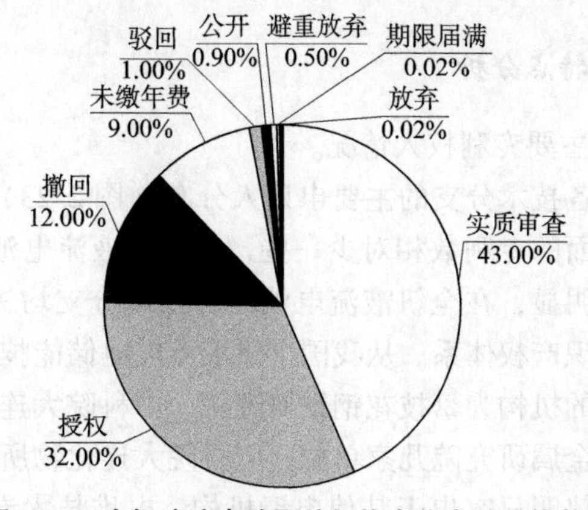

图 2.21 全钒液流电池国外机构在华专利法律状态

2.3.6　全钒液流电池中国专利技术分析

1. 研究主题申请和授权分布

根据全钒液流电池中国专利各技术分支的申请和授权情况（图 2.22）可看出，专利申请量和所占总申请量的比例按顺序分别为：电解液 520 件，占 18.8%；膜材料 495 件，占 17.9%；电堆 460 件，占 16.7%；电极 431 件，占 15.6%；电池系统 363 件，占 13.1%；电池管理系统 236 件，占 8.5%；双极板/集流板 204 件，占 7.4%；检测评价 90 件，占 3.3%。从各个技术分支的授权量上看，膜材料的授权专利居首位，全国相关授权专利 223 件，其次为电解液 173 件、电极 164 件、电池系统 102 件、双极板/集流板 61 件，电池管理系统 58 件、检测评价 38 件。

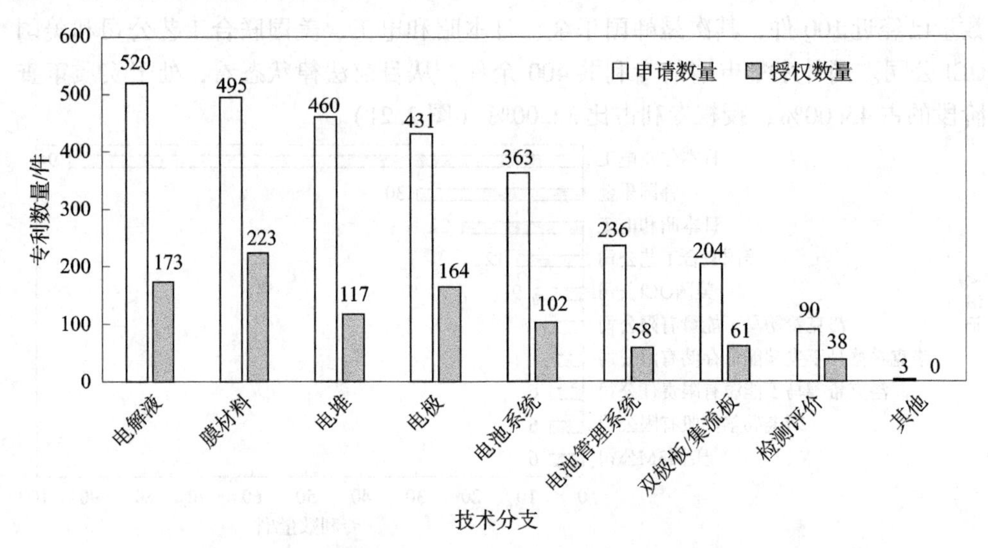

图 2.22　全钒液流电池中国专利各技术分支的申请和授权情况

2. 竞争机构技术特点分析

（1）各技术分支主要专利权人情况。

从全钒液流电池各技术分支的主要申请人分布（图 2.23）来看，中科院大连化物所在电池系统方面的专利数相对少一些，在全钒液流电池膜材料和电堆设计集成方面的技术优势明显，在全钒液流电池的各技术分支均进行专利布局，以形成相对完整的自主知识产权体系。从我国全钒液流电池储能技术专利整体布局看，电解液方面优势明显的机构为攀枝花钢铁研究院、中科院大连化物所、融科储能、中科院金属所、先进金属研究院几家单位；中科院大连化物所在膜材料、双极板/集流板、电极方面优势明显突出于其他申请机构；电堆技术专利数量较多的申请机构为中科院大连化物所、日本住友电工、融科储能和东方电气；融科储能在全钒液流电池系统方面具有较强的技术优势。

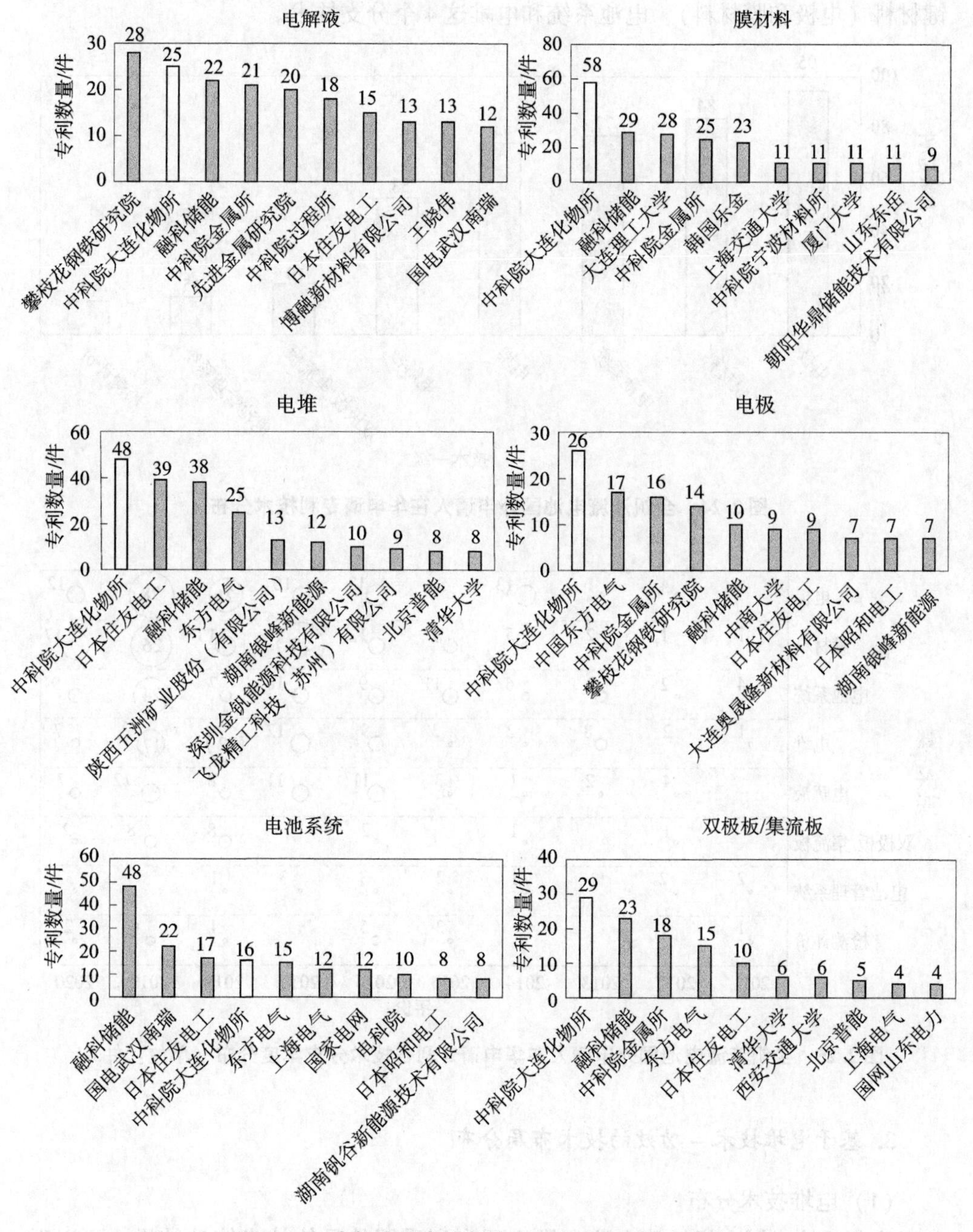

图2.23 全钒液流电池各技术分支主要申请人分布

（2）国外来华专利技术分布情况。

图2.24是全钒液流电池国外申请人在华申请专利技术分布情况，目前国外申请人进入我国专利数量最多的是电极方面的专利，其次是膜材料、电池系统、电

堆和电解液方面的专利技术。从国外申请人在华申请专利各技术分支年度分布情况（图2.25）可以进一步看出，2016—2020年的专利公开量明显增多，尤其是关键材料（电极和膜材料）、电池系统和电堆这4个分支技术。

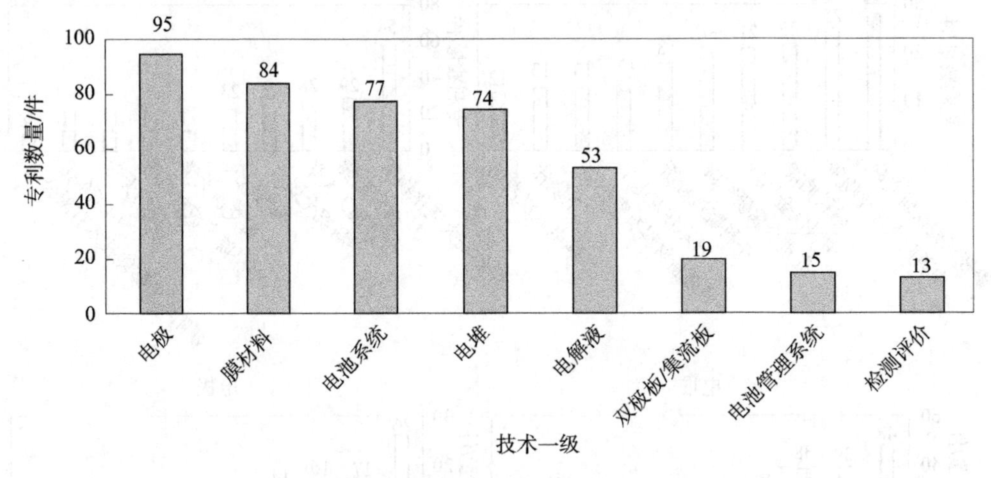

图2.24　全钒液流电池国外申请人在华申请专利技术分布

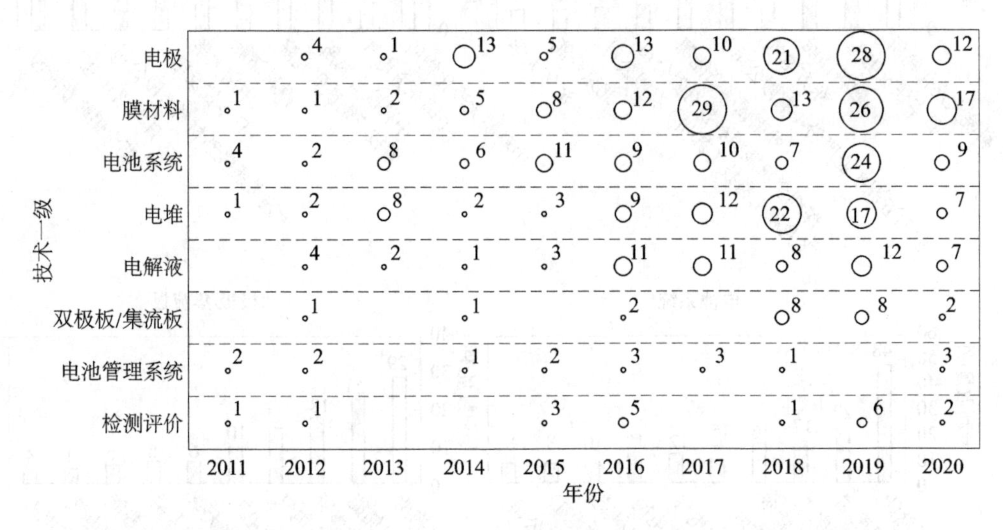

图2.25　全钒液流电池国外申请人在华申请专利各技术分支年度分布（单位：件）

3. 基于电堆技术－功效的技术布局分布

（1）电堆技术分布。

表2.6给出了全钒液流电池电堆中国专利采用的具体技术统计结果。可以看出，目前在我国申请的全钒液流电池电堆专利主要涉及液流框（电极框）、一体化结构、电堆整体结构设计、组装工艺、密封件及密封结构和密封工艺的相关技术研究。导流板、端板、模块化设计、公用管路等其他技术也有所涉及，但是并不是研究的热点。

表 2.6　全钒液流电池电堆中国专利技术分布

技术分类	专利数量/件	所占比例/%
液流框	105	22.6
一体化结构	82	17.6
整体结构设计	55	11.8
组装工艺	45	9.7
密封件/密封结构	42	9.0
密封工艺	37	8.0
导流板	27	5.8
端板	20	4.3
模块化设计	18	3.9
其他	16	3.4
公用管路	3	0.7
检测评价	2	0.4

从各种技术的年度变化情况（图 2.26）来看，2011—2019 年我国全钒液流电池电堆专利主要集中在液流框技术的研究开发上。一体化结构的研究热度 2016—2019 年有所下降。

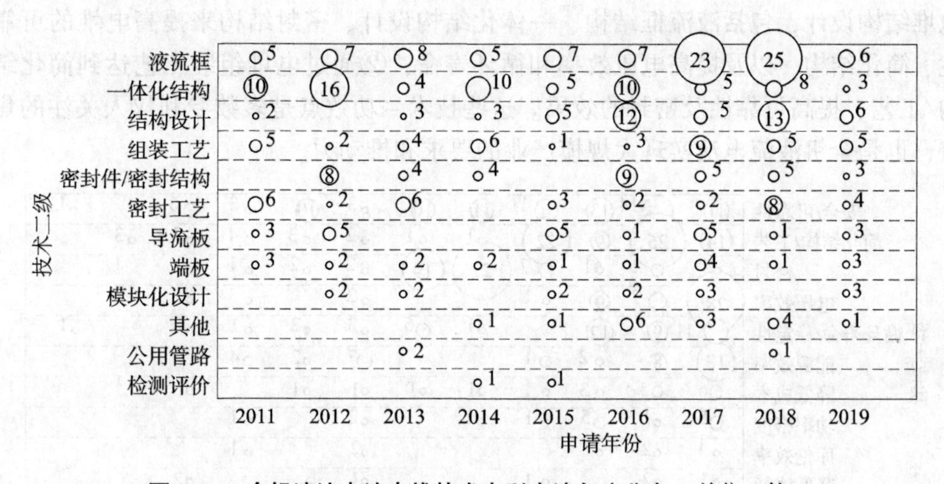

图 2.26　全钒液流电池电堆技术专利申请年度分布（单位：件）

（2）电堆功效分布。

表 2.7 给出了全钒液流电池电堆技术中国专利的分布。可以看出，大约一半的专利技术研发都致力于提高电池可靠性、简化结构/工艺、实现密封、提高电压效率和循环稳定性这几个方面。这些问题能否很好地解决关系到全钒液流电池能否实现大规模产业化。而降低成本、功率密度、库伦效率、降低能耗和能量密度这几方面的技术问题也有涉及。

表 2.7　全钒液流电池电堆技术中国专利分布

功效一级	专利数量/件	所占比例/%
安全/可靠性	93	20.0
简化结构/工艺	87	18.7
密封	70	15.1
电压效率	51	11.0
循环寿命/稳定性	49	10.5
能量效率	42	9.0
降低成本	20	4.3
功率密度	17	3.7
库伦效率	10	2.2
降低能耗	7	1.5
能量密度	6	1.3

（3）电堆技术 – 功效申请布局分析。

通过分析专利申请人在各技术 – 功效点上的数量分布情况，可以进一步分析各技术 – 功效点的研发投入，即受关注情况。本次分析的 465 件全钒液流电池电堆技术的中国专利在各技术 – 功效点上的数量分布情况如图 2.27 所示。可以看出，在我国申请的全钒液流电池电堆技术相关专利主要集中在 2 个方面：①通过电堆结构设计，包括液流框结构、一体化结构设计、密封结构来提高电堆的可靠性、简化结构，以及提高电压效率和循环寿命；②通过电堆组装工艺达到简化结构/工艺、提高可靠性及密封的效果。这些技术 – 功效点是多数专利权人关注的焦点，也是全钒液流电池实现大规模产业的要求和推动力。

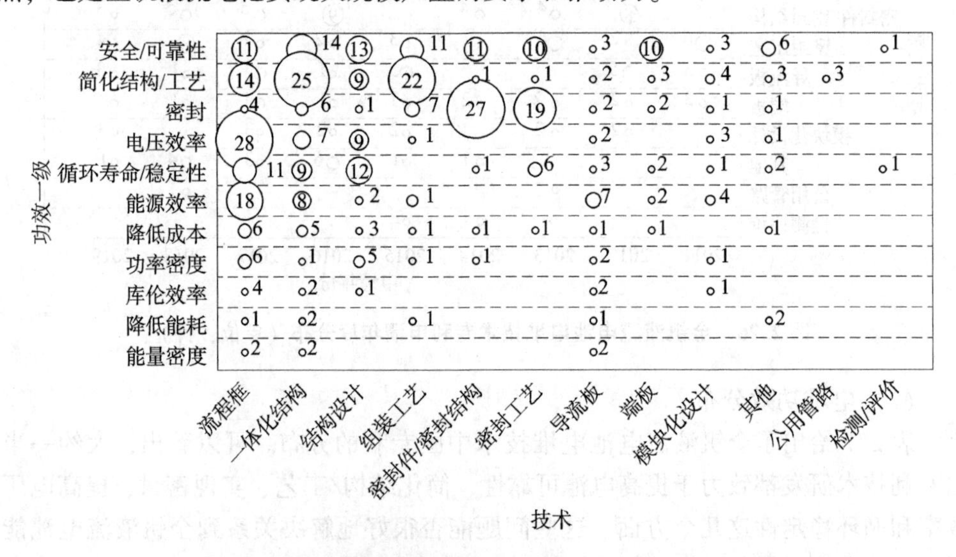

图 2.27　全钒液流电池电堆技术 – 功效气泡图（单位：件）

2.3.7 结论

本章在调研全球液流电池储能技术研发背景的基础上，分析了全球全钒液流电池储能技术 2000—2020 年的整体专利态势，并对中国专利进行了重点分析，以期客观展现全钒液流电池储能技术领域的专利保护现状，为各组织在该领域的科研决策提供支撑。通过前述分析，可以看出：

（1）全钒液流电池储能技术自 2000 年 1 月至 2020 年 7 月共检索全钒液流 10 437 件专利，7394 个简单同族，从年度申请和公开趋势可看出，全钒液流电池技术自 2000—2009 年专利申请始终呈现一个平稳的趋势，全国年申请量在 150 ~ 200 件，2009 年之后申请量出现激增，年度专利申请数量突破 300 件，并在之后的几年间呈现一个陡增的趋势，该技术研究进入发展旺盛期。但从 2017 年开始全球专利申请数量呈现下降趋势，通过研究背景和市场调查发现，导致其研发热度下降的原因主要是全钒液流电池（钒电池）电解液原料五氧化二钒价格激增；但和国际申请趋势不同，中国专利 2017—2018 年仍保持强劲上升的申请趋势，技术研发热度并未受国际钒价下跌的影响而减弱。

（2）从全球专利数据看，目前拥有该技术领域专利数量最多的前 5 位国家（地区、组织）分别是中国、美国、世界知识产权组织、日本、韩国，中国、美国、日本、韩国这 4 个国家的公开专利量占全球专利总量份额的 82%。在 2005 年之前全球申请量较多的国家为美国和日本，美国自 2001—2009 年申请趋势较为稳定，从 2009 年之后出现一个快速增长趋势；日本在 2006 年之后申请量出现回落，通过相关文献和新闻报道可知，主要原因是当时专利申请量第一的日本住友电工生产的液流电池关键材料全部靠进口，高昂的成本开始严重阻碍该技术发展，成本难以降低使得该企业一度停止了对液流电池的开发应用。中国自 2009 年开始至之后的 10 年间申请量出现一个激增态势，年度申请总量远超过其他各国。韩国自 2010 年开始重视该技术发展，专利申请量出现大幅上升态势，但 2017 年受钒价激增的影响申请量开始出现回落趋势。

（3）全球具有优先权专利最多的国家（地区、组织）是美国和日本，优先权专利数量分别占总数的 22.4% 和 11.4%，而之后的韩国、中国、世界知识产权组织等各国家（地区、组织）的优先权占比不足 5%，和美国、日本两大专利强国相比还存在一定差距。这也启示了我国应该加强核心专利的国际保护，特别是美国、日本这些技术强国的地域布局，以防范未来进入国际市场的知识产权侵权风险。

（4）全钒液流电池专利技术研发近年来较为活跃的国家分别是中国、美国、日本和韩国，其 2016—2020 年专利受理量均为该国总量的 50% 左右，同时 PCT 途径申请专利的活跃度也非常高，占总量的 55.7%。可见，近几年中、美、日、韩这些国家在该技术领域的研发和专利保护力度重视程度更加提高，同时 PCT 申请量的增多反映出全钒液流电池技术领域的申请人也开始加大该技术的研发力度和核心技术的开发，并欲进一步进行国际市场的专利布局，加快在全钒液流电池技术领域的扩张步伐，有望推动全球全钒液流储能电池产业的快速发展。

（5）目前全钒液流电池专利数量排名第一的日本住友电工的相关专利数量高达864件，占总量比近10%，遥遥领先其他申请机构，已经形成了一个强大的技术堡垒；其次是韩国乐金、融科储能和中科院大连化物所、日本关西电力、美国洛克希德马丁能源公司，其中前15位专利申请人有12位来自企业，可见全钒液流电池技术目前处于相对成熟阶段，也越来越多地得到了市场认可，整体产业已经进入市场化初期阶段。

（6）PCT申请排名前4位的企业分别为日本住友电工、日本昭和电工、韩国乐金和美国3M公司。全球专利整体来看，申请量最多的中国市场除了中国本土申请机构之外，最大的国外来华申请机构仍是日本住友电工；国外主要申请机构更加关注美国市场，同时也开始将核心专利进入中国市场。从专利保护地域来看，日本住友电工在全球的专利布局较为广泛，在日、美、中、韩等主要几个国家均进行了大量的专利布局。2016—2020年活跃度较高的申请机构仍然以日本住友电工最为突出，其次是韩国乐金、美国洛克希德马丁能源公司、日本昭和电工以及中科院大连化物所和融科储能。目前PCT申请量前10位中还没有一家中国申请机构，可见我国虽然在该技术领域的总专利数量排名第一，但是对重要专利的海外市场布局还远远落后于国外主要竞争专利权人，如果未来我们的液流电池技术进入国际市场，必须针对国家的有效专利以及重要专利权人的专利技术进行详细比对，预防知识产权侵权纠纷。

（7）中国专利目前排名前10名主要申请人中，企业共有7家，科研机构和大学共占3家，申请量最多的中科院大连化物所和融科储能，两家总专利公开申请量近400件，授权专利200余件，远超过中国其他申请人，研发能力和技术优势明显。从2011—2020年的申请趋势看，中科院大连化物所的专利申请量一直保持相对稳定的上升趋势，融科储能在2012年和2016年出现两次专利申请量下滑，在2017年和2018年两年申请量仍保持增长态势；目前我国主要竞争对手在全钒液流电池技术研发队伍阵容最大的是国家电网，专利发明人总数为100人，其次是中南大学研发团队为84人、清华大学77人、国网武汉南瑞研究员75人。主要竞争专利权人的活动年期在10年以上的分别为中科院金属所、清华大学、大连理工大学和中南大学，企业的研发时间相对大学和科研院所整体上稍短一些，这也符合一项技术从基础研究到产业化的发展进程。

（8）2011—2020年国外专利权人进驻我国的专利申请量逐年上升，2019年当年公开数量超过100件，日本住友电工进入中国的专利数量已经近100件，其次是韩国乐金、日本昭和电工、美国联合工艺公司和美国OCI公司。可见国外主要专利权人对中国的储能市场前景比较看好，将大量的核心专利进入我国申请，有意提前占领中国市场。

（9）中国专利各技术分支申请总量和所占的总申请比例按顺序分别为：电解液520件，占18.8%；膜材料495件，占17.9%；电堆460件，占16.7%；电极431件，占15.6%；电池系统363件，占13.1%；电池管理系统236件，占8.5%；双极板/集流板204件，占7.4%；检测评价90件，占3.3%。从各个技术分支的授权量上看，膜材料的授权专利为首位，中国授权专利223件，其次为电解液173件、电极164件、电池系统102件、双极板/集流板61件，电池管理系统58件、检测评价38件。

（10）从我国全钒液流电池储能技术专利技术整体布局看，电解液方面优势明显的机构为攀枝花钢铁研究院、中科院大连化物所、融科储能、中科院金属所、先进金属研究院几家单位；中科院大连化物所在膜材料、双极板、电极方面优势明显突出于其他申请机构；电堆技术专利数量较多的申请机构为中科院大连化物所、日本住友电工、融科储能和东方电气；融科储能在全钒液流电池系统方面具有较强的技术优势。

（11）目前国外申请人进入我国专利数量最多的是电极方面的专利，其次是膜材料、电池系统、电堆和电解液方面的专利技术。2016—2020年国外来华申请专利公开量明显增多，尤其是关键材料（电极和膜材料）、电池系统和电堆这4个分支技术。

（12）我国申请的全钒液流电池电堆技术相关专利主要集中在：通过电堆结构设计，包括液流框结构、一体化结构设计、密封结构来提高电堆的可靠性、简化结构，以及达到提高电压效率和循环寿命的目的；通过电堆组装工艺达到简化结构/工艺、提高可靠性以及密封的效果。这些技术－功效点是多数专利权人关注的焦点，也是全钒液流电池实现大规模产业的要求和推动力。导流板、端板、模块化设计、公用管路等其他技术也有所涉及，但是并不是研究的热点。

2.3.8　建议

通过对全钒液流电池技术国内外专利的全面分析结果可以看出，全钒液流电池技术目前正处在一个快速发展阶段，全球各主要技术国家/地区都对其给予了高度关注，加速其产业化发展。我国近年来在全钒液流电池方面取得了一系列重大技术进展，突破了新一代全钒液流电池关键技术，推动了全球最大100MW级全钒液流储能电站全面开工建设，同时为进一步提高其技术核心竞争力，加快成果产出及成果转化进程，结合本报告的分析结果，对其提出以下建议：

（1）在开展相关研发或项目立项前，应对国内外已公开的液流电池相关专利进行全面分析，规避或合理借鉴现有专利技术，避免重复投入，提高效率。我国在该技术领域关键材料（膜、双极板、电极）、电堆结构设计及集成方面还应加强基础性专利技术的申请，同时注重改进型专利的布局，形成自己的专利群保护；注重专利挖掘和布局，对技术空白点和可拓展的技术进行专利申请，加强自主研发，对核心专利应积极申请国外保护，尽早占领国际市场。

（2）重视专利跟踪及预警分析，最大限度降低未来企业进入国际市场的知识产权风险，在进行未来的技术开发或改进时，应斟酌参考现有专利技术，并在关键技术方面考虑更先进的技术方案，有效规避潜在的知识产权风险。对高知识产权风险的专利，能规避应尽快进行规避，如果不可规避，应尽早与研发人员和知识产权法律负责人沟通，建立知识产权预警方案。对还未授权的重要专利技术（与申请人使用的技术有覆盖或者未来可能覆盖的技术），应随时跟踪其法律状态，防止其授权后发生知识产权侵权风险。

（3）注重现有专利技术的利用，加强研发人员和企业技术人员对专利技术的开发和利用，避免重复研究工作，同时掌握竞争对手的专利技术，做到知己知彼，同时在了解他人技术的同时，能更好地启发自己的研究工作，对知识产权风险较低的领域也要尽早申请专利。

第3章　固态锂电池技术专利导航分析

3.1　锂离子二次电池技术概况

锂离子二次电池技术在消费电子和通信领域已经得到广泛应用，未来在混合电动汽车和智能电网等领域有广阔的发展前景。目前绝大多数电池采用液态电解液实现离子传输过程，这是因为液态电解液中的离子同周围环境中的离子、分子之间的物理化学作用力弱，束缚作用小，加上电解液在电极材料表面的润湿作用，使离子在电极－电解质之间的传输变得容易。但是，液态电解液存在易燃、易腐蚀和热稳定性差等安全性问题，使传统锂离子电池的发展受到限制。特别是使用有机液态电解液的锂离子电池，安全性成为突出问题。全固态锂二次电池作为新型绿色能源技术的代表，能彻底解决上述问题，更好地实现能源的存储、转化与利用，正成为研究和应用的热点。

全固态锂电池采用固态电解质代替液体电解质，具有高能量密度、高安全性和长循环寿命等特点，可以避免液体电解质带来的负效用，提高电池的安全性和服役寿命。与传统电解液锂电池相比，具有明显的特点和优势：(1) 完全消除了电解液腐蚀和泄漏的安全隐患，具有更高的热稳定性，电池外壳及冷却系统模块可以得到简化，减轻电池重量，从而提高能量密度；(2) 不必封装液体，支持串行叠加排列和双极机构，可减少电池组中无效空间，提高生产效率；(3) 由于固体电解质的固态特性，可以叠加多个电极，使单元内串联制备12V及24V的大电压单体电池成为可能；(4) 电化学稳定窗口宽（可达5V以上），可以匹配高电压电极材料，能量密度和功率密度得到进一步提高；(5) 固体电解质一般是单离子导体，几乎不存在副反应，因此可以获得更长的使用寿命。全固态锂离子电池的独特优势使其在大型电池和超微超薄电池领域都具有相当大的潜力。

固态电解质是全固态锂离子电池的核心组件。具有高锂离子电导率、高锂离子迁移数、优良电化学及热稳定性、力学性能、与电极具有良好兼容性的固态电解质，是发展全固态锂离子电池的必要条件。固态电解质种类繁多，总体来说可以分为无机固态电解质和聚合物电解质。

无机固态电解质主要包括硫化物电解质和氧化物电解质等。早期开发的卤化物电解质、Li_3N等材料存在电导率低、化学性质不稳定、制备困难等问题，目前应用较多的无机固态电解质是硫化物电解质和氧化物电解质。

聚合物电解质（SPE）由聚合物基体（如聚酯、聚醚和聚胺等）和锂盐（如 $LiClO_4$、$LiAsF_6$、$LiPF_6$、$LiBF_4$等）构成，因其质量较轻、黏弹性好、机械加工性能优良等特点而受到了广泛的关注。

3.1.1　氧化物固态电解质

按物质结构，氧化物固态电解质可以分为晶态电解质和非晶态电解质。晶态电解质包括石榴石型 $Li_7La_3Zr_2O_{12}$ 固态电解质、钙钛矿型 $Li_{3x}La_{2/3-x}TiO_3$ 固态电解质、NASICON 型 $Li_{1+x}Al_xTi_{2-x}(PO_4)_3$ 和 $Li_{1+x}Al_xGe_{2-x}(PO_4)_3$ 固态电解质等。非晶态电解质包括由 SiO_2、B_2O_3、P_2O_5 等和 Li_2O 组成的二元网络化合物和三元混合网络化合物以及 LiPON 薄膜固态电解质。氧化物固态电解质室温离子电导率相对较高、电化学窗口宽、热稳定性好，高模量和高硬度有助于抑制锂枝晶形成和生长。

石榴石型固态电解质的通式可表示为 $Li_{3+x}A_3B_2O_{12}$，其中：A 为八配位阳离子，B 为六配位阳离子。AO_8和 BO_6通过共面的方式交错连接构成三维骨架，骨架间隙则由 O 构成的八面体空位和四面体空位填充。当 $x=0$ 时，Li^+被严格束缚在作用较强的四面体空位（24d），难以自由移动，相应的电解质体系电导率较低。当 $x>0$ 时，随 x 增加，Li^+逐渐占据束缚能力较弱的八面体空位（48g/96h），四面体空位出现空缺，离子电导率逐渐上升。2007 年，有学者发现固态电解质 $Li_7La_3Zr_2O_{12}$（LLZO）具有高离子电导率和电化学窗口宽的特性。同时，采用场辅助烧结或氧气氛烧结也可以得到性能较好的 LLZO。此外，LLZO 对空气有较好的稳定性，不与金属锂反应，烧结体具有优良的力学性能，有望成为全固态锂离子电池理想的固态电解质材料。

钙钛矿型 $La_{2/3-x}Li_{3x}TiO_3$（LLTO）固态电解质具有结构稳定、制备工艺简单、成分可变范围大等优势。LLTO 的总电导率主要由晶界电导率控制，通过对 Li/La 位和 Ti 位掺杂，可以提高颗粒电导率，但对晶界电导率影响较小，晶界修饰对材料电导率提高更为有效。LLTO 与金属锂负极间的稳定性较差，金属锂能够将 Ti^{4+} 部分还原为 Ti^{3+}而引入电子电导。有学者（Kobayashi 等）在 LLTO 表面涂覆固体聚合物电解质，避免 LLTO 与金属 Li 直接接触，组装的全固态电池具有优良的循环性能。

NASICON 型固态电解质不仅可以导钠，而且可以快速传导锂离子。快锂离子导体的结构通式为 $LiT_2(PO_4)_3$，T 为 Ti、Ge、Zr 等。使用三价离子 Al、Cr、Ga 等进行取代掺杂，得到 $Li_{1+x}M_xTi_{2-x}(PO_4)_3$(LATP)，其中 Al 掺杂的电解质电导率最高。与 LLTO 类似，LATP 在使用金属 Li 电极时，Ti^{4+}被还原成 Ti^{3+}，在 LATP 和金属 Li 之间添加聚合物缓冲层，避免电解质与锂负极间的不可逆反应。此外，Ge 与金属 Li 的稳定性高，用 Ge 替换 Ti，得到另一种 NASICON 结构 $Li_{1+x}Al_xGe_{2-x}(PO_4)_3$(LAGP)，具有高化学稳定性、高离子电导率和宽电化学窗口的特性。通过熔盐淬冷法制备的 LAGP 电解质兼具陶瓷与玻璃的优点，其离子电导率达到

10^{-3}S/cm。

反钙钛矿结构固态电解质具有低成本、环境友好、高的室温离子电导率(2.5×10^{-2}S/cm)、优良的电化学窗口和热稳定性以及与金属Li稳定等特性。反钙钛矿结构锂离子导体可表示为：$Li_{3-2x}M_xH_{al}O$，其中M为Mg^{2+}、Ca^{2+}、Sr^{2+}或Ba^{2+}等高价阳离子，H_{al}为元素Cl或I。目前研究的反钙钛矿型固态电解质为Li_3ClO。通过高价阳离子（Mg^{2+}、Ca^{2+}、Sr^{2+}、Ba^{2+}）的掺杂，阳离子的存在使晶格中产生大量空位。大量空位的存在增加了锂离子的传输通道，降低了锂离子扩散的活化能，提高了电解质的离子导电能力。

薄膜固态电解质LiPON具有良好的综合性能，室温离子电导率为2.3×10^{-6}S/cm，电化学窗口达5.5V，热稳定性高，且与$LiMn_2O_4$、$LiCoO_2$等常用正极和金属Li负极相容性良好。提高LiPON电解质的离子电导率，主要是通过增加薄膜材料中N含量来实现。此外，在LiPON中引入过渡金属元素（Ti、Al、W等）和非金属元素（Si、S、B等），也可以提高电解质的离子电导率。随着全固态薄膜锂离子电池在动态随机存储器（DRAMS）、微电机械系统（MEMS）、微传感器和植入式医疗器件中的应用，采用金属有机化学气相沉积（MOCVD）、激光脉冲沉积（PLD）和原子层沉积（ALD）等新方法，使得在柔性衬底上制备LiPON薄膜成为可能。

3.1.2　硫化物固态电解质

硫化物固态电解质是由氧化物固态电解质衍生出来的，氧化物基体中氧元素被硫元素取代，形成了硫化物固态电解质。由于硫元素的电负性比氧元素小，对锂离子的束缚小，有利于得到更多自由移动的锂离子。同时，硫元素的半径比氧元素大，当硫元素取代氧元素的位置，可引起电解质晶型结构的扩展，能够形成较大的离子传输通道，利于锂离子的传输。硫化物固态电解质由于优异的电化学性能而备受关注，在电池的应用中，可明显改善安全性问题。硫化物固体电解质主要包括二元硫化物（$Li_2S-P_2S_5$、Li_2S-SiS_2、Li_2S-GeS_2、$Li_2S-B_2S_3$等）和三元硫化物［$Li_2S-MeS_2-P_2S_5$（Me=Si，Ge，Sn，Al）等］。

$Li_2S-P_2S_5$硫化物固态电解质是研究最多的硫化物玻璃陶瓷固体电解质。P_2S_5基硫化物固体电解质电化学稳定性好，电化学窗口宽，离子电导率较高，电子电导率较低，与电池传统的负极材料石墨相容性较好，在全固态锂及锂离子电池中具有很好的应用前景。但是目前Li_2S-P_2S电解质材料仍然存在一些问题，材料的锂离子电导率仍然较低、化学稳定性稍差、活化能较高，同时制备成本偏高，难以实现工业化的生产和应用。改善P_2S_5基玻璃电解质导电性的方法主要有添加锂盐、适量增加网络改性物的含量、掺杂氧化物或形成玻璃－陶瓷复合电解质等。

Li_2S-SiS_2硫化物固体电解质具有高的电导率（其锂离子电导率的数量级在$1\times10^{-4}\sim1\times10^{-3}$）和玻璃转化温度，表现出好的电化学性能和热稳定性，且制备简单，成为研究者关注的热点之一。Li_2S-SiS_2 基硫化玻璃成为在电池的应用过程中具潜力的固态电解质。Li_2S-SiS_2 虽然具有较高的电导率，但是和工业上常用的石墨负极材料相容性差。同时，Li_2S 和 SiS_2 易吸潮，化学稳定性较差，因此，提高 Li_2S-SiS_2 基固体电解质的电化学稳定性和电导率越来越引起人们的重视。掺杂改性是一种常用的改善固体电解质性能的方法，可以改变空隙和通道的大小，减弱骨架和迁移离子的作用力，从而提高电导率。

3.1.3　聚合物电解质

聚合物电解质通常由极性高分子和金属盐络合而成，因其具有高的安全性、力学柔性、黏弹性和易成膜等优点，易于制备柔性储能器件，被认为是下一代高能存储器件用最具潜力的电解质之一。聚环氧乙烷（PEO）基聚合物固态电解质是研究最早且研究最多的全固态聚合物电解质体系，此外聚碳酸酯基体系、聚硅氧烷基体系、聚合物锂单离子导体基体系等一些新型聚合物电解质体系也一直是全固态聚合物电解质研究的热点。

PEO 是常用的聚合物基体，不仅具有质轻、黏弹性好、易成膜、电化学窗口宽、化学稳定性好等优点，还能很好地抑制锂金属电池的枝晶问题。PEO 基全固态聚合物电解质的离子导电机制早已被很多人研究，其分子动力学模型及相关模拟也早已被提出。但是，室温时 PEO 易结晶，且锂盐在无定形相中的溶解度低，载流子浓度低，PEO 基电解质的室温离子电导率仅为 1×10^{-7} S/cm。通过共混、共聚和交联等方法对 PEO 基体进行改性，降低 PEO 基体的结晶区，增加其链段的运动能力，增强锂盐的解离程度，从而提高其离子电导率。

聚碳酸酯作为一种典型的不含醚基的全固态聚合物电解质基质，其优异的电化学性能也证实了在聚合物主链上引入高介电常数的基团确实有助于提高全固态聚合物电解质的离子导电性质，具有十分重要的开发价值，引起研究人员的广泛关注。聚碳酸酯基体系电解质的电导率随锂盐浓度的增加呈线性增加，且在加热到 60℃时不会发生明显的相转变。聚碳酸酯电解质的玻璃化转变温度 T_g 随锂盐浓度的增加而降低。聚碳酸基团具有强极性的—O—(C═O)—O—基团，强极性基团的存在有利于锂盐的溶解。降低锂盐中阴阳离子的相互作用，可以抑制离子聚集，提高自由锂离子浓度，进而提高电解质的离子电导率和离子迁移数。常见聚碳酸酯基电解质主要有聚碳酸乙烯酯（PEC）、聚三亚甲基碳酸酯（PTMC）、聚碳酸丙烯酯（PPC）和聚碳酸亚乙烯酯（PVC）等。

聚硅氧烷也是一种极具开发潜力的全固态聚合物电解质基质，它具有灵活多样的分子结构设计、易于合成、优异的电化学性能等特点，也是目前全固态聚合物电解质研究领域的热点之一。聚硅氧烷的主链结构单元为 Si—O 链节，各种有机基团可以作为侧链与硅原子相连。与传统 PEO 基全固态聚合物电解质相比，聚硅氧烷基作为全固态聚合物电解质最大的优势在于其低玻璃化转变温度和高室温离子导电性，但低玻璃化转变温度通常会伴随着力学性能的降低而降低，所以一般通过共混、接枝或者交联形成网络状聚合物等手段来改善聚硅氧烷基全固态聚合物电解质的综合性能。此外，聚硅氧烷电解质由于存在交联网络结构，可以制备 polymer - in - salt 电解质体系。通过硫醇烯点击反应，将端基官能化的聚乙烯醇（PEG）进行聚合，形成可控交联网络聚合物，30℃时的离子电导率为 6.7×10^{-4}S/cm，在 30 ~ 90℃范围内储能模量为 40kPa。

在传统阴阳离子共同迁移的电解质体系中，$t(Li^+)$较低，阴离子的迁移会导致体系内部的浓差极化，降低电池的循环使用性能。聚合物锂单离子导体基（single lithium - ion conductor，SLIC）全固态聚合物电解质则是一类阴离子不发生迁移、$t(Li^+)$接近于 1 的电解质体系。目前，被广泛研究的 SLIC 大致有三类，一类是在有机骨架上接入有机阴离子，一类是在无机骨架（如 Si—O—Si 链）上接入有机阴离子的有机 - 无机杂化体系，还有一类是最近有所报道的多孔性网状结构体系。对于有机骨架型和无机骨架型 SLIC 的研究较多，且都存在离子电导率较低的问题，而多孔性网状结构 SLIC 的研究则相对较少。

目前，固态电池尚未实现大规模商业化。预计到 2025 年全固态锂电池将最终实现产业化。由于固态电池未大规模商业化，因此电解质也没有大规模的商业化生产。在无机电解质方面，其中，欧美企业偏好氧化物体系，而日韩企业则更多致力于解决硫化物体系。日本丰田集中对硫化物固态电解质进行研究，以提高电池的能量密度、电导率、循环寿命、安全性等性能。2020 年日本丰田推出搭载硫化物固态电池的新能源汽车，并于 2022 年实现量产。中国的赣锋锂业引入中科院团队开始布局固态电池。目前，赣锋锂业集团在固态电池氧化电解质技术上实现了 Liscon 氧化物粉体和石榴石氧化物粉体研制，具备年产 100 吨的量产能力。

3.2　固态锂电池固态电解质技术全球专利分析

3.2.1　专利查全查准率

命中数据：23 516 条；16 987 件；10 638 个简单同族。查全率为 92.36%，查准率为 80%。

3.2.2　申请趋势分析

图 3.1 给出了锂离子电池无机固态电解质材料技术相关专利申请数量的年度（基于专利申请年）变化趋势，可以看出，锂离子电池无机固态电解质材料技术相关专利的申请在 2000—2005 年专利申请发展缓慢，申请数量维持在 20 件左右，

2006年出现了第一个增长，专利数量升至61件，到2010年又出现了第二次增长，专利数量与2009年相比增长1倍。随后进入快速增长阶段，到2018年，专利数量超过400件（由于从专利申请到公开最长有18个月的迟滞，因此截至检索日，2019年和2020年的部分申请专利尚未公开，数据仅供参考）。

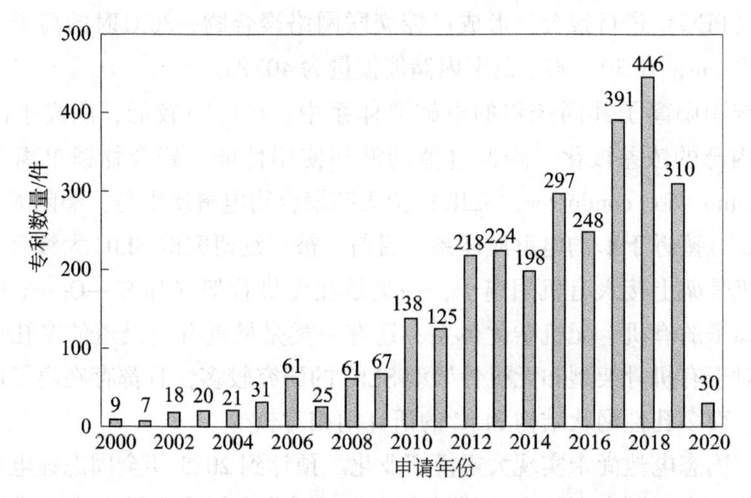

图3.1　锂离子电池无机固态电解质材料技术相关专利申请数量的年度分布

3.2.3　申请国家（地区、组织）分布

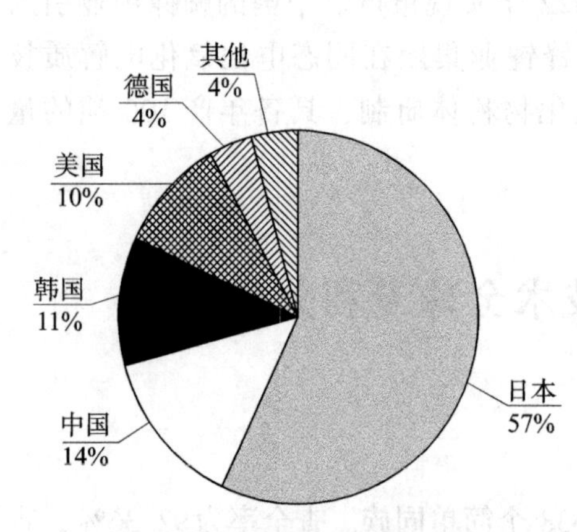

图3.2　锂离子电池无机固态电解质材料技术相关专利申请人国家（地区、组织）的分布

图3.2反映了锂离子电池无机固态电解质材料技术相关专利申请人国家（地区、组织）的分布情况。可以看出，日本的专利申请量占绝对优势，占所有专利申请量的57%；其后为中国、韩国、美国等。日本、中国、韩国和美国4个国家的专利申请量占所有专利申请的92%，是锂离子电池无机固态电解质材料技术开发最为积极的国家。

1. 各国家（地区、组织）专利受理总量对比

图3.3反映了锂离子电池无机固态电解质材料技术相关专利受理国家（地区、组织）的分布情况。可以看出，日本受理的专利申请量最多，共822件，其后为中国、美国、韩国等。日本受理的专利申请量明显低于申请人国别的专利申请量，这说明日本除了在本国布局专利外，在全球也有相当数量的布局。表3.1反映了锂离子电池无机固态电解质材料技术

相关专利主要申请国家（地区、组织）的全球布局情况。在日本、中国、韩国和美国4个主要技术原创国家中，4个国家本国专利布局率分别为：日本43%，中国94%，韩国51%，美国41%。中国主要以本国保护为主，专利海外布局相对薄弱。日本、美国、韩国本国布局和海外布局并重。其中日本除了在本国申请外，主要集中在美国、中国、世界知识产权组织、欧洲、韩国。韩国除了在本国申请外，主要集中在美国。美国除了在本国申请外，主要集中在世界知识产权组织、日本、中国、欧洲、韩国。由此可以看出，从各国的技术申请范围来看，日本、韩国、美国都在积极进行全球布局，中国在这方面还需要进一步加强。

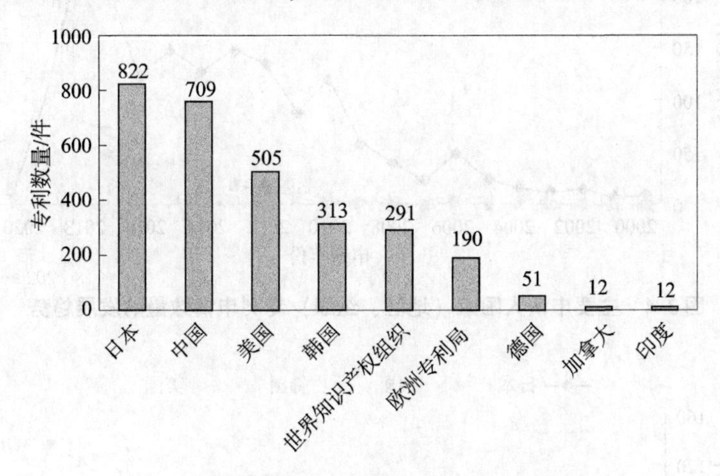

图3.3　锂离子电池无机固态电解质材料技术相关专利受理国家（地区、组织）的分布

表3.1　锂离子电池无机固态电解质材料技术相关专利主要申请国家（地区、组织）的全球布局　　（单位：件）

申请人国家（地区、组织）	公开国家（地区、组织）															
	日本	美国	中国	世界知识产权组织	欧洲专利局	韩国	德国	印度	澳大利亚	加拿大	巴西	俄罗斯	墨西哥	奥地利	合计	本国专利布局率/%
日本	726	270	222	183	123	110	21	8	6	6	5	5	0	2	1687	43
中国	2	6	408	10	4	2	0	0	0	0	0	0	0	0	432	94
韩国	19	74	24	17	11	161	11	0	0	0	0	0	0	0	317	51
美国	25	124	21	50	26	31	5	0	0	4	3	0	3	0	299	41

2. 主要国家（地区、组织）专利申请数量时间走势对比

图3.4和图3.5反映了日本、中国、韩国、美国4个国家的专利申请量的发展趋势，从申请人国家（地区、组织）看，日本专利申请人的专利申请数量从2006年

开始快速增长，中国、韩国、美国均从2010年后快速增长。而从专利公开国家（地区、组织）来看，从2008年之后，在日本的专利公开量明显低于日本专利申请人的专利申请量，这说明日本专利申请人开始进行全球布局。而从2017年开始在中国的专利申请量明显增多，这说明各个国家均认为固态电池在中国具有潜在的市场，在中国加大了专利布局。

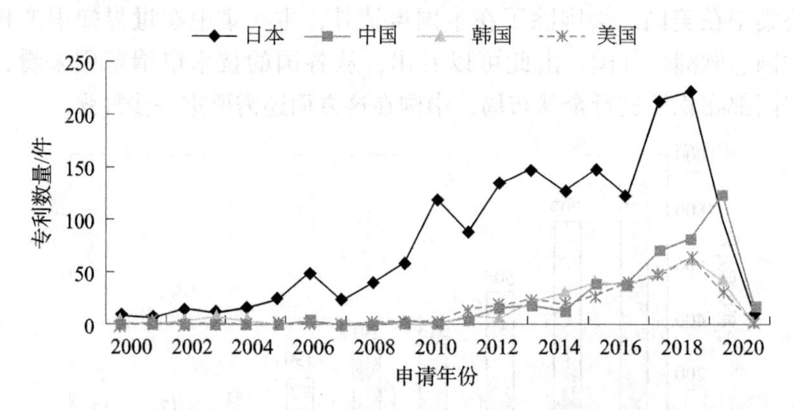

图3.4　主要申请人国家（地区、组织）专利申请数量的发展趋势

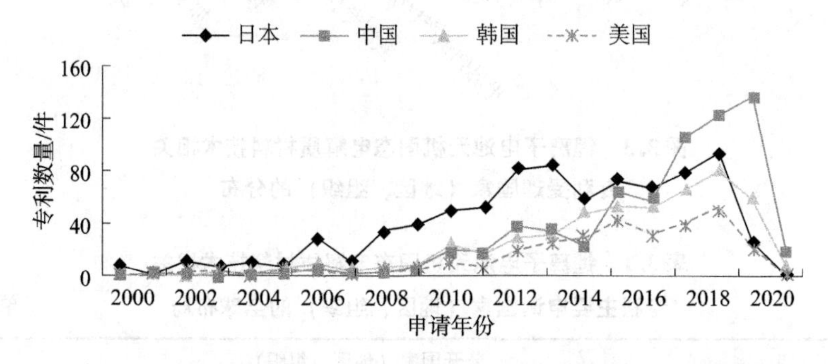

图3.5　主要公开国家（地区、组织）专利申请数量的发展趋势

3. 主要公开国家专利的技术布局

表3.2给出了锂离子电池无机固态电解质材料技术相关专利主要公开国家技术布局情况，可以看出，日本、韩国、中国、美国专利的技术组成相对集中，都主要集中在H01M10/0562［非水电解质蓄电池（H01M10/39优先）固体材料(2010.01)］、H01M10/052［锂蓄电池（2010.01)］。中国、美国和韩国的专利在H01M10/0525［摇椅式电池，即其两个电极均插入或嵌入有锂的电池；锂离子电池（2010.01)］研究也较多。日本、中国和韩国的专利在H01B1/06（主要由其他非金属物质组成的）研究也较多。

表 3.2 主要专利公开国家专利的技术布局 (单位：件)

国家	1	2	3	4	5	6
日本	H01M10/0562	H01B1/06	H01M10/052	H01B13/00	H01M4/62	H01B1/10
	822	553	429	387	199	152
中国	H01M10/0562	H01M10/0525	H01M10/052	H01M10/058	H01B1/06	H01B13/00
	664	294	147	123	106	55
美国	H01M10/0562	H01M10/0525	H01M10/052	H01M10/0585	H01M6/18	H01M10/36
	505	265	145	38	37	27
韩国	H01M10/0562	H01M10/052	H01M10/0525	H01B1/10	H01M4/62	H01B1/06
	312	148	60	44	35	34

3.2.4 竞争专利权人分析

表3.3给出了专利申请数量前10位的申请人，其中9家为公司申请人，1家为高校。日本机构有7家，韩国机构有2家，美国机构有1家。日本丰田的申请量远远超过其他机构。

表 3.3 锂离子电池无机固态电解质材料技术相关专利主要申请人 (单位：件)

序号	专利申请总数	专利申请人
1	503	日本丰田
2	229	日本出光集团
3	80	韩国现代
4	68	韩国三星
5	58	日本松下集团
6	50	日本森村集团
7	44	东京工业大学
8	40	日本精工爱普生
9	35	日本住友电工
10	33	美国康宁公司

1. 竞争专利权人技术情况对比

图3.6给出了锂离子电池无机固态电解质材料技术相关专利主要申请人技术情况，日本丰田和日本出光集团技术主要集中在H01M10/0562［非水电解质蓄电池（H01M10/39优先）固体材料（2010.01）］、H01M10/052［锂蓄电池（2010.01）］、H01B1/06（主要由其他非金属物质组成的）、H01B13/00（制造导体或电缆制造的专用设备或方法）。

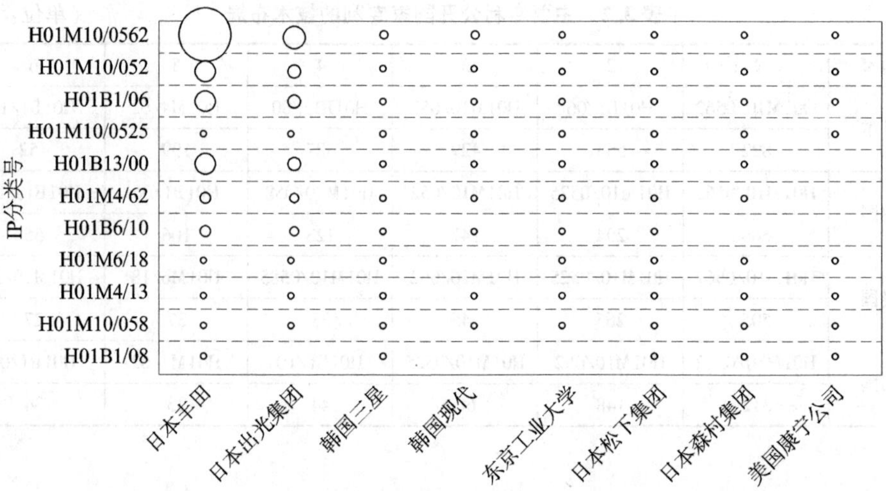

H01M10/0562
H01M10/052
H01B1/06
H01M10/0525
H01B13/00
H01M4/62
H01B6/10
H01M6/18
H01M4/13
H01M10/058
H01B1/08
IP分类号
日本丰田
日本出光集团
韩国三星
韩国现代
东京工业大学
日本松下集团
日本森村集团
美国康宁公司

图 3.6　锂离子电池无机固态电解质材料技术相关专利主要申请人技术情况

2. 竞争专利权人专利活跃情况

从重要专利申请人2018—2020年专利占比数据（表3.4）可以看出，锂离子电池无机固态电解质材料专利技术研发最为活跃的申请人为日本松下集团，其次为韩国三星和美国康宁公司。日本丰田和日本出光集团虽然申请量较多，但2018—2020年专利申请活跃度偏低。

表 3.4　重要专利申请人专利申请活跃度

专利申请人	专利总量/%	申请活跃度	
		2018—2020 年受理量/件	2018—2020 年专利占比/%
日本丰田	503	74	14.7
日本出光集团	229	33	14.4
韩国现代	80	28	35
韩国三星	68	33	48.5
日本松下集团	58	49	84.5
日本森村集团	50	10	20
东京工业大学	44	6	13.6
日本精工爱普生	40	11	27.5
日本住友电工	35	0	0
美国康宁公司	33	13	39.4

3. 竞争专利权人国际保护策略

表3.5给出了锂离子电池无机固态电解质材料排名前10位的专利申请人专利申请的保护区域分布情况，日本丰田和日本出光集团不仅在专利申请数量上具有

优势，而且在世界其他国家（地区、组织）对其锂离子电池无机固态电解质材料技术申请了专利保护。其他专利申请人除了在本国进行专利保护之外，也都在其他国家（地区、组织）申请了相应的保护。

表3.5　重要专利申请人专利申请的保护区域分布　　（单位：件）

专利申请人	JP	US	CN	KR	WIPO	EP	DE	AU	CA
日本丰田	183	95	80	53	34	31	9	6	4
日本出光集团	114	39	18	13	19	21	5	0	0
韩国现代	6	20	19	22	0	3	10	0	0
韩国三星	10	24	0	29	0	4	1	0	0
日本松下集团	0	12	17	0	27	2	0	0	0
日本森村集团	24	9	0	1	10	6	0	0	0
东京工业大学	14	14	0	2	6	8	0	0	0
日本精工爱普生	20	14	0	1	3	2	0	0	0
日本住友电工	17	6	0	4	2	5	1	0	0
美国康宁公司	0	15	0	2	9	6	0	0	0

注：表中国家/地区代码对应如下，US—美国；WIPO—世界知识产权组织；CN—中国；JP—日本；KR—韩国；EP—欧洲专利局；DE—德国；CA—加拿大；AU—澳大利亚。

3.2.5　研究主题分布

锂离子电池无机固态电解质的技术主要包括无机固态电解质材料与无机固态电解质膜，其中无机固态电解质材料包括硫化物、氧化物、卤化物、硼氢化锂、无机其他和有机－无机混合（图3.7）。其中硫化物和氧化物占比较高，分别为46%和43%，两者占总申请量的89%，是锂离子电池无机固态电解质材料技术开发最主要的方向。

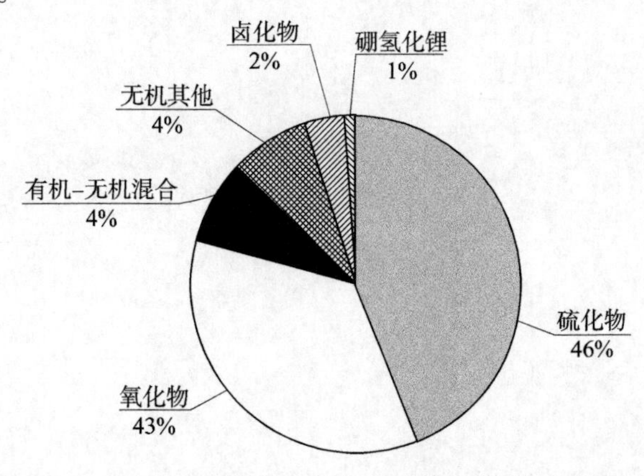

图3.7　锂离子电池无机固态电解质材料相关专利申请分布

3.2.6　结论与建议

通过对无机固态锂电池技术相关专利的分析发现，近年来全球无机固态锂电池专利申请数量总体呈上升趋势。从申请人国别和专利受理国家（地区、组织）可以看出，日本、中国、韩国和美国 4 个国家是无机固态电解质技术开发和布局的优势国家；日本、美国、韩国本国布局和海外布局并重；中国主要以本国保护为主，专利海外布局相对薄弱，应重视全球专利布局，探索潜在国外市场，强化全球专利保护意识。在专利申请量排名前 10 位的申请人中，日本机构占据绝对优势，大部分机构的专利也进行了很好的海外布局。从总体技术领域来看，主要集中在硫化物电解质和氧化物电解质两个方向，两个方向的研发力量不相上下。从日本和中国的申请人来看，日本主要以企业为主，日本丰田是最大的无机固态电解质研究企业，在硫化物电解质、氧化物电解质方面均有布局，也是无机固态电解质电池的主要研发企业，据报道，计划实现硫化物固态电解质电池的量产。中国的比亚迪股份有限公司、浙江锋锂新能源科技有限公司、蜂巢能源科技有限公司、青岛能迅新能源科技有限公司、华为技术有限公司、宁德新能源科技有限公司等虽然加快无机固态电解质专利技术布局，但中国申请量排名前 10 位的申请人，只有两家企业，从长远发展来看，建议本土电池企业与电解质研发主体有效联合，尽快形成全面有效的专利保护，实现无机固态电解质在锂电池上的大规模应用。

第4章 二氧化碳电化学还原技术专利导航分析

4.1 二氧化碳电化学还原技术概况

电化学催化还原法作为一种高效的 CO_2 处理技术，可以将 CO_2 电催化还原为一氧化碳（CO），甲烷（CH_4），甲醇（CH_3OH），甲酸（HCOOH）和乙醇（C_2H_5OH）等有价值的产物，因其生产过程清洁，装置简单可控，转化效率较高，可大规模生产等优点，已得到人们广泛关注，制约 CO_2 电化学还原技术发展及应用的关键是如何开发低成本、高选择性、高效率的 CO_2 电化学还原催化剂。公开报道的电极催化材料主要可分为四类：金属电极，金属/氧化物纳米催化剂，分子催化剂和非金属催化剂。

早期 CO_2 电化学还原的研究主要集中在多晶单金属催化剂上，因为它们结构简单，易于处理。基于 CO_2 还原的主要产物，金属电极可以进一步分成几个亚组：CO 选择性金属（如 Au、Ag、Pd、Ga 和 Zn），甲酸盐选择性金属（如 Hg、Sn、In、Cd 和 Pb）和氢气选择性金属（如 Fe、Ni 和 Pt）等。在所有单金属催化剂中，Cu 表现出独特的电催化能力，可生成甲烷、乙烷、乙烯、乙醇等小分子烃类及醇类等产物。铜作为二氧化碳还原电化学催化剂的独特之处在于，它是唯一对 *CO（一种重要的二氧化碳还原中间体）具有负吸附能、对 *H（一种析氢反应中的中间体）具有正吸附能的金属，针对 Cu、Sn 等活性金属及其合金/改性电极，还有大量研究，从不同程度改善了电极性能。金属/氧化物纳米催化剂使用多孔高比表面金属氧化物或碳材料作为载体，负载（贵）金属或活性氧化物纳米颗粒作为催化剂，并涂敷于玻碳、碳纸、石墨等制备复合电极。负载贵金属纳米催化剂（Au、Ag、Pd 等）一般催化 CO_2 还原产生 CO。单原子催化剂是一类特殊的负载型催化剂，其活性组分以单个原子或离子形式分散/配位于多孔金属氧化物或碳材料载体，具有配位不饱和、活性高、活性位易辨认等优点，原子级分散的金属氮碳复合材料，因其催化性能优异、金属组分利用率高、抗污染及失效性高等优势，被应用于能源转换的二氧化碳还原反应。经典的制备方法是先机械混合金属盐类，与氮源、碳源高温焙烧后，使用强酸除掉金属的聚集态颗粒，利用氮元素对过渡金属的强配位作用，可以在酸处理过程中保留少量原子级分散的过渡金属组分。该类催化剂在 CO_2 电化学还原反应中也展现出优越的性能，如 Ni－N－C，Zn－N－C 等。主产物一般为 CO，具有较低的反应过电位。分子催化剂具有高活性和高选择性，产物以 CO 为主，如金属卟啉等，这类催化剂一般产物单一（选择性高），常以有机溶剂或离子液体作为电解质，还原电位较高。具有可调控的分子单元的共价有机骨架（COFs）和金属有机骨架（MOFs）催化剂，可以提高 CO_2还原的活性和选择性，利用金属有机骨架碳材料（MOF）可均匀螯合过渡金属组分的特点，焙烧具有特殊元素组合及含量的 MOF 可在一定程度上得到金属组分原子级分散的氮碳材料。研究发现带有钴卟啉的 COFs 将 CO_2 电化学还原为 CO 的反应具有高活性和高选择性。通过亚胺键连接钴卟啉催化剂与有机骨架制备得到多孔 COFs 材料。非金属催化剂主要是各类碳材料（碳纤维、碳纳米管、石墨烯、钻石碳、介孔碳、各种碳量子点等）及其杂原子（N、S、B、F）掺杂材料。杂原子掺杂可以提供活性位，提高催化剂反应活性，以甲酸产物为主，具有较高的产物法拉第效率。

到目前为止，许多主要的科学挑战仍然存在，例如：①形成 CO_2^- 中间产物存在高的能量势垒，需要很大的过电压，这意味着还原过程较低的能量效率；②受阻于 CO_2 还原迟滞动力学和有限的 CO_2 转移到电化学催化剂上的质量传递能力，反应速率相当低；③通过 CO_2 还原，获得各种各样的气体和液体混合产物，在这种情况下，产物分离成本较高；④在还原过程中，电化学催化剂的催化活性位点能够被电解液中的反应中间物、副产物或杂质堵塞或者毒化，导致严重的失活。目前报道的电化学催化剂的寿命一般低于 100 h；⑤既然 CO_2 还原在水溶液中完成，应该考虑竞争性的析氢反应（HER）。作为一个重大的副反应，HER 反应发生在更低的电压下，HER 很大程度上影响了 CO_2 电化学催化的法拉第效率和选择性；⑥与 HER、OER 和氧还原（ORR）相比，CO_2 还原更加复杂，因为它可能产生很多产物，以及多重耦合的电子和质子步骤。因此，揭示 CO_2 还原的基本原理和准确的反应过程是更加困难的。总的来说，有前途的 CO_2 还原电化学催化剂应该具有以下特征：低过电压、高电流密度、良好的稳定性，与此同时，为了高选择性地产出理想的产物，HER 应该被强烈地抑制。

对二氧化碳电化学还原来讲，100 ~ 1000 mA/cm^2 的电流密度是较为合适的反应速率。但是二氧化碳在水相环境中的低溶解度限定了许多实验室规模的反应只有 1 ~ 10 mA/cm^2的电流密度。水相的溶剂也容易发生产氢反应，分摊了二氧化碳还原反应的质子来源。较低的 pH 值有利于产氢，较高的反应温度会降低二氧化碳的溶解度，因此许多二氧化碳电解池在室温和标准大气压下运行，并且使用碱性电解液。一些二氧化碳电化学还原体系使用高压以增加二氧化碳的溶解度，同时高压环境不利于产氢反应的发生。

在未来 10 ~ 20 年中，比较现实的商业化只可能在一些不排斥新技术的较小的市场内实现，特别是一些不与传统化工产品竞争的市场内。二氧化碳电化学还原技术通常被认为是一项生产液态燃料的技术，液态燃料的市场就属于较难进入的市场。因此，二氧化碳电化学还原技术的商业化应当关注一些可以利用其特性的市场领域。二氧化碳电化学还原技术能够快速获得较高电流密度，对于缓冲可再生能源的波动性、确保电网频率的稳定有重要作用。其较高的选择性，使其产物含有较低的杂质，可以作为原料进行下一步反应。虽然反应的过电压偏高将来会成为一个障碍，但是改善偏电压并没有直击当前能源市场的痛点。通过电化学还原技术，稳定地、高选择性地生产一氧化碳和甲酸可以获得较高的生产价值，甚至可以与现有的产品竞争。因此，理解如何控制稳定性和选择性，以此为基础来设计电解池和催化剂将有助于我们解决二氧化碳电化学还原技术存在的诸多障碍。

4.2　二氧化碳电化学还原技术全球专利分析

4.2.1　专利查全查准率

命中数据：1075 条；813 件；669 个简单同族。查全率为 86.5%，查准率为 82.5%。

4.2.2　申请趋势分析

1. 二氧化碳电化学还原技术国际专利申请态势

通过 incoPat 数据库进行检索，共检索到二氧化碳电化学还原相关专利（族）554 件。

图 4.1 给出了二氧化碳电化学还原相关专利数量的年度（基于专利申请年）变化趋势。可以看出，二氧化碳电化学还原相关专利的申请在 2006 年出现，但随后发展较为缓慢。直到 2010 年后，专利申请数量才出现大幅增长。

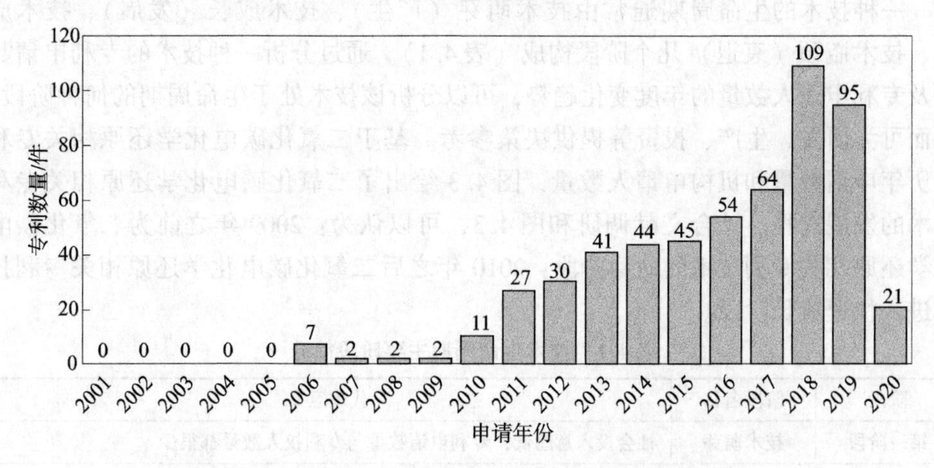

图 4.1　二氧化碳电化学还原专利申请数量的发展趋势

2. 二氧化碳电化学还原技术国际专利公开态势

专利公开和专利申请相比有一定滞后，一般发明专利在申请后 3 ~ 18 个月公开，实用新型专利和外观设计专利在申请后 1 ~ 15 个月公开。图 4.2 给出了二氧化碳电化学还原相关专利公开数量的发展趋势，可以看出，二氧化碳电化学还原相关专利的公开在 2006 年出现（和专利申请一致），但随后发展较为缓慢。直到 2012 年后，专利公开数量急剧增长，不断上升的公开数量彰显了二氧化碳电化学还原技术正在处于快速发展阶段。

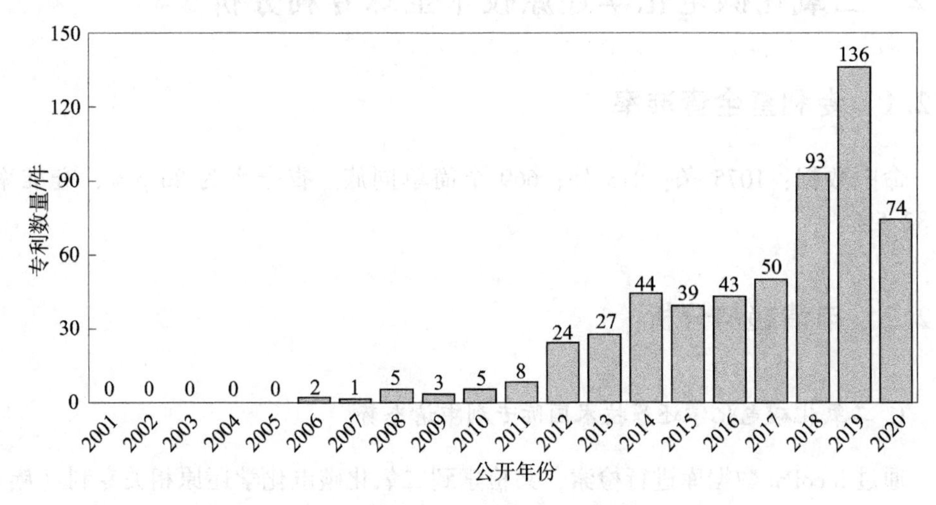

图 4.2　二氧化碳电化学还原专利公开数量的发展趋势

3. 二氧化碳电化学还原专利技术生命周期分析

一种技术的生命周期通常由技术萌芽（产生）、技术成长（发展）、技术成熟、技术瓶颈（衰退）几个阶段构成（表 4.1）。通过分析一种技术的专利申请数量及专利申请人数量的年度变化趋势，可以分析该技术处于生命周期的何种阶段，进而可为研发、生产、投资等提供决策参考。基于二氧化碳电化学还原相关专利的历年申请数量和机构申请人数量，图 4.3 绘出了二氧化碳电化学还原相关专利技术的发展进程。结合文献调研和图 4.3，可以认为：2009 年之前为二氧化碳电化学还原相关专利技术的萌芽阶段；2010 年之后二氧化碳电化学还原相关专利技术进入快速成长阶段。

表 4.1　技术生命周期主要阶段简介

阶段	阶段名称	代表意义
第一阶段	技术萌芽	社会投入意愿低，专利申请数量与专利权人数量都很少
第二阶段	技术成长	产业技术有了一定突破或厂商对于市场价值有了认知，竞相投入发展，专利申请数量与专利权人数量呈现快速上升的趋势

续表

阶段	阶段名称	代表意义
第三阶段	技术成熟	厂商投资与研发资源不再扩张，且其他厂商进入此市场意愿低，专利申请数量与专利权人数量呈现逐渐减缓或趋于平稳的趋势
第四阶段	技术瓶颈	相关产业已过于成熟，或产业技术研发遇到瓶颈难以有新的突破，专利申请数量与专利权人数量呈现负增长的趋势

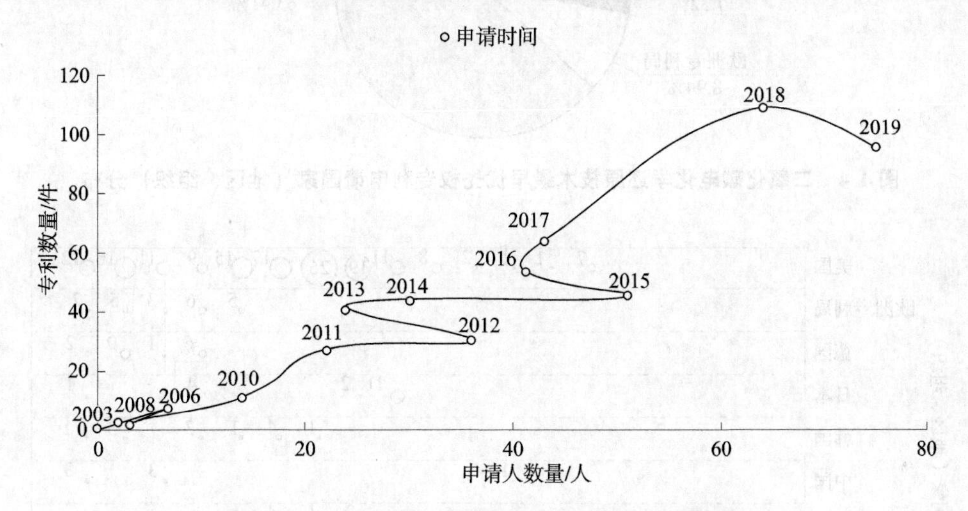

图4.3　二氧化碳电化学还原专利技术生命周期图

4.2.3　申请国家（地区、组织）分布

1. 最早优先权专利申请国家（地区、组织）分布

通过最早优先权专利申请国家（地区、组织）的分析，可以了解二氧化碳电化学还原专利技术的原创国。对二氧化碳电化学还原技术最早优先权专利申请国家（地区、组织）进行统计分析（图4.4）发现，美国处于技术原创国的首位，其专利受理数量大幅领先于随后其他各国家（地区、组织），占据了63.41%的份额；欧洲专利局、德国、日本紧随其后，也是该项技术的主要技术原创国。但是，欧洲专利局、德国、日本等的专利申请数量与美国有较大的差距。

图4.5对排名前10位的最早优先权国家（地区、组织）的专利申请数量随时间的变化趋势进行了分析，藉以掌握二氧化碳电化学还原技术在各国布局的变化趋势。从图4.5中可以看出，美国和中国是最早进入该技术领域的国家，其他国家（地区、组织）则在2012年前后开始相关研究，其中欧洲专利局、德国、韩国等国家（地区、组织）的申请量始终保持较为稳定，增长缓慢。

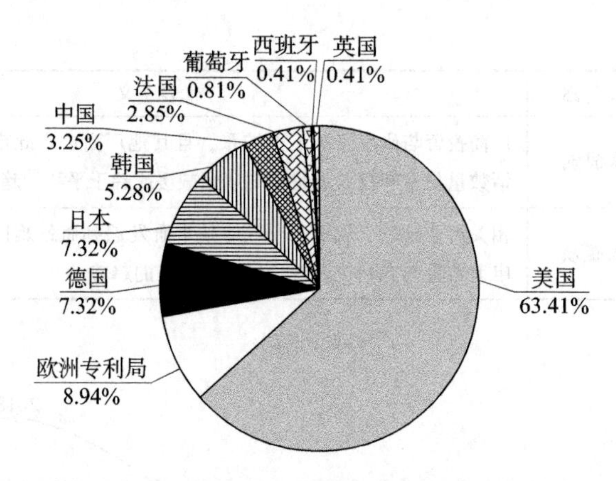

图 4.4　二氧化碳电化学还原技术最早优先权专利申请国家（地区、组织）分布

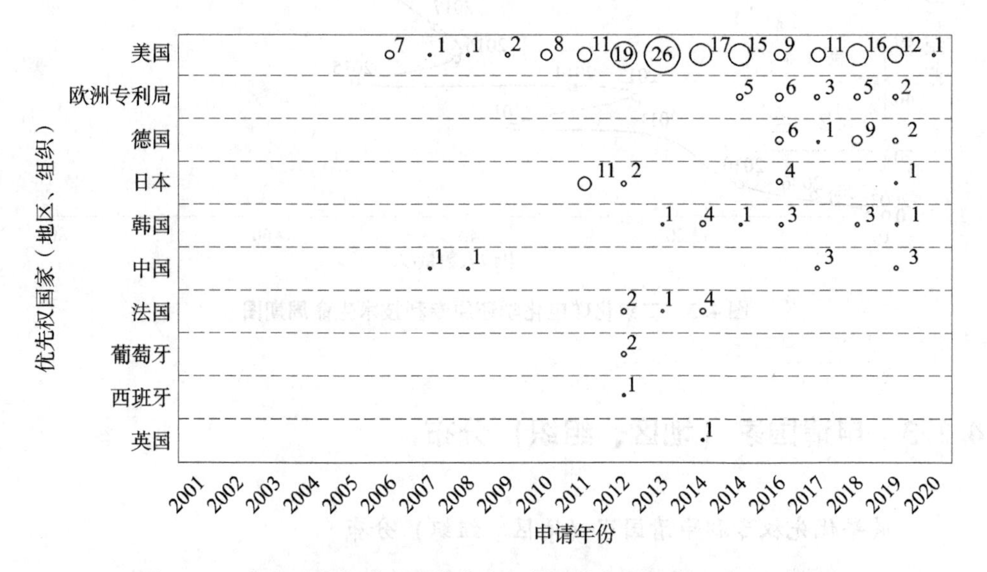

图 4.5　二氧化碳电化学还原技术主要最早优先权国家（地区、组织）
专利数量的发展趋势（单位：件）

2. 专利公开国家（地区、组织）分布

图 4.6 展示了二氧化碳电化学还原技术专利公开国家（地区、组织）分布，可以看出，中国依然是专利布局的重点，占据了 48.92% 的份额，其专利受理数量大幅领先于其他各国家（地区、组织），之后是美国、世界知识产权组织、日本和欧洲专利局。

3. 各国家（地区、组织）专利受理总量对比

二氧化碳电化学还原专利技术研发最为活跃的国家（地区、组织）包括中国、美国、世界知识产权组织、日本、欧洲专利局和韩国，其 2016—2020 年专利申请占比分别为 79.7%、62.8%、74.3%、50.0%、66.7% 和 74.1%（表 4.2）。

图4.7展示了二氧化碳电化学还原技术主要国家（地区、组织）的专利布局。

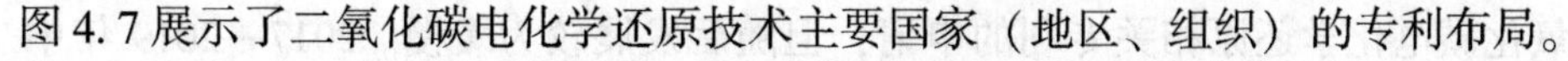

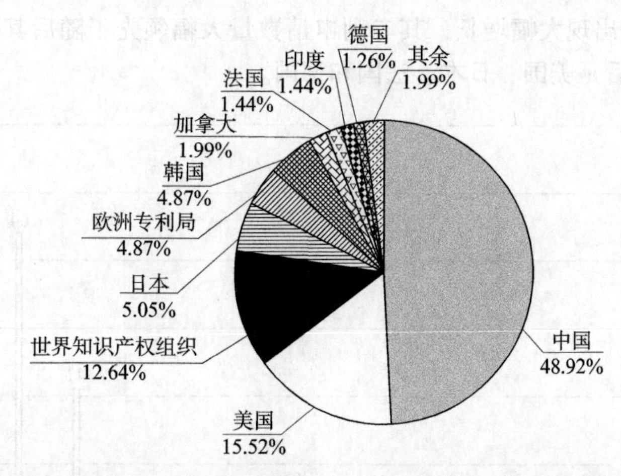

图4.6　二氧化碳电化学还原技术专利公开国家（地区、组织）分布

表4.2　主要国家（地区、组织）二氧化碳电化学还原技术专利申请活跃度

国家（地区、组织）		中国	美国	世界知识产权组织	日本	欧洲专利局	韩国
专利总量/件		271	86	70	28	27	27
申请活跃度	2016—2020年专利受理量/件	216	54	52	14	18	20
	2016—2020年专利占比/%	79.7	62.8	74.3	50.0	66.7	74.1

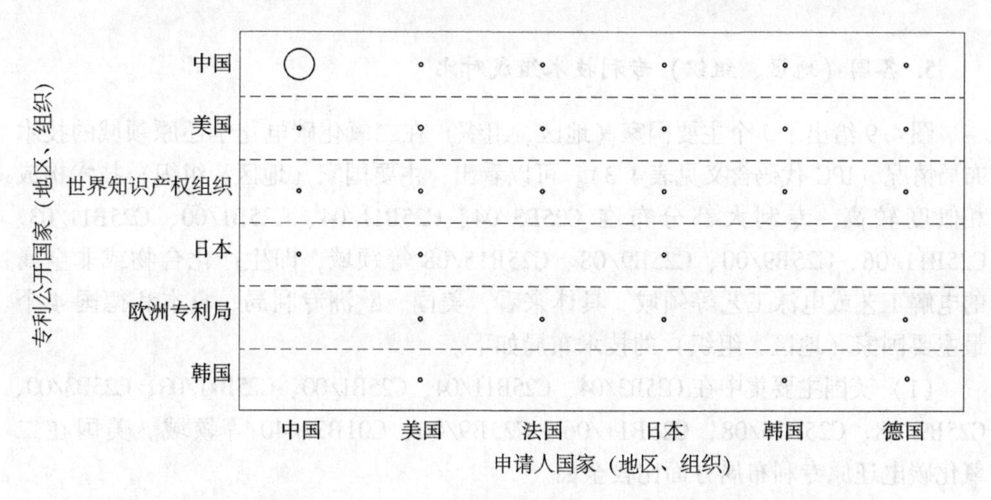

图4.7　二氧化碳电化学还原技术专利主要国家（地区、组织）的全球布局

4. 主要国家（地区、组织）专利数量时间走势对比

图4.8给出了二氧化碳电化学还原技术在主要国家（地区、组织）专利申请量的发展趋势。可以看出，2006年，中国、美国、法国、日本、韩国和德国出现

了二氧化碳电化学还原相关专利的申请，但随后发展较为缓慢。2017—2019 年中国专利申请数量出现大幅增长，其专利申请数量大幅领先于随后其他各国家（地区、组织），之后是美国、日本、法国和德国。

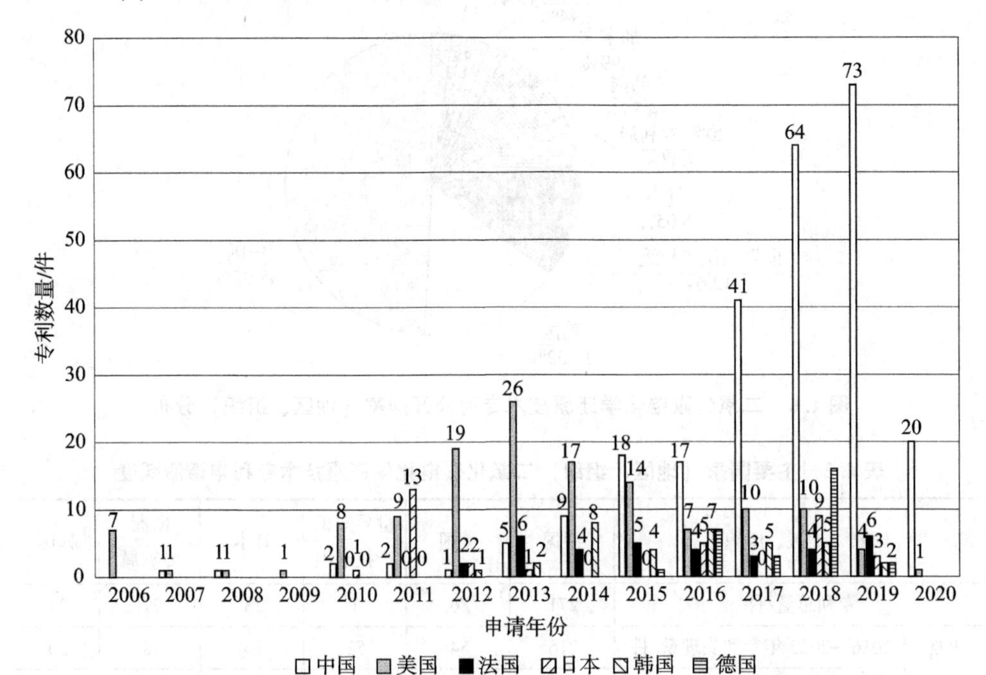

图 4.8 二氧化碳电化学还原技术在主要国家（地区、组织）专利申请量的发展趋势

5. 各国（地区、组织）专利技术组成对比

图4.9 给出了 7 个主要国家（地区、组织）在二氧化碳电化学还原领域的技术布局情况（IPC 代码含义见表4.3）。可以看出，主要国家（地区、组织）技术构成相似度较高，专利大都分布在 C25B3/04、C25B11/04、C25B1/00、C25B11/03、C25B11/06、C25B9/00、C25B9/08、C25B15/08 等领域，即生产化合物或非金属的电解工艺或电泳工艺等领域。具体来看，美国、欧洲专利局、日本和德国 4 个最主要国家（地区、组织）的技术布局如下。

（1）美国主要集中在 C25B3/04、C25B11/04、C25B1/00、C25B11/03、C25B3/00、C25B9/08、C25B15/08、C25B11/06、C25B9/00、C01B32/40 等领域。美国在二氧化碳电还原专利布局方面比较全面。

（2）欧洲专利局主要集中在 C25B1/00、C25B11/04、C25B11/03、C25B3/04、C01B32/40、C25B9/00、C25B11/06 等领域，欧洲专利局在二氧化碳电化学还原法技术方面的专利数量远低于美国，且在反应物或电解液的供给或移除的专利相对较少。

（3）日本主要集中在 C25B3/04、C25B11/06、C25B9/00、C01B32/40、C25B1/00 等领域，主要集中在所用催化材料特征和电解槽或其组合件方面的应用，申请数量远超其他国家，但是在反应物或电解液的供给或移除方面的专利相对较少。日本在二氧化碳电化学还原法制备技术方面的专利数量远低于美国和欧洲专利局。

（4）德国主要集中在 C25B3/04、C25B11/04、C25B1/00、C25B11/03、C25B15/08 等领域。同样，德国在二氧化碳电化学还原法技术方面专利数量远低于美国和欧洲专利局。

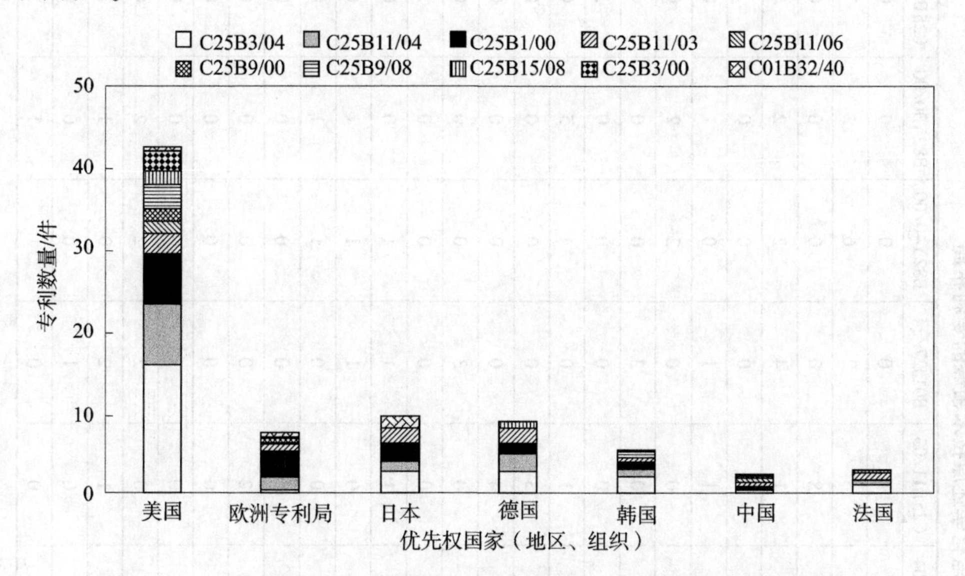

图 4.9　主要国家（地区、组织）在二氧化碳电化学还原领域的技术布局

表 4.3　二氧化碳电化学还原专利技术领域表

IPC 分类	技术领域
C25B3/04	还原法
C25B11/04	以材料为特征的
C25B1/00	无机化合物或非金属的电解生产
C25B11/03	多孔的或有小孔的
C25B11/06	以所用催化材料为特征的
C25B9/00	电解槽或其组合件；电解槽构件；电解槽构件的组合件，如电极 - 膜组合件
C25B9/08	隔膜
C25B15/08	反应物或电解液的供给或移除；电解液的再生
C25B3/00	有机化合物的电解生产
C01B32/40	一氧化碳

4.2.4　竞争专利权人分析

1. 二氧化碳电化学还原技术的专利布局

表 4.4 给出了二氧化碳电化学还原技术主要申请人的专利布局情况（IPC 代

表 4.4　主要专利申请人在二氧化碳电化学还原技术领域的专利布局

（单位：件）

申请人名称	C25B3/04	C25B11/06	C25B1/00	C25B11/04	C25B11/03	B01J27/24	B82Y40/00	B82Y30/00	C25B11/12	B01J23/72
美国液体光有限公司	28	0	7	8	1	0	0	0	0	0
中科院大连化物所	17	21	11	2	6	2	6	2	7	0
德国西门子股份公司	19	3	7	10	8	0	0	0	0	0
浙江大学	5	9	4	0	1	4	2	2	1	1
法国狄德罗巴黎第七大学	2	0	8	1	0	0	0	0	3	0
东华大学	4	7	0	0	1	1	0	1	0	1
沙特法赫德国王石油和矿产大学	2	2	0	4	0	0	2	2	0	0
中科院理化技术研究所	4	7	4	0	0	3	0	0	0	1
法国国家科学研究中心	1	0	8	0	0	0	0	0	3	0
日本本田	4	2	3	2	1	0	4	5	0	3
韩国索港大学研究基金会	5	0	3	0	3	0	0	0	0	0
法国石油公司	8	6	0	2	4	0	0	0	0	0
日本松下集团	13	10	2	0	0	3	0	0	0	0
美国普林斯顿大学	7	1	0	5	0	0	0	0	2	0
中南大学	4	5	1	2	1	1	1	0	0	0
中国科学技术大学	4	6	3	0	0	1	1	1	0	1
哈尔滨工业大学	4	1	2	2	0	0	1	1	0	0
韩国 S－OIL 公司	5	0	2	2	1	0	0	0	0	2
韩国乐金	5	0	3	6	2	0	0	0	0	4
美国 UT－巴特勒有限公司	1	0	0	2	0	0	0	0	0	0
中国科学院大学	3	4	1	0	0	2	0	0	0	0
北京化工大学	2	4	1	0	0	2	2	2	0	0
大连理工大学	3	4	2	0	1	2	0	1	3	0
肇庆市华师大光电产业研究院	5	6	0	0	0	1	0	0	0	1
美国南加利福尼亚大学	3	0	1	1	0	0	1	1	1	0

码含义见表4.5)。可以看出，主要申请人技术构成相似度较高，专利大都分布在C25B3/04、C25B11/06、C25B1/00、C25B11/04、C25B11/03等领域，即改性电极催化材料，进行有机化合物（甲酸、甲烷、乙酸、乙烷、乙烯等）或无机化合物（CO）的电解生成等领域。具体来看，美国液体光有限公司、中科院大连化物所、德国西门子股份公司和浙江大学4个主要申请人的技术布局如下。

（1）美国液体光有限公司主要集中在C25B3/04、C25B1/00、C25B11/04等领域。在纳米及纳米复合催化材料制造或处理、以碳为基料的电极和金属铜电极方面的专利相对较少。

（2）中科院大连化物所主要集中在C25B3/04、C25B11/06、C25B1/00、C25B11/04、C25B11/03、B01J27/24、B82Y40/00、B82Y30/00、C25B11/12等领域，在二氧化碳电化学还原法专利布局方面较为全面。

（3）德国西门子股份公司主要集中在C25B3/04、C25B11/06、C25B1/00、C25B11/04、C25B11/03等领域。同样，在纳米及纳米复合催化材料制造或处理、以碳为基料的电极和金属铜电极方面的专利相对较少。

（4）浙江大学主要集中在C25B3/04、C25B11/06、C25B1/00等领域。同样，在以碳为基料的电极和金属铜电极方面的专利相对较少。

表4.5 二氧化碳电化学还原专利技术领域表

IPC分类	技术领域
C25B3/04	还原法
C25B11/06	以所用催化材料为特征的
C25B1/00	无机化合物或非金属的电解生产
C25B11/04	以材料为特征的
C25B11/03	多孔的或有小孔的
B01J27/24	氮的化合物
B82Y40/00	纳米结构的制造或处理
B82Y30/00	用于材料和表面科学的纳米技术，如纳米复合材料
C25B11/12	以碳为基料的电极
B01J23/72	铜

2. 竞争专利权人专利活跃情况

从2015—2020年专利占比数据（表4.6）可以看出，二氧化碳电化学还原专利技术研发最为活跃的申请人（2015—2020年专利占比超过50%）主要集中在中科院大连化物所、德国西门子股份公司、浙江大学、法国狄德罗巴黎第七大学、东华大学、法赫德国王石油和矿产大学、中科院理化技术研究所、法国国家科学研究中心、日本本田、韩国索港大学研究基金会、法国石油公司、中南大学、中国科学技术大学、哈尔滨工业大学、韩国S－OIL公司、韩国乐金、美国UT－巴特勒有限公司、中国科学院大学、北京化工大学、大连理工大学和肇庆市华师大光电产业研究院等；其中，美国液体光有限公司、中科院大连化物所、德国西门子股份公司、东华大学、法赫德国王石油和矿产大学、中科院理化技术研究所、日本松下集团、美国普林斯顿大学、中南大学、哈尔滨工业大学、北京化工大学、大连理工大学和美国南加利福尼亚大学等申请人的专利影响力较高。

表 4.6　主要专利申请人专利申请活跃度

申请人	专利总量/件	申请活跃度		技术影响力	
		2015—2020 年受理量/件	2015—2020 年专利占比/%	专利总被引频次/次	专利平均被引频次/次
美国液体光有限公司	46	6	13.0	406	8.8
中科院大连化物所	37	35	94.6	98	2.6
德国西门子股份公司	21	21	100.0	27	1.3
浙江大学	11	9	81.8	3	0.3
法国狄德罗巴黎第七大学	12	9	75.0	6	0.5
东华大学	10	8	80.0	54	5.4
法赫德国王石油和矿产大学	9	6	66.7	12	1.3
中科院理化技术研究所	9	9	100.0	9	1.0
法国国家科学研究中心	10	8	80.0	6	0.6
日本本田	11	11	100.0	1	0.1
韩国索港大学研究基金会	8	7	87.5	2	0.3
法国石油公司	12	9	75.0	11	0.9
日本松下集团	13	0	0	55	4.2
美国普林斯顿大学	12	4	33.0	109	9.1
中南大学	7	5	71.4	11	1.6
中国科学技术大学	7	7	100.0	0	0
哈尔滨工业大学	7	7	100.0	12	1.7
韩国 S－OIL 公司	9	9	100.0	4	0.4
韩国乐金	6	6	100.0	0	0
美国 UT－巴特勒有限公司	6	6	100.0	0	0
中国科学院大学	6	6	100.0	0	0
北京化工大学	6	6	100.0	12	2.0
大连理工大学	6	5	83.3	17	2.8
肇庆市华师大光电产业研究院	6	6	100.0	0	0
美国南加利福尼亚大学	6	2	33.3	31	5.2

3. 竞争专利权人国际保护策略

表 4.7 给出了二氧化碳电化学还原技术主要申请人专利申请的保护区域分布情况。可以看出，美国液体光有限公司、德国西门子股份公司、法国狄德罗巴黎

第七大学、法国国家科学研究中心、日本本田等不仅在专利申请数量上具有优势，而且在世界其他主要国家都对其二氧化碳电化学还原技术专利申请了专利保护。而我国机构虽然在专利申请数量上表现很好，但是基本上以国内申请为主，除了中科院大连化物所在国外有少量专利申请外，其余基本都没有对其二氧化碳电化学还原技术专利申请进行国外保护。

表4.7　主要专利申请人专利申请的保护区域分布　（单位：件）

申请人	CN	US	WIPO	JP	EP	KR	CA	FR	IN	DE	AU	BR	ME	SA
美国液体光有限公司	4	12	7	0	5	4	5	0	5	0	3	1	0	0
中科院大连化物所	35	1	1	0	0	0	0	0	0	0	0	0	0	0
德国西门子股份公司	0	2	6	0	5	0	0	0	1	5	1	0	0	1
浙江大学	11	0	0	0	0	0	0	0	0	0	0	0	0	0
法国狄德罗巴黎第七大学	0	4	3	0	2	0	1	0	1	0	1	0	0	0
东华大学	10	0	0	0	0	0	0	0	0	0	0	0	0	0
法赫德国王石油和矿产大学	0	9	0	0	0	0	0	0	0	0	0	0	0	0
中科院理化技术研究所	9	0	0	0	0	0	0	0	0	0	0	0	0	0
法国国家科学研究中心	0	2	3	0	3	0	1	0	0	0	1	0	0	0
日本本田	3	2	1	2	1	0	0	0	0	2	0	0	0	0
韩国索港大学研究基金会	0	2	2	0	0	4	0	0	0	0	0	0	0	0
法国石油公司	0	0	4	0	0	0	0	8	0	0	0	0	0	0
日本松下集团	3	3	4	3	0	0	0	0	0	0	0	0	0	0
美国普林斯顿大学	0	5	3	0	1	0	2	0	1	0	0	0	0	0
中南大学	7	0	0	0	0	0	0	0	0	0	0	0	0	0
中国科学技术大学	7	0	0	0	0	0	0	0	0	0	0	0	0	0
哈尔滨工业大学	7	0	0	0	0	0	0	0	0	0	0	0	0	0
韩国S-OIL公司	0	1	0	0	0	8	0	0	0	0	0	0	0	0
韩国乐金	0	0	3	0	0	3	0	0	0	0	0	0	0	0
美国UT-巴特勒有限公司	0	2	1	0	1	0	1	0	0	0	0	0	1	0
中国科学院大学	6	0	0	0	0	0	0	0	0	0	0	0	0	0
北京化工大学	6	0	0	0	0	0	0	0	0	0	0	0	0	0
大连理工大学	6	0	0	0	0	0	0	0	0	0	0	0	0	0
肇庆市华师大光电产业研究院	6	0	0	0	0	0	0	0	0	0	0	0	0	0
美国南加利福尼亚大学	0	2	1	0	2	1	0	0	0	0	0	0	0	0

注：表中国家/地区代码对应如下，CN—中国；US—美国；WIPO—世界知识产权组织；JP—日本；EP—欧洲专利局；KR—韩国；CA—加拿大；FR—法国；IN—印度；DE—德国；AU—澳大利亚；BR—巴西；ME—墨西哥；SA—南非。

4.2.5　技术分布及研究热点

图4.10与表4.8列出了二氧化碳电化学还原技术专利申请量居前10位的技术领域分布（基于IPC小组）及其申请情况。可以看出，二氧化碳电化学还原专利技术主要集中在以下几个方向：①电化学还原催化剂，如气体扩散电极、汞齐电极、铟氧化物、金纳米颗粒等电极催化剂，分类号为C25B3/04、C25B11/03、C25B11/04、C25B11/06、C25B1/00等。②纳米复合材料催化剂，如金属或金属氧化物纳米电极、纳米合金催化剂、金属复合电催化剂等，分类号为C25B11/06、C25B3/04、C25B1/00、B82Y40/00、B82Y30/00等。③二氧化碳电化学转化为羧酸或碳酸盐；电解装置或系统，分类号为C25B3/04、C25B11/04、C25B1/00、C25B9/08、C25B15/08等。④氮掺杂、氮配位和氮化物等制备的电极，如过渡金属－氮配位电催化剂、氮掺杂碳或氮化物负载金属纳米复合材料电催化剂、过渡金属－N－C复合电催化剂等，分类号为B01J27/24。⑤以碳为基料的电极，如炭毡、炭纸、杂原子掺杂碳纳米管和掺杂石墨烯上负载金属/金属氧化物以及分子卟啉催化剂等，分类号为C25B11/12。⑥铜或铜氧化物纳米电极，如铜纳米片电极、氧化铜或氧化亚铜纳米电极催化剂等，分类号为B01J23/72。

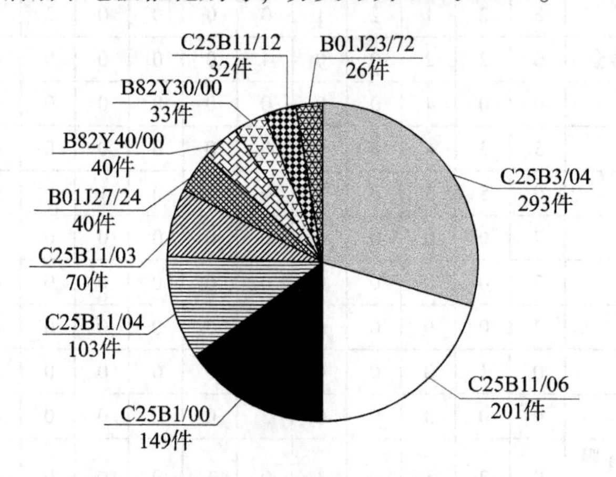

图4.10　二氧化碳电化学还原技术专利申请量居前10位的技术领域分布

表4.8　二氧化碳电化学还原技术专利申请量居前10位的技术领域及其申请情况

IPC分类号	申请量/件	技术领域
C25B3/04	293	还原法
C25B11/06	201	以所用催化材料为特征的
C25B1/00	149	无机化合物或非金属的电解生产
C25B11/04	103	以材料为特征的
C25B11/03	70	多孔的或有小孔的

续表

IPC 分类号	申请量/件	技术领域
B01J27/24	40	氮的化合物
B82Y40/00	40	纳米结构的制造或处理
B82Y30/00	33	用于材料和表面科学的纳米技术，如纳米复合材料
C25B11/12	32	以碳为基料的电极
B01J23/72	26	铜

4.2.6　近期技术热点

图 4.11 给出了二氧化碳电化学还原在不同技术方向专利申请量的分布情况和发展趋势。从图中可以看出，2006 年，专利申请首次提出还原二氧化碳的电化学方法；2006—2010 年专利申请的技术方向，大部分使用金属催化剂，二氧化碳发生电化学还原反应转化为 C1 产物，如甲酸、一氧化碳和甲醇等；2011 年出现了氮化物催化剂，将二氧化碳还原为 CO、CH_4、C_2H_4、C_2H_6 和 HCOOH 等；2012 年出现了纳米复合材料催化剂：碳纳米管或二氧化钛纳米管上负载金属铜或铁等，2013 年出现了铜氧化物纳米材料：Cu_2O 纳米线；2015 年出现了以碳材料为基底的电极；近年来，使用氮化物催化剂、纳米复合材料催化剂、铜氧化物纳米催化剂和以碳材料为基底的电极，将二氧化碳电化学还原为有机产品的专利的申请量逐年上升。

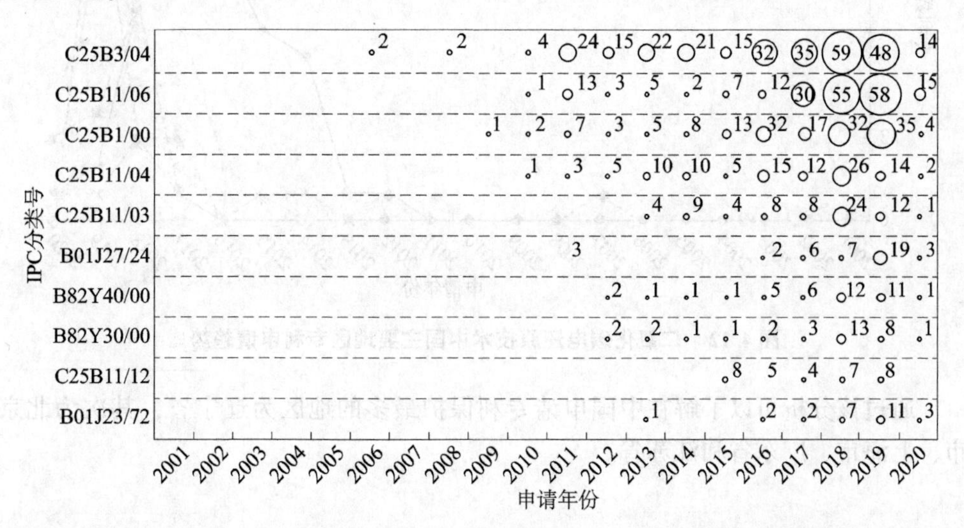

图 4.11　二氧化碳电化学还原在不同技术方向专利申请量的分布情况和发展趋势（单位：件）

4.3　二氧化碳电化学还原技术中国专利分析

4.3.1　申请趋势分析

图 4.12 展示的是二氧化碳电化学还原技术中国主要地区专利申请趋势，可以看出，自 2006 年起，我国该项技术专利申请数量才开始快速增长，特别是 2011 年以后，开始进入快速增长阶段，表明二氧化碳电化学还原技术在我国日益受到重视。尤其是自 2013 年后，国内申请人在二氧化碳电化学还原方向的专利申请数量出现爆炸性的增长，2016—2017 年辽宁省申请的专利最多，2019 年广东省、北京市和山东省申请的专利量达到最高值。这说明随着中国政府、科研机构及相关企业对二氧化碳电化学还原相关技术的重视，国内迎来二氧化碳电化学还原研发的高潮，有可能使中国在世界二氧化碳电化学还原产业发展的过程中占据主动地位。

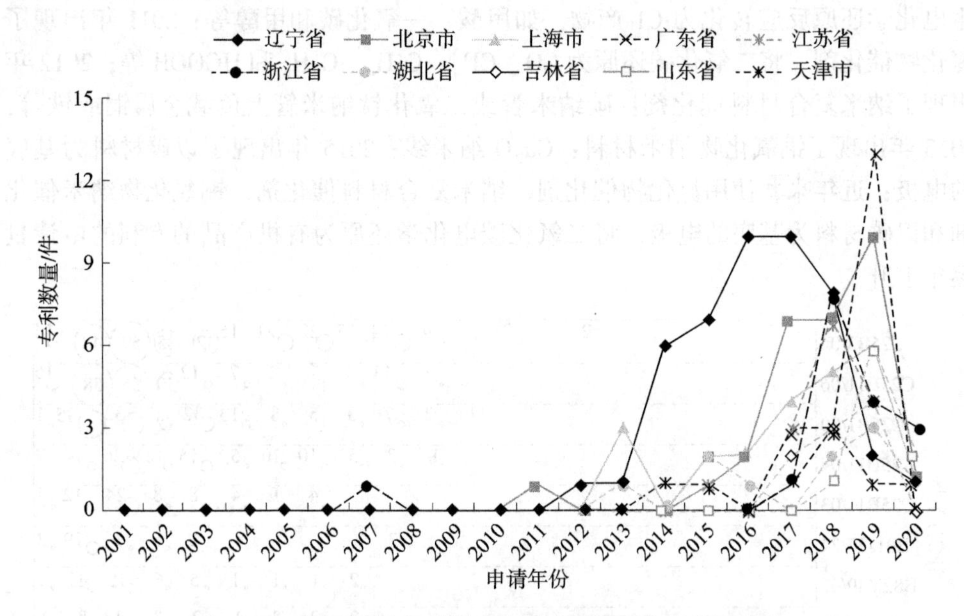

图 4.12　二氧化碳电还原技术中国主要地区专利申请趋势

通过该分析可以了解在中国申请专利保护最多的地区为辽宁省，其次为北京市、上海市、广东省和江苏省。

4.3.2　中国专利申请人国家（地区、组织）分布情况

在检索到的 271 件二氧化碳电化学还原技术中国专利申请中，国内申请人申请专利 248 件，占 91.51%，其余 23 件为国外申请，占 8.49%，主要来源于

以下国家（地区、组织）：日本（2.95%）、美国（2.95%）、德国（1.11%）等（图4.13）。通过前面的分析可以看出，美国、日本、德国等是全球二氧化碳电化学还原技术专利数量最多的一些国家。全球二氧化碳电化学还原各主要技术国家（地区、组织）都已在我国进行了专利布局，但是总体数量不多。

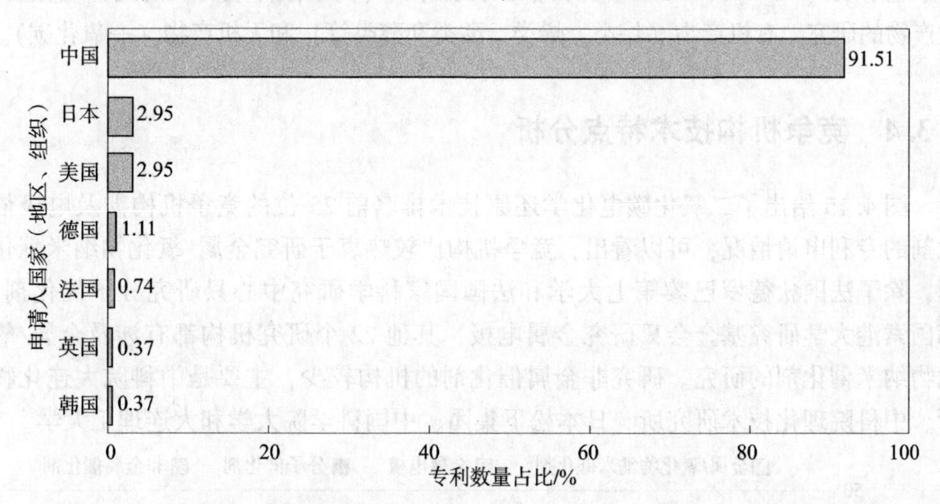

图4.13　二氧化碳电化学还原技术中国专利申请人国家（地区、组织）分布情况

4.3.3　研究主题分布

图4.14给出了二氧化碳电化学还原关键技术研究主题分布，研究方向集中在

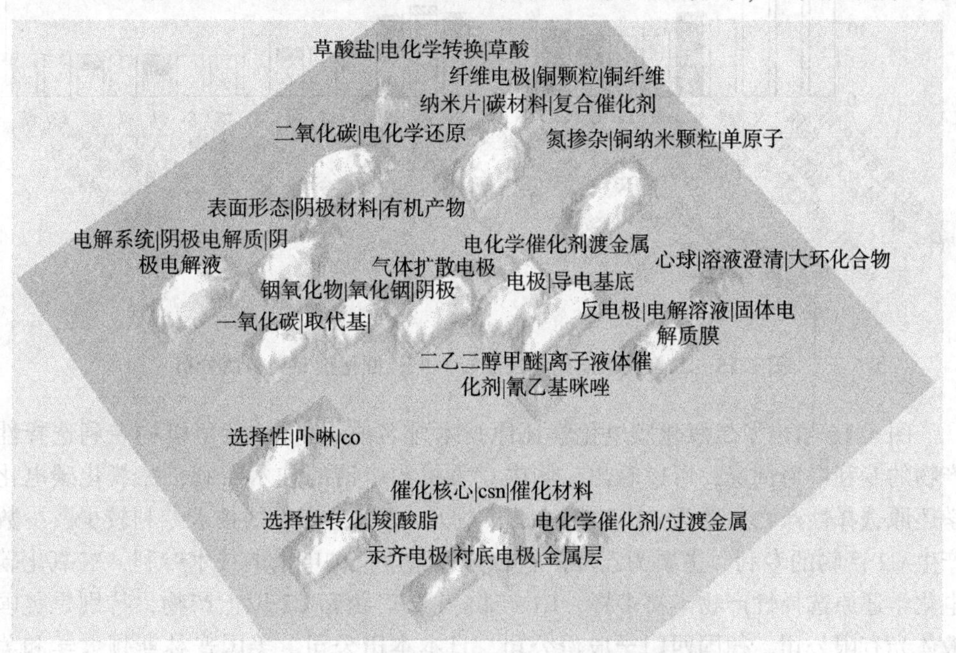

图4.14　二氧化碳电化学还原专利技术研究主题分布

三个方面：①电极及催化材料的研究，如气体扩散电极、过渡金属催化剂、碳材料催化剂、铜纳米颗粒、卟啉等。②电解系统及阴极电解质的研究，电解系统：H 型电解池三电极体系、微流体反应器和 MEA 膜电极等组装电解池；阴极电解质：水系电解质（Na_2CO_3、KOH 等）和非水系电解质（离子液体或有机溶剂）。③选择性产物的研究，有机产物（烷类、烯类、酸类和醇类等）和无机产物（一氧化碳）。

4.3.4　竞争机构技术特点分析

图 4.15 给出了二氧化碳电化学还原技术排名前 25 位的竞争机构涉及电极催化剂的专利申请情况，可以看出，竞争机构比较热衷于研究金属/氧化物纳米催化剂，除了法国狄德罗巴黎第七大学和法国国家科学研究中心只研究分子催化剂，韩国索港大学研究基金会只研究金属电极，其他 22 个研究机构都有涉及金属/氧化物纳米催化剂的研究。研究非金属催化剂的机构较少，主要是中科院大连化物所、中科院理化技术研究所、日本松下集团、中国科学院大学和大连理工大学。

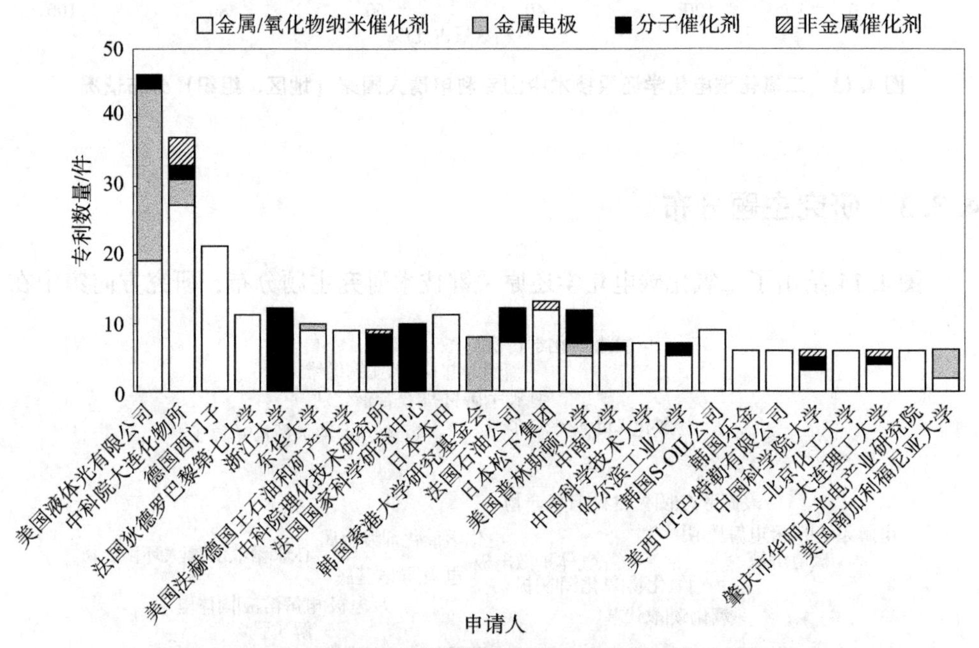

图 4.15　二氧化碳电化学还原技术电极催化剂专利申请分析

图 4.16 给出了二氧化碳电化学还原技术排名前 25 位的竞争机构专利选择性产物的专利申请情况，可以看出，国内竞争机构申请的技术专利，二氧化碳电化学还原选择性产物主要为 C1 产物，C2 产物及 C2 以上产物的技术专利较少，少数产生 C2 产物的专利，主要为乙烯产物；国外竞争机构申请的技术专利，二氧化碳电化学还原选择性产物丰富多样，C1 产物、C2 产物和 C2 以上产物，特别是美国液体光有限公司、德国西门子股份公司、日本本田公司、美国普林斯顿大学和美国南加利福尼亚大学、韩国乐金和美国 UT－巴特勒有限公司等，产生 C2 及 C2 以

上产物的技术专利较多。

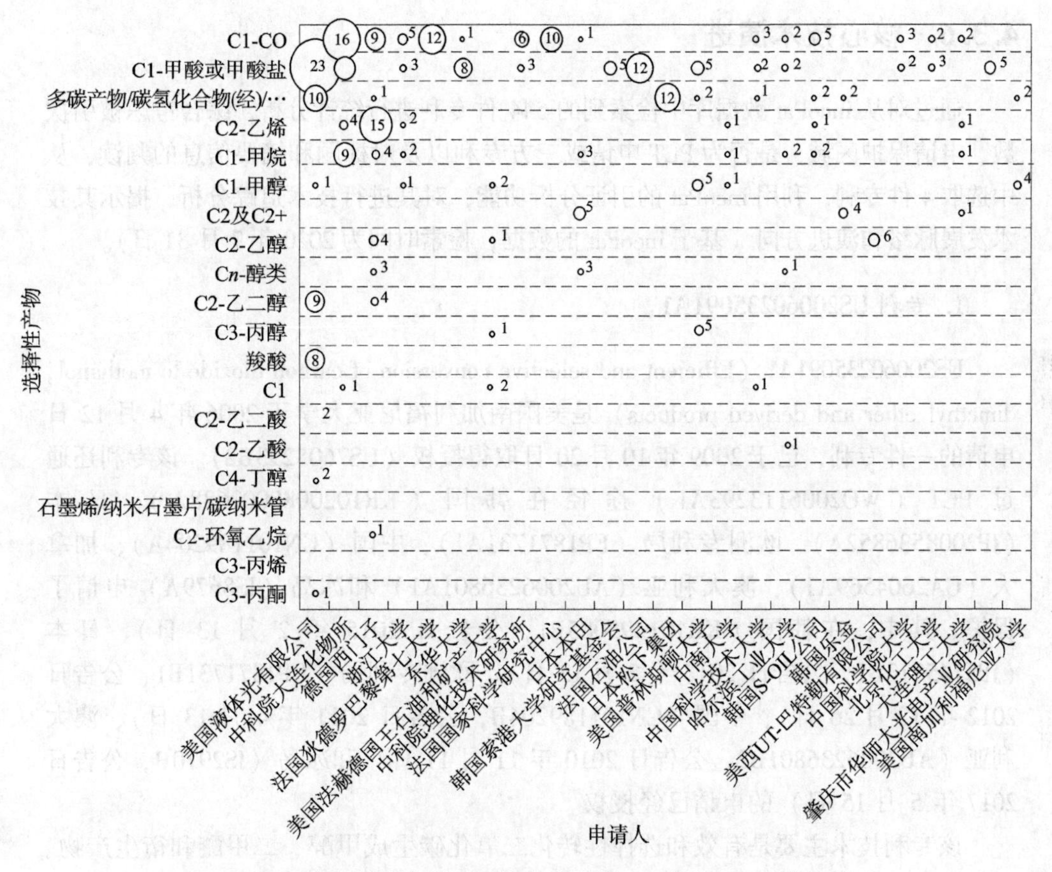

图 4.16　二氧化碳电化学还原技术产物专利申请分析（单位：件）

4.3.5　法律状态分析

图 4.17 给出了 271 件二氧化碳电化学还原中国专利的法律状态概况。可以看出，实质审查专利占 49.45%，授权专利占 37.64%，其他占 12.91%。这主要是因为二氧化碳电化学还原仍然是一个新兴的技术领域，但是随着新技术的产生发展，导致某些早期专利失去原有价值，从而促使相关专利持有人选择撤回某些原始专利。

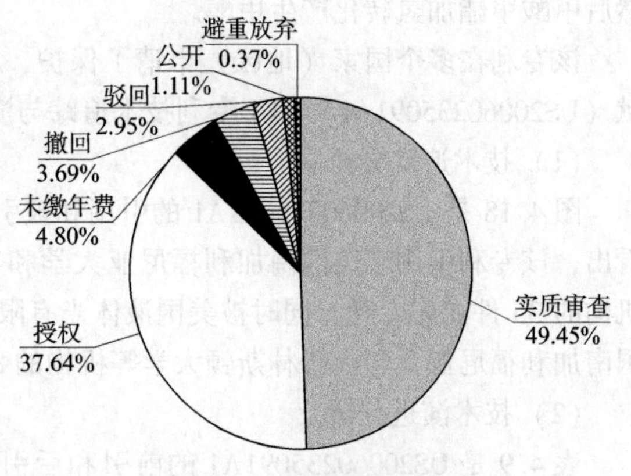

图 4.17　二氧化碳电化学还原中国专利当前法律状态

4.3.6　核心技术演进

通过对从 incoPat 数据库中检索到的 544 件专利进行统计分析，综合考虑被引次数、申请保护区域、是否为 PCT 申请或三方专利以及对标题和摘要信息的判读，从中选取 4 件专利，利用 incoPat 的引证分析功能，对其进行技术追踪分析，揭示其技术发展脉络和演进方向（基于 incoPat 的数据，检索时间为 2020 年 7 月 31 日）。

1. 专利 US20060235091A1

US20060235091A1（Efficient and selective conversion of carbon dioxide to methanol, dimethyl ether and derived products）是美国南加利福尼亚大学于 2006 年 4 月 12 日申请的一件专利，已于 2009 年 10 月 20 日取得授权（US7605293B2）。该专利还通过 PCT（WO2006113293A1）途径在韩国（KR1020080009688A）、日本（JP2008536852A）、欧洲专利局（EP1871731A1）、中国（CN101189204A）、加拿大（CA2604569A1）、澳大利亚（AU2006236801A1）和冰岛（IS8679A）申请了保护。其中，在韩国（KR101495085B1，公告日 2015 年 2 月 13 日）、日本（JP5145213B2，公告日 2013 年 2 月 13 日）、欧洲专利局（EP1871731B1，公告日 2012 年 12 月 26 日）、中国（CN101189204B，公告日 2011 年 4 月 13 日）、澳大利亚（AU2006236801B2，公告日 2010 年 11 月 11 日）和冰岛（IS2970B，公告日 2017 年 5 月 15 日）的申请已经授权。

该专利技术主要是有效和选择性转化二氧化碳生成甲醇、二甲醚和衍生产物。二氧化碳在含水介质中在室温下通过 Sn、Pb、In、Zn、Au、Cu、Pd 和相关电极以 40% ~90% 的电流效率电化学还原为甲酸和甲醛。同时形成的甲醇和甲烷很少。将不分离的混合物通过石英管反应器中的 WO_3/Al_2O_3，生成甲醇和甲酸甲酯。或在高温下使二氧化碳反应产生一氧化碳。使一氧化碳与甲醇反应生成甲酸甲酯，然后甲酸甲酯加氢转化产生甲醇。

该专利在多个国家（地区）申请了保护，本书选择其美国申请的公开公告文献（US20060235091A1）用于专利技术追踪与演进分析。

（1）技术追踪分析。

图 4.18 是 US20060235091A1 的引用和被引用情况（基于专利申请人）。可以看出，该专利引用了美国南加利福尼亚大学和美国清洁能源系统股份有限公司等机构的 35 件在先专利，同时被美国液体光有限公司、美国二氧化碳材料公司、美国南加利福尼亚大学和普林斯顿大学等机构的 86 件专利引用。

（2）技术演进分析。

表 4.9 是 US20060235091A1 的前引和后引专利文献（基于专利申请号）。可以看出，美国液体光有限公司、美国二氧化碳材料公司、美国南加利福尼亚大学和美国普林斯顿大学等申请人围绕该专利进行了大量的外围专利申请，技术方案

主要涉及二氧化碳参与的烯烃氢甲酰化反应、杂环催化、金属合金催化剂、产物为丁醇或合成气或草酸等诸多领域；另外，该专利还引用了美国南加利福尼亚大学和美国清洁能源系统股份有限公司等申请人的专利文献，技术方案主要涉及原料为空气中的二氧化碳、水和聚乙烯亚胺负载二氧化硅吸附剂等。

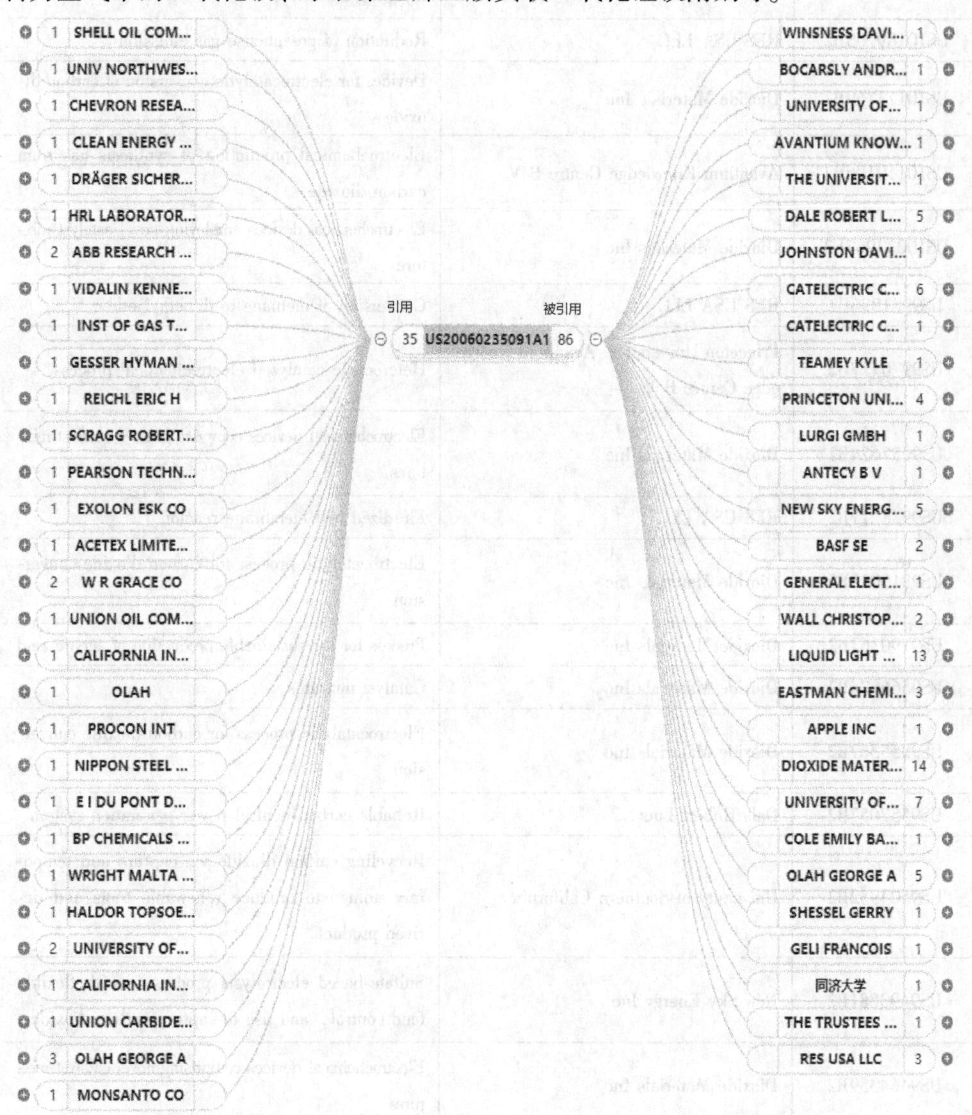

图4.18　US20060235091A1的引用和被引用情况（基于专利申请人）

表4.9　US20060235091A1前引和后引专利文献

专利文献号	申请机构	专利名称
前引专利（引用US20060235091A1的专利文献）		
US10774431B2	Dioxide Materials Inc	Ion-conducting membranes
US10647652B2	Dioxide Materials Inc	Process for the sustainable production of acrylic acid

续表

专利文献号	申请机构	专利名称
FR3078683A1	GELI FRANCOIS；GELI BENEDICTE	Low cost option to a second wing to make ultra for injecting an airliner
US10189763B2	RES USA LLC	Reduction of greenhouse gas emission
US10173169B2	Dioxide Materials Inc	Devices for electrocatalytic conversion of carbon dioxide
US10119196B2	Avantium Knowledge Centre B V	Electrochemical production of synthesis gas from carbon dioxide
US10023967B2	Dioxide Materials Inc	Electrochemical devices employing novel catalyst mixtures
US9981896B2	RES USA LLC	Conversion of methane to dimethyl ether
US9970117B2	Princeton University；Avantium Knowledge Centre B V	Heterocycle catalyzed electrochemical process
US9957624B2	Dioxide Materials Inc	Electrochemical devices comprising novel catalyst mixtures
US9938217B2	RES USA LLC	Fluidized bed membrane reactor
US9815021B2	Dioxide Materials Inc	Electrocatalytic process for carbon dioxide conversion
US9790161B2	Dioxide Materials Inc	Process for the sustainable production of acrylic acid
US9566574B2	Dioxide Materials Inc	Catalyst mixtures
US9555367B2	Dioxide Materials Inc	Electrocatalytic process for carbon dioxide conversion
US9557057B2	Dale Robert Lutz	Reliable carbon-neutral power generation system
US9504952B2	University of Southern California	Recycling carbon dioxide via capture and temporary storage to produce renewable fuels and derived products
US9493881B2	New Sky Energy Inc	Sulfate-based electrolysis processing with flexible feed control，and use to capture carbon dioxide
US9464359B2	Dioxide Materials Inc	Electrochemical devices comprising novel catalyst mixtures
US9393555B2	BASF SE	Catalytically active body for the synthesis of dimethyl ether from synthesis gas
US9309599B2	Liquid Light Inc	Heterocycle catalyzed carbonylation and hydroformylation with carbon dioxide
US9222179B2	Liquid Light Inc	Purification of carbon dioxide from a mixture of gases
US9193593B2	Dioxide Materials Inc	Hydrogenation of formic acid to formaldehyde

续表

专利文献号	申请机构	专利名称
US9181625B2	Dioxide Materials Inc	Devices and processes for carbon dioxide conversion into useful fuels and chemicals
US9090976B2	The Trustees of Princeton University; University of Richmond	Advanced aromatic amine heterocyclic catalysts for carbon dioxide reduction
US9012345B2	Dioxide Materials Inc	Electrocatalysts for carbon dioxide conversion
US8986533B2	Princeton University	Conversion of carbon dioxide to organic products
US8961774B2	Liquid Light Inc	Electrochemical production of butanol from carbon dioxide and water
US8956990B2	Dioxide Materials Inc	Catalyst mixtures
US8845877B2	Liquid Light Inc	Heterocycle catalyzed electrochemical process
US8845878B2	Liquid Light Inc	Reducing carbon dioxide to products
US8791166B2	University of Southern California	Producing methanol and its products exclusively from geothermal sources and their energy
US8721866B2	Liquid Light Inc	Electrochemical production of synthesis gas from carbon dioxide
US8663447B2	Princeton University	Conversion of carbon dioxide to organic products
US8658016B2	Liquid Light Inc	Carbon dioxide capture and conversion to organic products
US20140000157A1	ANTECY B V	Catalytic process for converting carbon dioxide to a liquid fuel or platform chemical
US8592633B2	Liquid Light Inc	Reduction of carbon dioxide to carboxylic acids, glycols, and carboxylates
US8584468B2	Dale Robert Lutz	Reliable carbon-neutral power generation system
US8568581B2	Liquid Light Inc	Heterocycle catalyzed carbonylation and hydroformylation with carbon dioxide
US8562811B2	Liquid Light Inc	Process for making formic acid
US8524066B2	Liquid Light Inc	Electrochemical production of urea from NO_x and carbon dioxide
US8511064B2	Catelectric Corp	Methods and apparatus for controlling catalytic processes, including catalyst regeneration and soot elimination
US20130210612A1	BASF SE	Catalytically active body for the synthesis of dimethyl ether from synthesis gas
US8500987B2	Liquid Light Inc	Purification of carbon dioxide from a mixture of gases

续表

专利文献号	申请机构	专利名称
US8464545B2	Dale Robert Lutz	Apparatus and method for collecting an atmospheric gas
US8414860B2	Catelectric Corp	Methods for controlling catalytic processes, including the deposition of carbon based particles
GB2461723B	WALL CHRISTOPHER DENHAM	The economic conversion of waste carbon dioxide gas such as that produced by fossil fuel burning power stations, to bulk liquid fuels suitable for automobiles
US8313634B2	Princeton University	Conversion of carbon dioxide to organic products
US20120220804A1	LURGI GMBH	MANUFACTURE OF DIMETHYL ETHER FROM CRUDE METHANOL
US8227127B2	New Sky Energy Inc	Electrochemical apparatus to generate hydrogen and sequester carbon dioxide
US8212088B2	University of Southern California	Efficient and selective chemical recycling of carbon dioxide to methanol, dimethyl ether and derived products
CN101265148B	同济大学	用金属水热还原 CO_2 制备甲酸、甲醇和甲烷的方法
JP2011526235A	University of Southern California	Fuel and methanol for storage of energy and/or dimethyl ether stockpile
US20110226632A1	COLE EMILY BARTON; BOCARSLY ANDREW	Heterocycle catalyzed electrochemical process
US7964084B2	Catelectric Corp; The University of Connecticut	Methods and apparatus for the synthesis of useful compounds
US7950221B2	Catelectric Corp	Methods and apparatus for controlling catalytic processes, including catalyst regeneration and soot elimination
US20110114501A1	TEAMEY KYLE; COLE EMILY BARTON; SIVASANKAR NARAYANAPPA; BOCARSLY ANDREW	Purification of carbon dioxide from a mixture of gases
US20110114503A1	LIQUID LIGHT INC	ELECTROCHEMICAL PRODUCTION OF UREA FROM nox AND CARBON DIOXIDE
US20110009499A1	Dale Robert Lutz	Apparatus and method for collecting an atmospheric gas
US20100187123A1	BOCARSLY ANDREW B; COLE EMILY BARTON	Conversion of carbon dioxide to organic products

续表

专利文献号	申请机构	专利名称
US20100189367A1	APPLE INC	Blurring based content recognizer
US20100132366A1	Dale Robert Lutz	Reliable carbon-neutral power generation system
WO2010011504A3	UNIVERSITY OF SOUTHERN CALIFORNIA；OLAH George A；PRAKASH G K Surya	Producing methanol and its products exclusively from geothermal sources and their energy
US20100022671A1	OLAH GEORGE A；PRAKASH G K SURYA	Producing methanol and its products exclusively from geothermal sources and their energy
WO2010011504A2	UNIVERSITY OF SOUTHERN CALIFORNIA；OLAH George A；PRAKASH G K Surya	Producing methanol and its products exclusively from geothermal sources and their energy
GB2461723A	WALL CHRISTOPHER DENHAM	Conversion of waste carbon dioxide gas to bulk liquid fuels suitable for automobiles
US20090320356A1	OLAH GEORGE A；PRAKASH G K SURYA	Stockpiling methanol and/or dimethyl ether for fuel and energy reserves
US20090321265A1	CATELECTRIC CORP	Methods and apparatus for controlling catalytic processes，including the deposition of carbon based particles
US20090285739A1	OLAH GEORGE A；PRAKASH G K SURYA	Mitigating or eliminating the carbon footprint of human activities
US7608743B2	University of Southern California	Efficient and selective chemical recycling of carbon dioxide to methanol，dimethyl ether and derived products
US7605293B2	University of Southern California	Efficient and selective conversion of carbon dioxide to methanol，dimethyl ether and derived products
US20090172997A1	OLAH GEORGE A；PRAKASH G K SURYA	Environmentally friendly ternary transportation flex-fuel of gasoline，methanol and bioethanol
US20090134037A1	Catelectric Corp；The University of Connecticut	Methods and apparatus for the synthesis of useful compounds
US7538060B2	Eastman Chemical Company	Palladium-copper chromite hydrogenation catalysts
US20090101516A1	The University of Connecticut；Catelectric Corp	Methods and apparatus for the synthesis of useful compounds

续表

专利文献号	申请机构	专利名称
GB2448685A	JOHNSTON DAVID ANDREW	Carbon dioxide absorbed from air and hydrogen from electrolysis of water, for production of carbon monoxide, alcohols, Fischer-Tropsch hydrocarbons & fuels
US20080245660A1	NEW SKY ENERGY INC	Renewable energy system for hydrogen production and carbon dioxide capture
US20080245672A1	NEW SKY ENERGY INC	Electrochemical methods to generate hydrogen and sequester carbon dioxide
US20080248350A1	NEW SKY ENERGY INC	Electrochemical apparatus to generate hydrogen and sequester carbon dioxide
US20080194397A1	EASTMAN CHEMICAL COMPANY	Palladium-copper chromite hydrogenation catalysts
US20080194398A1	EASTMAN CHEMICAL COMPANY	Ruthenium-copper chromite hydrogenation catalysts
US20080145721A1	General Electric Company	Fuel cell apparatus and associated method
US20070254969A1	OLAH GEORGE A; PRAKASH G K S	Efficient and selective chemical recycling of carbon dioxide to methanol, dimethyl ether and derived products
US20070196892A1	WINSNESS DAVID J; KRABLIN RICHARD; KREISLER KEVIN E	Method of converting a fermentation byproduct into oxygen and biomass and related systems
US20070095673A1	Catelectric Corp	Methods and apparatus for controlling catalytic processes, including catalyst regeneration and soot elimination
US20070049648A1	SHESSEL GERRY	Manufacture of fuels by a co-generation cycle
后引专利（被 US20060235091A1 引用的专利文献）		
US7459590B2	University of Southern California	Method for producing methanol, dimethyl ether, derived synthetic hydrocarbons and their products from carbon dioxide and water (moisture) of the air as sole source material
US7378561B2	University of Southern California	Method for producing methanol, dimethyl ether, derived synthetic hydrocarbons and their products from carbon dioxide and water (moisture) of the air as sole source material

续表

专利文献号	申请机构	专利名称
US7375142B2	Pearson Technologies Inc	Process and apparatus for the production of useful products from carbonaceous feedstock
US20080039538A1	OLAH GEORGE A；ANISZFELD ROBERT	Method for producing methanol，dimethyl ether，derived synthetic hydrocarbons and their products from carbon dioxide and water（moisture）of the air as sole source material
US20070254969A1	OLAH GEORGE A；PRAKASH G K S	Efficient and selective chemical recycling of carbon dioxide to methanol，dimethyl ether and derived products
US7288387B2	E I du Pont de Nemours and Company	Genes of strain DC413 encoding enzymes involved in biosynthesis of carotenoid compounds
US20060235088A1	OLAH GEORGE A；PRAKASH G K S	Selective oxidative conversion of methane to methanol，dimethyl ether and derived products
US7081547B2	Nippon Steel Corporation	Process for producing formic ester or methanol and synthesis catalyst therefor
US6881759B2	Haldor Topsoe A/S	Process for the preparation of methanol
US6782947B2	Shell Oil Company	In situ thermal processing of a relatively impermeable formation to increase permeability of the formation
US6740434B2	California Institute of Technology	Organic fuel cell methods and apparatus
US6690180B2	HRL Laboratories LLC	Process and apparatus for determining ratio of fluid components such as methanol and water for reforming feed
US6531630B2	VIDALIN KENNETH EBENES	Bimodal acetic acid manufacture
US6375832B1	ABB Research Ltd	Fuel synthesis
US6376254B1	Dräger Sicherheitstechnik GmbH	Biomimetic reagent system and its use
US6232352B1	Acetex limited	Methanol plant retrofit for acetic acid manufacture
US6170264B1	Clean Energy Systems Inc	Hydrocarbon combustion power generation system with CO_2 sequestration
US6045761A	ABB RESEARCH LTD	Process and device for the conversion of a greenhouse gas
US5928806A	OLAH；GEORGE A；PRAKASH；G K SURYA	Recycling of carbon dioxide into methyl alcohol and related oxygenates for hydrocarbons
US5753143A	UNIV NORTHWESTERN	Process for the CO_2 reforming of methane in the presence of rhodium loaded zeolites

续表

专利文献号	申请机构	专利名称
US5606107A	MONSANTO CO	Formic acid and formaldehyde destruction in waste streams
US5599638A	CALIFORNIA INST OF TECHN; UNIV SOUTHERN CALIFORNIA	Aqueous liquid feed organic fuel cell using solid polymer electrolyte membrane
US5571483A	EXOLON ESK CO; KEMPTEN ELEKTROSCHMELZ GMBH	System of converting environmentally pollutant waste gases to a useful product
US5510393A	WRIGHT MALTA CORP	Method for producing methanol
US5349096A	BP CHEMICALS LIMITED	Olefin hydration process
US4891049A	UNION OIL COMPANY OF CALIFORNIA	Hydrocarbon fuel composition containing carbonate additive
US4762528A	REICHL ERIC H	Fluid fuel from coal and method of making same
US4705771A	W R GRACE CO	Process and catalyst for the production of formaldehyde from methane
US4618732A	GESSER HYMAN D; HUNTER NORMAN R; MORTON LAWRENCE	Direct conversion of natural gas to methanol by controlled oxidation
US4607127A	W R GRACE CO	Process and catalyst for the production of formaldehyde from methane
US4374288A	SCRAGG ROBERT L	Electromagnetic process and apparatus for making methanol
US4364915A	PROCON INT	Process for recovery of carbon dioxide from flue gas
US3711258A	INST OF GAS TECHNOLOGY US	Method of transporting natural gas
US3482952A	CHEVRON RESEARCH TECHNOLOGY CO	Process for production of gasoline
US3236762A	UNION CARBIDE CORP	Hydrocarbon conversion process with the use of a y type crystalline zeolite

2. 专利 US20100187123A1

US20100187123A1（Conversion of carbon dioxide to organic products）是美国普林斯顿大学于2010年1月29日申请的一件专利，已于2012年11月20日取得授权（US8313634B2）。该专利还通过PCT（WO2010088524A2）途径在欧洲专利局（EP2382174A2）、日本（JP2012516392A）、中国（CN102317244A）和加拿大（CA2749136A1）申请了保护。其中，在美国（US8313634B2，公告日2012年11月20日）和日本（JP5580837B2，公告日2014年8月27日）的申请已经授权。

该专利技术主要是二氧化碳转化成有机产物的方法和系统。该专利技术为提出一个包含阳极和阴极两个隔室的电化学电池（H电解池），阴极电极为金属或P型半导体，催化剂是被取代或未被取代的芳香杂环胺，两个隔室含有电解质水溶液。

该专利提供一种电催化系统，在温和条件下水溶液中利用很小的能量形成碳－碳键和碳－氢键。通过电化学或光电化学有效地还原二氧化碳生成甲醇，甲醇作为能量储存和运输物质可以消除使用氢作此用途时所产生的很多困难。

该专利在多个国家（地区）申请了保护，本书选择其在美国申请的公开公告文献（US20100187123A1）用于专利技术追踪与演进分析。

（1）技术追踪分析。

图4.19是US20100187123A1的引用和被引用情况（基于专利申请人）。可以看出，该专利引用了雪佛龙公司、美国南加利福尼亚大学和巴特尔纪念研究所等机构的88件在先专利，同时被美国液体光有限公司、美国二氧化碳材料公司、日本松下集团、美国普林斯顿大学和德国西门子股份公司等机构的79件专利引用。

（2）技术演进分析。

表4.10是US20100187123A1的前引和后引专利文献（基于专利申请号）。可以看出，美国液体光有限公司、美国二氧化碳材料公司、日本松下集团、美国普林斯顿大学和德国西门子股份公司等申请人围绕该专利进行了大量的外围专利申请，技术方案主要涉及阴极催化材料、反应系统改进、电解质溶液、电势控制还原产物和改变杂环催化剂类型等领域；另外，该专利还引用了雪佛龙公司、美国南加利福尼亚大学和巴特尔纪念研究所等申请人的专利文献，技术方案主要涉及反应系统、还原产物甲醇、电解质溶液等。

3. 专利JPWO2011132375A1

JPWO2011132375A1（A method of reducing carbon dioxide）是日本松下集团于2011年4月7日申请的一件专利，已于2012年9月5日取得授权（JP5017499B2）。该专利还通过PCT（WO2011132375A1）途径在中国（CN102844468A）和美国（US20120292199A1）申请了保护。

该专利主要涉及一种由工作电极、对电极和槽组成的电化学电池，槽内有电解液，工作电极和对电极之间夹有固体电解质膜，工作电极选自碳化锆、碳化铪、碳化铌、碳化铬和碳化钨中的至少1种碳化物，还原产物为甲烷、乙烯、乙烷和甲酸中的至少1种化合物。

制备碳化锆工作电极：准备浆料溶液，其是通过碳化处理得到的，在有机溶剂中分散着具有微米级的平均粒径的碳化锆颗粒（ZrC颗粒）。然后，在作为电极基板使用的、编有碳纤维的导电性的复写纸（Carbon paper，CP）上，涂布适量上述浆料溶液，制作在CP上载有ZrC颗粒的工作电极（催化剂）。

该专利在多个国家（地区）申请了保护，本书选择其在世界知识产权组织申请的公开公告文献（WO2011132375A1）用于专利技术追踪与演进分析。

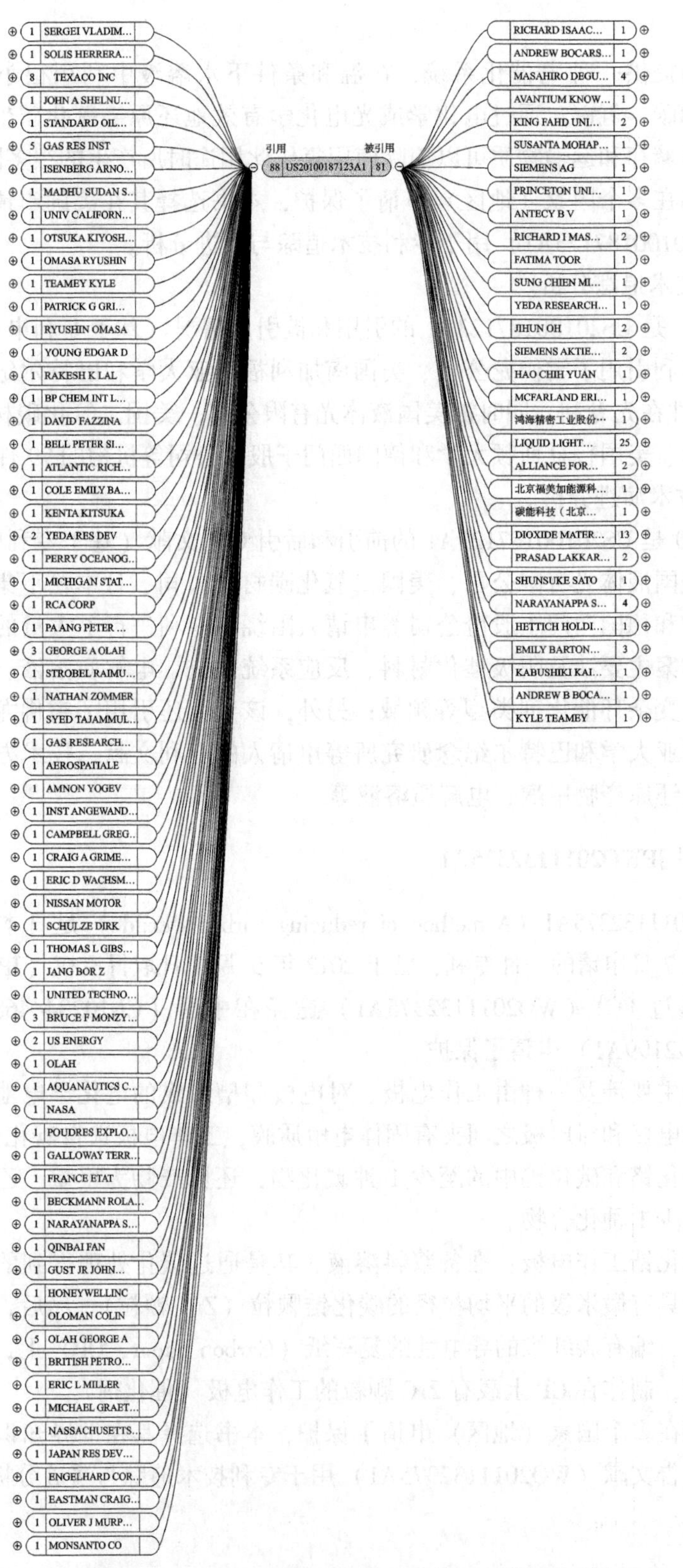

图 4.19　US20100187123A1 的引用和被引用情况（基于专利申请人）

表4.10　US20100187123A1 前引和后引专利文献

专利文献号	申请机构	专利名称
前引专利（引用US20100187123A1的专利文献）		
EP2823090A4	LIQUID LIGHT INC	Reducing carbon dioxide to products
DE102013224077A1	Siemens Aktiengesellschaft	CO_2-proton sponges as an additive to electrolyte for the photocatalytic and electrochemical reduction
WO2013102092A1	LIQUID LIGHT INC	Advanced aromatic amine heterocyclic catalysts for carbon dioxide reduction
WO2019158304A1	SIEMENS AG	Separatorless dual gde cell for electrochemical reactions
WO2014027116A1	ANTECY B V	Process for converting a gaseous feedstock to liquid organic compounds
WO2013178803A1	HETTICH HOLDING GMBH CO OHG	Process and apparatus for the electrolytic synthesis of methanol and/or methane
CN105854864B	碳能科技（北京）有限公司	电化学还原二氧化碳为甲酸或其盐的催化剂及其制备方法
TWI414636B	鸿海精密工业股份有限公司	膜反应器
CN105854864A	北京福美加能源科技有限公司	电化学还原二氧化碳为甲酸或其盐的催化剂及其制备方法
US9090976B2	The Trustees of Princeton University; University of Richmond	Advanced aromatic amine heterocyclic catalysts for carbon dioxide reduction
US20130277209A1	KABUSHIKI KAISHA TOYOTA CHUO KENKYUSHO	Photochemical reaction device
US8828765B2	Alliance for Sustainable Energy LLC	Forming high efficiency silicon solar cells using density-graded anti-reflection surfaces
US10287696B2	Avantium Knowledge Centre B V	Process and high surface area electrodes for the electrochemical reduction of carbon dioxide
US9080240B2	Liquid Light Inc	Electrochemical co-production of a glycol and an alkene employing recycled halide
US9303324B2	Liquid Light Inc	Electrochemical co-production of chemicals with sulfur-based reactant feeds to anode
US10550488B2	KABUSHIKI KAISHA TOSHIBA	Reduction catalyst, reduction reactor and reduction method
US10647652B2	Dioxide Materials Inc	Process for the sustainable production of acrylic acid
US9085827B2	Liquid Light Inc	Integrated process for producing carboxylic acids from carbon dioxide

续表

专利文献号	申请机构	专利名称
US20100258446A1	Board of Regents of the Nevada System of Higher Education on behalf of the University of Nevada	Systems including nanotubular arrays for converting carbon dioxide to an organic compound
US8845878B2	Liquid Light Inc	Reducing carbon dioxide to products
US8845876B2	Liquid Light Inc	Electrochemical co-production of products with carbon-based reactant feed to anode
US20120228146A1	PANASONIC CORPORATION	Method for reducing carbon dioxide
US9267212B2	Liquid Light Inc	Method and system for production of oxalic acid and oxalic acid reduction products
US8691069B2	Liquid Light Inc	Method and system for the electrochemical co-production of halogen and carbon monoxide for carbonylated products
US9175407B2	Liquid Light Inc	Integrated process for producing carboxylic acids from carbon dioxide
US8663447B2	Princeton University	Conversion of carbon dioxide to organic products
US8729798B2	Alliance for Sustainable Energy LLC	Anti-reflective nanoporous silicon for efficient hydrogen production
US8986533B2	Princeton University	Conversion of carbon dioxide to organic products
US10023967B2	Dioxide Materials Inc	Electrochemical devices employing novel catalyst mixtures
US8568581B2	Liquid Light Inc	Heterocycle catalyzed carbonylation and hydroformylation with carbon dioxide
US20120247013A1	SUNG CHIEN MIN	Plant-growing device with light emitting diode
US9193593B2	Dioxide Materials Inc	Hydrogenation of formic acid to formaldehyde
US20120103825A1	ALLIANCE FOR SUSTAINABLE ENERGY LLC	Anti-reflective nanoporous silicon for efficient hydrogen production
US9076903B2	Alliance for Sustainable Energy LLC	Forming high-efficiency silicon solar cells using density-graded anti-reflection surfaces
US8692019B2	Liquid Light Inc	Electrochemical co-production of chemicals utilizing a halide salt
US8647493B2	Liquid Light Inc	Electrochemical co-production of chemicals employing the recycling of a hydrogen halide
US20120234691A1	Panasonic Corporation	Method for reducing carbon dioxide
US9175409B2	Liquid Light Inc	Multiphase electrochemical reduction of CO_2
US9815021B2	Dioxide Materials Inc	Electrocatalytic process for carbon dioxide conversion

续表

专利文献号	申请机构	专利名称
US9970117B2	Princeton University；Avantium Knowledge Centre B V	Heterocycle catalyzed electrochemical process
US8721866B2	Liquid Light Inc	Electrochemical production of synthesis gas from carbon dioxide
US9566574B2	Dioxide Materials Inc	Catalyst mixtures
US9790161B2	Dioxide Materials Inc	Process for the sustainable production of acrylic acid
US8592633B2	Liquid Light Inc	Reduction of carbon dioxide to carboxylic acids, glycols, and carboxylates
US8858777B2	Liquid Light Inc	Process and high surface area electrodes for the electrochemical reduction of carbon dioxide
US8641885B2	Liquid Light Inc	Multiphase electrochemical reduction of CO_2
US20140332374A1	Alliance for Sustainable Energy LLC	Stable photoelectrode surfaces and methods
US9309599B2	Liquid Light Inc	Heterocycle catalyzed carbonylation and hydroformylation with carbon dioxide
US8956990B2	Dioxide Materials Inc	Catalyst mixtures
US20110237830A1	Dioxide Materials Inc	Novel catalyst mixtures
US8562811B2	Liquid Light Inc	Process for making formic acid
US10604853B2	SIEMENS AKTIENGESELLSCHAFT	IProton sponge as supplement to electrolytes for photocatalytic and electrochemical CO_2 reduction
US8597488B2	Panasonic Corporation	Method for reducing carbon dioxide
US9708722B2	Avantium Knowledge Centre B V	Electrochemical co-production of products with carbon-based reactant feed to anode
US8821709B2	Liquid Light Inc	System and method for oxidizing organic compounds while reducing carbon dioxide
US8845877B2	Liquid Light Inc	Heterocycle catalyzed electrochemical process
US8524066B2	Liquid Light Inc	Electrochemical production of urea from NO_x and carbon dioxide
US8845875B2	Liquid Light Inc	Electrochemical reduction of CO_2 with co-oxidation of an alcohol
US9873951B2	Avantium Knowledge Centre B V	High pressure electrochemical cell and process for the electrochemical reduction of carbon dioxide
US9181625B2	Dioxide Materials Inc	Devices and processes for carbon dioxide conversion into useful fuels and chemicals
US10329676B2	Avantium Knowledge Centre B V	Method and system for electrochemical reduction of carbon dioxide employing a gas diffusion electrode

续表

专利文献号	申请机构	专利名称
US8414758B2	Panasonic Corporation	Method for reducing carbon dioxide
US8658016B2	Liquid Light Inc	Carbon dioxide capture and conversion to organic products
US9662635B2	KING FAHD UNIVERSITY OF PETROLEUM AND MINERALS; KING ABDULAZIZ CITY FOR SCIENCE AND TECHNOLOGY	Catalytic composition for the electrochemical reduction of carbon dioxide
US9555367B2	Dioxide Materials Inc	Electrocatalytic process for carbon dioxide conversion
US10774431B2	Dioxide Materials Inc	Ion-conducting membranes
US9333487B2	KING FAHD UNIVERSITY OF PETROLEUM AND MINERALS; KING ABDULAZIZ CITY FOR SCIENCE AND TECHNOLOGY	Catalytic composition for the electrochemical reduction of carbon dioxide
US9222179B2	Liquid Light Inc	Purification of carbon dioxide from a mixture of gases
US10119196B2	Avantium Knowledge Centre B V	Electrochemical production of synthesis gas from carbon dioxide
US8961774B2	Liquid Light Inc	Electrochemical production of butanol from carbon dioxide and water
US9957624B2	Dioxide Materials Inc	Electrochemical devices comprising novel catalyst mixtures
US10173169B2	Dioxide Materials Inc	Devices for electrocatalytic conversion of carbon dioxide
US8500987B2	Liquid Light Inc	Purification of carbon dioxide from a mixture of gases
US9012345B2	Dioxide Materials Inc	Electrocatalysts for carbon dioxide conversion
US9464359B2	Dioxide Materials Inc	Electrochemical devices comprising novel catalyst mixtures
US20150047985A1	YEDA RESEARCH AND DEVELOPMENT CO LTD	Apparatus and method for using solar radiation in electrolysis process
US20130008800A1	LIQUID LIGHT INC	Carbon dioxide capture and conversion to organic products

续表

专利文献号	申请机构	专利名称
US20120215034A1	MCFARLAND ERIC	Process for converting hydrocarbon feedstocks with electrolytic and photoelectrocatalytic recovery of halogens
US8815104B2	Alliance for Sustainable Energy LLC	Copper-assisted, anti-reflection etching of silicon surfaces
后引专利（被US20100187123A1引用的专利文献）		
US20070254969A1	OLAH GEORGE A; PRAKASH G K S	Efficient and selective chemical recycling of carbon dioxide to methanol, dimethyl ether and derived products
US4595465A	TEXACO INC	Means and method for reducing carbon dioxide to provide an oxalate product
US4776171A	PERRY OCEANOGRAPHICS INC	Self-contained renewable energy system
US4855496A	BP CHEM INT LTD	Process for the preparation of formic acid
US4476003A	US ENERGY	Chemical anchoring of organic conducting polymers to semiconducting surfaces
US20100307912A1	IXYS Corporation	Methods and apparatuses for converting carbon dioxide and treating waste material
US4474652A	BRITISH PETROLEUM CO PLC	Electrochemical organic synthesis
US20080223727A1	OLOMAN COLIN; LI HUI	Continuous co-current Electrochemical Reduction of Carbon Dioxide
US20100147699A1	UNIVERSITY OF FLORIDA RESEARCH FOUNDATION INC	Concurrent O_2 generation and CO_2 control for advanced life support
US4936966A	POUDRES EXPLOSIFS STE NALE	Process for the electrochemical synthesis of alpha-saturated ketones
US5064733A	GAS RES INST	Electrochemical conversion of CO_2 and CH_4 to C2 hydrocarbons in a single cell
US4478699A	Yeda Research Development Company Ltd	Photosynthetic solar energy collector and process for its use
US7605293B2	University of Southern California	Efficient and selective conversion of carbon dioxide to methanol, dimethyl ether and derived products
US7037414B2	Gas Technology Institute	Photoelectrolysis of water using proton exchange membranes
US4608133A	Texaco Inc	Means and method for the electrochemical reduction of carbon dioxide to provide a product
US4460443A	UNIV CALIFORNIA	Electrolytic photodissociation of chemical compounds by iron oxide electrodes

续表

专利文献号	申请机构	专利名称
US4381978A	ENGELHARD CORP	Photoelectrochemical system and a method of using the same
US4673473A	Peter G PA Ang	Means and method for reducing carbon dioxide to a product
US20090013593A1	YOUNG EDGAR D	Fuel production from atmospheric CO_2 and H_2O by artificial photosynthesis and method of operation thereof
US20110114502A1	COLE EMILY BARTON; SIVASANKAR NARAYANAPPA; BOCARSLY ANDREW; TEAMEY KYLE; KRISHNA NETY	Reducing carbon dioxide to products
US5382332A	NISSAN MOTOR; FUJIHIRA MASAMICHI	Method for electrolytic reduction of carbon dioxide gas using an alkyl-substituted Ni-cyclam catalyst
US20090134007A1	SOLIS HERRERA ARTURO	Photo electrochemical procedure to break the water molecule in hydrogen and oxygen using as the main substrate the melanines, their precursors, analogues or derivates
US4072583A	MONSANTO CO	Electrolytic carboxylation of carbon acids via electrogenerated bases
US20050011765A1	OMASA RYUSHIN	Hydrogen-oxygen gas generator and hydrogen-oxygen gas generating method using the generator
US7883610B2	Battelle Memorial Institute	Photolytic oxygenator with carbon dioxide and/or hydrogen separation and fixation
US20050051439A1	JANG BOR Z	Photo-electrolytic catalyst systems and method for hydrogen production from water
US4668349A	The Standard Oil Company	Acid promoted electrocatalytic reduction of carbon dioxide by square planar transition metal complexes
US4609451A	TEXACO INC	Means for reducing carbon dioxide to provide a product
US20070282021A1	CAMPBELL GREGORY A	Producing ethanol and saleable organic compounds using an environmental carbon dioxide reduction process
US20090277799A1	GRDC LLC	Efficient Production of Fuels
US4219392A	YEDA RES DEV	Photosynthetic process

续表

专利文献号	申请机构	专利名称
US7094329B2	Permelec Electrode Ltd	Process of producing peroxo-carbonate
US4945397A	Honeywell Inc	Resistive overlayer for magnetic films
US4609441A	Gas Research Institute	Electrochemical reduction of aqueous carbon dioxide to methanol
US4959131A	Gas Research Institute	Gas phase CO sub. 2 reduction to hydrocarbons at solid polymer electrolyte cells
US20110114501A1	TEAMEY KYLE; COLE EMILY BARTON; SIVASANKAR NARAYANAPPA; BOCARSLY ANDREW	Purification of carbon dioxide from a mixture of gases
US20080090132A1	AIR PRODUCTS AND CHEMICALS INC	Proton conducting mediums for electrochemical devices and electrochemical devices comprising the same
US20080287555A1	Quaid e Azam University	Novel process and catalyst for carbon dioxide conversion to energy generating products
US20070240978A1	BECKMANN ROLAND; DULLE KARL H; FUNCK FRANK; KIEFER RANDOLF; WOLTERING PETER	Electrolysis Cell
US4756807A	Gas Research Institute	Chemically modified electrodes for the catalytic reduction of CO sub. 2
US20080283411A1	EASTMAN CRAIG D; HOLE DOUGLAS R	Methods and devices for the production of hydrocarbons from carbon and hydrogen sources
US20070054170A1	ISENBERG ARNOLD O	Oxygen ion conductors for electrochemical cells
US5017274A	AQUANAUTICS CORPORATION	Method and systems for extracting oxygen employing electrocatalysts
US20100193370A1	OLAH GEORGE A; PRAKASH G K SURYA	Electrolysis of carbon dioxide in aqueous media to carbon monoxide and hydrogen for production of methanol
US7314544B2	Lynntech Inc	Electrochemical synthesis of ammonia
US20100180889A1	BATTELLE MEMORIAL INSTITUTE	Oxygen generation
US7608743B2	University of Southern California	Efficient and selective chemical recycling of carbon dioxide to methanol，dimethyl ether and derived products

续表

专利文献号	申请机构	专利名称
US6755947B2	SCHULZE DIRK; BEYER WOLFGANG	Apparatus for generating ozone, oxygen, hydrogen, and/or other products of the electrolysis of water
US5804045A	FRANCE ETAT	Cathode for reduction of carbon dioxide and method for manufacturing such a cathode
US6887728B2	University of Hawaii	Hybrid solid state/electrochemical photoelectrode for hydrogen production
US20060235091A1	OLAH GEORGE A; PRAKASH G K S	Efficient and selective conversion of carbon dioxide to methanol, dimethyl ether and derived products
US20110114503A1	LIQUID LIGHT INC	Electrochemical production of urea from NO_x and carbon dioxide
US4523981A	TEXACO INC	Means and method for reducing carbon dioxide to provide a product
US3720591A	TEXACO INC	Preparation of oxalic acid
US20080269359A1	BELL PETER SIMPSON	Process for the Production of Methanol
US3959094A	The United States of America as represented by the United States Energy Research and Development Adm	Electrolytic synthesis of methanol from CO sub. 2
US4608132A	TEXACO INC	Means and method for the electrochemical reduction of carbon dioxide to provide a product
US4620906A	TEXACO INC	Means and method for reducing carbon dioxide to provide formic acid
US20080060947A1	SANYO ELECTRIC CO LTD	Electrode for electrolysis, electrolytic process using the electrode, and electrolytic apparatus using them
US20030029733A1	OTSUKA KIYOSHI; YAMANAKA ICHIRO; SUZUKI KEN	Fuel cell type reactor and method for producing a chemical compound by using the same
US20070184309A1	GUST JR JOHN D; MOORE ANA L; MOORE THOMAS A; BRUNE ALICIA	Methods for use of a photobiofuel cell in production of hydrogen and other materials
US4921586A	United Technologies Corporation	Electrolysis cell and method of use
US20080116080A1	THE REGENTS OF THE UNIVERSITY OF CALIFORNIA	Gated electrodes for electrolysis and electrosynthesis

续表

专利文献号	申请机构	专利名称
US20080072496A1	Aytec Avnim Ltd	Method for producing fuel from captured carbon dioxide
US20090061267A1	BATTELLE MEMORIAL INSTITUTE	Power device and oxygen generator
US7052587B2	General Motors Corporation	Photoelectrochemical device and electrode
US5763662A	JAPAN RES DEV CORP; NIPPON KOKAN KK	Method for producing formic acid of its derivatives
US20100213046A1	The Penn State Research Foundation	Titania nanotube arrays, methods of manufacture, and photocatalytic conversion of carbon dioxide using same
US4824532A	Societe Nationale Industrielle et Aerospatiale des Poudres et	Process for the electrochemical synthesis of carboxylic acids
US4160816A	RCA CORP	Process for storing solar energy in the form of an electrochemically generated compound
US4451342A	ATLANTIC RICHFIELD CO	Light driven photocatalytic process
US5928806A	OLAH; GEORGE A; PRAKASH; G K SURYA	Recycling of carbon dioxide into methyl alcohol and related oxygenates for hydrocarbons
US7378561B2	University of Southern California	Method for producing methanol, dimethyl ether, derived synthetic hydrocarbons and their products from carbon dioxide and water (moisture) of the air as sole source material
US20070231619A1	STROBEL RAIMUND; GAUGLER BERND; SAILER ALBRECHT; KUNZ CLAUDIA; SCHERER JOACHIM; SCHLEIER CHRISTIAN; WALDVOGEL JOHANN	Electrochemical system
US4545872A	TEXACO INC	Method for reducing carbon dioxide to provide a product
US20080039538A1	OLAH GEORGE A; ANISZFELD ROBERT	Method for producing methanol, dimethyl ether, derived synthetic hydrocarbons and their products from carbon dioxide and water (moisture) of the air as sole source material

续表

专利文献号	申请机构	专利名称
US4609440A	GAS RES INST	Electrochemical synthesis of methane
US20090014336A1	OLAH GEORGE A; PRAKASH G K SURYA	Electrolysis of carbon dioxide in aqueous media to carbon monoxide and hydrogen for production of methanol
US7318885B2	Japan Techno Co Ltd	Hydrogen-oxygen gas generator and hydrogen-oxygen gas generating method using the generator
US6187465B1	GALLOWAY TERRY R	Process and system for converting carbonaceous feedstocks into energy without greenhouse gas emissions
US4439302A	MASSACHUSETTS INST TECHNOLOGY	Redox mediation and hydrogen-generation with bipyridinium reagents
US5022970A	GAS RES INST	Photoelectrochemical reduction of carbon oxides
US6942767B1	T Graphic LLC	Chemical reactor system
US6270649B1	Michigan State University	Electrochemical methods for generation of a biological proton motive force and pyridine nucleotide cofactor regeneration
US6409893B1	INST ANGEWANDTE PHOTOVOLTAIK G; KNEBEL OLAF; UHLENDORF INGO	Photoelectrochemical cell
US7338590B1	Sandia Corporation	Water-splitting using photocatalytic porphyrin-nanotube composite devices
US4414080A	NASA	Photoelectrochemical electrodes
US6936143B1	Ecole Polytechnique Federale de Lausanne	Tandem cell for water cleavage by visible light

（1）技术追踪分析。

图4.20是WO2011132375A1的引用和被引用情况（基于专利申请人）。可以看出，该专利引用了日本丰田和日本日立等机构的3件在先专利，同时被富士通株式会社和株式会社东芝等机构的25件专利引用。

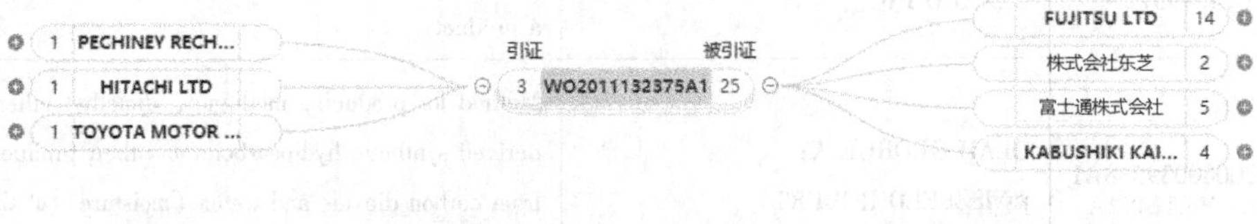

图4.20　WO2011132375A1的引用和被引用情况（基于专利申请人）

（2）技术演进分析。

表 4.11 给出了 WO2011132375A1 的前引和后引专利文献（基于专利申请号）。富士通株式会社和株式会社东芝等申请人围绕该专利进行了大量的外围专利申请，技术方案主要涉及金属纳米颗粒、碳纳米管、活性炭、多孔金属配合物等领域；另外，该专利还引用了日本丰田和日本日立等申请人的专利文献，技术方案主要涉及碳化硅的制备、过渡金属碳化物等。

表 4.11　WO2011132375A1 前引和后引专利文献

专利文献号	申请机构	专利名称
前引专利（引用 WO2011132375A1 的专利文献）		
JP6741934B2	富士通株式会社	Electrode for reducing carbon dioxide，and carbon dioxide reduction device
JP6691293B2	富士通株式会社	For reducing carbon dioxide electrode，a container，and a carbon dioxide reduction system
US10612147B2	KABUSHIKI KAISHA TOSHIBA	Electrochemical reaction device and electrochemical reaction method
JP6672210B2	株式会社东芝	The electrochemical reaction and the electrochemical reaction method
JP6646207B2	富士通株式会社	A carbon dioxide reduction system
JP2020023726A	FUJITSU LTD	Carbon dioxide reducing electrode and carbon dioxide reducing device
JP2019173108A	FUJITSU LTD	Carbon dioxide reduction device
JP2019166500A	FUJITSU LTD	Compound，adsorbent and method for producing the same，electrode for carbon dioxide reduction，and carbon dioxide reduction device
JP6572780B2	富士通株式会社	For reducing carbon dioxide electrode，a container，and a carbon dioxide reduction system
JP6551145B2	富士通株式会社	For reducing carbon dioxide electrode，a container，and a carbon dioxide reduction system
JP6548954B2	株式会社东芝	The reducing catalyst and chemical reactor
US10308574B2	KABUSHIKI KAISHA TOSHIBA	Reduction catalyst and chemical reactor
US10196748B2	KABUSHIKI KAISHA TOSHIBA	Reduction catalyst and chemical reactor
JP2019011491A	FUJITSU LTD	Electrode for carbon dioxide reduction，and method for producing the same，and carbon dioxide reduction device
JP2019011492A	FUJITSU LTD	Carbon dioxide reduction film，and method for producing the same，and carbon dioxide reduction device

续表

专利文献号	申请机构	专利名称
EP3006604B1	Kabushiki Kaisha Toshiba	Reduction catalyst and chemical reactor
JP2018118908A	FUJITSU LTD	Compound, adsorbent, electrode for carbon dioxide reduction, and carbon dioxide reduction device
JP2018095945A	FUJITSU LTD	Adsorbent and production method of the same, electrode for carbon dioxide and reduction and carbon dioxide reduction device
JP2018021217A	FUJITSU LTD	Carbon dioxide reduction apparatus
JP2017160476A	FUJITSU LTD	Carbon dioxide reduction device
JP2017150057A	FUJITSU LTD	Electrode for carbon dioxide reduction, container and carbon dioxide reduction device
JP2017125234A	FUJITSU LTD	Electrode for carbon dioxide reduction, container, and carbon dioxide reduction device
JP2017078190A	FUJITSU LTD	Electrode for carbon dioxide reduction, container, and carbon dioxide reduction device
JP2017078191A	FUJITSU LTD	Carbon dioxide reduction device
JP2017078192A	FUJITSU LTD	Adsorbent, electrode for carbon dioxide reduction, and carbon dioxide reduction device
后引专利（被WO2011132375A1引用的专利文献）		
JP2007125532A	TOYOTA MOTOR CORP	Catalyst, catalyst deposited on support, and fuel cell
JP05220401A	PECHINEY RECHERCHE	Method for producing metal carbide having large specific surface area under atmospheric pressure inert gas scavenging
JP04290526A	HITACHI LTD	Method for separating and reutilizing carbon dioxide

4. 专利US20130105304A1

US20130105304A1（System and high surface area electrodes for the electrochemical reduction of carbon dioxide）是美国液体光有限公司于2012年12月21日申请的一件专利。该专利还通过PCT（WO2014042782A1）途径在韩国（KR1020150055033A）、日本（JP2015533944A）、欧洲专利局（EP2895642A2）、中国（CN104619886A）、加拿大（CA2883744A1）、巴西（BR112015005640A2）和澳大利亚（AU2013316029A1）申请了保护。其中，在欧洲专利局（EP2895642B1，公告日2018年4月25日）和中国（CN104619886B，公告日2019年2月12日）和澳大利亚（AU2013316029B2，公告日2018年3月29日）的申请已经授权。

该专利主要是二氧化碳电化学还原系统（微流体反应器）和高比表面积铟涂层的阴极电极，高表面积阴极具有约 30% 至 98% 之间的空隙体积，电解液为饱和二氧化碳的碳酸氢盐。该方法和系统将二氧化碳电化学转化为包括甲酸盐和甲酸的有机产品。

该专利在多个国家地区申请了保护，在此选择其美国申请的公开公告文献（US20130105304A1）用于专利技术追踪与演进分析。

（1）技术追踪分析。

图 4.21 是 US20130105304A1 的引用和被引用情况（基于专利申请人）。可以看出，该专利引用了日本松下集团和巴特尔纪念研究所等机构的 11 件在先专利，同时被美国二氧化碳材料公司、北京化工大学、哈尔滨工业大学、美国佛罗里达大学研究基金会有限公司、普林斯顿大学和德国西门子股份公司等机构的 101 件专利引用。

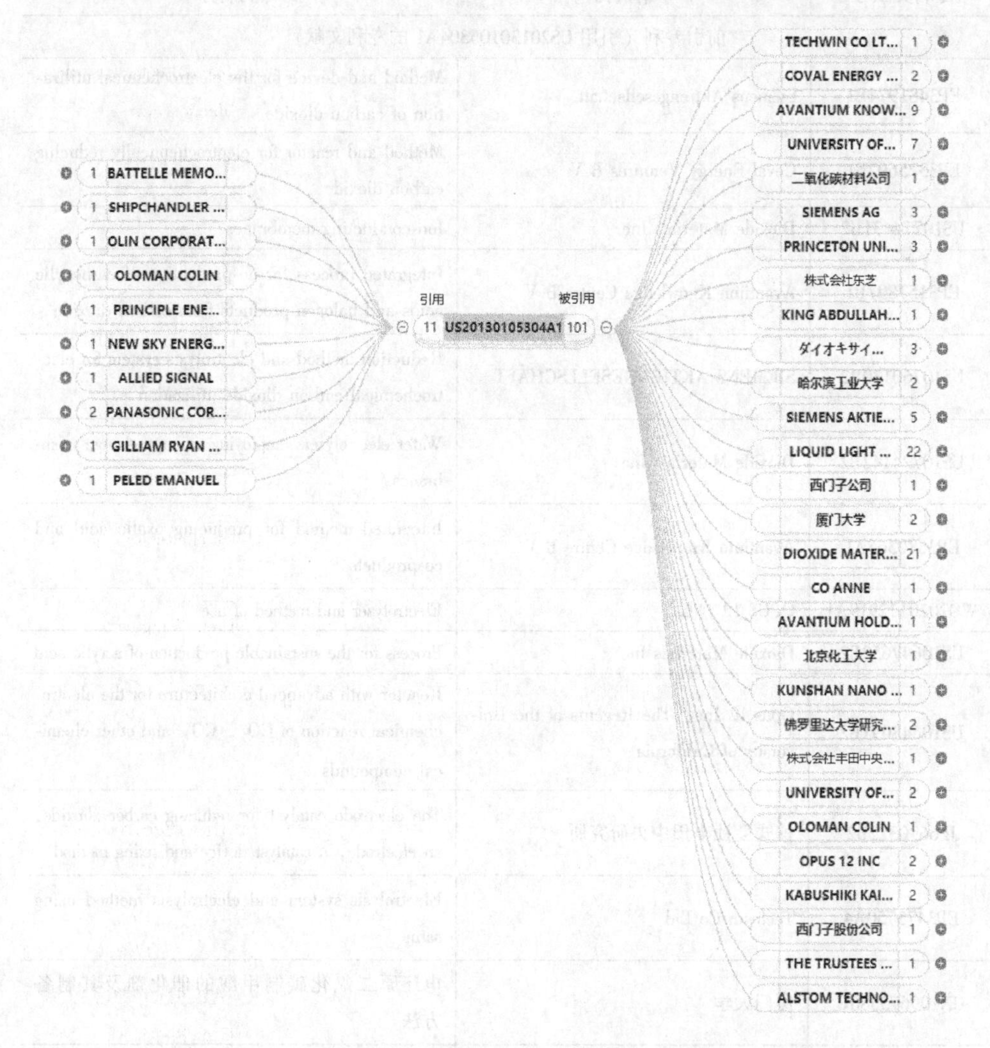

图 4.21　US20130105304A1 的引用和被引用情况（基于专利申请人）

（2）技术演进分析。

表4.12给出了US20130105304A1的前引和后引专利文献（基于专利申请号）。可以看出，美国二氧化碳材料公司、北京化工大学、哈尔滨工业大学、美国佛罗里达大学研究基金会有限公司、普林斯顿大学和德国西门子等申请人围绕该专利进行了大量的外围专利申请，技术方案主要涉及包含聚合物的离子交换膜、H型双室电化学电解池、三元电解质溶液、铟片电极、质子供体单元等领域；另外，该专利还引用了日本松下集团和巴特尔纪念研究所等申请人的专利文献，技术方案主要涉及光电解池、固体电解质膜、两相（气/液）阴极电解液、水产生氢气螯合二氧化碳等。

表4.12 US20130105304A1前引和后引专利文献

专利文献号	申请机构	专利名称
前引专利（引用US20130105304A1的专利文献）		
EP3481974B1	Siemens Aktiengesellschaft	Method and device for the electrochemical utilization of carbon dioxide
EP3325692B1	Coval Energy Ventures B V	Method and reactor for electrochemically reducing carbon dioxide
US10774431B2	Dioxide Materials Inc	Ion-conducting membranes
EP3157897B1	Avantium Knowledge Centre B V	Integrated process for co-production of carboxylic acids and halogen products from carbon dioxide
US10760170B2	SIEMENS AKTIENGESELLSCHAFT	Reduction method and electrolysis system for electrochemical carbon dioxide utilization
US10724142B2	Dioxide Materials Inc	Water electrolyzers employing anion exchange membranes
EP3680365A1	Avantium Knowledge Centre B V	Integrated method for producing oxalic acid and co-products
WO2020112919A1	OPUS 12 INC	Electrolyzer and method of use
US10647652B2	Dioxide Materials Inc	Process for the sustainable production of acrylic acid
US10648091B2	Opus 12 Inc; The Regents of the University of California	Reactor with advanced architecture for the electrochemical reaction of CO_2, CO, and other chemical compounds
JP6690322B2	株式会社丰田中央研究所	The electrode catalyst for reducing carbon dioxide, an electrode, a catalyst device and fixing method
EP3473750A4	Techwin Co Ltd	Electrolysis system and electrolysis method using same
CN109675586B	厦门大学	电还原二氧化碳制甲酸的催化剂及其制备方法
AU2017337208B2	Siemens Aktiengesellschaft	Method and device for the electrochemical utilization of carbon dioxide

续表

专利文献号	申请机构	专利名称
US10443136B2	KABUSHIKI KAISHA TOSHIBA	Electrochemical reaction device
JP6585859B2	ダイオキサイドマテリアルズインコーポレイティド	An ion-conductive membrane
US10428432B2	Dioxide Materials Inc	Catalyst layers and electrolyzers
JP6568325B2	ダイオキサイドマテリアルズインコーポレイティド	Water electrolyzer
JP6568326B2	ダイオキサイドマテリアルズインコーポレイティド	The catalyst layer and electrolytic cell
US10396329B2	Dioxide Materials Inc	Battery separator membrane and battery employing same
CN108796548B	哈尔滨工业大学	在杂多酸阴离子－乙腈－水三元电解液体系中电催化还原二氧化碳制备甲酸和乙酸的方法
JP6559515B2	日本东芝	Electrolyzer
WO2019141827A1	AVANTIUM KNOWLEDGE CENTRE B V	Catalyst system for catalyzed electrochemical reactions and preparation thereof, applications and uses thereof
US10329676B2	Avantium Knowledge Centre B V	Method and system for electrochemical reduction of carbon dioxide employing a gas diffusion electrode
CN109790632A	德国西门子	用于电化学利用二氧化碳的方法和设备
US10287696B2	Avantium Knowledge Centre B V	Process and high surface area electrodes for the electrochemical reduction of carbon dioxide
US10280378B2	Dioxide Materials Inc	System and process for the production of renewable fuels and chemicals
CN109675586A	厦门大学	电还原二氧化碳制甲酸的催化剂及其制备方法
EP3280834B1	Siemens Aktiengesellschaft	Electrolysis system for the electrochemical utilization of carbon dioxide, having a proton donor unit, and reduction method
CN109642332A	美国二氧化碳材料公司	用于生产可再生燃料和化学品的系统和方法
CN105764838B	佛罗里达大学研究基金会有限公司	含碳材料上的二氧化碳还原
WO2019025092A1	SIEMENS A G	Device and method for the electrochemical utilisation of carbon dioxide
US10181614B2	University of Florida Research Foundation Incorporated	Hydrogen oxidation and generation over carbon films

续表

专利文献号	申请机构	专利名称
US10173169B2	Dioxide Materials Inc	Devices for electrocatalytic conversion of carbon dioxide
US10147974B2	Dioxide Materials Inc	Battery separator membrane and battery employing same
CN108796548A	哈尔滨工业大学	在杂多酸阴离子－乙腈－水三元电解液体系中电催化还原二氧化碳制备甲酸和乙酸的方法
US10119196B2	Avantium Knowledge Centre B V	Electrochemical production of synthesis gas from carbon dioxide
US20180312786A1	KUNSHAN NANO NEW MATERIAL TECHNOLOGY CO LTD	Nano super ion water and preparation method of the same
US10115972B2	University of Florida Research Foundation Incorporated	Single wall carbon nanotube based air cathodes
US10047446B2	Dioxide Materials Inc	Method and system for electrochemical production of formic acid from carbon dioxide
US10023967B2	Dioxide Materials Inc	Electrochemical devices employing novel catalyst mixtures
US9982353B2	Dioxide Materials Inc	Water electrolyzers
US9970117B2	Princeton University; Avantium Knowledge Centre B V	Heterocycle catalyzed electrochemical process
US20180127668A1	Dioxide Materials Inc	System and process for the production of renewable fuels and chemicals
US9957624B2	Dioxide Materials Inc	Electrochemical devices comprising novel catalyst mixtures
US9943841B2	Dioxide Materials Inc	Method of making an anion exchange membrane
US9945040B2	Dioxide Materials Inc	Catalyst layers and electrolyzers
WO2018059839A1	SIEMENS A G	Method and device for the electrochemical utilization of carbon dioxide
CN107849714A	德国西门子	具有质子供体单元的用于电化学利用二氧化碳的电解系统和还原方法
EP3157897A4	Avantium Knowledge Centre B V	Integrated process for co-production of carboxylic acids and halogen products from carbon dioxide
US9873951B2	Avantium Knowledge Centre B V	High pressure electrochemical cell and process for the electrochemical reduction of carbon dioxide
US9849450B2	Dioxide Materials Inc	Ion-conducting membranes

续表

专利文献号	申请机构	专利名称
US9775241B2	University of Florida Research Foundation Inc	Nanotube dispersants and dispersant free nanotube films therefrom
US9768460B2	University of Florida Research Foundation Inc	Hydrogen oxidation and generation over carbon films
US9742018B2	University of Florida Research Foundation Inc	Hydrogen oxidation and generation over carbon films
US20170233881A1	Dioxide Materials Inc	Water Electrolyzers
US9708722B2	Avantium Knowledge Centre B V	Electrochemical co-production of products with carbon-based reactant feed to anode
WO2017118712A1	AVANTIUM HOLDING B V	Method and system for electrochemical reduction of carbon dioxide employing a gas diffusion anode
US20170130342A1	Kabushiki Kaisha Toshiba	Electrochemical reaction device
US9642252B2	University of Florida Research Foundation Inc	Nanotube dispersants and dispersant free nanotube films therefrom
US9642253B2	University of Florida Research Foundation Inc	Nanotube dispersants and dispersant free nanotube films therefrom
US9580824B2	Dioxide Materials Inc	Ion-conducting membranes
JP2017504547A	UNIVERSITY OF FLORIDA RESEARCH FOUNDATION INC	The reduction of carbon dioxide with carbon containing materials
WO2017014635A1	COVAL ENERGY VENTURES B V	Method and reactor for electrochemically reducing carbon dioxide
US20160369415A1	Dioxide Materials Inc	Catalyst layers and electrolyzers
WO2016188829A1	SIEMENS A G	Electrolysis system for the electrochemical utilization of carbon dioxide, having a proton donor unit, and reduction method
DE102015209509A1	Siemens Aktiengesellschaft	Electrolytic system for the electrochemical carbon dioxide-recovery with proton donor-unit and reduction process
US9481939B2	Dioxide Materials Inc	Electrochemical device for converting carbon dioxide to a reaction product
US20160222528A1	ALSTOM Technology Ltd	Method for electrochemical reduction of CO_2 in an electrochemical cell
CN105764838A	佛罗里达大学研究基金会有限公司	含碳材料上的二氧化碳还原
US9370773B2	Dioxide Materials Inc	Ion-conducting membranes

续表

专利文献号	申请机构	专利名称
US9309599B2	Liquid Light Inc	Heterocycle catalyzed carbonylation and hydroformylation with carbon dioxide
WO2016054400A1	CO Anne；BILLY Joshua；COLEMAN Eric；WALZ Kendahl	Materials and methods for the electrochemical reduction of carbon dioxide
US9303324B2	Liquid Light Inc	Electrochemical co-production of chemicals with sulfur-based reactant feeds to anode
WO2016030749A1	KING ABDULLAH UNIVERSITY OF SCIENCE AND TECHNOLOGY；SAUDI ARAMCO	Electrodes，methods of making electrodes，and methods of using electrodes
US9267212B2	Liquid Light Inc	Method and system for production of oxalic acid and oxalic acid reduction products
US9222179B2	Liquid Light Inc	Purification of carbon dioxide from a mixture of gases
US9175407B2	Liquid Light Inc	Integrated process for producing carboxylic acids from carbon dioxide
US9175409B2	Liquid Light Inc	Multiphase electrochemical reduction of CO_2
WO2015143560A1	OLOMAN Colin	Process for the conversion of carbon dioxide to formic acid
US9090976B2	The Trustees of Princeton University；University of Richmond	Advanced aromatic amine heterocyclic catalysts for carbon dioxide reduction
US9085827B2	Liquid Light Inc	Integrated process for producing carboxylic acids from carbon dioxide
US9080240B2	Liquid Light Inc	Electrochemical co-production of a glycol and an alkene employing recycled halide
WO2015077508A1	UNIVERSITY OF FLORIDA RESEARCH FOUNDATION INC	Carbon dioxide reduction over carbon-containing materials
US8986533B2	Princeton University	Conversion of carbon dioxide to organic products
US8961774B2	Liquid Light Inc	Electrochemical production of butanol from carbon dioxide and water
US8858777B2	Liquid Light Inc	Process and high surface area electrodes for the electrochemical reduction of carbon dioxide
US8845875B2	Liquid Light Inc	Electrochemical reduction of CO_2 with co-oxidation of an alcohol
US8845876B2	Liquid Light Inc	Electrochemical co-production of products with carbon-based reactant feed to anode

续表

专利文献号	申请机构	专利名称
US8845877B2	Liquid Light Inc	Heterocycle catalyzed electrochemical process
US8845878B2	Liquid Light Inc	Reducing carbon dioxide to products
US8821709B2	Liquid Light Inc	System and method for oxidizing organic compounds while reducing carbon dioxide
CN103952717A	北京化工大学	一种光电化学分解水与有机合成相互耦合的串联反应设计方法
US8721866B2	Liquid Light Inc	Electrochemical production of synthesis gas from carbon dioxide
US8691069B2	Liquid Light Inc	Method and system for the electrochemical co-production of halogen and carbon monoxide for carbonylated products
US8692019B2	Liquid Light Inc	Electrochemical co-production of chemicals utilizing a halide salt
US8663447B2	Princeton University	Conversion of carbon dioxide to organic products
US8658016B2	Liquid Light Inc	Carbon dioxide capture and conversion to organic products
US8647493B2	Liquid Light Inc	Electrochemical co-production of chemicals employing the recycling of a hydrogen halide
US8641885B2	Liquid Light Inc	Multiphase electrochemical reduction of CO_2
US20130180865A1	LIQUID LIGHT INC	Reducing Carbon Dioxide to Products
后引专利（被US20130105304A1引用的专利文献）		
US20130062216A1	PANASONIC CORPORATION	Method for reducing carbon dioxide
US20120329657A1	PRINCIPLE ENERGY SOLUTIONS INC	Methods and devices for the production of hydrocarbons from carbon and hydrogen sources
US20120298522A1	SHIPCHANDLER RIYAZ; PUN BETTY KONG LING; WEISS MICHAEL JOSEPH	Systems and methods for soda ash production
US20120295172A1	PELED EMANUEL; BLUM ARNON	Electrochemical systems and methods of operating same
WO2012046362A1	PANASONIC CORPORATION; YOTSUHASHI Satoshi; DEGUCHI Masahiro; YAMADA Yuka	Method for reducing carbon dioxide
US20110083968A1	GILLIAM RYAN J; DECKER VALENTIN; BOGGS BRYAN; JALANI NIKHIL; ALBRECHT THOMAS A; SMITH MATT	Low-voltage alkaline production using hydrogen and electrocatalytic electrodes
US20080248350A1	NEW SKY ENERGY INC	Electrochemical apparatus to generate hydrogen and sequester carbon dioxide

续表

专利文献号	申请机构	专利名称
US20080223727A1	OLOMAN COLIN; LI HUI	Continuous co-current electrochemical reduction of carbon dioxide
US20060102468A1	Battelle Memorial Institute	Photolytic oxygenator with carbon dioxide and/or hydrogen separation and fixation
US5198086A	Allied Signal	Electrodialysis of salts of weak acids and/or weak bases
US5106465A	Olin Corporation	Electrochemical process for producing chlorine dioxide solutions from chlorites

4.3.7　发现技术空白点

在前面分析的基础上，对检索到的217件金属/氧化物纳米催化剂专利进行了逐件解读，为了提高电化学还原二氧化碳的电解效率，划分为电化学还原 CO_2 催化剂制备关键技术和电化学还原 CO_2 电解池核心反应器技术。电化学还原 CO_2 催化剂制备关键技术主要是获得电化学还原 CO_2 催化剂制备新方法，制备活性高、稳定性好的催化剂，提高反应电流密度，其中，制备的催化剂可分为金属－氮/碳（M－N/C）单原子催化剂和可控形貌的金属/金属化合物催化剂。

1. 电化学还原 CO_2 催化剂制备关键技术

（1）金属－氮/碳（M－N/C）单原子催化剂专利功效分析。

从制备技术来看，目前制备金属单原子催化剂用于电催化二氧化碳还原反应的相关专利一共有31件（表4.13），主要涉及高温煅烧法、高温碳化法、高温热解法、沉淀法和模板法5大类。

表4.13　金属单原子催化剂及制备技术专利重要申请人

机构名称		专利数量/件	制备技术	催化剂
高校	浙江大学	4	高温煅烧法（2）、水热和煅烧结合（2）	铁单原子（1）、镍单原子（3）
	北京化工大学	3	高温煅烧法（1）、沉淀法（2）	钴单原子（1）、铁/钴/镍等过渡金属（2）
	复旦大学	2	沉淀法	铁/钴/镍等过渡金属
	西安交通大学	2	高温碳化法	铁单原子（1）、铁/钴/镍等过渡金属（1）

续表

	机构名称	专利数量/件	制备技术	催化剂
高校	西南大学	1	高温碳化法	铁/钴/镍等过渡金属
	河南师范大学	1	高温碳化法	钴单原子
	中北大学	1	高温煅烧法	铁/钴/镍等过渡金属
	华中师范大学	1	高温煅烧法	铁单原子
	郑州轻工业学院	1	水热法和高温煅烧法	铁单原子
	大连理工大学	1	模板法	铁/钴/镍等过渡金属
中科院	中科院大连化物所	3	高温碳化法	钴单原子（1）、镍单原子（1）、铁/钴/镍等过渡金属（1）
	中科院理化技术研究所	3	高温煅烧法（2）、分子裂解法（1）	钴单原子（1）、锌单原子（1）、Cr、Nb、Rh、Cd、Os 及 Ir 单原子（1）
	中国科学技术大学	2	高温煅烧法（2）	锡单原子（1）、镍单原子（1）
	中科院山西煤炭化学研究所	2	电化学和高温热处理法	铁/钴/镍等过渡金属（1）、Pd/Ir/Ru/Au 等单原子（1）
	中科院青岛能源所	1	高温热解法	铁/钴/镍等过渡金属
	中科院化学研究所	1	高温煅烧法	镍单原子
企业	北京氦舶科技有限责任公司	1	高温热解法	铁/钴/镍等过渡金属
	全球能源互联网研究院有限公司；国家电网有限公司；国家电网山西省电力公司	1	高温碳化法	锡单原子

注：括号里代表相应的专利数量。

在重要申请人分析方面，表4.13给出了金属单原子催化剂及制备技术专利的重要申请人，可以看出制备金属单原子催化剂的专利集中于高校和中科院，并且主要以高温煅烧法、高温碳化法、高温热解法为主，同时涉及少量沉淀法和模板法等；企业申请人中主要以高温煅烧法和高温碳化法为主。

重点针对 Fe－N/C、Ni－N/C、Zn－N/C 等过渡金属、高活性 CO_2RR 单原子催化剂，提高金属单原子载量，调控配位数等局部结构和电子结构；制备效率高、稳定性高，且环境友好、可持续的单原子催化剂。

（2）可控形貌的金属/金属化合物催化剂专利功效分析。

从制备技术来看，目前制备可控形貌的金属/金属化合物催化剂用于电化学催化二氧化碳还原反应的相关专利一共183件，主要涉及水热法（包括溶剂热法）、液相沉淀法、模板法、高温煅烧法、还原法、浸渍法、静电纺丝法、刻蚀法、热解法、氧化法10大类。

在重要申请人分析方面，表4.14给出了金属/金属化合物催化剂及制备技术专利的重要申请人，可看出制备可控形貌的金属/金属化合物催化剂的专利集中于高校和中科院，并且主要以水热法（包括溶剂热法）、液相沉淀法、模板法、高温煅烧法、氧化法、还原法为主，同时涉及少量浸渍法、静电纺丝法、刻蚀法、热解法等；企业申请人主要以高温煅烧法和水热法为主。

研究了二维超薄材料、立方体/八面体、六棱柱、中空结构、富氧空位或富硫空位等结构材料，重点针对In、Sn、Bi等金属氧化物或硫化物展开研究；研究了聚多巴胺包覆、第二金属、卤素或硫族掺杂等修饰金属化合物，制备了活性高、选择性强、性能稳定的可控形貌的金属/金属化合物催化剂。

表4.14　金属/金属化合物催化剂及制备技术专利重要申请人

机构名称		专利数量/件	制备技术	催化剂
高校	东华大学	9	水热法（5）、液相沉淀法（2）、还原法（2）	Cu/In双金属（1）、珊瑚状SnO（1）、SnO_2（2）、Cu_2O（1）、Cu有机骨架、MEA电解池（1）、C_3N_4负载Cu/Sn合金（1）、碳负载Bi（1）、单质Bi（1）
	浙江大学	7	高温煅烧法（1）、液相沉淀法（1）、热解法（2）、模板法（1）、静电纺丝法（1）、阴阳极交替式电化学剥离法（1）	铜镉硫化物@NC（1）、Fe－$CoSe_2$@NC（1）、石墨相氮化碳负载铜氧化物（2）、微纳米多孔In（1）、SnO_2（1）、超薄SnS_2（1）
	中南大学	6	浸渍法（1）、水热法（溶剂热法）（2）、高温煅烧法（1）、氧化法（1）、还原法（1）	Ln_2NiO_4（1）、Co－C（1）、基团修饰的贵金属（1）、CoP/碳纳米管（1）、聚多巴胺包覆铜（1）、铁/钴/镍等过渡金属纳米颗粒（1）
	肇庆市华师大光电产业研究院	6	模板法（2）、高温煅烧法、（2）、喷雾干燥法（1）、静电纺丝法（1）	CuSe空心微球（2）、NiS（1）、CuO/Cu_2O复合石墨烯（1）、硫化铟锌－MXene材料（1）、FeS负载氮掺杂碳纳米管（1）
	天津大学	5	水热法（溶剂热法）（2）、晶种生长法（1）、高温煅烧法（1）、碱性水解法（1）	$Pb_xSn_yO_3$（1）、六边形超薄Pd片（1）、Pd－活性炭（1）、富氧空位Ov－N－SnO_2（1）、Cu_2O（1）

续表

	机构名称	专利数量/件	制备技术	催化剂
高校	哈尔滨工业大学	5	水热法（3）、液相沉淀法（2）	Au-Fe合金（1）、Cu-Eu合金（1）、Cu-Eu合金（1）、树枝状的Bi（1）、Ni-Ga合金（1）-制醇类
	深圳大学	5	液相沉淀法（1）、还原法（1）、真空热蒸发镀膜法（1）、静电纺丝法（1）、高温碳化法（1）	Zn（1）、OD-Cu（1）、Cu_xSn_{100-x}（1）、负载铜的氮掺杂碳纳米纤维电催化剂（1）-制醇类、聚多巴胺包覆Pt（1）
	吉林大学	4	还原法（1）、模板法（1）、氧化法与水热法（1）、溶剂热法（1）	Bi/CeO_x（1）、铜镓铟三元多晶材料（1）、类立方体的Cu_2O（1）、“金字塔”状Pd（1）
	青岛科技大学	3	高温煅烧法（1）、水热法（1）、热解法（1）	CuS（1）、Cu_3N（1）、SnO_2（1）
	山西大同大学	3	液相沉淀法（3）	Cu@Ag核壳（1）、富氧空位铁/钴/镍等过渡金属纳米颗粒（1）、Ni-Fe双原子（1）
	大连理工大学	3	反应控制法（1）、溶胶-凝胶法（1）、液相沉淀法（1）	原位制备Cu/Cu_xO（1）、载银碳气凝胶（1）、$Cu-Cu_2O$（1）
	北京化工大学	3	高温煅烧法（2）、液相沉淀法（1）	MgO/中空碳球（1）、纳米Cu（1）、六棱柱ZnO（1）
	武汉大学	3	高温煅烧法（1）、还原法（1）、恒压法（1）	N_xC包裹Ag@Au核壳（1）-制乙醇、Ag基催化剂（1）、Ag纳米网
	辽宁大学	3	水热法	Cu/CuO（1）、MXene/CNTs（1）、CNTs/Co（1）
	南京理工大学	3	水热法（3）	空心结构的$CuO-CuCO_2O_4$（1）-制乙醇、面心立方钴/石墨烯催化剂（1）-制乙醇
	厦门大学	2	溶剂热法	卤素修饰的Cu（1）、硫族元素掺杂的金属（In、Sn、Pb、Bi）催化剂（1）
	南京邮电大学	2	水热法	C-BP-Cu（1）、$Co-FeS_2/CoS_2$（1）
	江南大学	2	静电纺丝法（1）、水热法（1）	AuNi合金（1）、MoS_2/CuS（1）
	山东大学	2	液相沉淀法	SnO_2（1）、Zn-C-Ag（1）
	清华大学	2	水热法	Fe_3WO_x（1）、Sn基催化剂（1）
	温州大学	2	水热法	TiO_2/MoS_2（1）-制乙醇、Bi_2O_3/Bi（1）

续表

机构名称		专利数量/件	制备技术	催化剂
高校	华东师范大学	2	高温煅烧法（1）、模板法（1）	CuO（1）－制醇类、Cu 负载有序介孔碳（1）
	江苏大学	2	高温煅烧法（1）、还原法（1）	Cu@ CuCl/NF（1）、Cu－In 双金属（1）
	西安交通大学	2	刻蚀法（1）、液相沉淀法（1）	Au 纳米线（有高密度的缺陷结构）、氧化铜和氧化钌等
	北京林业大学	2	水热法（1）、氧化法（1）	双金属纳米颗粒复合石墨烯（1）、Pd（1）
	浙江工业大学	2	液相沉淀法（1）、高温碳化法（1）	Pb/泡沫镍（1）、WC 催化剂（1）
	南京师范大学常州创新发展研究院	2	溶剂热法	Bi@ Bi_2O_3（1）、空心球形貌的铜基催化剂（1）
	南昌大学	1	无溶剂一锅法	Cu 基催化剂
	武汉理工大学	1	高温液相合成法和间接剥离法	富硫空位 RSV－Bi_2S_3
	南京工业大学	1	熔盐法	三维网状 SnS/S－C
	北京工业大学	1	还原法	Cu－Au 合金
	华南理工大学	1	自上而下法	CuO 纳米片
	同济大学	1	水热法	Sn/SnO_2@ NC
	东南大学	1	高温碳化法	中空结构的 C－Cu（OH）$_2$@ZIF－1000
	华东理工大学	1	溶剂热法	Co
	电子科技大学	1	溶剂热法	多面体纳米 Cu－制乙酸
	中山大学	1	溶剂热法	Au－Ag/Ag_2S 异质结纳米催化剂－制乙醇
	华中科技大学	1	水热法	多层结构的 SnO_x
	内蒙古大学	1	水热法	花棒状 CuO/SnO_2
	苏州大学	1	液相沉淀法	Bi 基催化剂
	重庆大学	1	液相沉淀法	Sn/Cu
	湖南科技大学	1	水热法	碳空心球负载 Ni 金属催化剂
	西南科技大学	1	水热法	Ni 金属纳米薄片
	上海大学	1	液相沉淀法	CuO/Sb_2O_3－CNTs
	天津理工大学	1	溶剂热法	Cu 网
	大连交通大学	1	液相沉淀法	无担载纳米晶 SnO_2 催化剂
	安阳师范学院	1	水热法	片状 Co_2P－碳布复合材料
	东莞理工学院	2	高温煅烧法（1）、液相沉淀法（1）	泡沫状 MXene/C_3N_4/金属催化剂（1）、聚苯胺 Cu_2O 复合材料

续表

	机构名称	专利数量/件	制备技术	催化剂
高校	嘉兴学院	1	浸渍法	Cu合金/氮掺杂类石墨烯催化剂－制醇类
	盐城工学院	1	溶剂热法	Bi纳米材料
	西江大学校产学协力团	1	液相沉淀法	汞齐电极
	陕西科技大学	1	水热法	Mo_2C/TiO_2
中科院	中科院大连化物所	22	液相沉淀法（8）、浸渍法（2）、水热法（2）、模板法（3）、氧化法（1）、去合金法（1）、其他法（5）	Cu粒子（5）、锥型Cu、In和Sn等（1）、纳米多孔Zn（1）、Sn催化剂（1）、Bi催化剂（2）、Ni－CeO_2（1）、Au、Ag和Pd等（2）、Cu、Zn、Sn、Bi、In等（3）、Zn－ZnO（1）、Cu合金（1）、形貌可控In（1）、Zn－Bi双金属（1）、Bi/C（1）、Cu/C（1）
	中科院长春应用化学研究所	5	液相沉淀法（2）、水热法（1）、其他法（2）	Au纳米片（1）－制乙醇、NiCu或NiSn双金属（1）、富含氧缺陷的多孔碳材料（1）、Bi纳米线（1）、Zn、Cd、Ag等（1）
	中国科学技术大学	5	水热法（溶剂热法）（3）、熔融合金法（1）、还原法（1）	rGO上生长的In_2O_3（1）、多针尖状CdS（1）、Co@Ni－SnS_2（1）、CuZn（1）－制多碳、八面体形貌或立方体形貌－Ag纳米晶（1）
	中科院青岛能源所	3	高温煅烧法（2）、刻蚀和硫化－脱硫法（1）	$Zn_xSn_{1-x}O_y$（1）、Sn_xCu_yO（1）、SnO_2（1）
	中科院上海高等研究院	3	液相化学法（2）、高温煅烧法（1）	Cu基催化剂制C2＋产物、Pd－Sn合金（1）、分子筛负载Cu（1）
	中科院福建物质结构研究所	2	溶剂热法	二维超薄铋烯纳米片（1）、Au－Ir合金（1）
	中科院理化技术研究所	1	水热法	氮化铟
	中科院山西煤炭化学研究所	1	模板法	石墨烯/分子筛/金属氧化物复合催化剂
	中科院上海应用物理研究所	1	辐照技术原位还原自组装法	石墨烯－贵金属无机纳米颗粒复合水凝胶

续表

	机构名称	专利数量/件	制备技术	催化剂
中国科学院	国家纳米科学中心	1	其他法	金纳米颗粒薄膜
企业及个人	碳能科技（北京）有限公司	3	高温煅烧法（3）	Bi 基催化剂（1）、$Zn_xSn_yO_z$（1）、$Ag_xZn_yO_z$（1）
	北京福美加能源科技有限公司	2	还原法（1）、水热法和高温煅烧法（1）	锡铟氧化物或者铟氧化物（1）、Cu－Ag 合金（1）
	新奥科技发展有限公司	1	水热法	泡沫铜负载氧化锡和金
	内蒙古元瓷新材料科技有限公司	1	还原法	Cu－Yb 合金
	周霞	1	高温煅烧法	Cu 箔
	王荔	1	水热法	Pd－Cu 合金
国外重要申请人	德国西门子	2	水热法（1）、高温煅烧法（1）	Cu_4O_3（1）、枝晶状 Au 和 Ag 等（1）－制醇类
	美国液体光有限公司	2	氧化法（1）、氧化法或液相沉淀法（1）	In 氧化物（2）－微流体反应器
	日本本田	3	还原法（1）、刻蚀法（2）	Cu 纳米片（1）、芯@壳纳米颗粒（CSN）（2）－制醇类
	日本松下集团	2	溅射法	氮化铪、氮化钽、氮化钼和氮化铁等（1）、碳化铪、碳化铌、碳化铬和碳化钨等（1）
	伊利诺伊大学董事会	1	其他方法	过渡金属二硫族化物
	科思创德国股份有限公司	1	液相沉淀法	纳米 Ag
	美国二氧化碳材料公司	1	其他方法	贵金属纳米粒子

注：括号里代表相应的专利数量。

4.3.8　创新技术保护特点分析

1. 单原子催化剂

一种过渡金属单原子催化剂及其制备方法和应用－中科院理化技术研究所－CN109908904A。

本发明提供一种过渡金属单原子催化剂，该催化剂以过渡金属单原子为活性组分，以炭黑为载体，过渡金属单原子的负载量为0.5%～6.0%（质量分数），最高负载量为现有技术的2～3倍。本发明提供的过渡金属单原子催化剂制备以具有强配位效应的邻菲罗啉作为配体、以具有高导电性和高表面活性的炭黑为载体，诱导限域形成多种具有高分散性和高负载型的廉价过渡金属单原子催化剂。且该制备方法具有普适性，可用于制备多种过渡金属单原子催化剂，通过该方法首次实现了Cr、Nb、Rh、Cd、Os及Ir单原子催化剂的制备。此外，该制备方法成本低廉、工艺简单、能够大规模生产。其次，该催化剂在电化学催化二氧化碳还原制备一氧化碳的应用中，具有较高的选择性和法拉第效率。

2. 金属/金属化合物催化剂

（1）一种形貌可控铟纳米催化剂的制备方法及其应用－中科院大连化物所－CN104707590A。

本发明提供了一种形貌可控铟纳米催化剂的制备方法，具体步骤包括：将水溶性铟金属前驱体与表面活性剂的水溶液混合均匀，通入惰性气体，加入还原剂，反应10分钟以上后，清洗烘干，获得形貌可控铟纳米催化剂；合成过程中可加入不同载体使形貌可控铟纳米催化剂原位生长在载体上。本发明反应条件温和、环境友好、操作简单、生产成本低、易放大合成。所制备的铟纳米催化剂呈纳米棒、纳米棒簇及纳米棒－线复合结构，可应用于NO_x消除、CO_2电化学还原、有机分子的水相烯丙基化及碱性电池析氢缓蚀等领域。

（2）一种二氧化碳电化学还原反应用气体扩散电极及其制备－中科院大连化物所－CN105322185A。

本发明涉及一种二氧化碳电化学还原用气体扩散电极，由CO_2捕获剂、催化剂以及黏结剂三种组分的催化层和气体扩散层构成，所述的CO_2捕获剂为对CO_2具有捕获功能以及能与CO_2配位的材料。具有该组成结构的气体扩散电极可实现对CO_2的“捕获”与“滞留”功能，增加反应界面上CO_2气体的浓度，缓解高过电位反应条件下的传质极化问题，为CO_2电化学还原反应的持续高效进行提供保障，可较明显提高CO_2的转化率。

（3）一种钴镍双掺杂的硫化锡纳米片、其制备方法和应用 - 中国科学技术大学 - CN109647536A。

本发明提供了一种钴镍双掺杂的硫化锡纳米片的制备方法，包括：a）将锡源、镍源、钴源、硫源和配体混合反应，得到钴、镍双掺杂的锡前驱体；b）将钴、镍双掺杂的锡前驱体、油胺和溶剂混合，加热反应，冷却，得到钴镍双掺杂的硫化锡纳米片。本发明通过镍源、钴源引入钴、镍离子来改善金属硫化物催化剂的电子结构，从而提高制备得到的钴镍双掺杂的硫化锡纳米片对二氧化碳电化学催化还原反应的催化活性及选择性。本发明的制备方法制备得到的钴镍双掺杂的硫化锡纳米片催化活性高、稳定性好、选择性高。

（4）一种在 rGO 上生长的氧化铟纳米催化剂、其制备方法及其应用 - 中国科学技术大学 - CN110215916A。

本发明提供一种在 rGO 上生长的 In_2O_3 纳米催化剂、其制备方法及其应用，催化剂包括还原氧化石墨烯纳米片及复合在还原氧化石墨烯纳米片表面的 In_2O_3 纳米带。该催化剂以 In_2O_3 纳米带原位、均匀地生长在 rGO 纳米片衬底上，既实现了异相结构，使催化剂易于从反应体系中分离、收集再利用，又能基于二维材料具有的高效原子利用率与衬底较强的耦合作用，使其在催化二氧化碳电化学还原反应中具有较高催化活性。催化剂在二氧化碳电化学还原反应中，在 -0.7V 下对甲酸和一氧化碳的选择性超过 90%；在 -1.2V 下对甲酸选择性高达 84.6%。在 -1.2V 下工作 10h 后，仍保留初始活性，表明其在长时间催化反应后仍可重复利用。

（5）一种疏松多孔氧化亚铜材料的制备方法及氧化亚铜在电化学催化还原二氧化碳中的应用 - 天津大学 - CN109536991A。

本发明公开了一种疏松多孔氧化亚铜材料的制备方法以及氧化亚铜在电化学催化还原二氧化碳中的应用。本发明制备方法主要以稀酸和乙醇清洗后的碘化亚铜粉末为原料，在碘化钾或碘化钠溶液中配制获得络合液，然后按配比向强碱溶液中加入一定量该络合液得到沉淀产物，最后用超纯水和丙酮离心清洗多次并用氮气吹干后获得疏松多孔的氧化亚铜材料。本发明通过简单快速、安全可控的碱性水解方法合成出表面干净的疏松多孔氧化亚铜材料，增大材料的比表面积，提高催化活性，借助残余氧降低中间产物耦合反应的活化势垒，大大促进对多碳产物的反应活性，其电化学催化还原二氧化碳为乙烯、乙醇和正丙醇等多碳产物的总法拉第效率提高至 80% 以上的水平。

（6）一种氧空位富集氮掺杂氧化锡及其制备方法和应用 - 天津大学 - CN110052281A。

本发明属于电化学催化技术领域，公开了一种氧空位富集氮掺杂氧化锡及其制备方法和应用，制备过程为先将双氰胺在特定温度和时间下焙烧，然后将得到的块状 C_3N_4 研磨至粉末状，在特定温度和时间下焙烧，再将得到 $g-C_3N_4$ 纳米片与 $SnCl_2 \cdot 2H_2O$ 按照 1∶1 的质量比研磨混合，在特定温度和时间下焙烧，所得产物收集研磨得到 $Ov-N-SnO_2$ 纳米颗粒；该氧空位富集氮掺杂氧化锡可在电催化二氧化碳还原制甲酸中应用。本发明主要通过焙烧方式，利用石墨化-氮化碳的热不稳定性及丰富氮含量的特性，与二水合二氯化锡混合焙烧反应，实现氧空位富集氮掺杂氧化锡材料的合成，所形成的催化剂颗粒表现出优良的二氧化碳制甲酸性能。

（7）一种基团修饰的贵金属基二氧化碳电化学还原催化剂及其制备方法和应用-中南大学-CN111215146A。

本发明公开了一种基团修饰的贵金属基二氧化碳电化学还原催化剂及其制备方法和应用。基团修饰的贵金属基二氧化碳电化学还原催化剂由导电聚合物包覆贵金属基体构成。该基团修饰的贵金属基二氧化碳电还原催化剂应用在电催化CO_2还原过程，可以催化CO_2还原为乙烯，从而改变贵金属催化剂（如银基催化剂）只能催化二氧化碳产生CO的特性。

（8）电还原二氧化碳和一氧化碳制多碳产物的催化剂及其制备方法和应用-厦门大学-CN111229261A。

电化学还原二氧化碳和一氧化碳制多碳产物的催化剂及其制备方法和应用，属于电催化领域，所述催化剂为卤素修饰的铜电催化剂，所述卤素包括氟、氯、溴和碘中的至少一种。该催化剂的制备方法如下：将卤化铜前驱体负载在气体扩散层上，电还原即得到卤素修饰的铜电催化剂；卤化铜前驱体包括氢氧化氟铜前驱体和除氢氧化氟铜前驱体外的其他卤化铜前驱体中的至少一种；该催化剂应用到电还原二氧化碳和一氧化碳制多碳产物的反应中，反应活性高，选择性高，催化性能稳定，且在很宽的电流范围内维持很高的多碳产物选择性。

（9）电还原二氧化碳制甲酸的催化剂及其制备方法-厦门大学-CN109675586A。

电还原二氧化碳制甲酸的催化剂及其制备方法，属于电催化领域，所述催化剂为硫族元素掺杂的金属电催化剂，硫族元素包括硫、硒和碲中的至少一种，金属包括铟、锡、铅和铋中的至少一种；制备方法包括以下步骤：①将硫族元素的单质或者硫族元素的化合物和金属盐溶解在N,N-二甲基甲酰胺中，然后放入碳材料，转移至高压釜中进行溶剂热处理；②溶剂热处理完毕后取出碳材料，并用去离子水洗涤，干燥，即得到碳材料负载的硫族元素掺杂的金属氧化物前驱体，然后电还原即得碳材料负载的硫族元素掺杂的金属电催化剂。该催化剂应用到电还原二氧化碳制甲酸的反应中，反应活性高，选择性高，催化性能稳定，且在很宽的电流范围内维持很高的甲酸选择性。

（10）二氧化碳电化学还原单质铋催化剂及其制备和应用-东华大学；上海大学-CN107020075A。

本发明提供了二氧化碳电化学还原催化剂的制备及应用，所述的二氧化碳电化学还原催化剂其特征在于，包括微纳级单质铋催化剂，所述的微纳级单质铋催化剂由水溶液化学还原方法合成，制备方法包括：将硝酸铋和水合肼混合溶液加热并回流，进行化学还原反应，固体产物洗涤离心分离后，真空干燥得微纳级单质金属铋，具有鲜明的（012）晶面。本发明的微纳级单质金属铋催化剂对二氧化碳还原具有高的催化活性和选择性，所需过电势低，提高了能量效率。此外，本发明的催化剂制备方法操作简单、条件温和、产率高，易于工业化生产。

(11) 一种二氧化碳电化学还原催化剂及其制备及应用－东华大学－CN105680061A。

本发明提供了一种二氧化碳电化学还原催化剂，其特征在于，包括珊瑚状纳米氧化亚锡，所述的珊瑚状纳米氧化亚锡的制备方法包括：将尿素和二氯化锡溶于去离子水中，得到催化剂前驱体，将催化剂前驱体置于反应釜中，进行水热反应，离心分离，将所得固体洗涤并离心分离，干燥得到珊瑚状纳米氧化亚锡。本发明的氧化亚锡催化剂呈特殊的根状珊瑚堆积形貌，具有鲜明的（101）晶面和（002）晶面，对二氧化碳还原兼具高的电催化活性和选择性，特别是能显著提高对二氧化碳利用的能量效率。此外，本发明的催化剂制备方法操作简单、绿色、产率高，应用前景广阔。

(12) 一种二氧化碳电化学还原催化剂及在零距离反应器中的应用－东华大学；中国人民解放军军事科学院防化研究院－CN109659571A。

本发明涉及一种二氧化碳电化学还原催化剂及在零距离反应器中的应用，二氧化碳电化学还原催化剂其包括铜的金属有机框架，由共沉淀法合成通过管式炉煅烧得到。零距离反应器中工作电极、膜以及对电极之间的距离接近零，是一种类似于MEA式的反应器，且其结构简单，制备材料廉价，可以极其方便快捷地使用与操作。本发明极大地缩短了电极之间的距离，减少了欧姆极化和电化学极化，极大地提高了电化学性能，提高了反应过程中的电流效率和能量效率。

(13) 二氧化碳电化学还原的方法和高表面积电极－美国液体光有限公司－CN104619886A。

提供用于将二氧化碳电化学转化为含甲酸盐和甲酸的有机产物的方法和系统。该方法包括但不限于步骤（A）到步骤（C）。步骤（A）包括在电化学电池的第一隔室中引入酸性阳极电解质，所述第一隔室包括阳极。步骤（B）在电化学电池的第二隔室中引入含有饱和二氧化碳的基于碳酸氢盐的阴极电解质，所述第二隔室包括高表面积阴极，所述阴极包括铟涂层并具有30%～98%的空隙容积。至少一部分基于碳酸氢钠的阴极电解质被回收利用。步骤（C）在阳极和阴极之间施加一电势，足以使二氧化碳转化为单碳基产物或多碳基产物中的至少一种。

3. 金属/金属化合物催化剂－产物为醇

(1) 离子液体电沉积制备镍镓合金的方法－哈尔滨工业大学－CN105112962A。

离子液体电沉积制备镍镓合金的方法，涉及一种镍镓合金的制备方法。是要解决现有化学还原法制备镍镓合金所需温度高，制备方法复杂，其基体不利于将镍镓合金催化剂应用于电催化的问题。方法：①配制离子液体电镀液；②基体的前处理；③组装恒电势沉积装置；④电沉积镍镓合金。本发明能够在导电基体上低温原位制备镍镓合金，大大节约了能源，降低了成本，简化了条件。本发明用于二氧化碳制醇的电催化反应。

（2）纳米铜合金/氮掺杂类石墨烯复合催化剂及其制备方法－嘉兴学院－CN108330506A。

本发明涉及一种纳米铜合金/氮掺杂类石墨烯复合催化剂及其制备方法，属于电催化剂及其制备技术领域。一种纳米铜合金/氮掺杂类石墨烯复合催化剂，所述的催化剂由纳米铜合金颗粒和氮掺杂类石墨烯材料复合而成，其中纳米铜合金颗粒均匀负载在片层的氮掺杂类石墨烯表面；所述的纳米铜合金为Cu与Ni、Fe、Co、Mg、Zn金属中的一种或两种组成；所述的纳米铜合金/氮掺杂类石墨烯复合催化剂中纳米铜合金的质量百分含量为9%～26%。本发明首次使用具有优异电化学性能的氮掺杂类石墨烯为载体，可有效发挥载体和纳米铜合金催化剂间的协同催化性能。

（3）TiO_2/MoS_2超薄纳米片阵列复合材料的制备方法－温州大学－CN110106519A。

本发明公开了一种TiO_2/MoS_2超薄纳米片阵列复合材料的制备方法，包括：S1，将钼网依次在丙酮溶液、乙醇溶液、盐酸溶液和高纯水中进行超声，取出钼网，并在真空干燥箱中烘干；S2，取四硫代钼酸铵、*N*,*N*二甲基甲酰胺、一水合肼加入反应釜中，搅拌；S3，将钼网放入反应釜中，拧紧反应釜，放入烘箱，在200℃下水热反应15h；S4，待冷却至室温，将钼网取出，依次用蒸馏水、无水乙醇超声洗涤，然后在65℃干燥箱中烘干，并将所得的钼网进行原子层沉积TiO_2，得到TiO_2/MoS_2超薄纳米片阵列复合材料。本发明制备方法原料来源丰富、合成路线绿色、方法重复性好；可用于电催化还原CO_2，催化活性高，产物具有较高应用价值，操作简单，具有很好的实用价值和发展前景。

（4）$CuO-CuCo_2O_4$催化剂的制备方法－南京理工大学－CN108671921A。

本发明公开了一种$CuO-CuCo_2O_4$催化剂的制备方法。所述方法采用溶剂热法结合热处理，先按铜盐与钴盐摩尔比为1∶（0.1～2.0），将铜盐和钴盐完全溶于混合醇溶剂中，再将混合溶液在120～180℃下进行溶剂热反应得到$CuO-CuCo_2O_4$前驱体，最后将前驱体在350～600℃下煅烧得到空心结构的$CuO-CuCo_2O_4$催化剂。本发明制备的$CuO-CuCo_2O_4$复合材料为空心结构，能够作为催化剂修饰电极，应用于电化学还原CO_2，可有效将CO_2电化学还原为甲酸、乙醇等液体燃料，且选择性高，在催化领域和能源存储与转化领域有着广阔的应用前景。

（5）制造核壳纳米颗粒的方法－日本本田－CN108735980A。

本发明涉及一种可用在电化学电池中的电极材料，该电化学电池用于将二氧化碳转化为有用的产品，如合成燃料。该电极材料可以包含具有被一个或多个外壳包围的催化性核组分的纳米尺寸的核壳催化剂（即核壳纳米颗粒或CSN），其中所述外壳中的至少一个具有介孔结构。本发明还提供了电化学电池、电化学电池电极以及制造CSN的方法。

（6）一种电催化还原二氧化碳生成乙醇的方法－中科院长春应用化学研究所－CN107447229A。

本发明涉及一种电催化还原二氧化碳生成乙醇的方法，解决现有技术中电催化还原二氧化碳至乙醇的电流效率不够理想、选择性不高、所需的过电位太高的技术问题。该方法是采用在质子交换膜分隔为阳极槽和阴极槽的电解池中，以金纳米片或者复合型金纳米片催化剂电极为工作电极，铂片为辅助电极，饱和甘汞为参比电极，在阳极槽和阴极槽中分别装入电解质溶液，通入 CO_2 至饱和，然后在持续通入 CO_2 的条件下恒电位还原 CO_2，恒电位控制范围为（-0.98～-0.23）V（vs. RHE）。本发明提供的方法所用的金纳米片或者复合型金纳米片催化剂对于还原 CO_2 生成乙醇选择性好，电流效率高，能够对温室效应的气体二氧化碳进行有效的利用，是一种很有价值的工业合成路线。

4.3.9 结论

由于大气中二氧化碳浓度日渐升高，大规模利用二氧化碳迫在眉睫。将二氧化碳还原为各种小分子产物。其中二氧化碳电还原可以将二氧化碳高选择性地还原成各种产物。而技术的发展应当以影响市场中现有的产品为目标导向。

本书在调研全球二氧化碳电还原技术研发背景的基础上，分析了全球二氧化碳电还原技术的整体专利态势，并对二氧化碳电还原技术进行了有针对性的重点深入分析，以期客观展现二氧化碳电还原技术领域的专利布局现状，为我国就该领域的科研决策提供数据支持。通过前述分析，可以看出：

从全球范围来看，二氧化碳电还原相关技术目前仍处于高速发展阶段，在2006年，中国、世界知识产权组织、美国、日本、欧洲专利局和韩国出现了二氧化碳电还原相关专利的申请，但随后发展较为缓慢；直到2010年后，专利申请数量才出现大幅增长；2017—2019年中国专利申请数量出现大幅增长，其专利申请数量大幅领先于随后其他各国家（地区、组织），之后是美国、世界知识产权组织、日本和欧洲专利局。

对二氧化碳电还原技术专利文献的最早优先权国家（地区、组织）进行统计分析发现，美国处于技术原创国的首位，欧洲专利局、德国、日本紧随其后，也是该项技术的主要技术原创国。但是，欧洲专利局、德国、日本等的专利申请数量与美国有较大的差距。

对二氧化碳电还原技术专利文献的专利公开国家（地区、组织）进行的统计分析发现，排名首位的依然是中国，中国依然是专利布局的重点，其专利受理数量大幅领先于随后其他各国家（地区、组织），之后是美国、世界知识产权组织、日本和欧洲专利局，其通过PCT途径申请专利的活跃度非常高，这说明近几年二氧化碳电还原技术领域的申请人纷纷加强在全球的专利申请和布局。

从二氧化碳电还原技术重要专利申请人数据来看，申请人排名前25位，其中5位申请人来自美国，1位申请人来自德国，3位申请人来自法国，2位申请人来自日本，3位申请人来自韩国，来自中国的申请人数量占比最高，多达11位。美、德、法、日、韩的专利申请人不仅在专利申请数量上具有优势，技术影响力也比较高。而我国机构虽然在专利申请数量上表现很好，但是基本上以国内申请为主，并且技术影响力相对较弱。

从基于国际专利分类号和文本聚类的分析来看，目前二氧化碳电还原技术的热点主要集中在：①电还原催化剂，如气体扩散电极、汞齐电极、铟氧化物、金纳米颗粒等电极催化剂；②纳米复合材料催化剂，如金属或金属氧化物纳米电极、纳米合金催化剂、金属复合电催化剂等；③二氧化碳电化学转化为羧酸或碳酸盐；电解装置或系统；④氮掺杂、氮配位和氮化物等制备的电极，如过渡金属－氮配位电催化剂、氮掺杂碳或氮化物负载金属纳米复合材料电化学催化剂、过渡金属－N－C复合电催化剂等；⑤以碳为基料的电极，如炭毡、炭纸、杂原子掺杂碳纳米管和掺杂石墨烯上负载金属/金属氧化物及分子卟啉催化剂等；⑥铜或铜氧化物纳米电极，如铜纳米片电极、氧化铜或氧化亚铜纳米电极催化剂等。

从二氧化碳电还原技术竞争机构申请专利的电极催化剂和选择性产物来看，竞争机构比较热衷于研究金属/氧化物纳米催化剂，单独研究金属电极、分子催化剂和非金属催化剂的机构较少；国内竞争机构申请的专利主要产物为C1，国外竞争机构申请的专利，选择性产物丰富多样，有C1产物、C2产物和C2以上产物，产生C2及C2以上产物的技术专利较多。

从国家知识产权局受理的271件专利的法律状态分析来看，实质审查专利占49.45%，授权专利占37.64%，撤回包括无权专利占12.91%。

金属－氮/碳（M－N/C）单原子催化剂专利技术主要分两部分：①制备技术主要涉及高温煅烧法、高温碳化法、高温热解法、沉淀法和模板法5大类；②重要申请人催化剂材料分析，重点针对Fe－N/C、Ni－N/C、Zn－N/C等过渡金属高活性CO_2RR单原子催化剂，提高金属单原子负载量，调控配位数等局部结构和电子结构；制备效率高、稳定性高，且环境友好、可持续的单原子催化剂。

可控形貌的金属/金属化合物催化剂专利技术主要分为三部分：①制备技术主要涉及水热法（包括溶剂热法）、液相沉淀法、模板法、高温煅烧法、还原法、浸渍法、静电纺丝法、刻蚀法、热解法、氧化法10大类；②重要申请人催化剂材料分析，研究了二维超薄材料、立方体/八面体、六棱柱、中空结构、富氧空位或富硫空位等材料，重点针对In、Sn、Bi等金属氧化物或硫化物展开研究；研究了聚多巴胺包覆，第二金属、卤素或硫族掺杂等修饰金属化合物，制备了活性高、选择性强、性能稳定的可控形貌的金属/金属化合物催化剂；③研究电还原CO_2电解池核心反应器技术，MEA式的反应器中工作电极、膜以及对电极之间的距离接近零，极大地缩短了电极之间的距离，减少了欧姆极化和电化学极化，极大地提高了电化学性能，提高了反应过程中的电流效率和能量效率。

二氧化碳电还原可以高选择性地生产高纯度产品的特质使其在二氧化碳利用的诸多技术中脱颖而出。而其存在一些技术问题应当予以重视和克服，例如，如何避免二氧化碳电解池中过多的能量浪费，确保现有的系统设计不会妨碍未来的提升空间等。就当下的情形而言，追求稳定性、持久性和反应速率的方法是最值得尝试的。

由于可以满足上述要求，使用气态二氧化碳原料的电解池是最有希望实现商业化的一类系统。同时这类电解池可以利用现有的设施并加以改进。其他一些类型的电解池也有潜力克服二氧化碳电化学还原的技术问题。未来的研究方向应当注重对于提高反应活性位点处二氧化碳浓度、高电流密度下选择性等问题的理解和相应结构的设计。应用性的研究可以填补设计反应器的基础知识空缺，使二氧化碳电化学还原系统能够真正实现商业化。

近年来我国对高新技术产业的扶持力度逐渐增大，诸多高新企业纷纷投入二氧化碳电化学还原技术的应用研究中。与国外的专利申请人相比，我国在此方面申请专利的产业化导向更为明显，但是申请人相对分散，合作不紧密，建议加强合作引导与支持，推动在该技术领域的产学研合作和技术转移。

第二编

氢能及燃料电池技术专利导航分析

技术领域：

化学链制氢技术

燃料电池氢循环系统技术

燃料电池膜电极关键技术

质子交换膜燃料电池双极板技术

第5章　研究概况

5.1　研究背景及目的

5.1.1　研究背景

能源是国民经济发展的动力，也是衡量综合国力、国家文明发达程度和人民生活水平的重要指标。化石能源是当前的主要能源，但化石能源的大量开采使用使之面临枯竭的危险。化石能源属不可再生资源，在地球上的储量有限。据统计，全球石油可供开采40年，天然气约60年，煤炭的储量最多可供开采200年。现代工业生产和人们生活越来越依赖石油，航天、船舶、汽车、化工等领域无不使用石油。然而石油储量有限，从能源发展战略来看，寻找一种新型能源代替石油已迫在眉睫。

自工业革命以来，化石能源的消费剧增，导致大量的温室气体排向地球大气层，直接造成“全球气候变暖”这一极其严重的环境问题，到2100年全球二氧化碳排放量预计达到360亿吨/年。燃烧煤炭会产生大量的二氧化硫气体及颗粒物，造成煤烟型大气污染。汽车尾气所排放的大量氮氧化物和颗粒物是城市空气污染的主要来源。城市大气受大量汽车尾气污染时，在合适条件下会发生“光化学烟雾污染”现象，对城市人群的健康产生极大危害。此外，化石能源的开采过程也会造成一定的生态环境的破坏。煤炭的开采会造成地表塌陷及地下水污染。地下石油的开采会产生大量的油田废水，不仅污染地下水还会严重影响地表生态，有些矿藏蕴藏区的生态环境极其脆弱，而人类的开采行为很容易打破当地生态平衡，造成不可逆转的生态破坏。因此，提高能源的利用率和发展替代能源将成为21世纪的主要议题。

燃料电池就是在这种背景下产生的，1839年英国的葛洛夫发明了燃料电池，并用这种以铂黑为电极催化剂的简单的氢氧燃料电池点亮了照明灯。1889年姆德和朗格首先采用了燃料电池这一名称，并得到200mA/m^2电流密度。

燃料电池是把燃料中的化学能通过电化学反应直接转换为电能的发电装置。按电解质分类，燃料电池一般包括质子交换膜燃料电池、磷酸燃料电池、碱性燃料电池、固体氧化物燃料电池、熔融碳酸盐燃料电池等。

质子交换膜燃料电池（PEMFC）是一种将氢燃料和氧化剂中的化学能通过电化学反应直接转化为电能的能量转换装置，燃料电池技术被认为是一种重要的新型绿色能源技术。PEMFC 具有高效、低噪声、低温快速启动、零污染等特点，在固定式发电、便携式移动电源和交通运输领域具有十分广泛的应用前景。近年来，全球多家汽车生产企业推出了氢燃料电池汽车。2014 年 12 月，丰田氢燃料电池汽车 Mirai 正式量产发售，截至 2021 年 3 月底，全球累计销量为 13 963 台；2016 年 3 月，本田汽车公司也推出了氢燃料电池汽车 Clarity；韩国现代、德国奔驰等企业也推出了氢燃料电池汽车。此外，超过 2 万辆燃料电池叉车在北美地区运营。同时，我国燃料电池客车和物流车目前已进入商业化示范运营阶段。然而，由于 PEMFC 的成本过高、寿命较短等问题阻碍了其大规模商业化发展。因此，PEMFC 相关研究已成为全球性热点研究课题。

我国政府大力支持氢能产业的发展，并给予更多的政策支持，促进更多的科研机构及公司大力发展氢能及燃料电池关键技术，进而孵化出众多相关企业；政府大力支持氢能与燃料电池汽车产业发展，《“十三五”国家战略性新兴产业发展规划》《能源技术革命创新行动计划（2016—2030 年）》《节能与新能源汽车产业发展规划（2012—2020 年）》《中国制造 2025》等国家顶层规划都明确了氢能产业的战略性地位，纷纷将发展氢能列为重点任务，将氢燃料电池汽车列为重点支持领域。

首先，本项目从氢能及燃料电池技术的宏观分析出发，介绍了氢能及燃料电池技术的发展趋势，包括申请 - 公开趋势、技术生命周期、技术功效趋势、主要申请国申请趋势等；进一步分析了中国专利概况，包括中国专利申请 - 公开趋势、中国专利申请人国别、中国专利申请人各省份排名、中国专利法律状态及中国专利转让趋势等。

其次，本项目从微观角度出发，分别由相关领域技术或科研人员对该领域细分技术进行深入系统的分析，掌握相关技术领域的技术创新和产业发展现状；并在此基础上，结合氢能及燃料电池技术领域相关政策和商业化信息，从微观到宏观映射燃料电池技术的发展趋势和商业化前景。

最终，详细分析山东省及青岛市专利申请人相关技术情况，提出相关发展建议，推动氢能及燃料电池技术在青岛市的熟化落地。

本项目按照图 5.1 所示氢能及燃料电池技术分解概况，从中选取四个方向作为专利导航分析的内容，这四个方向分别是：

方向 1：化学链制氢技术专利分析；

方向 2：燃料电池氢循环系统专利分析；

方向 3：质子交换膜燃料电池催化层浆料专利分析；

方向 4：质子交换膜燃料电池双极板技术专利分析。

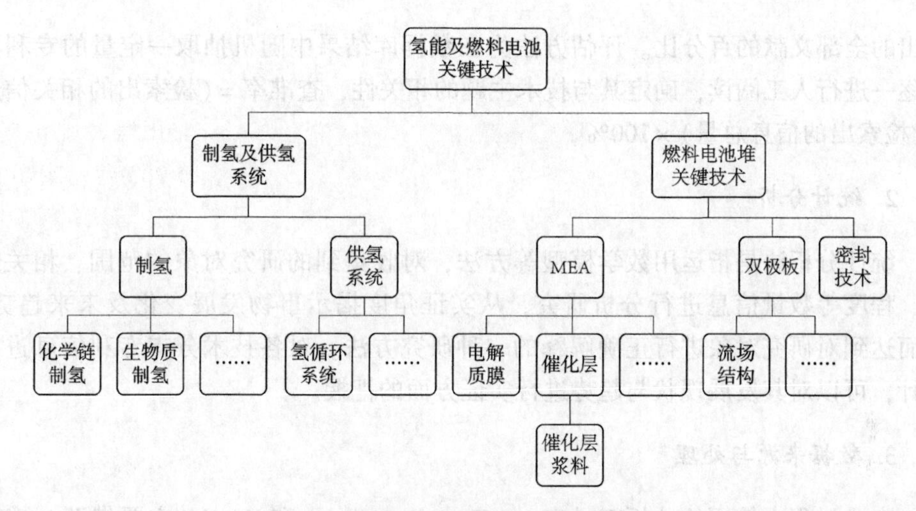

图 5.1　氢能及燃料电池技术分解概况

5.1.2　研究目的

检索全球相关专利数据，在文献资料调研的基础上，采用由浅到深的分析思路对以下内容进行分析，以期客观展现氢能及燃料电池相关细分领域的专利保护现状，进一步挖掘我国在该技术领域的科研创新能力，推动并促进该技术领域的产业发展和商业化进程。

对相关技术领域专利数据进行分析，包括：

（1）全球专利概况分析；

（2）中国专利分析；

（3）重要申请人分析；

（4）山东省申请人专利分析；

（5）专利风险预警及技术转化前景分析。

5.2　研究方法与内容

5.2.1　研究方法

1. 查全查准评估

查全率是衡量某一检索系统从文献集合中检出相关文献成功度的一项指标，即检出的相关文献与全部相关文献的百分比。各技术查全评估方法是采用一名重要申请人进行评估，查全率 =（检索出的相关信息量/系统中的相关信息总量）×100%。

查准率是衡量某一检索系统的信号噪声比的一种指标，即检出的相关文献与检出的全部文献的百分比。评估方法为在数据库结果中随机抽取一定量的专利文献逐一进行人工阅读，确定其与技术主题的相关性，查准率 =（检索出的相关信息量/检索出的信息总量）×100%。

2. 统计分析

统计分析法是指运用数学模型等方法，对收集到的研究对象的范围、相关规模、程度等数量信息进行分析研究，从实证角度揭示事物发展变化及未来趋势，从而达到对研究对象进行正确解释的一种研究方法。对各技术分支专利信息进行统计，可以对其发展现状与趋势进行实证方面的把握。

3. 数据来源与处理

完成过程中使用的分析工具有 incoPat、PowerPoint 和 Excel，主要借助 incoPat 对检索结果进行导出、统计筛选、统计分析、聚类分析和3D 沙盘分析，对单件专利可进行引证分析等功能，以 PowerPoint 和 Excel 作为辅助，形成分析用图表。

检索时间为 2000 年 1 月 1 日至 2020 年 7 月 31 日区间的专利数据，检索范围为全球的相关专利数据。

5.2.2　研究内容

1. 研究对象

在对氢能及燃料电池进行分析研究的基础上，与各个技术专家、合作单位进行技术分解的讨论，形成了氢能及燃料电池技术分解，如图 5.2 所示。

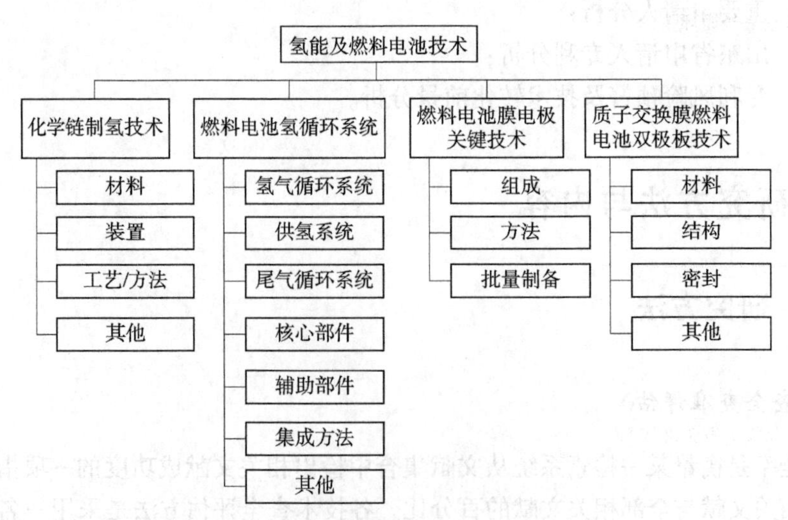

图 5.2　氢能及燃料电池技术分解

2. 技术分解表

氢能及燃料电池技术分解见表 5.1。

表 5.1 氢能及燃料电池技术分解

技术领域	一级分支	二级分支
化学链制氢技术	材料	活性成分
		制备方法
	装置	反应器
		分离装置
		系统
		密封
		保温
		其他辅助装置
	工艺/方法	操作条件
		故障与扰动
		活化
		其他
	其他	
燃料电池氢循环系统	氢气循环系统	氢循环泵
		引射器
		其他
	供氢系统	调压组合阀
		加氢模块
		高压储氢
	尾气循环系统	水分离器
		集成
	核心部件	
	辅助部件	
	集成方法	
	其他	
燃料电池膜电极关键技术	组成	溶剂
		聚合物
		添加剂
		比例
		参数
	方法	分步处理
		参数
		结构控制
	批量制备	

续表

技术领域	一级分支	二级分支
质子交换膜燃料电池双极板技术	材料	金属双极板
		金属基板复合板
		金属基板复合多层板
		石墨聚合物复合板
		石墨双极板
		其他－塑料基板
	结构	流场结构
		冷却结构
		其他
	密封	密封材料
		密封结构
		密封方法
	其他	制造装置

5.2.3 标引原则

本章重点选择化学链制氢技术、燃料电池氢循环系统、燃料电池膜电极关键技术和质子交换膜燃料电池双极板技术四个方向作为研究对象，并分别对每项技术进行如下技术分类标引和重点技术分析。

化学链制氢技术分为材料、装置、工艺/方法及其他，其中对材料进一步细分为活性成分和制备方法；装置技术进行二级分类，分为反应器、分离装置、系统、密封、保温、其他辅助装置；工艺/方法分为操作条件、故障与扰动、活化及其他。

燃料电池氢循环系统分为氢气循环系统、供氢系统、尾气循环系统、核心部件、辅助部件以及集成方法，其中氢气循环系统进行二级分类，分为氢循环泵、引射器和其他；供氢系统进一步分为调压组合阀、加氢模块和高压储氢；尾气循环系统分为水分离器和集成。

燃料电池膜电极关键技术分为组成、方法以及批量制备，其中组成进一步分为溶剂、聚合物、添加剂、比例、参数；方法包括分步处理、参数、结构控制。

质子交换膜燃料电池双极板技术分为材料、结构、密封以及其他，其中材料包括金属双极板、金属基板复合板、金属基板复合多层板、石墨聚合物复合板、石墨双极板以及其他－塑料基板等；结构分为流场结构、冷却结构及其他；密封分为密封材料、密封结构、密封方法等；其他包括制造装置。

第6章　氢能及燃料电池技术宏观专利导航分析

6.1　氢能及燃料电池全球专利概况

燃料电池发明于1839年，至今已有180多年的发展历史。20世纪60年代，燃料电池首次应用在美国航空航天管理局（NASA）的阿波罗登月飞船上作为辅助电源。80年代末期，环境污染问题逐步恶化，燃料电池作为清洁能源引起了世界各国政府和科学家的重视。1993年，加拿大巴拉德电力公司推出了一辆零排放质子交换膜燃料电池车，一度引发了全球性燃料电池研发热潮。

中国的燃料电池技术研究始于1958年，20世纪70年代国内的燃料电池研究出现了第一次高峰，比发达国家晚了近120年。1996年召开的第59次香山科学会议上专门讨论了燃料电池的研究现状与未来发展。次年末，国家科技委批准了“燃料电池技术”为国家“九五”计划重大科技攻关项目之一，主要研制PEMFC、MCFC和SOFC相关技术，牵头单位分别为中科院大连化物所和中科院上海硅酸盐研究所。

为了从专利的角度了解燃料电池技术发展状况，本章分别分析了1961—2020年及2001—2020年两个不同时间跨度的专利技术发展情况。从图6.1可以看出，尽管燃料电池的发明和研究相对较早，但自20世纪80年代末才开始出现零星的专利申请。自此，燃料电池技术进入了为期近10年的全球快速发展阶段，专利申请数量一度从1997年的256件，快速增长到2005年的1793件，增长了约6倍。2005年之后的10年间，燃料电池专利申请数量一路缓慢走低，至2014年探达谷底，年申请数量为1037件。2014年12月，丰田汽车在日本发布全球首款量产氢燃料电池汽车Mirai，这一消息再次引发了全球尤其是中国的燃料电池汽车开发热潮，燃料电池专利年申请量再次攀升，2019年年申请数量达1743件，已实现与2005年近乎持平。

图6.2为氢能及燃料电池技术全球专利发展趋势。可以看出，该技术在解决复杂性、降低成本、提高稳定性和效率、改善使用的便利性、提高安全性、加快电化学反应速率、延长寿命、保持电池均匀性和提高可靠性方面均有所突破。然而，近年来专利申请数量出现急剧增加的主要技术领域体现在解决技术复杂性、降低成本、提高稳定性和提高效率四个方面。

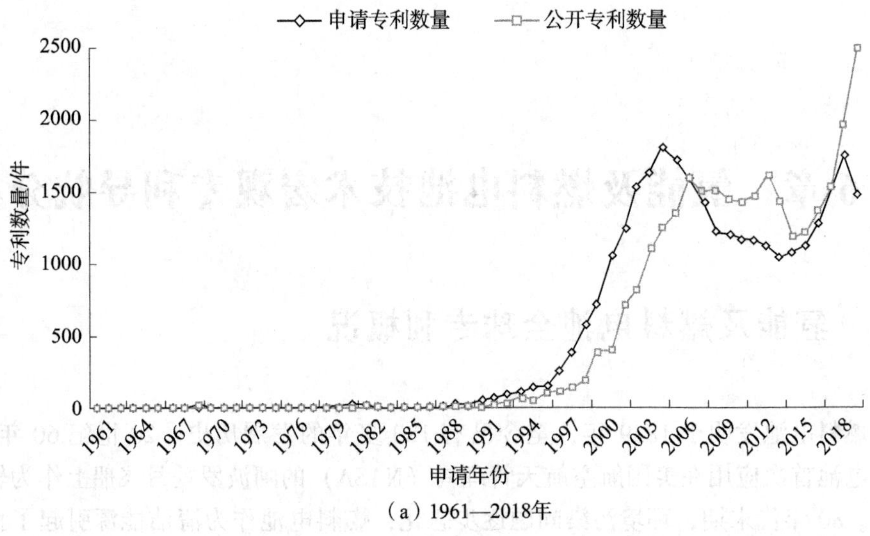

（a）1961—2018年

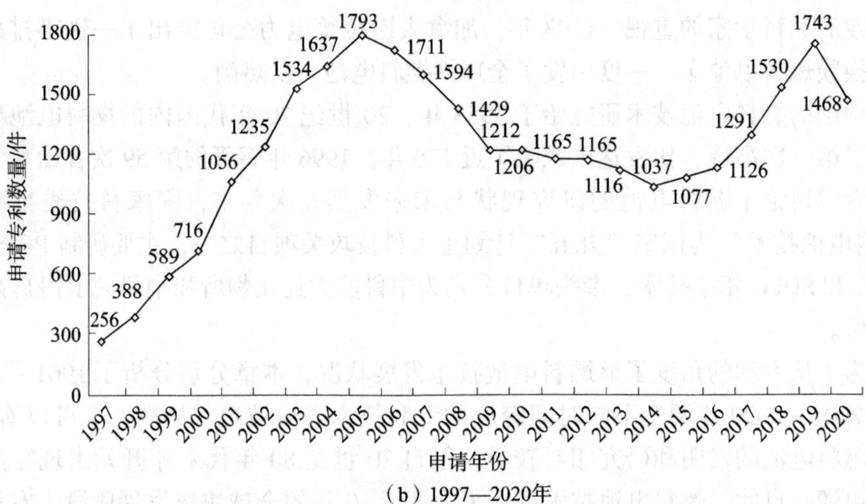

（b）1997—2020年

图 6.1　氢能及燃料电池技术全球专利申请趋势

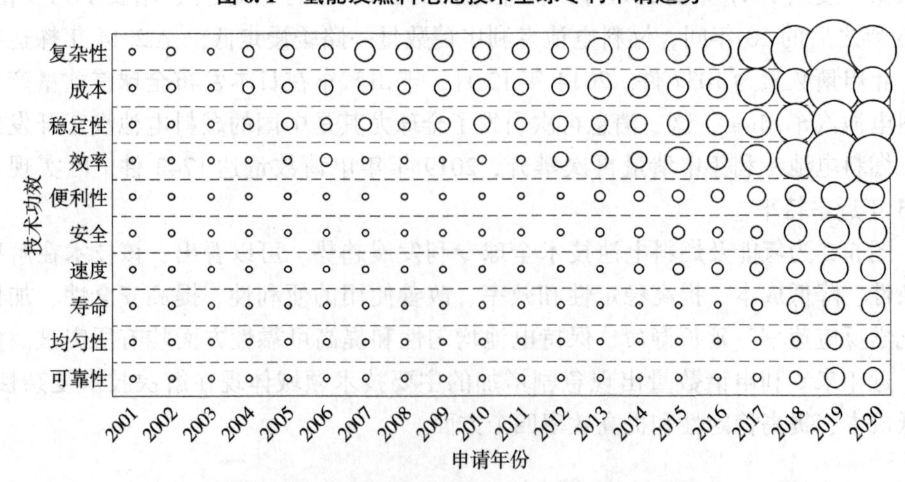

图 6.2　氢能及燃料电池技术全球专利发展趋势

图6.3为氢能及燃料电池技术全球专利技术分类情况。从图中可以看出，该领域专利主要集中在H01M，约有86.25%的专利具有上述分类号，其含义为“用于直接转变化学能为电能的方法或装置，例如电池组”，从专利文献来看主要包括燃料电池电催化剂、电极、电堆等分支技术领域。除H01M外，该领域专利数量在分类号C25B（含义为“生产化合物或非金属的电解工艺或电泳工艺；其所用的设备”）、C08J（含义为“加工；配料的一般工艺过程；”）和H01B（含义为“电缆；导体；绝缘体；导电、绝缘或介电材料的选择”）下也相对较为集中，进一步查阅上述分类号相关专利，了解到上述专利主要为电解制氢、电解质膜和膜电极方面的相关专利。

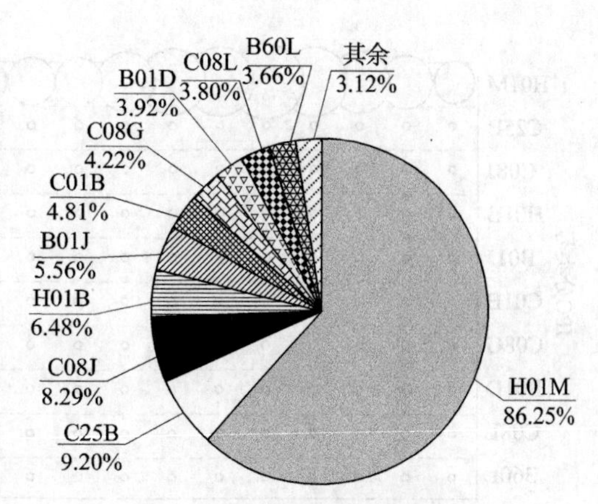

图6.3　氢能及燃料电池技术全球专利技术分类情况

图6.4为氢能及燃料电池技术全球专利技术的发展趋势。从图中可以看出，H01M相关专利于2003—2007年申请数量最多，之后逐渐回落，直至2019年才出现下一个小高峰［图6.4（a）］。而在其他技术领域则出现了不完全一样的情况，比较显著的是C25B和B60L，其中C25B为电解制氢技术，该技术领域专利申请数量从2009年开始呈现波动式增多，2017—2018年增加显著［图6.4（b）］，反映出该分支技术领域研发热度持续升温；而B60L，其含义为“电动车辆动力装置”，即燃料电池车分支技术领域，2019—2020年，该技术领域的专利申请数量剧增，一跃闯入分支技术领域的前10名，这与近年来中国燃料电池车研发热不无关系。

氢能及燃料电池相关技术分类释义见表6.1。

图6.5为氢能及燃料电池技术全球主要专利申请国家（地区、组织）分布。从图中可以看出，中国超越其他国家，为该技术领域全球专利的第一大贡献国，拥有8632件专利申请；紧随其后的为日本，拥有7687件专利申请；此外，超过1000件专利申请的国家还有美国、韩国和德国，申请数量分别为3913件、2816件和1264件。从各国家（地区、组织）专利申请趋势（图6.6）可以看出，日本的专利申请主要集中在2001—2010年，而2011—2020年专利申请数量有所降低；美国和韩国也呈现类似的趋势；不同的是，中国的专利申请主要集中在2013年之后，尤其集中在2018年之后，可以侧面反映出近年来中国政府对于燃料电池的扶持力度持续升温，同时也反映出中国的燃料电池技术仍然不是很成熟。

（a）10个技术分支对比

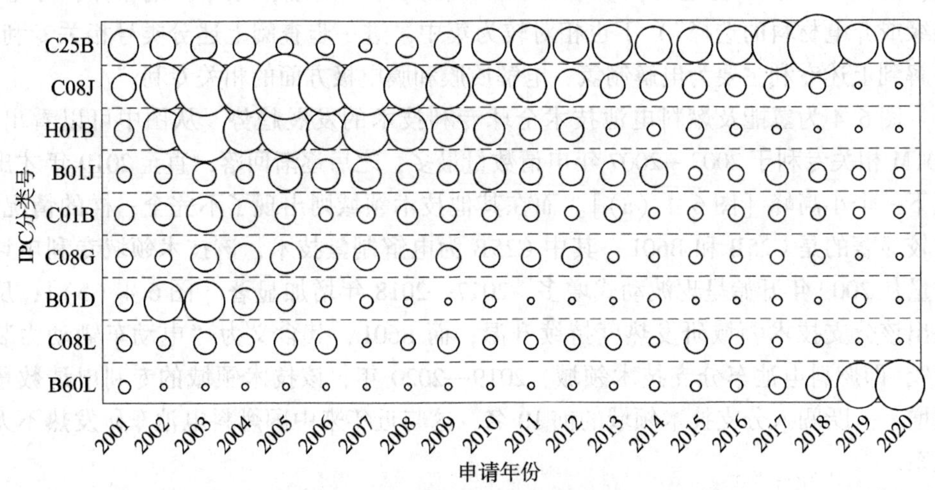

（b）9个技术分支对比

图6.4　氢能及燃料电池技术全球专利技术发展趋势

注：由于H01M技术分支专利数量较多，与其他技术分支的专利数量对比时不便看出其他分支专利数量的情况［图6.4（a）］，因此除H01M分支外，将其他9个技术分支进行统计［图6.4（b）］，以便体现其他分支的专利技术发展趋势。

表6.1　氢能及燃料电池相关技术分类释义

分类号	含义	相关技术领域
H01M	用于直接转变化学能为电能的方法或装置，例如电池组	催化剂、电极、电堆等
C25B	生产化合物或非金属的电解工艺或电泳工艺；其所用的设备（阳极或阴极保护入C23F13/00）（单晶生长入C30B）	电解制氢相关
C08J	加工；配料的一般工艺过程；不包括在C08B，C08C，C08F，C08G或C08H小类中的后处理（塑料的加工，如成型入B29）	电解质膜相关

续表

分类号	含义	相关技术领域
H01B	电缆；导体；绝缘体；导电、绝缘或介电材料的选择（磁性材料的选择入 H01F1/00；波导管入 H01P）	电解质膜和膜电极
B01J	化学或物理方法，例如，催化作用或胶体化学；其有关设备	制氢或燃料电池催化剂相关
C01B	非金属元素；其化合物（制备元素或二氧化碳以外无机化合物的发酵或用酶工艺入 C12P3/00；用电解法或电泳法生产非金属元素或无机化合物入 C25B）	制氢相关
C08G	用碳－碳不饱和键以外的反应得到的高分子化合物（发酵或使用酶的方法合成目标化合物或组合物或从外消旋混合物中分离旋光异构体入 C12P）	电解质膜相关
B01D	分离（用湿法从固体中分离固体入 B03B、B03D，用风力跳汰机或摇床入 B03B，用其他干法入 B07；固体物料从固体物料或流体中的磁或静电分离，利用高压电场的分离入 B03C；离心机、涡旋装置入 B04B；涡旋装置入 B04C；用于从含液物料中挤出液体的压力机本身入 B30B9/02）	氢气净化相关
C08L	高分子化合物的组合物（基于可聚合单体的组成成分入 C08F、C08G；人造丝或纤维入 D01F；织物处理的配方入 D06）	电解质膜相关
B60L	电动车辆动力装置（车辆电动力装置的布置或安装，或具有共有或共同动力装置的多个不同原动机的入 B60K1/00，B60K6/20；车辆电力传动装置的布置或安装入 B60K17/12，B60K17/14；有轨车通过减小功率防止车轮打滑入 B61C15/08；电动发电机入 H02K；电动机的控制或调节入 H02P）；车辆辅助装备的供电（与车辆机械耦合装置相连的电耦合设备入 B60D1/64；车辆电加热入 B60H1/00）；一般车辆的电力制动系统（电动机的控制和调节入 H02P）；车辆的磁悬置或悬浮；电动车辆的监控操作变量；电动车辆的电气安全装置	燃料电池车相关

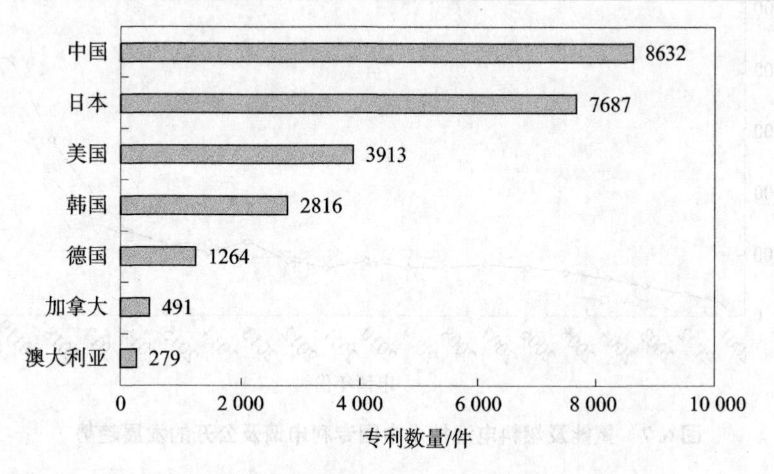

图 6.5　氢能及燃料电池技术全球主要专利申请国家（地区、组织）分布

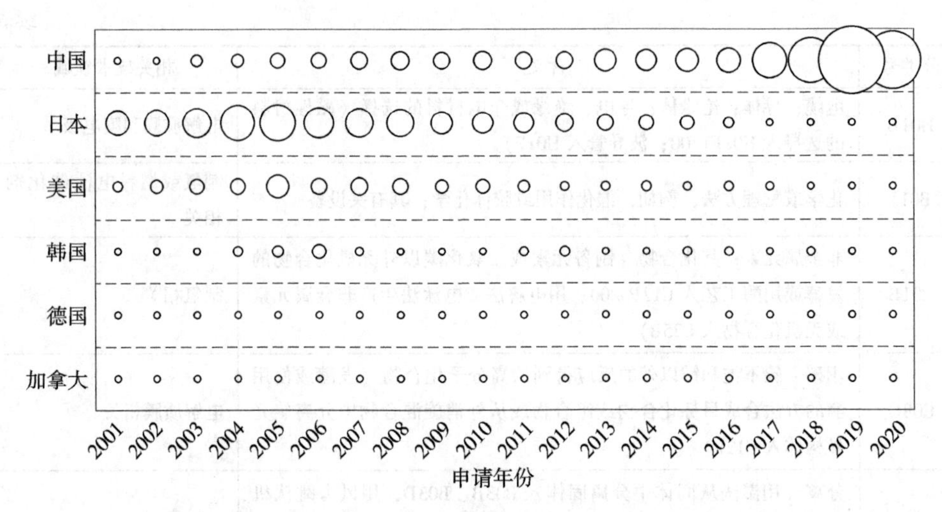

图 6.6　氢能及燃料电池技术全球主要专利申请国家（地区、组织）的专利申请趋势

6.2　氢能及燃料电池中国专利概况

中国氢能及燃料电池技术的发展趋势与世界的发展趋势并不是完全同步。图 6.7 展示了氢能及燃料电池技术中国专利申请及公开的发展趋势。从图中可以看出，该领域中国专利申请及公开数量均呈现持续上升的趋势，2016—2020 年尤为明显。分析原因，一方面与技术进步有关，另一方面与国家对于氢能及燃料电池产业提供的政策支持也是息息相关的。

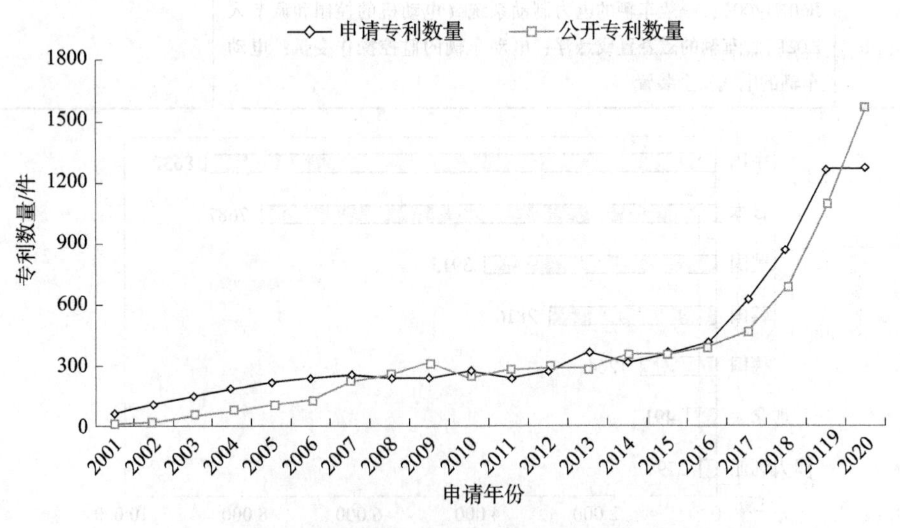

图 6.7　氢能及燃料电池技术中国专利申请及公开的发展趋势

图 6.8 为氢能及燃料电池技术中国专利申请人国家分布。从图中可以看出，该领域大约 80% 的专利申请其申请人来自中国，其他位居前 10 的申请人分别来源于日本、美国、韩国、德国、法国、加拿大、英国、意大利和比利时。上述申请人来源国家中，日本、美国、韩国申请人的专利申请数量大于 100 件，但与中国本土申请人专利申请数量相比，占比仍然很小。可见到目前为止中国还没有成为氢能及燃料电池技术领域的目标市场国。

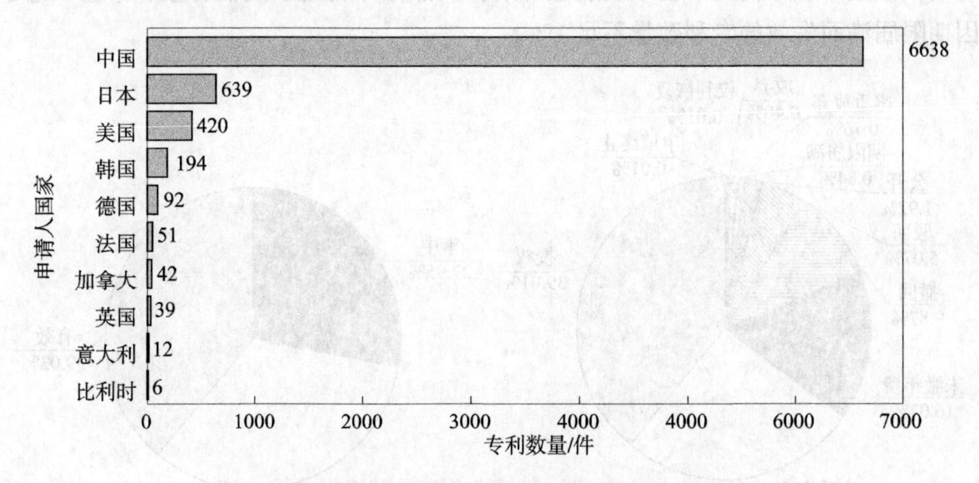

图 6.8　氢能及燃料电池技术中国专利申请人国家分布

图 6.9 展示了氢能及燃料电池技术中国专利申请人地区分布。从图中可以看出，该技术领域中，申请人为江苏的专利申请数量最多，有 959 件，其次为广东、上海、北京 3 个地区，专利申请数量分别为 783 件、749 件和 650 件；辽宁和山东分别位居第 6 位和第 8 位，专利申请数量分别为 560 件和 326 件。综合来看，该领域中国专利申请人主要来源于东南沿海。除此之外，位居中国腹地的湖北及位居中国西南的四川也进入了申请数量前 10 的地区之列。

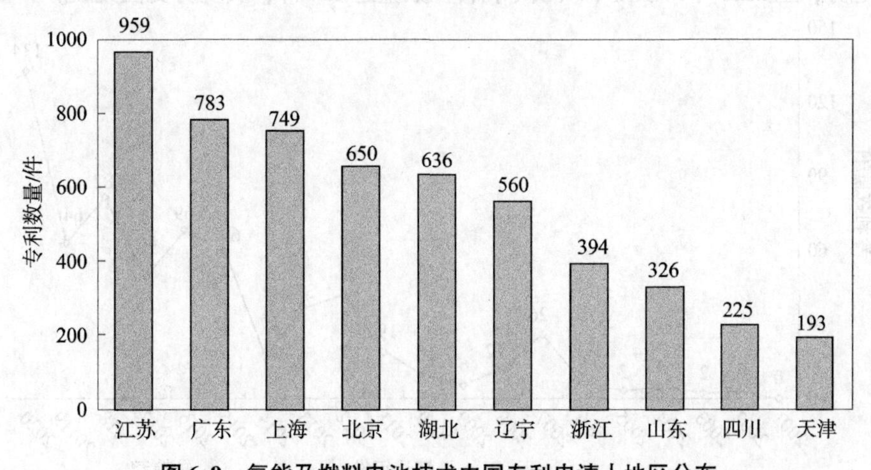

图 6.9　氢能及燃料电池技术中国专利申请人地区分布

图 6.10 和图 6.11 为氢能及燃料电池技术中国专利法律状态图。从图 6.11 中可以看出，中国专利授权有效数量约占 39%，略高于总数的 1/3；公开及处于审查状态的专利约占 28%，不足 1/3；而失效专利数量约占总数的 1/3。在失效专利中，未缴年费专利数量最多，约占总申请量的 16%、失效专利的一半；其次为视为撤回和驳回的专利，分别约占总申请量的 10% 和 5%。从上述结果可以看出，该技术领域仍处于技术发展上升期，大部分专利处于授权有效和审查状态，因期限届满而失效的专利数量不足 1%。

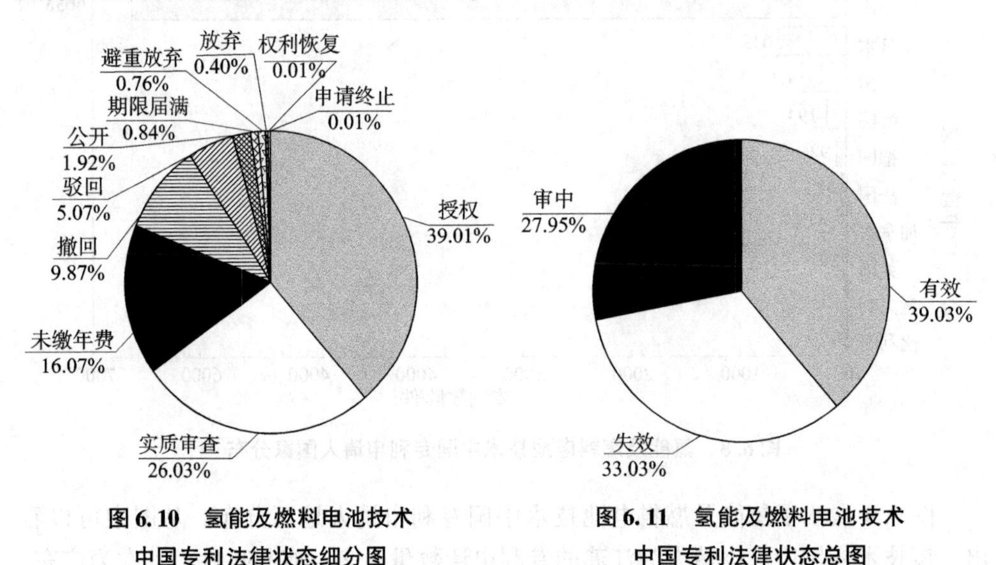

图 6.10　氢能及燃料电池技术中国专利法律状态细分图

图 6.11　氢能及燃料电池技术中国专利法律状态总图

图 6.12 展示了氢能及燃料电池技术中国专利转让趋势。从图中可以看出，该技术领域专利转让呈波动式上升趋势。其中，技术转让的第一个小高峰出现在 2007 年和 2008 年，分别有 26 件和 12 件专利转让；2012 年专利转让数量达 42 件，之后呈波动式上升趋势，至 2020 年，该技术领域专利转让数量达 134 件，实现历史性突破。

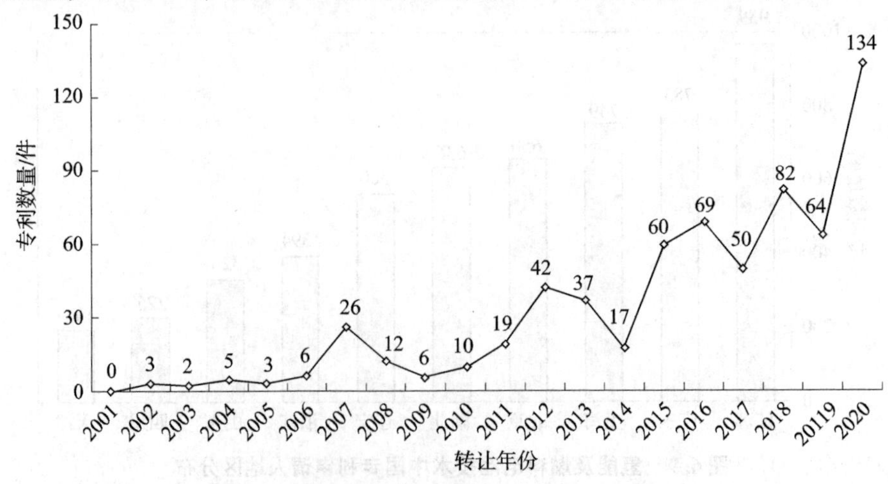

图 6.12　氢能及燃料电池技术中国专利转让趋势

第7章　化学链制氢技术专利导航分析

7.1　化学链制氢技术概况

氢能作为零碳零排放的能源形式，可实现电、热、气网一体化，是大规模消纳新能源，实现电网和气网互通的重要手段。氢能逐步成为全球能源技术革命和产业发展的重要方向，也是未来能源绿色转型发展的重要载体。目前，全球工业化用氢主要来自天然气蒸汽重整工艺（我国主要采用煤制氢），但该工艺反应条件需高温（650~1000℃）、高压（1.6~2.0MPa），为得到纯氢还需要对产出的合成气进行复杂的后续水汽变换和氢气、CO_2 分离工艺步骤，过程能耗高。1983年，德国科学家（Richter，Knoche）首次提出化学链燃烧（CLC）概念，之后研究者将CLC与蒸汽铁法制氢相结合，即形成了化学链制氢技术。化学链制氢技术与其他制氢技术相比，不仅可以达到较高的能量转换效率，同时还可以低能耗地分离捕集 CO_2，获得的氢气纯度高、无须额外催化剂、工艺简单、环境友好，具有较好的应用前景。

化学链制氢技术的创新性研究集中在两个方面，一个是如何研制出力学性能好、反应活性高的载氧体，另一个是如何设计气体密封性好和固体颗粒物料顺畅流动的反应器。目前国内如清华大学、东南大学、宁夏大学、中科院广州能源研究所等单位的研究工作多集中在载氧体的研发方面；中国石油化工股份有限公司研究重点更集中于反应器的设计方面。

化学链制氢系统一般由3个反应器构成，分别为燃料反应器（FR）、制氢反应器（SR）与空气反应器（AR）。首先在FR中，载氧体与燃料反应，生成合成气或终端产物二氧化碳与水，其自身被还原为金属单质或低价态金属氧化物；然后载氧体进入SR中，金属单质或低价态金属氧化物与水蒸气发生部分氧化，生成高纯 H_2；被部分氧化的载氧体进入AR再生，完成一个化学链制氢过程。目前使用的化学链制氢（气化）系统主要由流化床、固定床和移动床等组成。

高活性载氧体是化学链制氢的关键。目前国内外研究较多的载氧体主要集中在单一和复合金属氧化物上，如Ni、Cu、Fe、Mn、Ce等。其中，铁基复合载氧体因载氧能力强、环境友好、价格低廉、热稳定性及机械强度高等受到广泛的关注。如 $NiFe_2O_4$ 因金属间协同作用构筑的尖晶石型结构表现出较强的晶格氧传递能力、高产物选择性和稳定的机械强度。日本东京工业大学报道了 $MFe_{3+\delta}O_4$ 型复合氧化物传递晶格氧（O^{2-}）及分解 H_2O 的反应机理，奠定了该载氧体应用于化学链转化过程的基础。美国科罗拉多大学阿斯顿等对比 $NiFe_2O_4$ 与 Fe_2O_3 的化学链制氢反应性能发现，在相似条件下 $NiFe_2O_4$ 产氢量是 Fe_2O_3 的 4 倍。

7.2　化学链制氢技术全球专利分析

7.2.1　查全查准率

人工去噪后命中数据：1128 条；846 件；670 个简单同族，查全率为 38/40 × 100% =95%。

7.2.2　申请趋势分析

通过申请趋势可以从宏观层面把握分析对象在各时期的专利申请热度变化。申请数量的统计范围是目前已公开的专利。图 7.1 展示了化学链制氢领域 2001—2020 年专利申请的发展趋势。2001—2020 年共申请相关专利 846 件，前 10 年申请量呈现上升态势，从 2008 年开始，专利每年的申请量都超过 20 件，2011 年申请量达到 83 件。2011—2015 年专利申请数量有所下降，随后专利申请数量激增，2017 件专利申请数量再创新高。

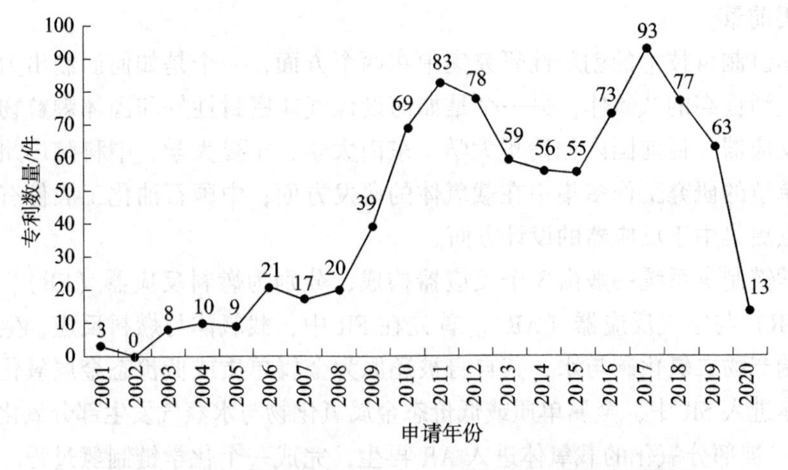

图 7.1　化学链制氢领域 2001—2020 年专利申请的发展趋势

7.2.3　主要国家（地区、组织）专利数量时间走势对比

图 7.2 反映了专利申请数量居前 6 位的国家（地区、组织）专利数量随时间的变化趋势。中国在 2011 年和 2013 年技术创新相对活跃，在 2017 年和 2019 年都

达到历史高值，专利申请数量分别都达到56件，按照公开时间晚于申请时间6~18个月推算，2019年申请专利数量可能高于参考值。美国从2009年以来一直保持相对平稳的申请量；欧洲专利局在2010年技术创新尤其活跃，因化学链燃烧技术起源于欧洲，化学链制氢是在化学链燃烧技术基础上发展起来的，反应器的设计技术在欧洲相对成熟，2010以后欧洲专利局的申请数量在减少，虽然申请量不多，但是可能处于技术推广阶段；日本从2009年开始逐渐开展此项技术创新活动，属于技术起步阶段。

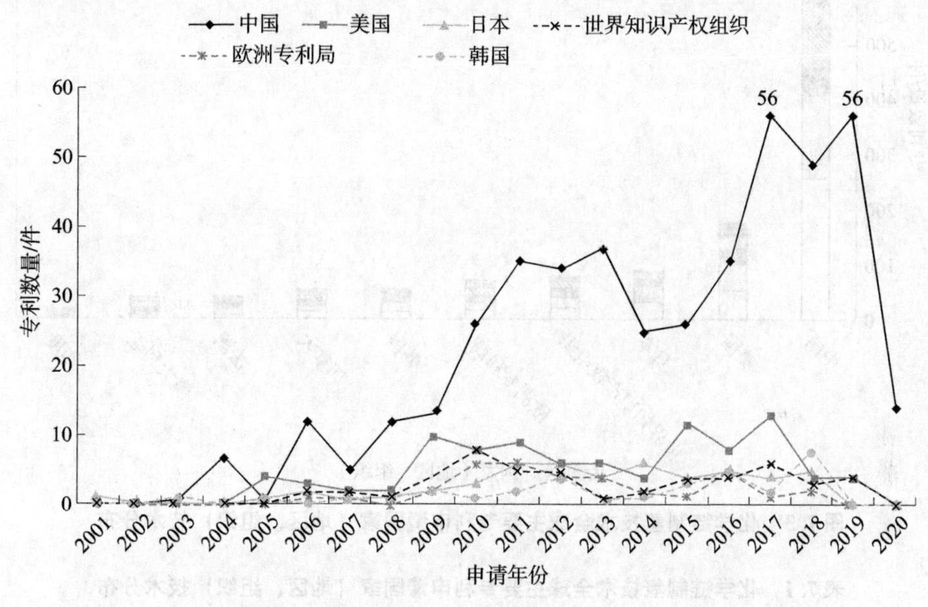

图7.2　化学链制氢技术主要国家（地区、组织）专利数量的发展趋势对比

7.2.4　主要国家（地区、组织）专利技术分布

专利申请数量可以直接地反映技术热点方向，化学链制氢技术专利申请量大说明该技术受产业研发主体重视，是产业的重点技术，而当某方向专利申请占比升高时，表明该方向是产业研发主体的关注热点，可能是未来的热点方向。

本节分别对国内外专利进行技术构成及申请量的统计分析，了解化学链制氢技术分支构成及热点技术方向。

图7.3和表7.1展示的是化学链制氢技术在全球主要专利申请国家（地区、组织）中不同技术领域的分布情况。通过该分析可以了解各主要国家的专利技术构成。中国和日本布局的专利技术集中在IPC分类号为C01B和B01J两类（中国专利申请数量合计407件，日本专利申请数量为58件，分别占该国专利申请总量的64.3%和66.7%）。两个国家申请的专利内容主要集中在载氧体研发和反应器的设计方面，其中反应器中关于固体物料分离（IPC分类号为B01D）的技术在中

国专利申请数量只有 2 件，不到专利申请总量的 1%。相比而言，法国关于反应器设计的专利申请数量较多。美国在载氧体材料的研发和反应器的设计方面的专利申请量相对均衡，技术主要布局在 C01B、B01J 和 F23C 这 3 个领域。相比之下在制氢过程中焦油脱除方面的技术创新活跃度较低。

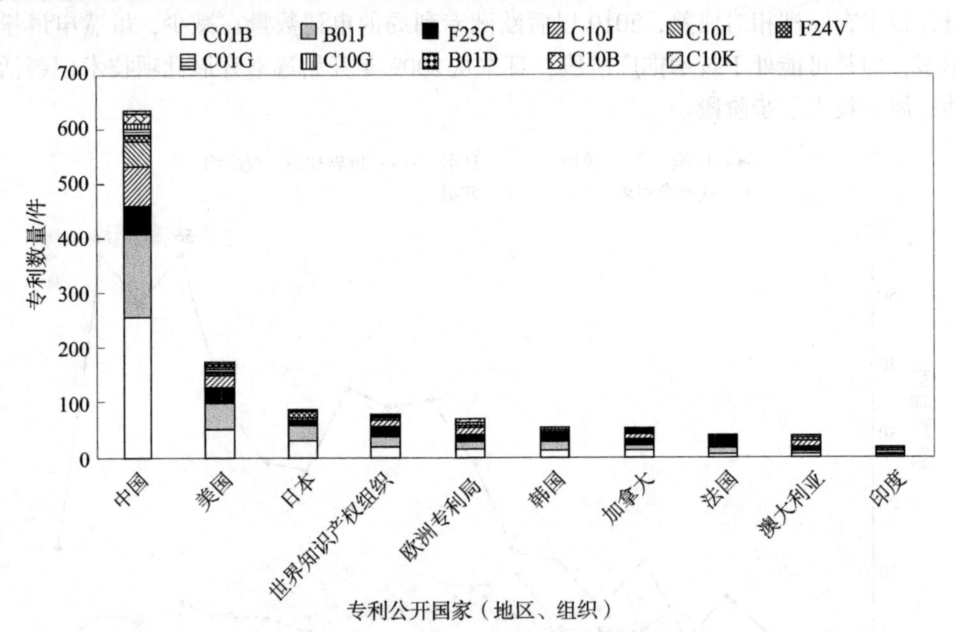

图 7.3　化学链制氢技术全球主要专利申请国家（地区、组织）技术分布

表 7.1　化学链制氢技术全球主要专利申请国家（地区、组织）技术分布

（单位：件）

IPC 分类号	中国	美国	日本	世界知识产权组织	欧洲专利局	韩国	加拿大	法国	澳大利亚	印度
C01B	256	50	30	19	15	13	13	6	6	2
B01J	151	49	28	18	14	16	10	10	4	4
F23C	52	31	8	19	12	14	10	17	8	5
C10J	73	19	4	13	14	2	8	3	11	3
C10L	46	4	0	0	0	0	1	0	0	0
F24V	11	2	13	1	1	0	1	0	1	0
C01G	13	4	2	1	2	4	0	1	0	0
C10G	7	5	0	4	5	0	3	1	4	1
B01D	2	4	1	2	2	2	3	0	2	0
C10B	16	0	1	0	0	0	1	0	0	0
C10K	6	5	0	1	4	1	1	0	1	0

7.2.5 竞争专利权人分析

1. 竞争专利权人（专利权人合并）技术对比情况

如图7.4所示，第一维度为竞争专利权人，第二维度为IPC分类号。该图展示了专利权人在各技术领域的专利分布情况。通过分析可以发现，法国石油研究院申请专利集中于分类号F23C涉及的领域，更侧重于化学链工艺燃烧方法或设备的研发，具体为化学链燃烧反应器的设计及辅助部件的改造。中国石化专注C01B和B01J两个类别。东南大学研究方向侧重于基础研究方面，包括化学链燃烧装置的改进（C10L相关技术领域）、载氧体（制氢催化剂）的研发及工艺方法的改进提出（C01B相关技术领域）。申请量居前10位的专利权人技术构成详见表7.2。

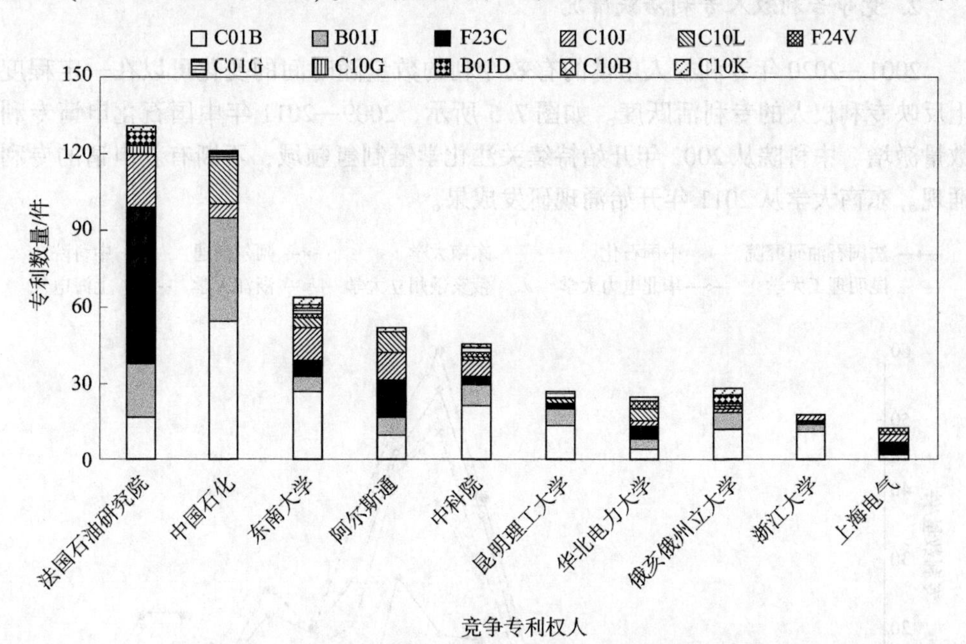

图7.4 化学链制氢技术竞争专利权人技术分类对比情况

表7.2 化学链制氢技术竞争专利权人技术构成 （单位：件）

IPC分类号	法国石油研究院	中国石化	东南大学	阿尔斯通	中科院	昆明理工大学	华北电力大学	俄亥俄州立大学	浙江大学	上海电气
C01B	17	54	28	10	21	13	3	12	11	2
B01J	21	41	5	7	9	7	5	7	3	0
F23C	61	0	6	14	2	0	6	0	1	4
C10J	22	5	12	11	7	1	1	1	1	4

续表

IPC分类号	法国石油研究院	中国石化	东南大学	阿尔斯通	中科院	昆明理工大学	华北电力大学	俄亥俄州立大学	浙江大学	上海电气
C10L	0	18	5	0	2	4	6	1	0	0
F24V	0	0	1	8	1	0	2	0	0	3
C01G	0	1	2	0	2	1	1	0	0	0
C10G	2	2	0	0	0	0	0	1	0	0
B01D	6	1	0	2	0	0	0	4	0	0
C10B	0	0	2	0	1	0	0	0	1	0
C10K	1	0	3	0	0	0	0	2	0	0

2. 竞争专利权人专利活跃情况

2001—2020 年专利权人申请的有效专利的数量随时间的变化可以在一定程度上反映专利权人的专利活跃度。如图 7.5 所示，2009—2011 年中国石化申请专利数量激增，中科院从 2002 年开始持续关注化学链制氢领域，不断有新申请的专利涌现。东南大学从 2011 年开始涌现研发成果。

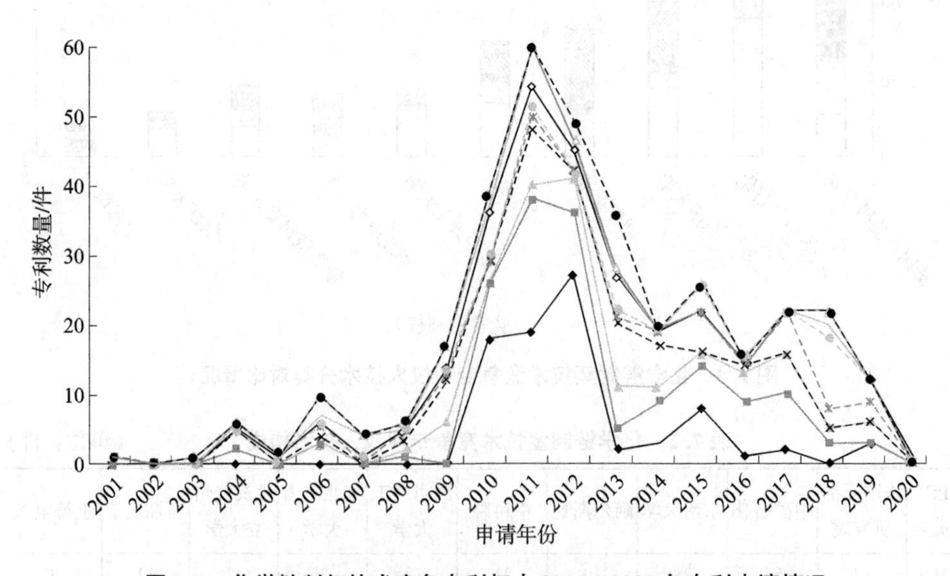

图 7.5　化学链制氢技术竞争专利权人 2001—2020 年专利申请情况

研究创新活动的指标有多种形式，包括专利增长率指标、技术生命周期指标、专利效率指标和创新模式指标。

专利增长率指标（patent growth rate，PGR）。该指标测算的是专利数量增长随时间变化的百分率，可显现技术创新随时间的变化是增加还是迟缓。目前有两种常用的表示形式。

PGR 指标可以用来测算各个研究机构和公司在化学链制氢技术领域技术创新的速度。其中专利数量一般以授权专利量为标准，前期专利数量是指所选的时间跨度的起始点的专利数量，近期专利数量是指所选的时间跨度的终点的专利数量。本章选取2年为一个时间跨度。

专利增长率指标常常应用于技术领域不同竞争对手之间技术创新能力的比较研究。图7.6为中国石化的专利增长率曲线，可看出在2007年、2011年和2016年专利增长率最大，在这几年中创新速度最快。如果按优先权日或最初申请日将企业过去几年的数据绘制成图，那么就可以了解和分析企业的专利活动历史和专利活动趋势。研究一个特定专利权人的专利活动，应将它与相同技术领域的其他专利权人的专利活动进行比较，以便获得它们技术变化速度差异的信息。

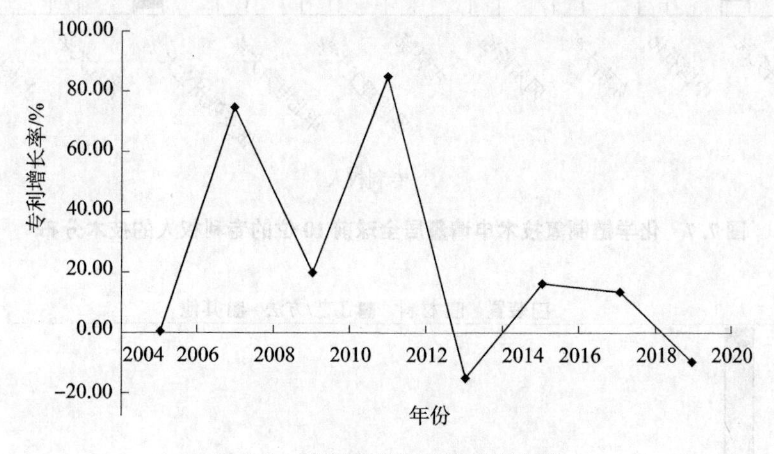

图7.6 中国石化专利增长率曲线

7.2.6 技术分布及研究热点

图7.7是申请量居全球前10位的专利权人的技术分布图，图7.8和表7.3展示了中国各地区技术分布，北京申请量遥遥领先，主要集中在材料及装置两方面，其次是江苏，排名第3位的是上海，山东排名第5。

7.2.7 近期技术热点

从图7.9中观察2015—2020年的研究热点，发现研究集中在甲烷水蒸气重整、化学链气化生产合成气及其反应器的设计改造上。特别是载氧体活性组分的研发方面活跃度较大，其次是整个化学链系统设计。

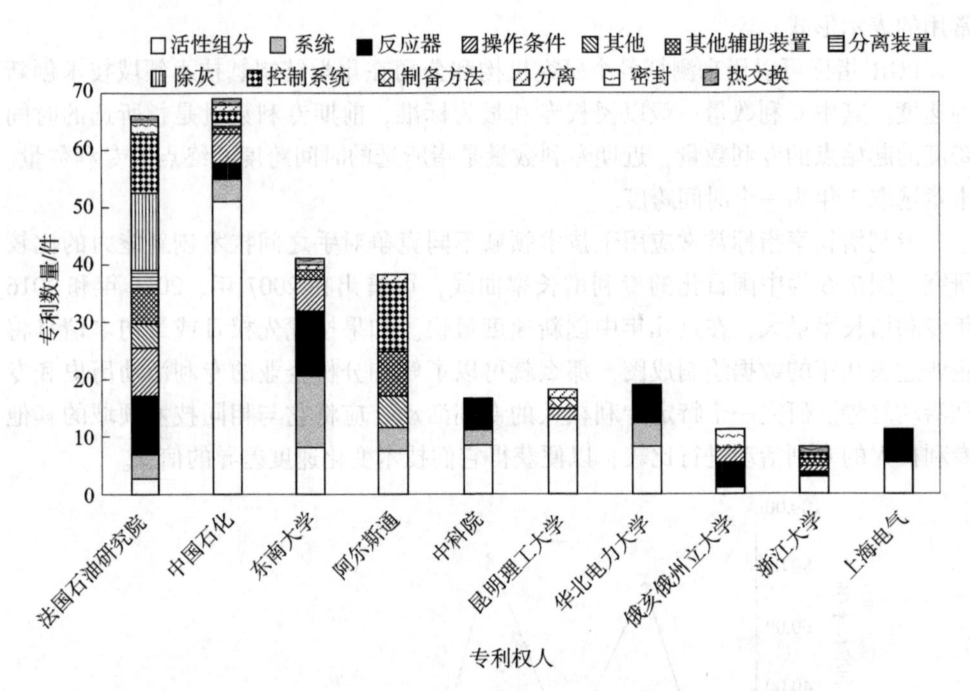

图 7.7 化学链制氢技术申请量居全球前 10 位的专利权人的技术分布

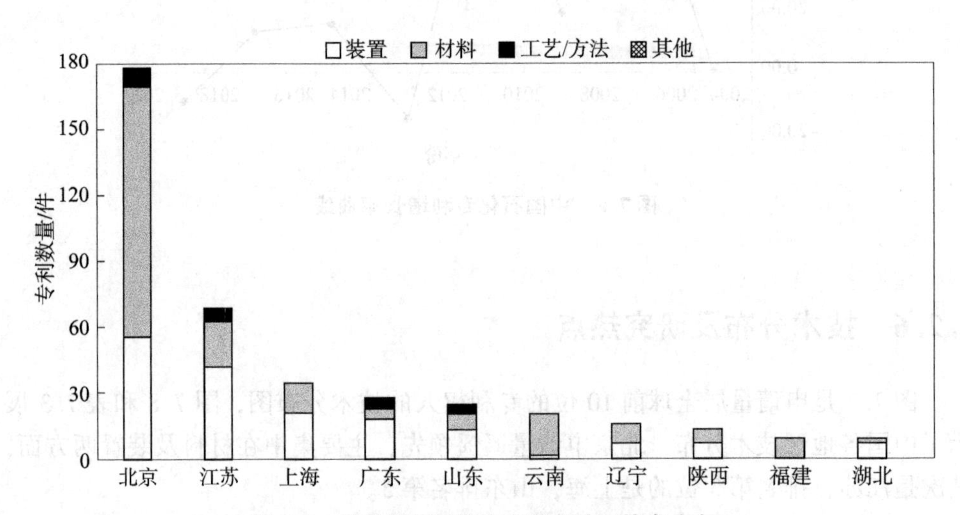

图 7.8 化学链制氢技术中国各地区技术分布

表 7.3 化学链制氢技术中国各地区技术分布 （单位：件）

分类	北京	江苏	上海	广东	山东	云南	辽宁	陕西	福建	湖北
装置	55	41	21	17	12	3	7	6	0	6
材料	114	21	14	6	8	17	9	7	9	3
工艺/方法	8	6	0	5	4	0	0	2	0	0
其他	0	0	0	0	0	0	0	0	0	0

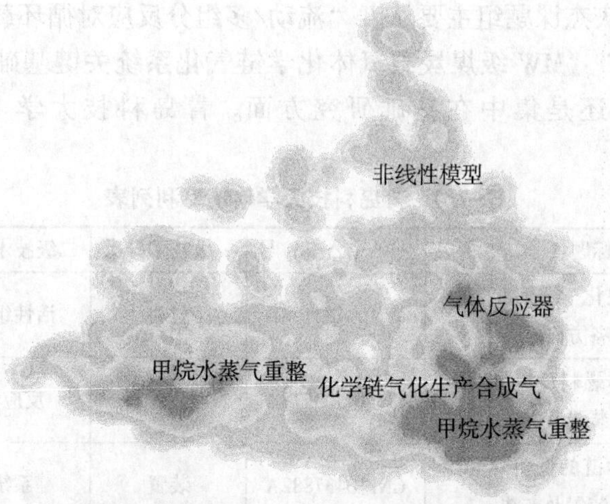

图7.9　化学链制氢技术2015—2020年研究领域聚类分析

7.3　化学链制氢技术中国专利分析

7.3.1　竞争专利权人技术特点分析

化学链制氢技术中国专利从申请人类型方面分析，最多的是高校，2001—2020年申请专利330件；其次是企业，申请专利236件；排在第3位的是科研单位，申请专利55件（图7.10）。由此可推测，技术创新的主体在高校和企业。对于山东来说，以申请数量最多的青岛科技大学为例进行分析，青岛科技大学申请的专利见表7.4。从表7.4中可以发现，青岛科技大学的主要专利集中在化学链燃

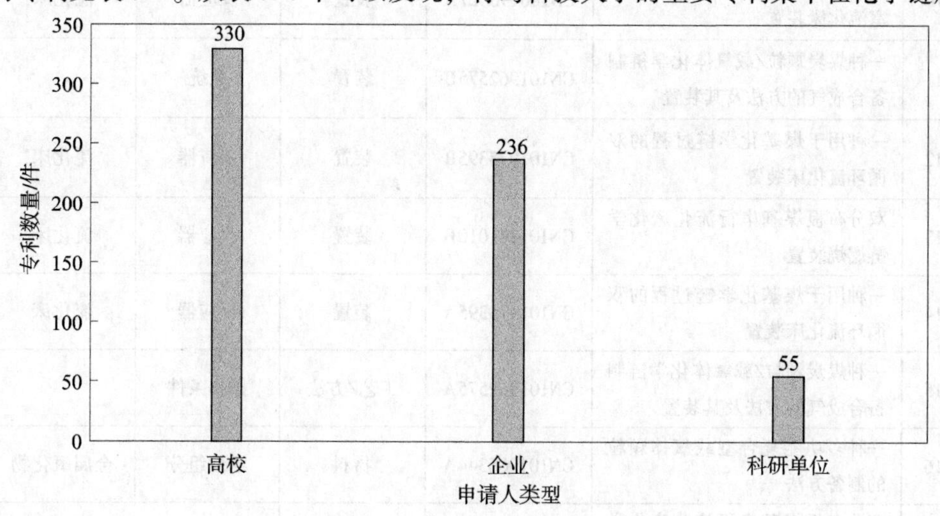

图7.10　化学链制氢技术中国申请人类型构成

烧设备方面，郭庆杰课题组主要从事“流动/多组分反应对循环载氧体尺度、结构和反应活性影响”“MW级煤炭载氧体化学链气化系统关键基础化学工程问题研究”等，更多的还是集中在基础研究方面。青岛科技大学专利技术构成见图7.11。

表7.4　青岛科技大学申请专利列表

序号	标题	公开（公告）号	一级技术分类	二级技术分类	三级技术分类
1	一种用于丙烷化学链脱氢制丙烯的载氧体制备方法	CN109482174B	材料	活性组分	制备工艺
2	一种耦合固体燃料反应与分离的化学链转化装置及方法	CN110500578A	装置	反应器	流化床
3	一种基于化学链的低阶煤和生物质分级利用装置及方法	CN110437882A	装置	系统	
4	一种生物质化学链热解制油气的装置及方法	CN110396422A	工艺/方法	操作条件	
5	一种用于丙烷化学链脱氢制丙烯的载氧体制备方法	CN109482174A	材料	活性组分	金属氧化物
6	一种基于化学链制氢技术提高煤合成气中氢碳比的方法	CN109455666A	工艺/方法		
7	一种基于煤化学链气化直接制备甲烷的装置及方法	CN106220461B	工艺/方法	其他	
8	一种固体燃料化学链转化的多室流化床装置	CN106196027B	装置	反应器	流化床
9	一种基于煤化学链气化直接制备甲烷的装置及方法	CN106220461A	工艺/方法	其他	
10	一种固体燃料化学链转化的多室流化床装置	CN106196027A	装置	反应器	流化床
11	一种煤炭颗粒/载氧体化学链制备合成气的方法及其装置	CN101962575B	装置	系统	
12	一种用于煤基化学链过程的双循环流化床装置	CN101975395B	装置	反应器	流化床
13	双分布板煤基串行流化床化学链燃烧装置	CN101261010B	装置	反应器	流化床
14	一种用于煤基化学链过程的双循环流化床装置	CN101975395A	装置	反应器	流化床
15	一种煤炭颗粒/载氧体化学链制备合成气的方法及其装置	CN101962575A	工艺/方法	操作条件	
16	一种多功能复合型载氧体颗粒的制备方法	CN101906344A	材料	活性组分	金属氧化物
17	双分布板煤基串行流化床化学链燃烧装置	CN101261010A	装置	反应器	流化床

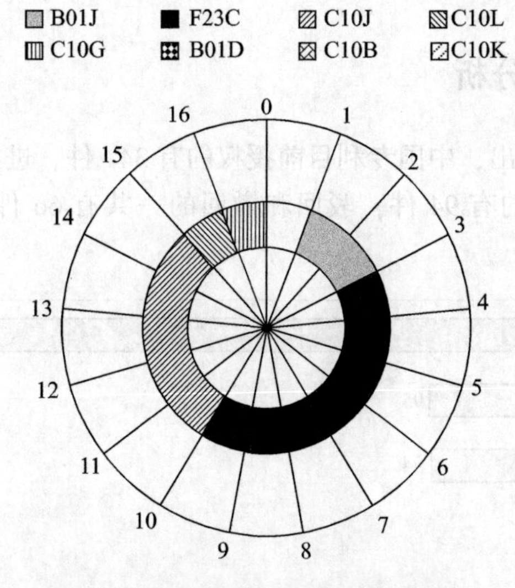

图7.11 青岛科技大学专利技术构成

山东省的科研院所在化学链气化方面做出较多工作的还有中科院青岛能源所热化学转化课题组。该课题组从2011年承担“973”项目开始，首先以小试固定床为反应器，研究含有二噁英前驱物的配气以及实际可燃固体废弃物热解气在化学链系统上的反应行为，筛选出高效载氧体；随后以生物质为原料，进行生物质化学链气化技术的攻关，研发了一系列以铁为活性组分的双金属复合载氧体，并根据载氧体的反应性质设计出双流化床气化反应器，小试反应器进料量3~8kg，百吨级中试装置正在设计搭建中。另外，该课题组研发的钒基载氧体将甲烷单程转化率提高到80%以上，合成气选择性>99.5%，载氧体还原度>90%，并实现了CH_4高选择性氧化和CO_2还原再生的稳定循环。上述研究成果发表在化学工程领域重要国际期刊*AIChE Journal*上并已申请国家发明专利(表7.5)。

表7.5 中科院青岛能源所化学链气化相关重要专利

序号	公开号	专利名称	申请日	申请人	发明人	当前法律状态
1	CN107090323B	一种具有控制氧化功能的复合氧载体及其制备方法	2017-03-03	中科院青岛能源所	吴晋沪；张金芝；王志奇；何涛；武景丽；田含晶	授权
2	CN107311105B	一种高选择性载氧体及其制备方法和应用	2017-06-23	中科院青岛能源所	何涛；吴晋沪；王志奇；韩德志；李建青；武景丽	授权

7.3.2　法律状态分析

从图7.12可以看出，中国专利目前授权的有341件，进入实质性审查的有95件，未缴年费而失效的有94件，驳回和撤回的一共有66件，避重放弃的6件，公开的2件。

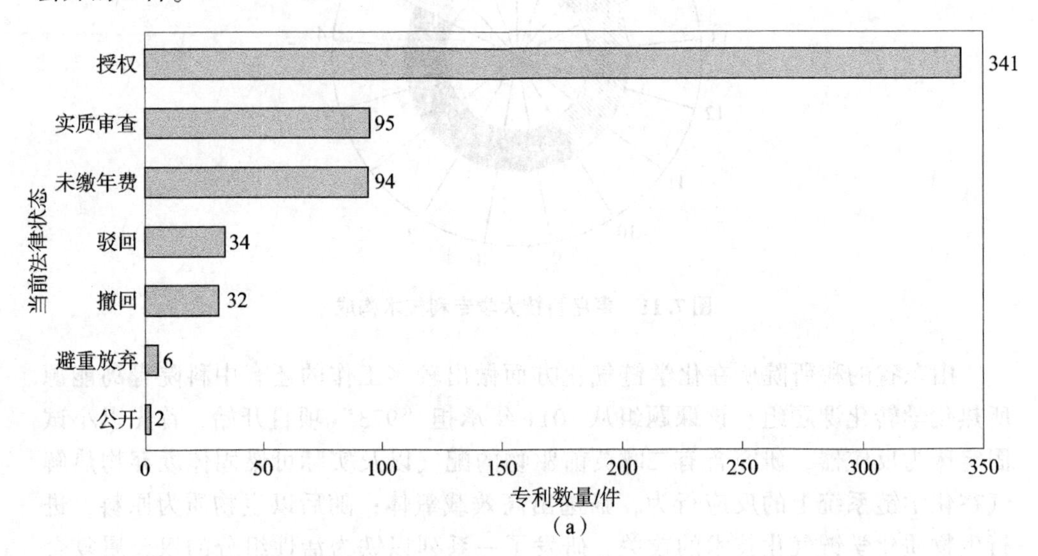

（a）

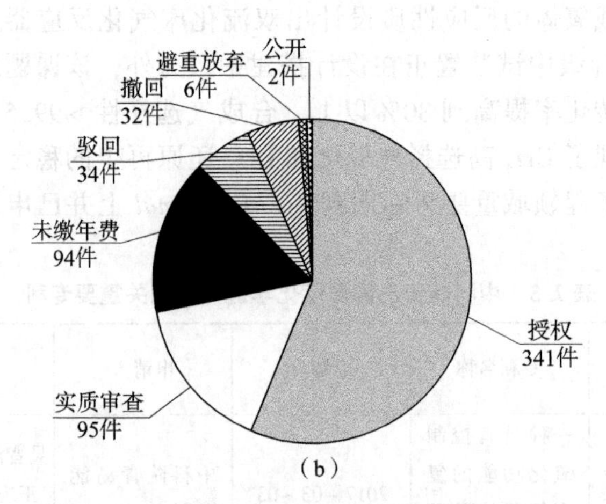

（b）

图7.12　化学链制氢技术中国专利法律状态分布

7.3.3　国民经济构成分析

从国民经济构成上来看，化学链制氢技术创新领域主要集中在化学原料和化学品制造业，通用设备、专用设备制造业及化石能源的深度加工等方面（图7.13、表7.6）。

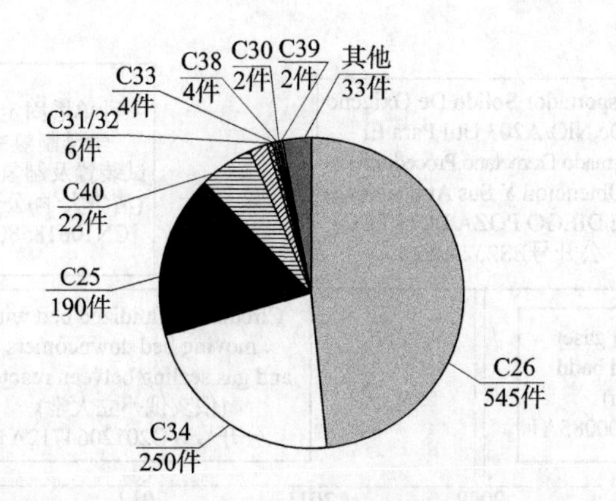

图7.13　化学链制氢技术创新领域国民经济行业分类

表7.6　化学链制氢技术创新领域国民经济行业分类

国民经济行业分类（大类）	专利数量/件
C26（化学原料和化学制品制造业）	545
C34（通用设备制造业）	250
C25（石油加工、炼焦和核燃料加工业）	190
C35（专用设备制造业）	66
C40（仪器仪表制造业）	22
C31/32（基本金属的制造）	6
C33（金属制品业）	4
C38（电气机械和器材制造业）	4
C30（非金属矿物制品业）	2
C39（计算机、通信和其他电子设备制造业）	2

7.3.4　核心技术演进（追踪重要技术发展脉络及趋势）

以氧化还原过程制氢的技术最早可追溯至1972年，美国天然气工艺研究院利用FeO/Fe作为“载氧体”，开发了基于两级逆流流化床的煤加氢制气系统。核心技术演进可以从反应器设计和载氧体研发两个方面分析。

从反应器发展历程方面，如图7.14所示，瑞典查尔姆斯大学的学者在1995年申请了用于化学链燃烧的流化床反应器，并于2002年搭建了世界上第一台连续运行的10kW串行流化床化学链燃烧系统。赖登等于2005年设计了实验室尺度的内联流化床化学链重整反应器。匹兹堡大学研究学者改进了以流化床为主的化学链重整制氢反应器配置，设计了固定床周期操作反应器。2011年大连理工大学提出了基于移动床和提升管的化学链重整制氢系统。俄亥俄州立大学的范良士等提出了逆流移动床用于化学链反应，解决了载氧体返混的问题。2018年清华大学、东南大学、青岛科技大学和中国石化等单位相继提出了各自特色的反应器系统。

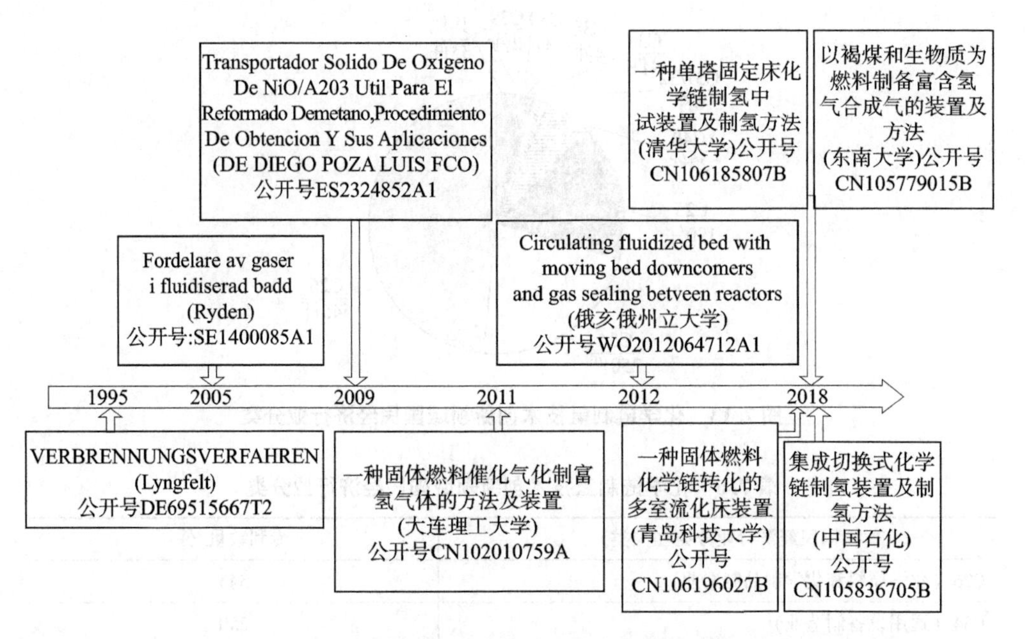

图 7.14　具有代表性的反应器专利申请历程

在载氧体活性组分开发方面，利用化学链反应中载氧体的吉布斯自由能变可以初步判断载氧体氧化还原对是否适合化学链制氢系统，即载氧体中氧传递在热力学的可行性。前期实验研究表明，Ni 基载氧体是比较适合化学链重整过程的载氧体。载氧体的研发还要考虑氧含量、可循环性、抗磨损性能、抗积碳能力、成本以及毒性等多方面的因素。鉴于以上原因，近几年报道的用于化学链制氢的载氧体都是铁基氧化物，因为纯氧化铁在高温下易烧结成块失去活性，通常需要负载在载体（Al_2O_3、ZrO_2、CeO_2）上提高其还原能力，多金属复合载氧体与单金属载氧体相比，循环稳定性更好，如在铁基载氧体中掺杂 Mn、Cr、Cu、Ni 等会提高其反应性和热稳定性。近年来，天然铁矿石由于价格低廉、储量丰富、取材容易等原因被用于制氢系统，研究发现，天然矿石中的杂质（氧化铝、氧化硅、氧化镁等）能够促进水解，提高氢存储能力。

7.4　小结

氢能是国家大力发展的能源，基于化学链制氢技术能耗低，环境友好，估计对该技术的研究开发力度将会进一步加大。虽然目前国内外许多研究机构对化学链制氢工艺进行了大量创新工作，但是目前仍然处于实验室研发规模阶段，在工业上大规模应用之前，还有许多方面需要进行技术创新。在载氧体研发方面，如何设计出性能优异的载氧体材料，解决目前现有的载氧体活性差、机械强度低、产氢量少、易烧结、易积碳等问题。制备廉价、高效、环保的载氧体是化学链制氢的重点，也是化学链制氢工业化的前提条件。另外，化学链制氢反应器目前还处于实验室研究阶段，如何使载氧体在反应器之间顺畅循环，密封良好以及长期稳定运行还有待考察。从原料选择性看，将化学链制氢技术成功应用于固体燃料具有更大的吸引力和广阔的发展前景。

第8章 燃料电池氢循环系统专利导航分析

8.1 燃料电池氢循环系统技术概况

燃料电池辅助系统一般由空气供给系统、氢气供给系统、水热管理系统及系统控制四部分构成。其中氢气供给系统又有阳极闭端和氢气循环两种方式。由于燃料电池在工作过程当中并不能将所提供的氢气完全利用，会有一部分未利用的氢气，阳极闭端方法是将未利用的氢气排出电堆。氢气循环方式则是将未反应的氢气进行再利用，从而提高氢气的利用率，同时氢气循环还能改善电堆内的水平衡，避免电堆内发生水淹，提高电堆的工作效率。氢气循环系统当中的循环装置的工作性能直接影响了氢气循环效果。

目前常用的氢气循环装置有引射器和氢气循环泵，引射器是机械部件，通过将高压氢气当中的压力能转化为动能，将再循环氢气通过引射口吸入引射器中，工作流体和再循环氢气在引射器中充分混合，从引射器出口流入电堆。引射器具有结构简单、质量轻以及工作不消耗电能等优点，但是引射器的工作性能受其工作条件影响比较大，如电堆阳极出入口的压力。氢气循环泵是一种增压装置，工作受电堆阳极出入口的压力影响比较小，但是氢气循环泵的成本和体积都较大，当氢气循环泵在大流量和高压比工况下工作时，所需的功率很大，提高了燃料电池系统的寄生功耗。

8.2 燃料电池氢循环系统全球专利分析

8.2.1 查全查准率

命中数据：3610 条；2778 件；2145 个简单同族，查全样本 1 的查全率为 88.23%，查准率为 80.5%；查全样本 2 的查全率为 87%，查准率为 86%。

8.2.2 申请趋势分析

通过 incoPat 专利数据库对燃料电池氢循环系统进行检索，共检索到 2001—2020 年氢能及燃料电池氢循环关键技术相关专利 3364 件。

与煤、石油等常规化石能源比较，氢能是一种高效、清洁、可持续的能源，在地球上资源比较丰富，氢不仅可以通过煤、天然气等化石能源规模制备获得，还可以通过原子能、可再生能源等多种能源转化实现持续供给，氢能够实现不依赖化石能源的可持续供给。作为一种能量转换装置，燃料电池直接将储存在燃料和氧化剂中的化学能转化为电能。实现氢能的规模应用，需要解决包括氢的制备、储存、输运、转换和应用在内的相关技术。其中，燃料电池技术是推动氢能发展的关键所在。燃料电池能量转化效率高，理论转化效率为 90% ~100%，实际转化效率 40% ~60%，产物为水，对空气零污染，燃料电池可靠性高，能够实现长时间稳定运行。各国对氢能及燃料电池技术较为重视，美国是氢能经济的倡导者，也是推动氢能发展的最主要的国家之一。早在 1996 年，美国国会通过了未来氢能法，开展氢的生产、储存、运输和利用的研究、开发与示范。从 2001 开始，各国相继大规模地推进对氢能及燃料电池氢循环关键技术的研究。图 8. 1 给出了氢能及燃料电池氢循环关键技术相关专利数量的年度（基于专利申请年）的变化趋势。

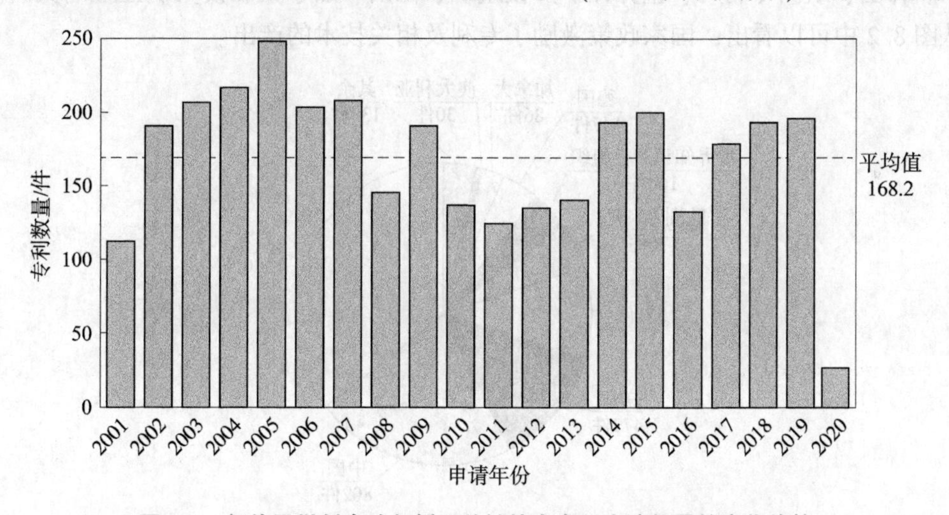

图 8. 1　氢能及燃料电池氢循环关键技术专利申请数量的变化趋势

2001—2020 年氢能及燃料电池氢循环关键技术专利申请总量共 3364 件，平均每年度专利申请数量为 168. 2 件。2001—2005 年专利申请数量逐年增加，2006—2007 年专利申请数量处于平稳期，专利申请数量维持在 200 件左右；2008—2013 年专利申请数量下降到 130 件左右（2009 年除外）；受国家政策的支持和激励作用，2016—2019 年专利申请数量再次逐年增长。

8. 2. 3　申请国家（地区、组织）分布

图 8. 2 为氢能及燃料电池氢循环关键技术相关专利申请国家（地区、组织）分布。从图中可以看出，申请氢能及燃料电池氢循环关键技术相关专利数量最多的是日本，专利申请数量为 1300 件。日本政府坚定推进氢能和燃料电池发展战

略，2014 年日本经济产业省发布了《氢能与燃料电池战略路线图》，制定了“三步走”发展计划；在研发方面，2017 年日本经济产业省对燃料电池研发补贴共计 129 亿日元，包括燃料电池、加氢站、氢能供应链 3 个方向。专利申请数量排在第 2 位的是中国，申请数量为 802 件。我国政府大力支持氢能产业的发展，并给予更多的政策支持，促进更多的科研机构及公司大力发展氢能及燃料电池关键技术，进而孵化许多相关产业及科研产出；政府大力支持氢能与燃料电池汽车产业发展，《“十三五”国家战略性新兴产业发展规划》《能源技术革命创新行动计划（2016—2030 年）》《节能与新能源汽车产业发展规划（2012—2020 年）》《中国制造 2025》等国家顶层规划都明确了氢能产业的战略性地位，纷纷将发展氢能列为重点任务，将氢燃料电池汽车列为重点支持领域。美国位居第 3，申请数目为 479 件。2015 年年底，美国能源局向国会提交了《2015 年美国燃料电池和氢能技术发展报告》，肯定了未来氢能市场的发展潜力，大力投资发展先进氢能与燃料电池技术。韩国、欧洲专利局、世界知识产权组织、德国、加拿大和澳大利亚位居其后。从图 8.2 中可以看出，国家政策激励了专利及相关技术的产出。

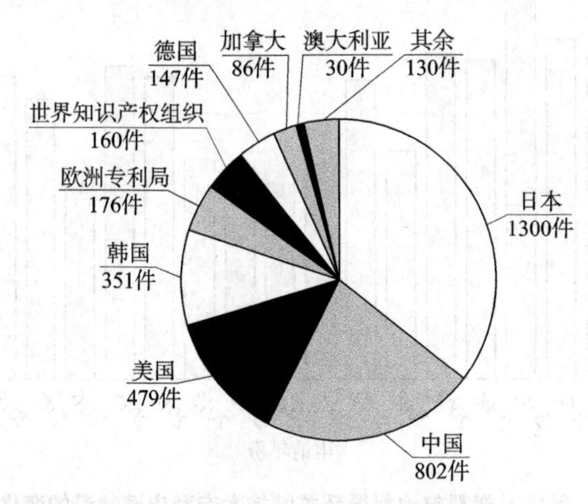

图 8.2　氢能及燃料电池氢循环关键技术相关专利申请国家（地区、组织）分布

8.2.4　主要国家（地区、组织）专利申请数量趋势对比

图 8.3 为主要国家（地区、组织）关于氢能及燃料电池氢循环关键技术相关专利申请数量趋势对比。从 2001 年起，日本在氢能和燃料电池关键技术领域发展迅猛，专利数量逐年递增，在 2005 年相关专利数量达到最大，此时日本在氢能和燃料电池关键技术方面卓有成效；2006—2011 年，日本专利数量呈下降趋势；2011—2013 年专利数量较低，关键技术遇到瓶颈期，发展较为缓慢；2014—2018 年，随着政府的进一步政策支持和刺激，日本专利数量处于上升趋势，依旧位于世界领先地位。相对日本，中国的氢能及燃料电池关键技术起步比较晚，2013 年以前，中国的数量远远落后于日本，但每年缓慢地持续增长，2014 年以后，随着

国家和政府的政策鼓励与支持，中国的氢能及燃料电池关键技术得到突飞猛进的发展，专利的数量呈指数型增长，2017 年以后，中国的专利数量远远超过日本。2001—2013 年，美国在氢能及燃料电池关键技术相关专利数量随时间变化的规律和中国专利数量发展趋势相近，但是 2013 年以后，美国的专利数量起伏变化，远远落后于中国。纵观其他国家（地区、组织），专利数量随时间的推进缓慢地增加，可以看出其他国家（地区、组织）在氢能及燃料电池关键技术领域还存在很多的难点和挑战，需要进一步解决和突破。

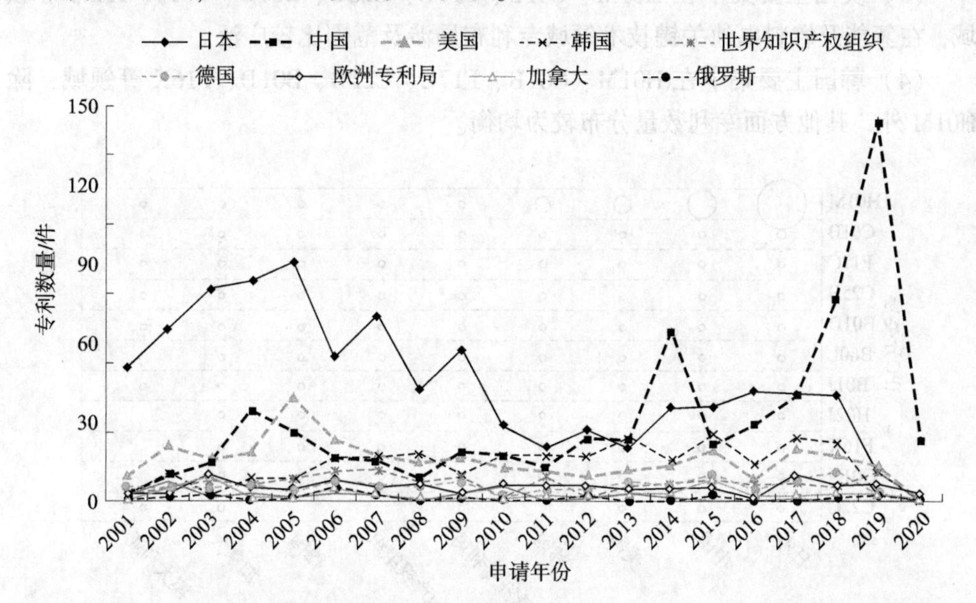

图 8.3　氢能及燃料电池氢循环关键技术主要国家（地区、组织）专利申请数量的趋势对比

8.2.5　各国家（地区、组织）专利技术分布

图 8.4 为氢能及燃料电池氢循环关键技术各国家（地区、组织）专利技术分布对比。其中，H01M 为用于直接转变化学能为电能的方法或装置；C01B 为非金属元素；F17C 为盛装或贮存压缩的、液化的或固化的气体容器；C25B 为生产化合物或非金属的电解工艺或电泳工艺；B01D 为分离；B60L 为电动车辆动力装置；B01J 为化学或物理方法；H02J 为供电或配电的电路装置或系统；电能存储系统；F16K 为阀；龙头；旋塞；制动浮子；通风或充气装置；G01N 为借助于测定材料的化学或物理性质来测试或分析材料；C22C 为合金（合金的处理入 C21D、C22F）。日本在各个技术研究领域专利数量遥遥领先，其专利总量及单项技术分布数量大于其他国家（地区、组织）；主要国家（地区、组织）技术构成相似度较高，专利技术主要分布在 H01M、C01B、F17C、C25B、B01D、B60L、B01J、H02J、F16K、G01N、C22C 领域，H01M 领域在整个专利技术中占较大比重，澳大利亚在 B60L、H02J、F16K、G01N 领域出现技术空白。日本、中国、美国和韩

国 4 个主要国家的技术布局情况如下。

（1）日本主要集中在 H01M、C01B、F17C、C25B、B01D、B60L、B01J、H02J、F16K、G01N、C22C 等领域，在氢能及燃料电池关键技术领域专利布局比较全面。

（2）中国主要集中在 H01M、C01B、F17C、B01D、B01J、C22C 等领域，且在 H01M 方面专利数量领先于除日本外的其他国家。

（3）美国主要集中在 H01M、C01B、F17C、C25B、B01D、B01J、H02J 等领域，在氢能及燃料电池关键技术领域专利布局涉及范围比较广泛。

（4）韩国主要集中在 H01M、C01B、F17C、C25B、B01D、F16K 等领域，除 H01M 外，其他方面专利数量分布较为均衡。

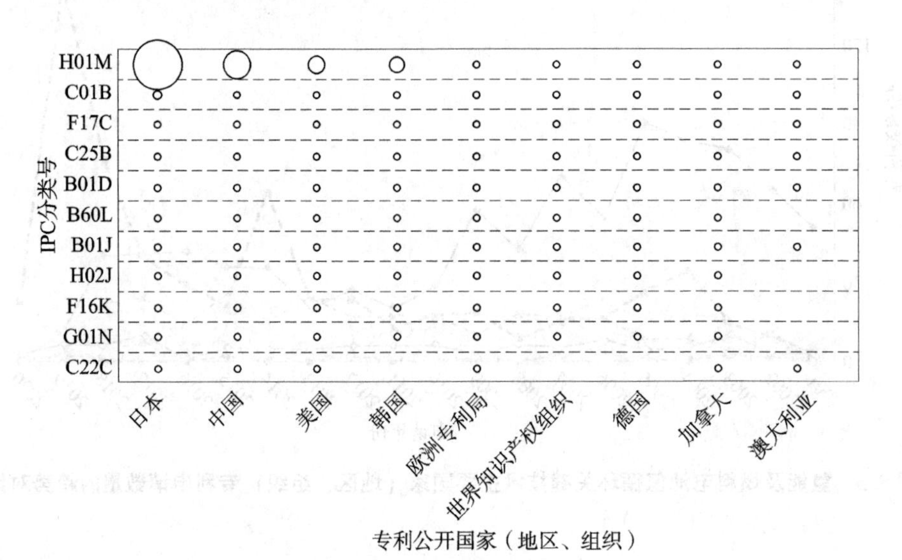

图 8.4　氢能及燃料电池氢循环关键技术各国家（地区、组织）专利技术分布

8.2.6　竞争专利权人分析

1. 竞争专利权人分布情况

图 8.5 为关于氢能及燃料电池氢循环关键技术竞争专利权人分布情况。从图中可以看出，日本丰田的专利数量最多，远远超过其他专利权人。在前 10 位的竞争专利权人中，日本有 4 位，韩国有 2 位，中国有 3 位，美国有 1 位。

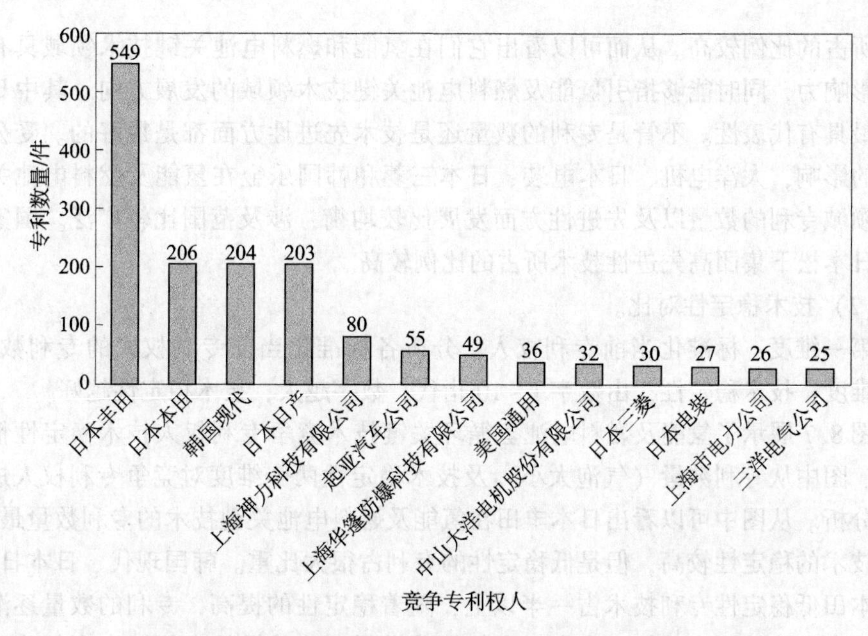

图 8.5　氢能及燃料电池氢循环关键技术竞争专利权人分布

2. 竞争专利权人技术情况对比

（1）技术先进性对比。

第一维度：标准化当前专利权人，分析各标准化当前专利权人的专利数量。第二维度：技术先进性，由数字 1～10 指代，数字越大，技术先进性越大。

图 8.6 为竞争专利权人技术先进性对比图。从图中可以看出日本丰田、韩国现代、日本日产、日本本田在竞争专利的数量上具有绝对的优势，同时高先进性

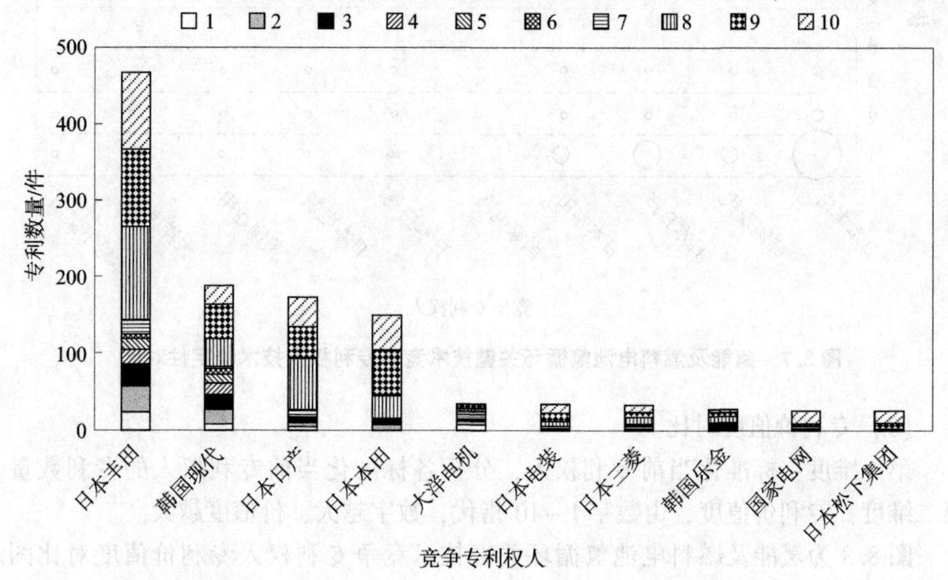

图 8.6　氢能及燃料电池氢循环关键技术竞争专利权人技术先进性对比

技术所占的比例较高。从而可以看出它们在氢能和燃料电池关键技术领域具有很大的影响力，同时能够指引氢能及燃料电池关键技术领域的发展方向。其中日本丰田最具有代表性。不管是专利的数量还是技术先进性方面都是最好的。受公司性质的影响，大洋电机、日本电装、日本三菱和韩国乐金在氢能及燃料电池关键技术领域专利的数量以及先进性方面发展比较均衡，涉及范围比较广泛。国家电网和日本松下集团高先进性技术所占的比例较高。

（2）技术稳定性对比。

第一维度：标准化当前专利权人，分析各标准化当前专利权人的专利数量。第二维度：技术稳定性，由数字1～10指代，数字越大，技术稳定性越好。

图8.7展示了氢能及燃料电池氢循环关键技术竞争专利权人技术稳定性情况对比。图中从专利数量（气泡大小）及技术稳定性两个维度对竞争专利权人进行对比分析。从图中可以看出日本丰田在氢能及燃料电池关键技术的专利数量最多，专利技术的稳定性较高，但是低稳定性的专利占很大比重。韩国现代、日本日产、日本本田低稳定性专利技术占一半以上，随着稳定性的提高，专利的数量逐渐减少。国家电网从国家的战略出发，在氢能及燃料电池关键技术领域专利的稳定性比较高。其他公司的专利的技术稳定性都较低。由此可以看出，氢能及燃料电池关键技术的突破以及稳定性是未来需要解决的一个方向。

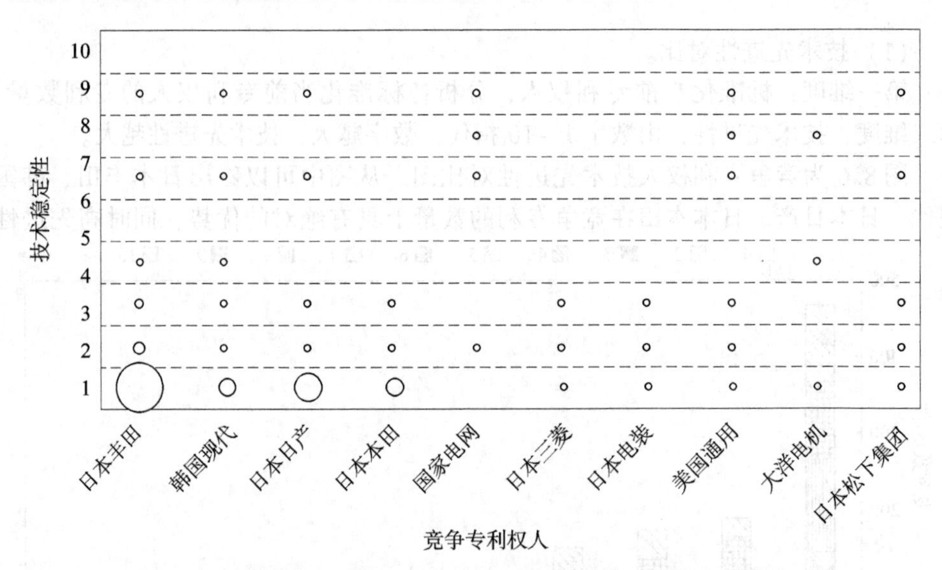

图8.7　氢能及燃料电池氢循环关键技术竞争专利权人技术稳定性对比

（3）专利价值度对比。

第一维度：标准化当前专利权人，分析各标准化当前专利权人的专利数量。第二维度：专利价值度，由数字1～10指代，数字越大，价值度越大。

图8.8为氢能及燃料电池氢循环关键技术竞争专利权人专利价值度对比图。从专利数量（气泡大小）及专利价值两个维度对竞争专利权人进行对比分析。从

图中可以看出，日本丰田在氢能及燃料电池关键技术的价值最高，且高价值的技术占据的比例比较高。韩国现代、日本日产、日本本田高价值的专利占比比较高，但是专利的数量少。其他公司各个价值层次的专利发展相对比较均衡。国家电网相关的专利技术都是高价值，起点比较高，对氢能及燃料电池关键技术的发展具有较强的推动作用。

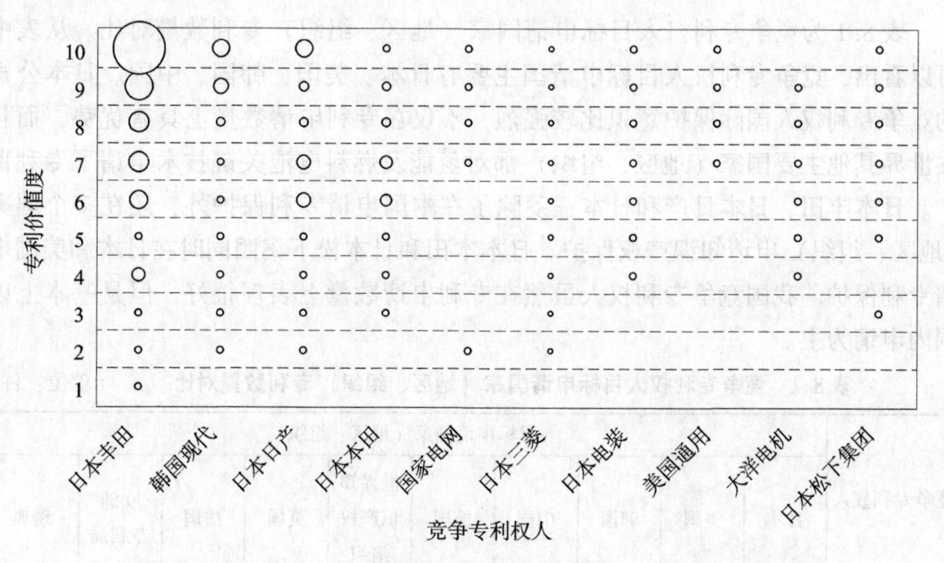

图8.8　氢能及燃料电池氢循环关键技术竞争专利权人专利价值度对比

3. 竞争专利权人专利活跃情况

图8.9为氢能及燃料电池氢循环关键技术竞争专利权人专利活跃情况。从图中可以看出，氢能和燃料电池关键技术专利权人主要活跃在日本和中国。其中日

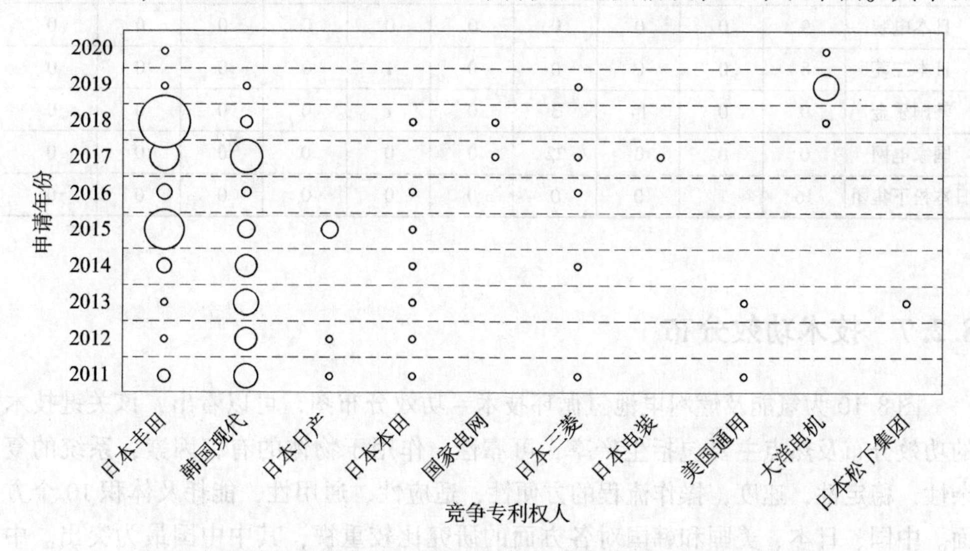

图8.9　氢能及燃料电池氢循环关键技术竞争专利权人专利活跃情况

本丰田2015年以后活跃度明显提高，远高于其他专利权人；韩国现代从2011年开始在此领域的就一直很活跃，近几年出现降低趋势；大洋电机2018—2020年开始进入此领域。

4. 竞争专利权人国际保护策略

表8.1为竞争专利权人目标申请国家（地区、组织）专利数量对比。从表中可以看出，竞争专利权人目标申请国主要有日本、美国、韩国、中国。日本公司的竞争专利权人国际保护意识比较强烈，不仅在专利申请数量上具有优势，而且在世界其他主要国家（地区、组织）都对氢能及燃料电池关键技术申请了专利保护。日本丰田、日本日产和日本三菱除了在本国申请专利保护外，还在多个国家（地区、组织）申请知识产权保护。日本本田和日本松下集团同时在日本和美国申请专利保护。我国竞争专利权人虽然在专利申请数量上表现很好，但是基本上以国内申请为主。

表8.1　竞争专利权人目标申请国家（地区、组织）专利数量对比　（单位：件）

竞争专利权人	目标申请国家（地区、组织）									
	日本	美国	韩国	中国	德国	世界知识产权组织	英国	法国	欧洲专利局	瑞典
日本丰田	186	1	0	0	0	11	0	0	0	0
韩国现代	0	0	84	0	0	0	0	0	0	0
日本日产	49	0	0	0	0	3	0	0	0	0
日本本田	29	3	0	0	0	0	0	0	0	0
大洋电机	0	0	0	6	0	0	0	0	0	0
日本电装	9	0	0	0	0	0	0	0	0	0
日本三菱	8	0	0	0	0	1	0	0	0	0
韩国乐金	0	0	14	3	0	1	0	0	0	0
国家电网	0	0	0	22	0	0	0	0	0	0
日本松下集团	16	1	0	0	0	0	0	0	0	0

8.2.7　技术功效分布

图8.10为氢能及燃料电池氢循环技术－功效分布图，可以看出，该关键技术的功效分布及热点主要包括生产率，可靠性，作用于物体的有害因素，系统的复杂性，稳定性，速度，操作流程的方便性，适应性、通用性，能耗及体积10个方面。中国、日本、美国和韩国对各方面的研究比较重视，其中中国最为突出。中国在氢能及燃料电池关键技术的专利数量远远高于其他国家的总和。其次是日本。

日本比较注重生产率、作用于物体的有害因素及系统的复杂性。英国、加拿大、瑞典及瑞士只在其中的某一个方面有所研究，涉及的范围比较窄。

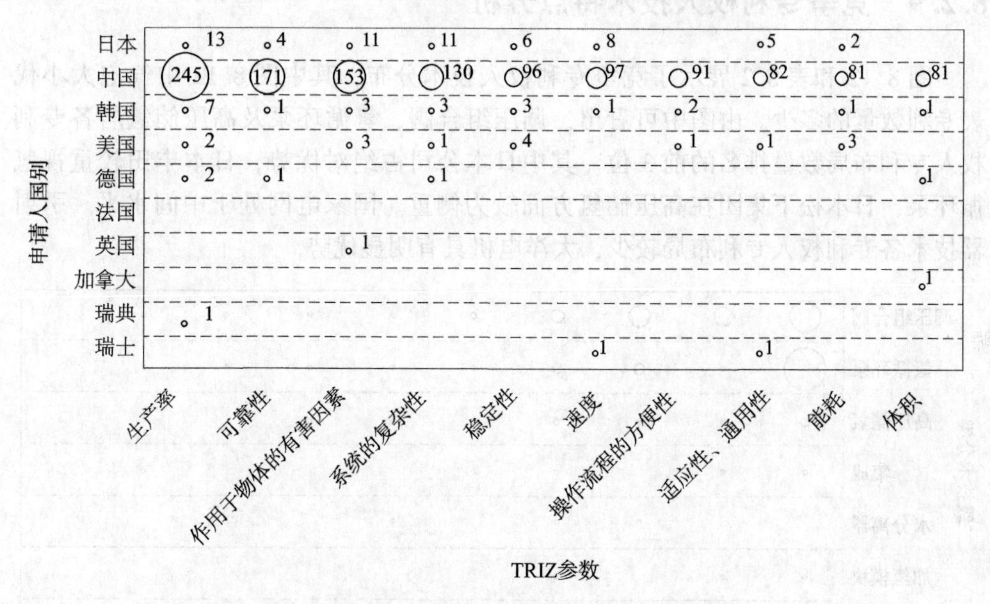

图 8.10 氢能及燃料电池氢循环技术－功效分布（单位：件）

8.2.8 研究主题专利占比分布

图 8.11 为氢气循环系统研究主题专利占比分布图。储氢系统可以划分为氢气操作子系统和压缩氢瓶子系统。储氢系统虽然零部件不少，但是因为集成，通常可以划分为几大部件：氢瓶、集成瓶阀、集成压力调节模块、加氢口、储氢系统控制器及各部分的泄压排氢装置。从图中可以看出，调压组合阀、氢循环泵、高压储氢是整个主题中的重要组成部分，占比分别为 28.08%，24.32%，13.99%。集成、水分离器、加氢模块及引射器占比较少，但这几部分也是关键技术的重要组成部分。

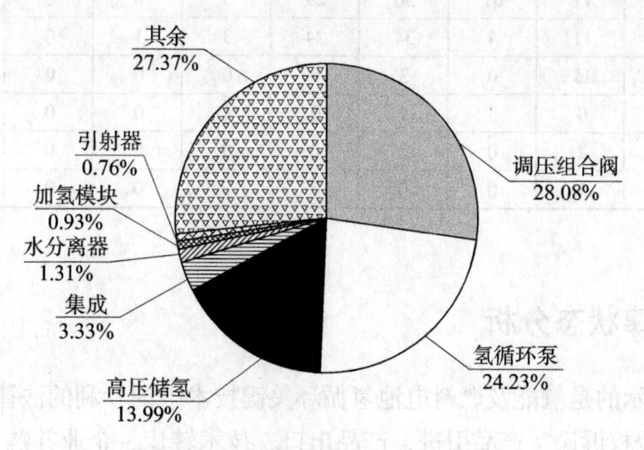

图 8.11 研究主题专利占比分布

8.2.9　竞争专利权人技术特点分析

图 8.12 和表 8.2 展示了竞争专利权人技术分布，其中图 8.12 中气泡大小代表专利数量的多少。由图中可看出，调压组合阀、氢循环泵及高压储氢居各专利权人专利布局数量排名的前 3 位。其中日本公司占绝对优势，日本丰田较重视氢循环泵，日本松下集团在高压储氢方面较为侧重。国家电网处于中间水平。引射器技术各专利权人专利布局较少，大洋电机具有明显优势。

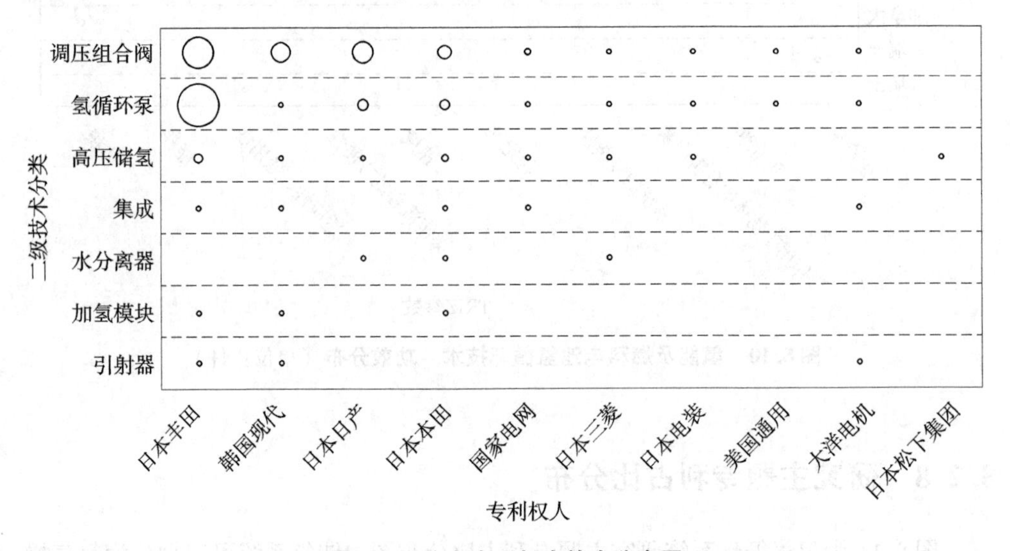

图 8.12　竞争专利权人技术分布图

表 8.2　竞争专利权人技术分布列表　（单位：件）

部件	日本丰田	韩国现代	日本日产	日本本田	国家电网	日本三菱	日本电装	美国通用	大洋电机	日本松下集团
调压组合阀	166	110	122	73	36	7	7	12	20	0
氢循环泵	238	17	61	50	29	3	8	3	16	0
高压储氢	45	11	4	34	24	3	1	0	0	16
集成	5	15	0	3	6	0	0	0	12	0
水分离器	0	0	3	1	0	1	0	0	0	0
加氢模块	5	2	0	2	0	0	0	0	0	0
引射器	1	1	0	0	0	0	0	0	7	0

8.2.10　法律状态分析

图 8.13 展示的是氢能及燃料电池氢循环关键技术中国专利的法律状态。专利的法律状态对于侵权诉讼、产品引进、产品出口、技术转让、企业并购、新产品开发、

新项目申报等方面都有重要作用。通过分析当前法律状态的分布情况，可以了解分析目标中专利的权利状态及失效原因，以作为专利价值或管理能力评估、风险分析、技术引进或专利运营等决策行动的参考依据。目前中国在燃料电池氢循环系统技术领域的授权专利有 265 件，实质审查阶段 126 件，共占比约 2/3。

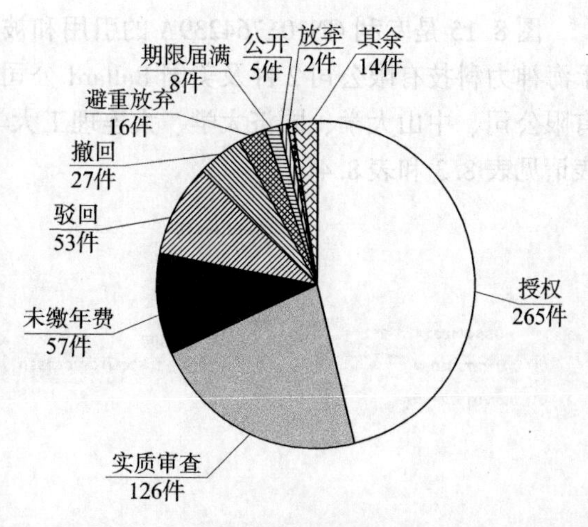

图 8.13　法律状态

图 8.14 展示的是专利权审中、有效、失效三种状态的占比情况(仅统计中国专利)。通过该分析可以分别了解分析对象中当前已获得实质性保护、已失去专利权保护或正在审查中的专利数量分布情况，以便从整体上掌握专利的权利保护和潜在风险情况，为专利权的法律性调查提供依据。筛选进入公知技术领域的失效专利，可以进行无偿使用或改进利用。

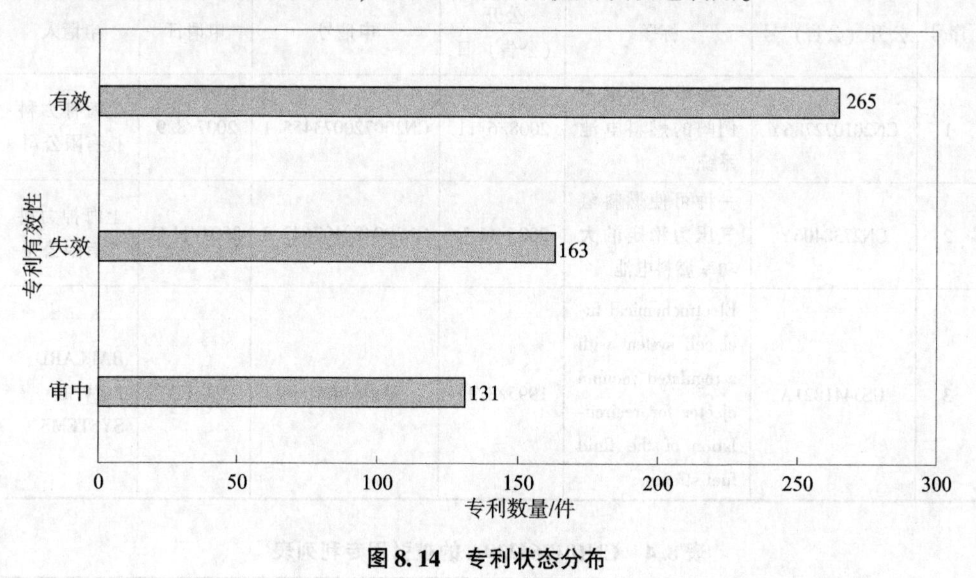

图 8.14　专利状态分布

8.2.11　核心技术演进（追踪重要技术发展脉络及趋势）

“一种带有脉宽调制电磁阀的燃料电池氢气循环系统”（CN101764239A）是上海神力科技有限公司于 2008 年 12 月 26 日申请的一件专利，该专利于 2012 年 10 月 10 日授权，并于 2015 年 1 月 21 日实现专利申请权和专利权的转移。变更前权利人：上海神力科技有限公司；变更后权利人：国网上海市电力公司。

图8.15是专利CN101764239A的引用和被引用情况，可以看出该专利引用了上海神力科技有限公司2件及美国Ballard公司1件专利，同时被北京亿华通科技有限公司、中山大学、同济大学、大连理工大学等机构的11件专利引用。详细列表请见表8.3和表8.4。

图8.15　CN101764239A的引用和被引用情况

表8.3　CN101764239A的引用专利列表

序号	公开（公告）号	标题	公开（公告）日	申请号	申请日	申请人
1	CN201072786Y	一种带有电磁比例阀的燃料电池系统	2008/6/11	CN200720073455.1	2007/8/9	上海神力科技有限公司
2	CN2738406Y	一种可使燃料氢气压力稳定的大功率燃料电池	2005/11/2	CN200420107642.3	2004/11/2	上海神力科技有限公司
3	US5441821A	Electrochemical fuel cell system with a regulated vacuum ejector for recirculation of the fluid fuel stream	1995/8/15	US08363706	1994/12/23	BALLARD POWER SYSTEMS

表8.4　CN101764239A的被引用专利列表

序号	公开（公告）号	标题	公开（公告）日	申请号	申请日	申请人
1	WO2020037988A1	ENERGY - SAVING AIR SUPPLY SYSTEM FOR FUEL CELL VEHICLE	2020/2/27	WOCN19080790	2019/4/1	DALIAN UNIVERSITY OF TECHNOLOGY
2	CN110690481A	一种燃料电池系统的调压器控制方法	2020/1/14	CN201910899777.9	2019/9/23	北京亿华通科技股份有限公司

续表

序号	公开（公告）号	标题	公开（公告）日	申请号	申请日	申请人
3	CN110676484A	车辆、燃料电池的氢气循环系统及氢气循环控制方法	2020/1/10	CN201810718613.7	2018/7/3	上海汽车集团股份有限公司
4	CN108488115A	异次加载装置	2018/9/4	CN201810280188.8	2018/3/23	中山大学
5	CN105186016B	一种燃料电池系统的电控喷氢压力调节装置	2017/12/5	CN201510430531.9	2015/7/21	同济大学
6	CN104409751B	一种燃料电池阳极压力控制方法及装置	2017/1/4	CN201410620407.4	2014/11/5	同济大学
7	CN104064790B	燃料电池的压力调节系统及压力调节方法	2016/8/24	CN201410328421.7	2014/7/10	北京亿华通科技有限公司
8	CN105186016A	一种燃料电池系统的电控喷氢压力调节装置	2015/12/23	CN201510430531.9	2015/7/21	同济大学
9	CN104681836A	一种氢气燃料电池氢气自动调节控制系统	2015/6/3	CN201310629952.5	2013/12/2	陕西荣基实业有限公司
10	CN104409751A	一种燃料电池阳极压力控制方法及装置	2015/3/11	CN201410620407.4	2014/11/5	同济大学
11	CN104064790A	燃料电池的压力调节系统及压力调节方法	2014/9/24	CN201410328421.7	2014/7/10	北京亿华通科技有限公司

8.2.12　技术－功效矩阵分析（发现技术空白点）

技术空白点是指由技术手段和功能效果指标形成的二维矩阵图，通过该分析可获得当前主题的技术聚焦点（热点技术）和技术空白点，对企业规避专利壁垒、进行自主专利布局有着巨大的指导意义。

图8.16是燃料电池氢循环系统领域技术－功效矩阵分析图，纵坐标表示各技术分类，横坐标表示各技术分类能够实现的功能效果，气泡代表该相应技术手段

实现该功能效果的专利数量，气泡越大表示数量越多。表8.5展示了技术－功效矩阵图对应的专利数量。容易看出技术手段主要集中在调压组合阀、氢循环泵和高压储氢，功能效果分布较广泛，其中成本、安全、稳定性和可靠性是技术热点，建议重点关注。对于技术手段和功能效果交叉数量比较少或者没有的交叉点，是目前专利申请的空白点。例如，水分离器、加氢模块和引射器，整体专利数量较少；另外水分离器在便利性，加氢模块在体积和可控性，引射器在速度方面专利申请数量为0，是技术空白点，可以作为研发指导方向，在这些技术点布局专利，构建知识产权体系。

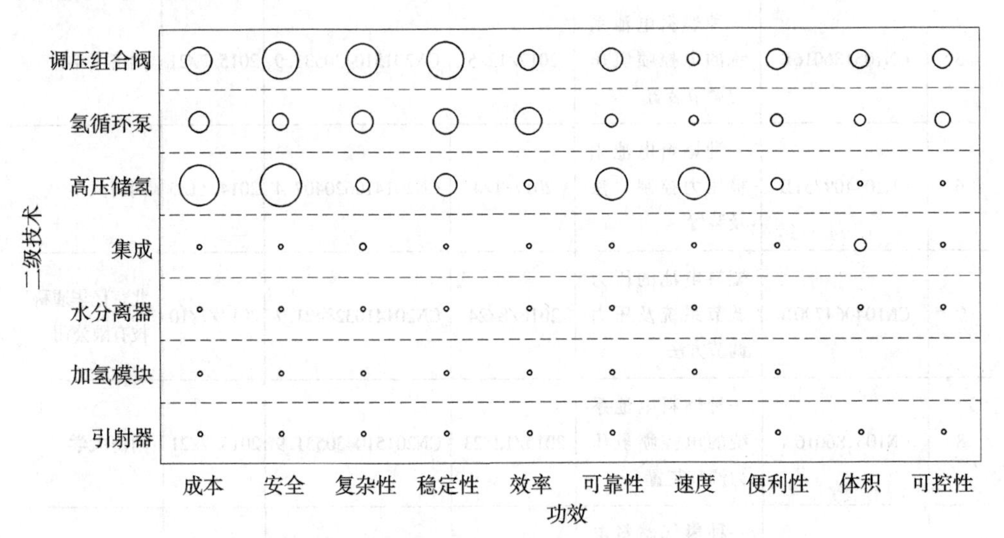

图8.16　燃料电池氢循环系统领域技术－功效矩阵图

表8.5　燃料电池氢循环系统领域技术－功效矩阵图对应的专利数量（单位：件）

部件	成本	安全	复杂性	稳定性	效率	可靠性	速度	便利性	体积	可控性
调压组合阀	54	75	69	73	39	45	27	40	38	35
氢循环泵	42	31	43	50	54	24	16	28	24	30
高压储氢	80	90	29	42	20	66	62	24	11	12
集成	13	7	15	5	10	8	4	9	24	2
水分离器	3	8	6	5	7	10	4	0	3	7
加氢模块	2	2	1	1	2	3	3	1	0	0
引射器	6	1	9	3	7	12	0	1	3	2

8.3　燃料电池氢循环系统山东省相关专利技术分析

8.3.1　申请趋势分析

图 8.17 展示了山东省氢能及燃料电池氢循环关键技术专利申请趋势。从图中可以看出，从 2016 年起，山东省开始在氢能及燃料电池氢循环关键技术领域有所突破。山东作为能源大省，新旧动能转换备受关注。政府大力支持氢能与燃料电池汽车产业发展，《“十三五”国家战略性新兴产业发展规划》《能源技术革命创新行动计划（2016—2030 年）》明确了氢能产业的战略性地位，纷纷将发展氢能列为重点任务，将氢燃料电池汽车列为重点支持领域；2017 年 3 月 6 日，李克强总理“两会”期间参加山东代表团审议时指出，山东发展得益于动能转换，望山东在国家发展中继续挑大梁，在新旧动能转换中继续打头阵；2017 年 6 月 13 日，中国共产党山东省第十一次代表大会工作报告中提出“把加快新旧动能转换作为统领经济发展的重大工程，坚持世界眼光、国际标准、山东优势，积极创建国家新旧动能转换综合试验区”。政府以及一系列政策的支持，促使山东省在氢能及燃料电池氢循环关键技术的快速发展，因此 2019 年山东省氢能及燃料电池氢循环关键技术专利申请数量增加显著。专利一般从申请到公开需要一定的时限，因此专利年度申请数量在 2019 年以后出现失真。

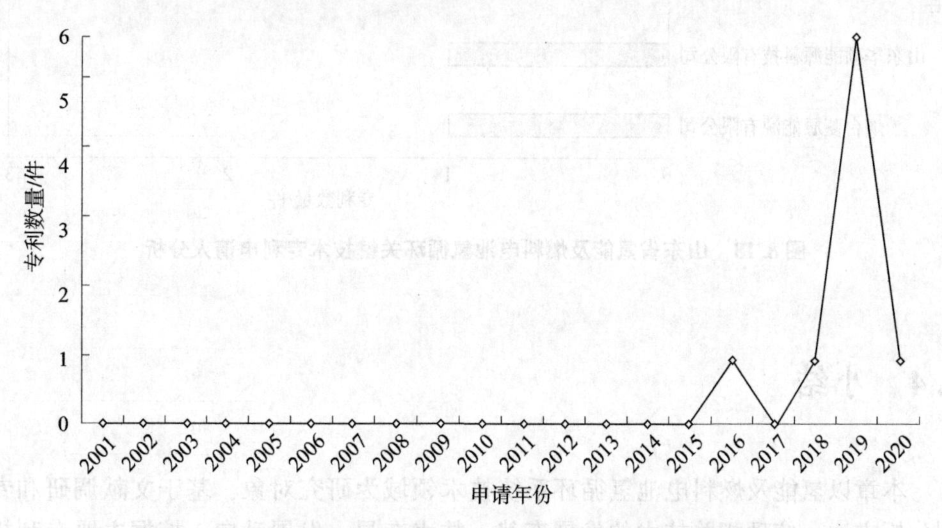

图 8.17　山东省氢能及燃料电池氢循环关键技术专利申请趋势

8.3.2　申请人分析

图 8.19 是山东省氢能及燃料电池氢循环关键技术专利申请人分析图。其中可以看出，潍柴动力股份有限公司在山东省氢能及燃料电池氢循环关键技术领域处于领先地位，是山东氢能产业的龙头企业，全国氢燃料电池商用车示范推广应用的“领航者”，其中氢燃料电池公交车在山东省多个城市投放运营 200 多辆，积极推动了山东省“绿色动力氢能城市”的建设。该公司 2018 年 8 月以 1.63 亿美元获得巴拉德 19.9% 的股权，并成为巴拉德第一大股东，还是弗尔赛的第二大股东，为推动氢能与燃料电池关键技术的发展做出重要贡献。山东大学作为山东省优秀重点高校，拥有较好的师资力量及科研实力，在氢能及燃料电池氢循环关键技术专利申请方面位居第 2，为山东省氢能及燃料电池氢循环关键技术提供科研支撑，为成果转化提供了较好的驱动力，促进“产学研”更好地发展。山东华硕能源科技有限公司和烟台菱辰能源有限公司促进了山东泰安和烟台地区的氢能及燃料电池氢循环关键技术的发展。

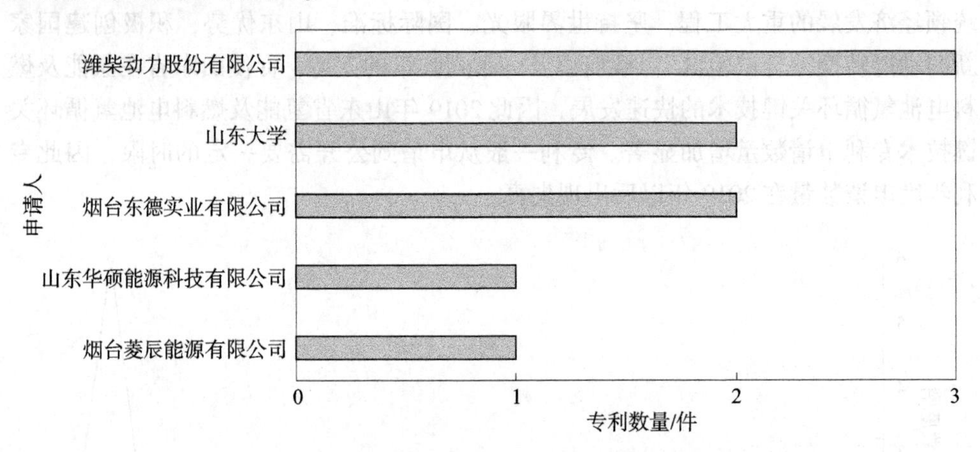

图 8.18　山东省氢能及燃料电池氢循环关键技术专利申请人分析

8.4　小结

本章以氢能及燃料电池氢循环系统技术领域为研究对象，基于文献调研和专利分析方法，梳理相关技术的发展态势、技术布局、发展动向，挖掘主要专利权人的技术优势、技术功效等。通过开展氢能及燃料电池氢循环关键技术的专利分析，得到以下主要结论：

（1）该领域受国家政策的影响和激励作用比较大，专利申请数量年度变化趋势和申请国家（地区、组织）分布都与国家政策相关。日本政府坚定推进氢能和燃料电池发展战略，专利申请数量和影响度稳居第一；我国政府近年大力支持氢能产业的发展，并给予更多的政策支持，促进更多科研机构及公司大力发展氢能及燃料电池关键技术，进而孵化许多相关产业及科研产出，相关专利受理总量位居第2，但和日本相比还有显著差距。

（2）从专利权人来看，在前10位的竞争专利权人中，日本有5个，包括日本丰田、日本本田等；中国有3个，分别是上海华篷防爆科技有限公司、上海神力科技有限公司以及大洋电机。日本主要集中在H01M、C01B、F17C、C25B、B01D、B60L、B01J、H02J、F16K、G01N、C22C等领域，在氢能及燃料电池关键技术专利布局比较全面；中国主要集中在H01M、C01B、F17C、B01D、B01J、C22C等领域，且在H01M方面领先除日本外的其他国家。

（3）氢能和燃料电池氢循环关键技术的研究分布及热点主要包括生产率，可靠性，作用于物体的有害因素，系统的复杂性，稳定性，速度，操作流程的方便性，适应性、通用性，能耗及体积10个方面。中国、日本、美国和韩国对各方面的研究都比较重视。

（4）从2016—2020年，生产率，可靠性，系统的复杂性及适应性，通用性的产出比重增加，受重视的程度增加；而能耗，体积及速度相对来说研究的成果较少。就目前而言，人们对产品技术的产率以及安全可靠性十分关注，成本及能耗是后期需要关注解决的问题。

（5）从2016年起，山东省开始在氢能及燃料电池氢循环关键技术领域有所突破。山东作为能源大省，新旧动能转换是备受关注的问题，政府及一系列政策支持，促使山东省在氢能及燃料电池氢循环关键技术的快速发展，2019年山东省氢能及燃料电池氢循环关键技术专利申请数量显著增加。

（6）潍柴动力股份有限公司在山东省氢能及燃料电池氢循环关键技术领域处于领先地位，是山东氢能产业的龙头企业，全国氢燃料电池商用车示范推广应用的“领航者”；山东大学作为山东省优秀重点高校，拥有较好的师资力量及科研实力，在氢能及燃料电池氢循环关键技术专利申请方面位居第2；山东华硕能源科技有限公司和烟台菱辰能源有限公司促进了山东泰安和烟台地区的氢能与燃料电池关键技术的发展。

第9章　燃料电池膜电极关键技术专利导航分析

9.1　燃料电池膜电极关键技术概况

20世纪60年代，美国首先将质子交换膜燃料电池（Proton Exchange Membrane Fuel Cell，PEMFC）用于双子星座航天飞行，该电池当时采用的是聚苯乙烯磺酸膜，在电池工作过程中该膜发生降解。膜的降解不但导致电池寿命缩短，且还污染了电池的生成水，使宇航员无法饮用。其后，尽管通用电器公司曾采用杜邦公司的全氟磺酸膜延长了电池寿命，解决了电池生成水被污染的问题，并且用小电池在生物实验卫星上进行了搭载实验。但在美国航天飞机用电源的竞争中未能中标，让位于石棉膜型碱性电池。氢氧燃料电池（AFC）成为优势，造成PEMFC的研究长时间处于低谷。1983年，加拿大国防部资助巴拉德动力系统公司进行PEMFC的研究。在加拿大、美国等国科学家的共同努力下，PEMFC取得突破性进展，采用薄的（50~150μm）高电导率的Nafion和DOW全氟磺酸膜，使电池性能提高数倍，接着又采用铂碳催化剂代替纯铂黑，在电极催化层中加入全氟磺酸树脂，实现电极的立体化。

PEMFC通常由若干个单电池堆叠串联而成，其中，每个单电池主要由双极板和膜电极（MEA）组成。阳极、阴极与膜热压到一起，组成电极-膜-电极的“三合一”组件（membrane-electrode-assembly，MEA）这种工艺减少膜与电极的接触电阻，并在电极内建立起质子通道，扩展了电极反应的三相界面，增加了铂的利用率。一方面提高了电池性能，另一方面使电极的铂担载量降至低于0.5mg/cm^2。MEA具有类似三明治一样的夹心结构，其中，阴、阳极、催化层和质子交换膜统称催化剂涂覆层（Catalyst Coated Membrane，CCM），在CCM的两侧分别热压一片气体扩散层（GDL），即得到5层MEA组件，为了方便运输和装配，在5层MEA组件的四周加上密封边框，此次可得到7层MEA组件。在氧化还原反应过程中，质子的传输由位于MEA中间的质子交换膜实现，电子的传导则经由催化层、气体扩散层、双极板和外电路最终形成电流，其中，催化层是发生电化学反应的场所，MEA是PEMFC实现化学能与电能转化的核心部件。因此，MEA特性的好坏也直接影响到PEMFC的性能发挥，研制高性能、低Pt载量、低成本、长寿命的MEA对于加速PEMFC商业化进程有非常重要的意义。

MEA作为PEMFC实现化学能与电能转化的核心部件，要保证PEMFC的正常运行，必须具备气体、质子及电子的传输通道，分别为：

(1) 物料传输通道。

反应气体和气体产物在多孔性的催化剂层和气体扩散层中的传输。

(2) 质子传输通道。

电子在催化层中依靠Pt/C催化剂的电子导电性进行传输，并通过气体扩散层到达外电路。气体扩散层通常由基底和微孔层组成。基底层通常使用多孔的碳纸、碳布，其厚度为100～400μm，它主要起支撑微孔层和催化层的作用。微孔层通常是为了改善基底层的孔隙结构而在其表面制作的一层碳粉层，厚度为10～100μm，其主要作用是降低催化层和基底层之间的接触电阻，使气体和水发生再分配，防止电极催化层“水淹”，同时防止催化层在制备过程中渗漏到基底层。

催化层的制备方法可以分为三种：转印法（decal transfer method）、GDL法和CCM法，转印法一般是将催化剂浆料（通常为催化剂、聚合物和溶剂）涂敷于转印基质（非质子交换膜和气体扩散层）上，然后烘干形成三相界面，再热压将其与质子交换膜结合，并移除转印基质实现有转印基质向质子交换膜转移；GDL法是采用不同方法将催化剂浆料制备到经过预处理的扩散层上，制备得到多孔气体扩散层电极，最后将制得的多孔气体扩散电极与处理过的膜材料热压形成MEA，该方法催化层较厚，铂利用率低；CCM法是将催化层通过转印法或直接喷涂法制备到质子交换膜的两侧，形成三合一膜电极，该法催化层相对较薄，厚度在10μm左右。

催化层是膜电极的核心部分，既是电化学反应的场所，同时也为质子、电子、反应气体和水提供传输通道，其结构对PEMFC的成本及性能有很大的影响，而催化剂浆料是催化剂形成催化层的前驱物，对于研究催化层、膜电极，甚至是燃料电池都是至关重要的，本章从膜电极的关键技术催化层的分析出发，了解催化剂的浆料对于催化层及膜电极性能的影响。

9.2　燃料电池膜电极关键技术全球专利分析

9.2.1　查全查准率

命中数据：1001条；744件；513个简单同族，查全率为95.9%，查准率为87%。

9.2.2　申请趋势分析

从检索的结果来看，关于催化剂浆料的文献专利族为500个左右，但是通过专家咨询，随着燃料电池快速地发展，膜电极作为重要组件，理论上关于催化剂浆料的文献远不止于此，分析其原因，催化剂浆料是由催化剂形成催化层的一个中间过程状态，大部分相关技术是难以反向攻克的，所以，浆料的配方、方法和储存都会作为核心秘密进行保护，而专利的保护涉及催化剂浆料上游的催化剂和下游的膜电极甚至催化层。例如，燃料电池领域商业化的催化剂很多来自庄信万丰公司，该公司拥有很多关于催化剂的专利，但是却很少有保护催化剂浆料的专利申请。由于催化剂浆料被作为技术秘密保留的客观原因的存在，此次分析在某种程度上不能从量上全面地反映该技术领域的特征，但也能客观地反映本分析项目想要研究的申请趋势、地域分布、申请人/发明人、技术分布、布局和预警等。

图 9.1 展示的是 2001—2020 年催化剂浆料专利申请量的发展趋势。通过分析申请趋势可以从宏观层面把握分析对象在各时期的专利申请热度变化。申请数量的统计范围是目前已公开的专利。一般发明专利在申请后 3～18 个月公开，2019 年和 2020 年尚有申请专利未公开，因此专利申请的数量呈明显下降趋势。2002—2020 年，申请量的变化趋势出现一个明显的“峰值”和明显的“谷值”，分别在 2008 年和 2015 年。专利申请量与社会发展趋势是息息相关的，2008 年是北京主办世界瞩目的第 29 届夏季奥林匹克运动会的年份，倡导“绿色奥运”，以氢燃料电池为动力的客车在北京部分路线运营。此时，更多的人意识到燃料电池的重要性和潜力，认为其代表着未来动力车的发展方向，将该年的燃料电池相关申请推向顶峰，在此之后，申请量有跌落，发展力稍显不足，大量的人投入研究，但是成果并不显著。

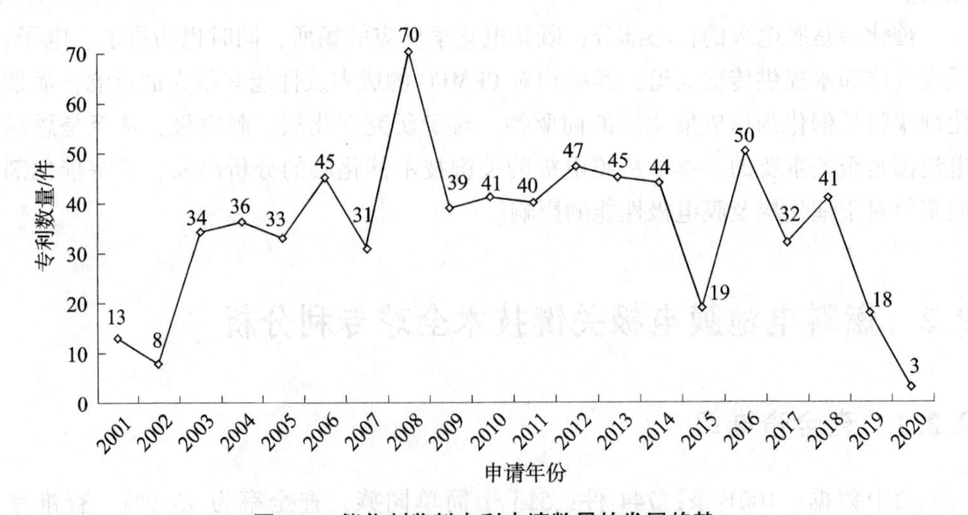

图 9.1　催化剂浆料专利申请数量的发展趋势

2018 年出现新的高峰，由于多家大型汽车企业推出或拟推出燃料电池乘用车、多处加氢站投入使用，使得燃料电池的研发再次提到日程上。例如，沃尔沃在 2018 年 1 月份宣布，该公司目前也在进行燃料电池技术的研发，已经完成了技术的前期调研，并计划打造一款 20kW 的氢燃料增程器，首款电池车型于 2010 年面世。上汽多台燃料电池车投放北京做示范运营；2018 年 2 月，财政部等四部门联合发布《关于调整完善新能源汽车推广应用财政补贴政策的通知》，规定从2018年2月12日至2018年6月11日为新政过渡期，过渡期间上牌的新能源乘用车、新能源客车按照对应标准的0.7倍补贴，新能源货车和专用车按0.4倍补贴，燃料电池汽车补贴标准不变。基于此背景，氢能和燃料电池汽车在各地政府的推广应用，如雨后春笋，呈现出欣欣向荣、蓬勃发展的良好势头。

9.2.3 申请国家（地区、组织）分布

燃料电池膜电极技术专利申请国家（地区、组织）的分布见图9.2。

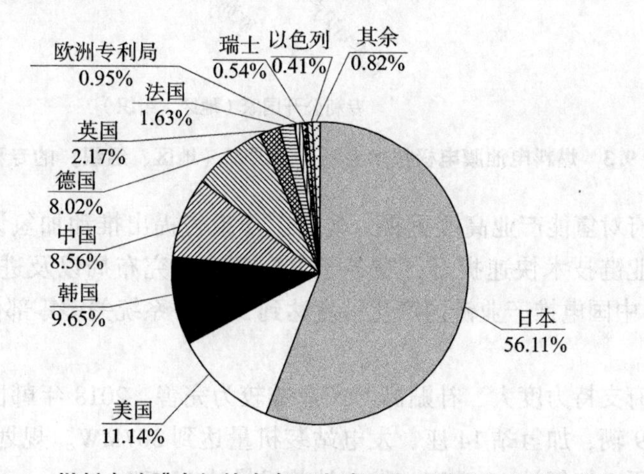

图9.2 燃料电池膜电极技术专利申请国家（地区、组织）分布

9.2.4 各国家（地区、组织）专利受理总量对比

图9.3展示的是燃料电池膜电极技术专利公开国家（地区、组织）专利申请数量的分布情况，通过该分析可以了解该技术在不同国家（地区、组织）技术创新的活跃情况，从而发现主要的技术创新来源国和重要的目标市场。结合图9.2和图9.3，该技术领域申请从全球来看，主要国家均对氢燃料电池的发展投入大量研究，并将成果进行布局申请，以期在未来新时代的能源竞争中占据领先位置。

日本的申请量是最大的，日本政府将氢能上升为国家战略，产业链成熟，技术、商业化领先。日本有发展成熟的汽车企业，例如日本丰田，作为燃料电池车先进技术的代表，其燃料电池车已经历经3代技术研发，并首次推出了量产并在全球出售的燃料电池车。其燃料电池车技术专利申请量占据全球第一。从燃料电池产业专利布局技术发展历程来看，该公司最早于1922年开始进行燃料电池汽车技术的研发，1993年开始申请相关专利，2014年开始可以量产氢燃料电池汽车Mirai，此过程历经22年，其间还发布了多款概念车和氢燃料电池混合动力汽车。该公司在氢燃料电池系统技术各个领域均有专利布局，技术非常全面。

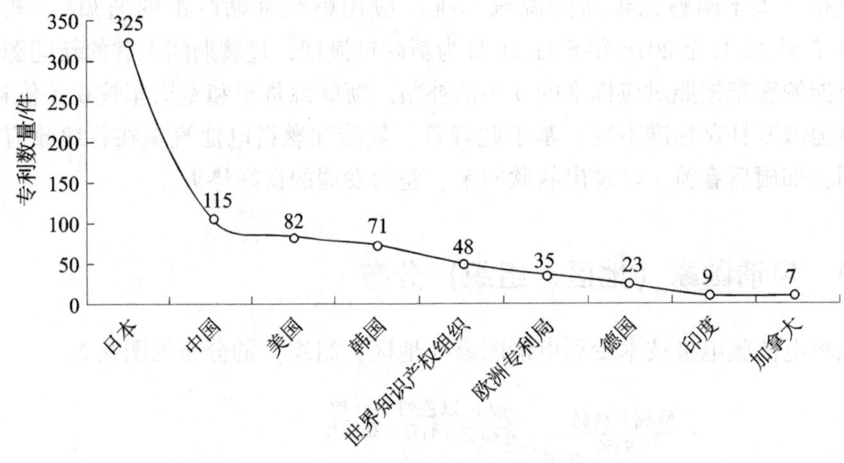

图 9.3　燃料电池膜电极技术专利公开国家（地区、组织）的专利数量

中国政府对氢能产业高度重视，政府工作报告提出推动加氢设施建设，中国燃料电池产业链技术快速提升，在各个方向都有研究布局以及进行相应的申请，到 2019 年，中国电推产业链国产化程度达到 50%，系统关键零部件国产化程度达到 70%。

韩国政府支持力度大、补贴高，产业链较为完善。2018 年韩国运营燃料电池汽车达到 889 辆，加氢站 14 座，发电站装机量达到 307MW。规划 2040 年燃料电池车 290 万辆，加氢站 1200 座，发电站装机量达 15GW。

美国在燃料电池车领域研发较早，20 世纪 80 年代，政府投入较高，此后支持力度有所下降，燃料电池车生产较少。应用集中在加利福尼亚州，该地区也是全球燃料电池车推广最为成熟的地区，加氢站建设 40 座，乘用车保有量超 6500 辆。规划 2030 年燃料电池车 100 万辆投放运营，加氢站 1000 座。

德国商业化应用处于探索期，乘用车约有 500 辆、列车和热电联产均有推广；重视基础设施建设，在运营加氢站数量达 71 座。产业链生态完备，车企巨头德国奔驰、宝马持续发力燃料电池汽车研发及产业化。

欧洲其他地区：成立燃料电池联盟共同推进燃料电池发展，远期规划宏大，计划 2050 年实现 4500 万辆燃料电池车投放运营，2040 年加氢站达 15 000 座。

9.2.5　主要国家（地区、组织）专利申请数量趋势对比

图 9.4 展示的是燃料电池膜电极技术在主要国家（地区、组织）专利申请量的发展趋势。通过该分析可以了解，专利技术在不同国家或地区的起源和发展情况，对比各个时期内不同国家（地区、组织）的技术活跃度，以便分析专利在全球布局情况，预测未来的发展趋势，为制定全球的市场竞争或风险防御战略提供参考。从图 9.4 可以看出，日本的申请量是居于首位的，其次是中国，从时间的

角度来看，日本和中国的发展是不同步的，日本专利申请的数量直接影响着整体的专利申请趋势。2018年以前，日本在该领域的技术活跃度是最高的，一直处于遥遥领先的地位。而中国虽然涉足也很早，但是实际的发展较日本来说略缓慢。2018年和2019年，中国开始领先日本，这是因为中国在该技术领域逐渐进入产业化，中国政府在该技术领域的诸多专项支持极大地推动了研发的速度，为未来我国在行业内居于领先地位奠定了坚实的基础。

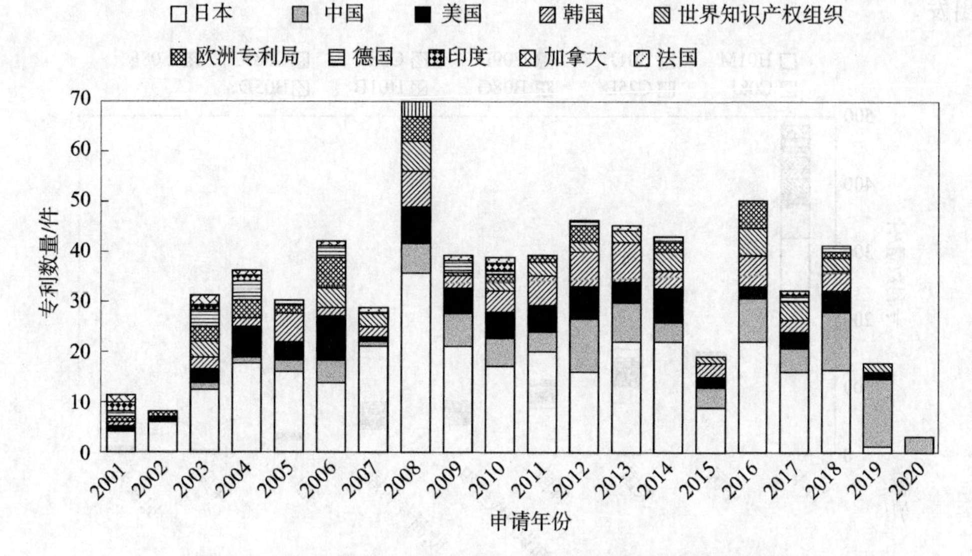

图9.4　主要国家（地区、组织）专利申请数量的发展趋势

9.2.6　主要国家（地区、组织）专利技术组成对比

图9.5和表9.1展示的是主要国家（地区、组织）在催化剂浆料的不同技术分支（IPC代码含义见表9.2）的分布情况。主要国家（地区、组织）的技术构成相似度较高，专利申请大都分布在H01M、B01J、C09D、C08L、C08K、C08F等技术领域。H01M所代表的技术领域的专利数量在各主要国家（地区、组织）均为最多。具体来看，日本、中国、美国和韩国4个国家的技术布局如下。

（1）日本主要集中在H01M、B01J、C08L、C08F、C09D、C08G、H01B、C08K等技术领域，具体来说涉及催化剂浆料的制备方法、催化剂浆料组成的聚合物、催化剂中的导体、溶剂、添加剂，反映出日本在催化剂浆料的布局是比较全面的。

（2）中国主要集中在H01M、C09D和B01J技术领域，C09D指代催化剂浆料组合物，由此来看，相较于日本，中国在催化剂浆料的制备方法分支的申请是相对较少的，缺少对组合物中单一物质（聚合物、添加剂或溶剂）的申请。

（3）美国主要集中在H01M、B01J和C09D技术领域，即提供的是催化剂浆料的制备方法以及浆料组合物，与中国的主要技术分支的构成是相同的，但是专利申请量较中国更多一些。

（4）韩国主要集中在H01M、B01J和C09D技术领域，与中国和美国的主要技术分支的构成基本相同，但是专利申请量较中国和美国更少。

通过上述分析可以了解各主要国家（地区、组织）的专利技术构成，并据此分析各国技术的密集点和空白点，找出其核心技术分支及重点专利。中国关于催化剂浆料的专利申请可以从催化剂浆料组合物中各个具体组分改进的角度出发。

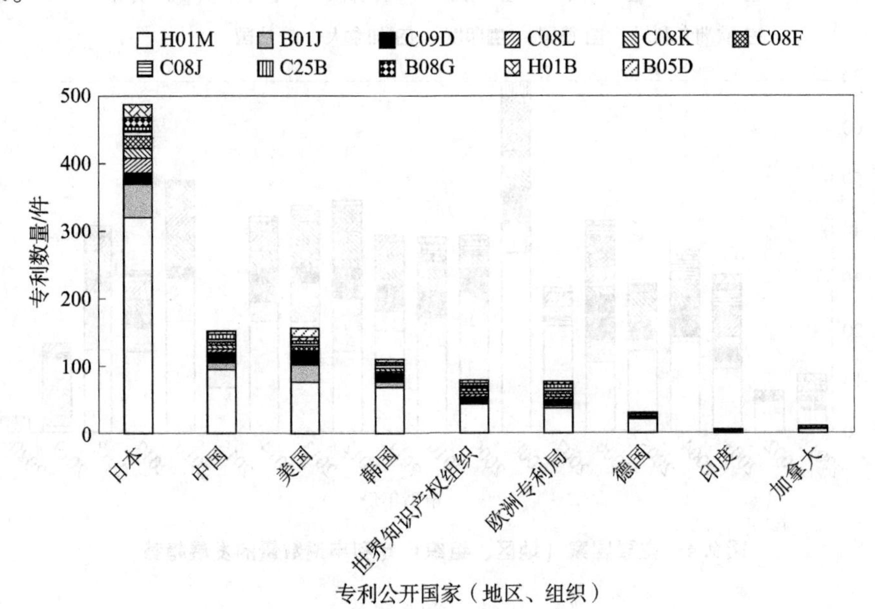

图9.5　各主要国家（地区、组织）专利技术分布

表9.1　各主要国家（地区、组织）专利技术分布　（单位：件）

IPC分类号	日本	中国	美国	韩国	世界知识产权组织	欧洲专利局	德国	印度	加拿大
H01M	319	105	77	68	44	36	22	3	7
B01J	52	13	26	11	2	5	4	1	0
C09D	14	15	15	10	8	9	2	1	2
C08L	23	6	3	4	4	4	1	0	1
C08K	15	6	4	1	4	5	1	0	1
C08F	15	4	5	4	4	4	0	0	0
C08J	6	4	5	5	4	6	0	0	0
C25B	9	4	3	3	3	4	0	0	1
C08G	15	2	2	2	3	2	1	1	0
H01B	15	3	3	1	2	1	0	1	0

表9.2　IPC分类表

IPC分类号	注释
H01M	用于直接转变化学能为电能的方法或装置
B01J	化学或物理方法，例如，催化作用或胶体化学；其有关设备
C09D	涂料组合物，例如色漆、清漆或天然漆；填充浆料；化学涂料或油墨的去除剂；油墨；改正液；木材着色剂；用于着色或印刷的浆料或固体；原料为此的应用
C08L	高分子化合物的组合物
C08K	使用无机物或非高分子有机物作为配料
C08F	仅用碳-碳不饱和键反应得到的高分子化合物
C08J	加工；配料的一般工艺过程
C25B	生产化合物或非金属的电解工艺或电泳工艺；其所用的设备
C08G	用碳-碳不饱和键以外的反应得到的高分子化合物
H01B	电缆；导体；绝缘体；导电、绝缘或介电材料的选择

9.2.7　竞争专利权人分析

1. 竞争专利权人分布情况

图9.6展示了按照所属申请人（专利权人）的专利数量统计排名前10位的申请人。申请人排名前4均为日本的企业，申请人的申请量也奠定了日本作为该项技术的第一专利申请大国的地位，具备雄厚的专利竞争实力。

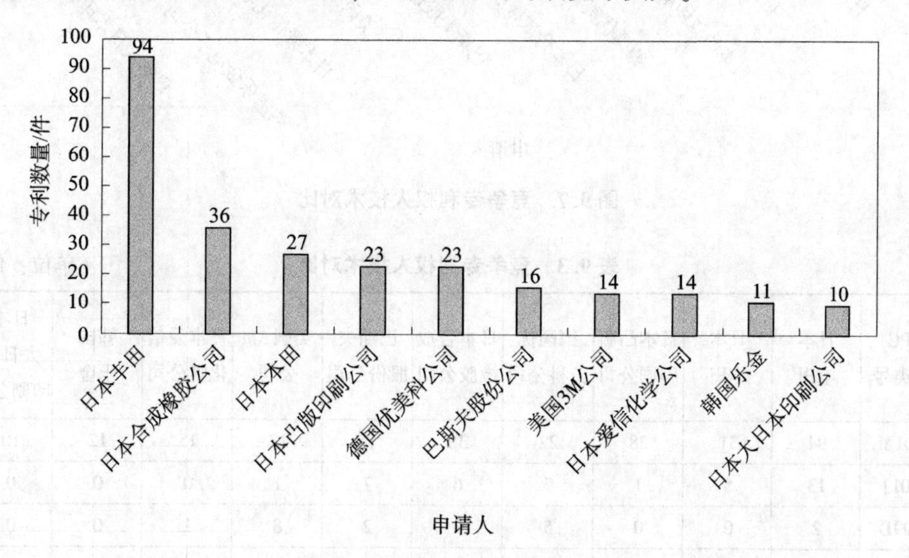

图9.6　竞争专利权人申请量

2. 竞争专利权人技术情况对比

竞争专利权人技术情况对比见图 9.7 和表 9.3。如图 9.7 所示，第一维度为申请人，分析各专利申请人申请专利的数量。第二维度为 IPC 分类号，分析各维度 IPC 分类的专利数量。从图中可以看出，日本丰田主要集中在 B01J（化学或物理方法），相比其他的申请人，其专利申请的技术领域更加集中。其中日本本田和日本合成橡胶公司在 H01M、B01J、C08L、C08F、C09D、C08G、H01B、C08K 等技术领域，具体来说涉及催化剂浆料的制备方法、催化剂浆料组成的聚合物、催化剂中的导体、溶剂、添加剂等方面专利布局，反映出两家企业在催化剂浆料的布局是比较全面的。

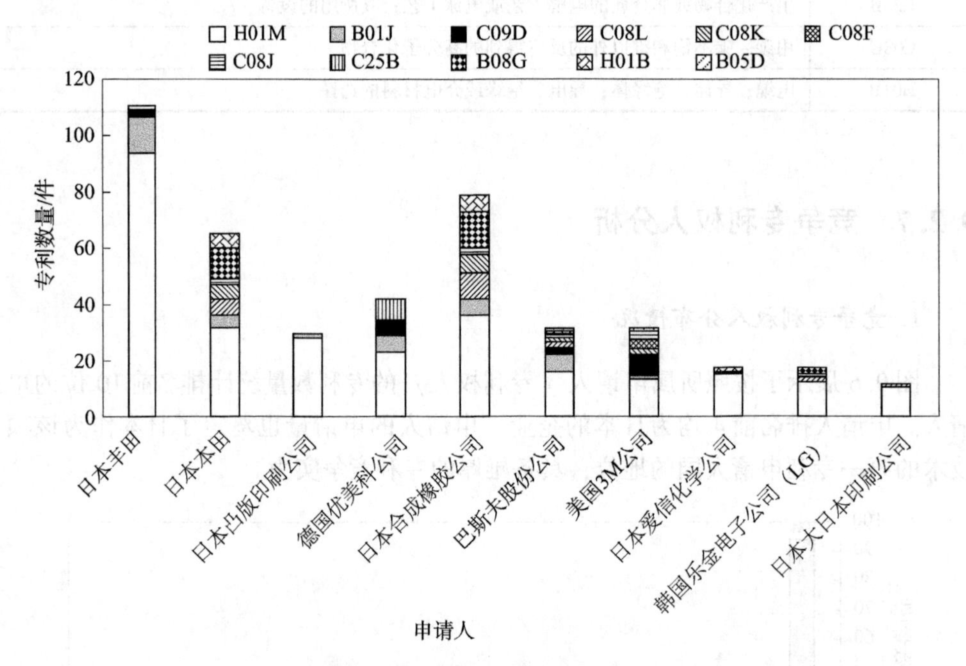

图 9.7 竞争专利权人技术对比

表 9.3 竞争专利权人技术对比 （单位：件）

IPC 分类号	日本丰田	日本本田	日本凸版印刷公司	德国优美科公司	日本合成橡胶公司	巴斯夫股份公司	美国 3M 公司	日本爱信化学公司	韩国乐金	日本大日本印刷公司
H01M	94	31	28	22	36	15	13	15	12	10
B01J	13	5	1	7	6	7	1	0	0	0
C09D	2	0	0	5	0	2	8	1	0	0
C08L	0	6	0	0	9	2	0	0	1	0

续表

IPC 分类号	日本 丰田	日本 本田	日本凸版 印刷公司	德国优 美科公司	日本合成 橡胶公司	巴斯夫 股份公司	美国3M 公司	日本爱信 化学公司	韩国 乐金	日本 大日本 印刷公司
C08K	0	5	0	0	7	2	2	0	1	0
C08F	0	0	0	0	0	0	3	0	0	0
C08J	1	2	0	8	2	1	3	1	0	0
C25B	0	0	0	0	0	0	0	0	0	0
C08G	0	11	0	0	13	0	0	0	3	0
H01B	0	5	0	0	6	1	0	1	0	1

3. 技术流向分布

对催化剂浆料技术相关的专利文献的专利族国家（地区、组织）进行统计分析，可以看出，技术原创国家（地区、组织）和目标申请国家（地区、组织）排名前4位是相同的（表9.4）。由此说明，日本、中国、美国和韩国不仅是催化剂浆料技术的主要技术原创地区，同时也是主要技术保护地。

表9.4　催化剂浆料主要原创国和目标申请国专利数量对比图　（单位：件）

目标申请国家（地区、组织）	技术原创国家（地区、组织）									
	日本	美国	韩国	中国	德国	英国	法国	欧洲专利局	瑞士	以色列
日本	288	10	7	0	6	3	1	7	0	0
中国	23	12	2	58	6	1	1	0	1	1
美国	10	25	12	0	10	3	1	1	2	0
韩国	17	4	40	0	8	1	0	0	1	0
世界知识产权组织	19	12	2	5	5	4	2	0	0	1
欧洲专利局	19	5	3	0	6	2	0	0	0	1
德国	7	6	3	0	8	0	0	0	0	0
印度	3	1	0	0	2	0	0	0	0	0
加拿大	1	1	0	0	3	1	1	0	0	0

综合上面的技术发源地和技术申请地的分析，仅对日本、中国、韩国和美国几个技术原创国家之间的技术流动进行分析（图9.8），可以看出以下特点。

（1）中国。在主要的几个技术原创国家中，中国的申请是相对少一些的，但是其他技术原创国流向中国的技术很多。中国是目标申请国家，说明中国具有市场前景，其中日本流向中国的技术占比为21.9%，美国流向中国的技术占比为11.4%，韩国流向中国的技术占比为1.9%。虽然中国流向其他主要技术原创国家的数量为0，但中国的PCT申请数量表明中国技术海外布局也已初步崭露头角。

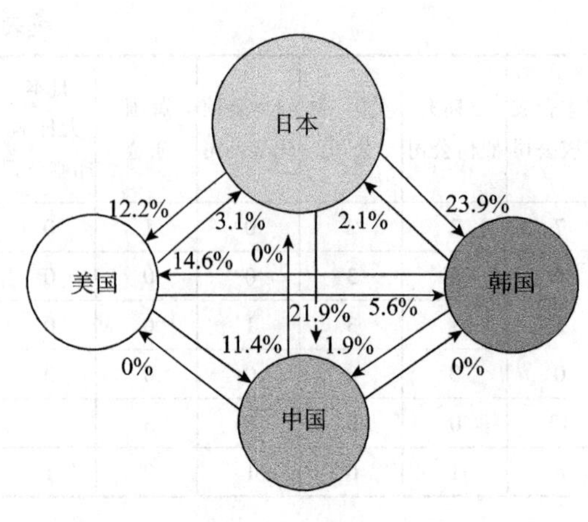

图 9.8　技术流向图

（2）日本。日本的国外专利布局较多，中国、韩国和美国均有来自日本的技术，日本流向中国的占比为 21.9%，日本流向韩国的占比为 23.9%，日本流向美国的占比为 12.2%。

（3）韩国。韩国技术流向中国、日本和美国的占比分别为 1.9%、2.1%和 14.6%，与流出韩国的技术相比，流入韩国的技术更多。

（4）美国。美国流向中国的技术比流向其他国家的多，美国流向中国的技术占比为 11.4%，流向韩国的为 5.6%，流向日本的为 3.1%。

4. 竞争专利权人国际保护策略

表 9.5 为催化剂浆料技术领域主要专利申请人（竞争专利权人）专利申请保护区域分布，可以看出，日本丰田、日本合成橡胶公司、日本本田、日本凸版印刷公司、德国优美科公司、德国巴斯夫公司和美国 3M 公司等不仅在专利申请数量上具有优势，而且在世界其他主要国家和地区都对其催化剂浆料的技术申请了专利保护，其中日本的企业以国内保护为主，其他主要国家为辅；德国企业（优美科和巴斯夫）和美国 3M 公司在国内和国外布局较为均衡。

表 9.5　催化剂浆料技术领域主要专利申请人专利申请保护区域分布　（单位：件）

专利申请人	日本	中国	美国	韩国	德国	世界知识产权组织	欧洲专利局	澳大利亚	加拿大
日本丰田	78	7	6	1	4	3	2	0	0
日本合成橡胶公司	20	0	5	2	2	2	4	1	1
日本本田	17	0	5	1	2	0	4	0	1
日本凸版印刷公司	22	2	1	1	0	3	2	0	0
德国优美科公司	6	0	4	3	2	1	5	0	1
德国巴斯夫公司	4	4	4	4	1	4	1	0	1
美国 3M 公司	0	4	4	2	1	4	4	1	1

9.2.8　技术分布及研究热点

图 9.9 展示的是催化剂浆料技术领域的申请人在不同技术方向专利申请量的分布情况，图 9.10 展示的是不同技术方向专利申请量的发展趋势。分析各阶段的技术分布情况，有助于了解特定时期的重要技术分布，挖掘近期的热门技术方向和未来的发展动向，有助于对行业有一个整体认识，并对研发重点和研发路线进行适应性的调整。对比各技术方向的发展趋势，有助于识别哪些技术发展更早、更快、更强。

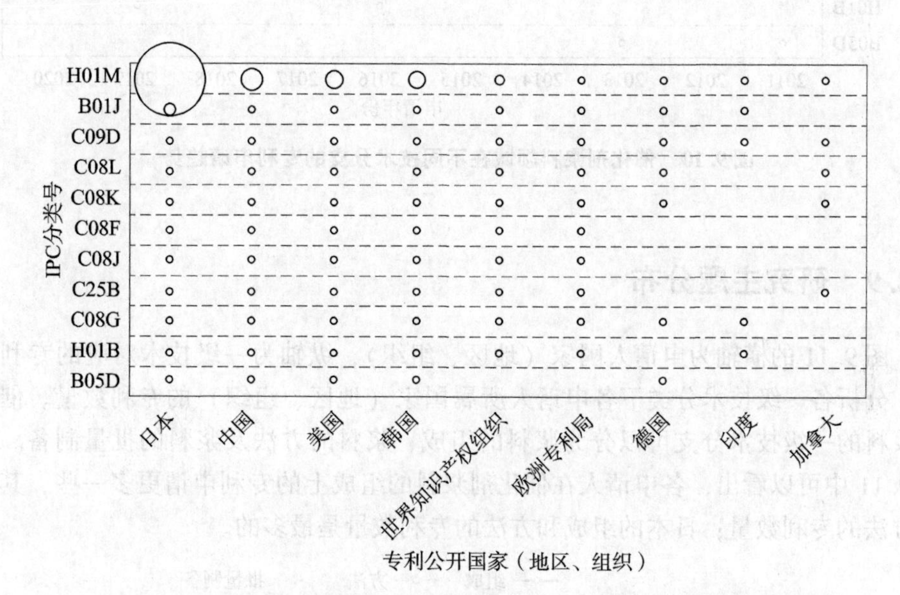

图 9.9　催化剂浆料技术领域不同国家（地区、组织）专利技术分布

从图中可以看出，不同国家（地区、组织）在技术领域覆盖是全面的，日本、中国、美国、韩国、世界知识产权组织和欧洲专利局涉及 H01M、B01J、C08L、C08F、C09D、C08G、H01B、C08K 等技术领域，具体来说涉及催化剂浆料的制备方法、催化剂浆料组成的聚合物、催化剂中的导体、溶剂、添加剂。不同国家在不同技术分支领域的布局来看，是比较均衡的；在不同时间下，不同技术领域的研究是不均衡的。如图 9.10 所示，2016—2018 年在催化剂浆料领域的技术布局是全面的，在 2016 年以前，布局会偏向某一些技术领域，2019—2020 年的催化剂浆料的专利申请很少，几乎没有布局，一方面是由于专利申请的延迟公开，另一方面是由于申请人对于催化剂浆料的研究投入比较少。

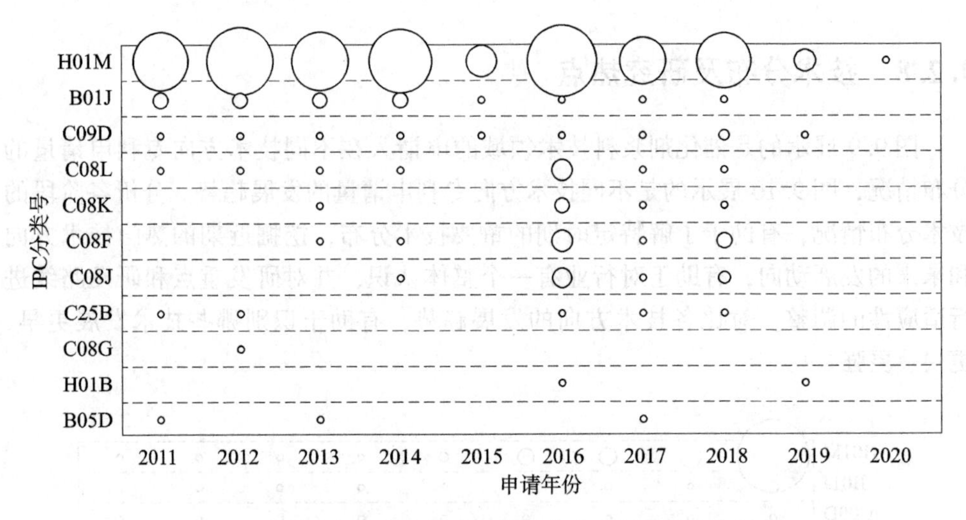

图 9.10　催化剂浆料领域在不同技术分支的专利申请趋势

9.2.9　研究主题分布

图 9.11 的横轴为申请人国家（地区、组织），纵轴为一级技术对应的专利数量，分析各一级技术分类下各申请人所属国家（地区、组织）的专利数量。催化剂浆料的一级技术分支可以分为浆料的组成、浆料的方法及浆料的批量制备。从图 9.11 中可以看出，各申请人在催化剂浆料的组成上的专利申请更多一些，其次是方法的专利数量；日本的组成和方法的专利数量是最多的。

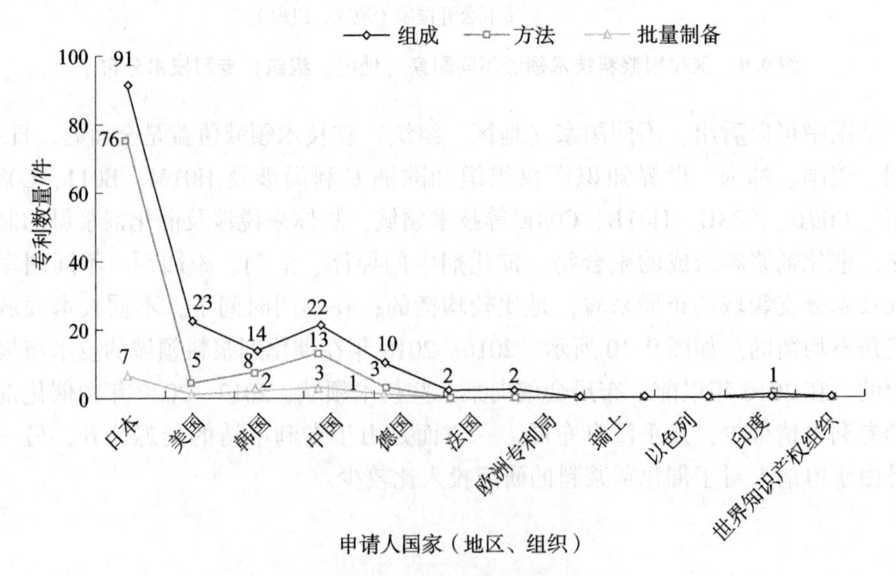

图 9.11　研究主题分布

9.2.10　法律状态分析

图9.12的第一维度为申请人国家（地区、组织），分析各申请人所属国家在中国申请专利的数量。第二维度为专利有效性，分析各种状态的专利数量。从图中可以看出，日本失效、有效、未确认的专利申请很多，失效的原因是期限届满。日本由于在催化剂浆料技术领域申请专利的时间早、数量多，导致很多专利因有效期届满而失效。美国总的申请量相比韩国更多一些，但是美国失效的专利、韩国有效的专利更多。中国有效的专利相对较少，但是在审中的专利占比很高，说明中国在催化剂浆料领域的技术正在发展成熟中。

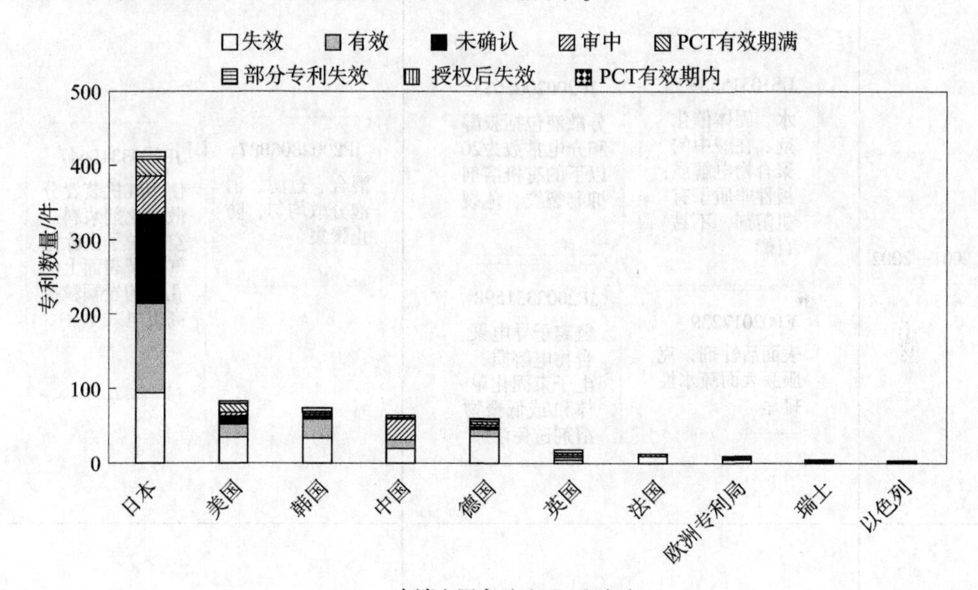

图9.12　不同国家（地区、组织）申请人的法律状态分布

9.2.11　核心技术演进

1994年至2000年，燃料电池膜电极关键技术领域的核心专利较少，包括专利JP06238502、专利WOEP00010129和专利EP99300520，主要涉及碳载催化剂、非极性溶剂等。2005年开始，燃料电池膜电极关键技术领域的核心专利数量较多，在组成方面依旧集中于催化剂材料领域，到2013年，核心专利的组成方面开始出现导电颗粒及树脂等材料。具体核心技术演进情况见表9.6。

表 9.6　燃料电池膜电极核心技术演进情况

时间	组成	方法
1994—2000	JP06238502 碳载催化剂、树脂、芳族环分散性好 WOEP00010129 非极性溶剂，一种催化活性材料和一种聚合物溶液	EP99300520 混合加热，去除剩余醇提高催化剂利用率，改善发电性能
2001—2002	US10315589 水、固体催化剂、在酸中的聚合物电解质；极性非质子有机溶剂，不易自燃 JP2002006638 分散液包括叔醇和介电常数为20以下的有机溶剂，抑制裂纹、龟裂 EP02017239 表面活性剂，克服膜表面疏水性排斥 JP2002331598 氢离子导电聚合物电解质，电子束固化单体和/或低聚物溶剂避免溶胀	JP2002308887 混合、过滤、消泡分散均匀，防止聚集 JP2003315647 使用轧机装置分散催化剂浆料；空气粒子去除空气粒子表面上的孔中的炭颗粒提高发电效率
2003—2004	CN200410075223.0 包括聚合物电解质，半径为150~300nm，良好气体扩散性 WOGB03000013 包括粒状石墨提高电导率 JP2003099188 溶剂为丙烯的二醇、乙二醇、三甘醇和*N*-甲基吡咯烷酮，抑制裂纹、龟裂、不自燃 WODE04000896 加入碱性添加剂改善黏度、抑制性能恶化 JP2004096882 导电载体包括碳粒子、碳纳米管高分散、水管理	JP2004380803 分子电解质和包含氟化合物的混合液的温度调整为40~70℃分散度好

续表

时间	组成		方法
2005—2006	JP2004137757 炭黑、碳纳米管、催化剂、醇类溶剂增加电导率，不损害扩散层扩散力 DE102005054149 催化剂材料，酸性离聚物和溶剂，添加剂组分包括至少一个低分子重量有机的化合物，其包括至少两个 US11061331 金属催化剂，离聚物和一种或多种非水溶剂，所述非水溶剂占所述催化剂油墨中液体的至少50wt% JP2006258679 氢离子导电聚合物电解质，t-丁醇和1-丁醇，优异色散、不着火	JP2004137739 加入碳纳米管，减少贵金属使用量，降低成本 CA2602551 催化剂材料，离聚物材料，水和至少一种选自叔丁醇、2-甲基-2-丁醇等及其混合物，储存和加工性能好 WOJP05020353 包含芳香族烃系质子传导性聚合物 CN200610028206.0 固体催化剂颗粒、高分子聚合物质子导体、水、醇和有机酸，操作简单	JP2005108770 催化剂混合之前粉碎和雾化，然后于黏结剂和溶剂(水和乙醇)混合扩散，降低浆料混合时间 JP2007072313 分散处理，去除气泡抑制颗粒尺寸变化

续表

时间	组成	方法
2007—2008	JP2007330188 催化剂颗粒为非导电载体涂覆在电催化材料表面，易于与扩散层整合 WOJP08071184 有机醛和有机羧酸的总重量与催化剂油墨的总重量之比为0.2，保持催化剂性能，避免中毒 JP2010514583 低沸点有机溶剂、将离子渗透性树脂溶解到离子导电树脂溶液中、添加剂 JP2008253016 催化剂颗粒，离子导电聚合物，和溶剂沸腾的点120度防止催化层离子变性 EP08753096 包含交联芳族聚合物的油墨增强疏水性 IN680DEL2008 Pt/C和成孔剂，水和水(10%) Nafion溶液、抑制裂纹 JP2008314471 不含有极溶剂抑制膨胀、变形 WOJP08060898 聚合物化合物具有一个官能团的含一个磷原子。至少一部分所述的芳族聚合物的化合物是不溶解而是分散在所述溶剂抑制膜的劣化 WOUS07072707 电催化剂金属，和至少一个的共聚物分散剂包括至少一个聚亚烷基氧化物段，稳定	KR1020080097557 真空脱泡增强流动性

续表

时间	组成	方法
2009—2010	DE102009031347 包含加强材料避免裂纹 WOEP09052287 至少一个催化活性材料和至少一个离子液体，至少一种有机溶剂选自一元和多元醇增强疏水性，孔隙 US12499997 超声波高速搅拌、真空处理使催化剂存在于主孔，去除气泡，过滤粒径，分散性、流动性好 KR1020100034421 散剂包括一变性的硅烷基重量化合物作为活性成分稳定、无裂纹 KR1020100035266 100重量份活性金属-30重量份黏合剂聚合物5，5~70重量份球形二氧化硅，调节孔径、改善发电性能 US13391543 包括一种或多种催化剂材料、溶剂组分和至少一种酸，可再现性强质子传导率高 CN200910013254.6 催化剂、质子交换树脂、造孔剂、疏水剂和分散剂 JP2009158147 催化剂载体颗粒和离聚物以及两亲糖混合物的溶剂，搅拌并分散提高催化剂利用率 WOJP12070660 加入两种离子导电体提高催化剂利用率 KR1020100035266 电极催化剂，电子传导材料，质子传导材料和溶剂，降低成本	JP2010088975 碳载核壳催化剂亲水化处理后与电解质混合，亲水 US12840859 至少一种酸(H+)形式的聚合物电解质；和1~50重量%的至少一种极性非质子有机溶剂流变性好，不自燃 JP2009001012 惰性气氛负载催化剂，加低级醇，加聚合物电解质，加乙醇提高催化剂利用率 WOJP12003139 将离聚物和挥发性溶剂混合来制备凝胶体；将催化剂分散液和凝胶体搅拌并混合以制备催化剂油墨不易产生裂纹和小孔 JP2009180752 分步混合、分散混合均匀、良好，提高催化剂利用率 JP2010020845 催化剂和质子导体混合，然后溶于分散液，加入质子，减少聚集，抑制催化剂活性下降 JP2009028176 控制混合过程和导电粒子的粒径分布，催化剂利用率高，发电效率好 JP2010033396 聚合物电解质均匀分散，这些聚合物电解质有效附着，可以被固定，然后添加碳纤维，提高催化剂利用率、发电效率

续表

时间	组成	方法
2011—2012	JP2011233847 催化剂中的导电颗粒负载在催化剂载体颗粒上，离聚物，离聚物被吸附到催化剂和离聚物的颗粒上，催化剂载体上的颗粒和离聚物不被吸附避免产生裂纹 JP2012205426 水和有机溶剂，所述分散介质包含具有催化剂的导电催化剂载体，该载体具有质子传导性并且包含分散在离聚物中，改善发电性能 US13486239 催化剂材料；活页夹；和溶剂，所述溶剂包括用于溶解所述黏合剂的第一液体和黏度高于所述第一液体的黏度的第二液体分散均匀、稳定 JP2011189458 一种催化剂载体和碳，和一种含氟离子交换树脂，和包括一色散介质，一种聚合物电解质防止高湿下溢流，低湿下催化剂活性下降 JP2012140439 氢气离子导电聚合物电解质，(3)t-丁醇，和(4)1-丁醇(1)催化剂的载碳颗粒的水性分散体抑制裂纹、针 JP2012140439 催化剂，和含氮催化剂，和一种质子导电聚合物电解质，和溶剂的沸点70~130°C，包括水和碳催化剂，分散性好，防止裂纹 WOJP11054987 至少包含电解质，催化剂颗粒和溶剂；溶剂为两种相离的溶剂避免溶胀、提高发电率 JP2011000801 活性金属为100重量份，约5~约30质量份的黏合剂聚合物，约6~约70质量份二氧化硅，调节孔隙率 KR1020100035266 电极催化剂，电子传导材料，质子传导材料和溶剂降低成本 JP2013087406 碳载催化剂，第一和第二离聚物的分子量，两种溶解度不同的溶剂，保持微孔层湿度	JP2011187018 包含电解质溶液，在电解质溶液的玻璃转化温度下热处理，高分散性 CN201110048293.7 电极浆料中含有按比例加入的催化剂、质子交换树脂、分散剂及助剂，制备过程包括物料添加→分散→浓缩→增活处理四个工序 US13026646 催化剂颗粒、离聚物和溶剂分段混合、均化，速度不同，分散均匀 WOJP12075456 将催化剂颗粒（碳颗粒）加湿，增加输出电压

续表

时间	组成	方法
2013—2014	KR1020130126725 黏合剂树脂；具有离子基团的无机颗粒；亲水性低聚物；以及用于制备燃料电池催化剂浆料的溶剂，优化孔结构 JP2013120414 导电颗粒，聚合物电解质和分散有羧酸的分散溶剂，分散性高 JP2013092909 改性的聚乙烯醇和改性聚乙烯醇缩醛树脂或树脂，避免针孔和缺陷	JP2013231317 载铂碳颗粒和吸附水蒸气的步骤，水蒸气被载铂碳颗粒吸附，并且高分子电解质分散在溶剂中并生成催化剂墨水，分散性好 JP2013233013 喷雾干燥和造粒提高稳定性、发电率 JP2013233013 催化剂分步溶解，控制粒径，提高催化剂利用率 JP2014203450 乙烯/四氟乙烯共聚物，接枝链通过引入和获得的接枝聚合物的含氟聚合物，和溶剂，分散性好 CN201611063880.2 催化剂颗粒、去离子水、质子交换膜溶液、醇和稳定剂混合，提高黏度、涂覆性能好，提高宽范围湿度下的发电性能，去除涂布液中的气泡抑制涂层缺陷，降低成本
2015—2016	WOEP15000086 (ⅰ)负载在载体上的金属，(ⅱ)离聚物，(ⅲ)静电纺丝聚合物和(ⅳ)溶剂，稳定、利于静电纺丝 JP2016135171 不同聚合物电解质抑制膜的开裂 KR1020130126725 催化剂、导电聚合物和溶剂；所述催化剂浆液的黏度为100~1000mPa·s；固含量为5~60wt%，其中催化剂的浓度为4 ~ 55wt%，一致性、重复性、分散均匀 JP2013195923 催化剂、水、疏水性溶剂，并且包含聚合物电解质和乳液提高发电性能 CA2996114 催化剂的载体，一种离子交联聚合物是质子传导性，和基于纤维素纳米纤维，保证黏度和发电性能 CN201811553641.4 水不溶性组分包括：水不溶性C510醇、C510水不溶性羧酸或它们的组合，避免催化剂进入基材，提高利用率	CN201611063880.2 先混合，先用磁力搅拌器搅拌；然后用剪切乳化机或均质机继续搅拌；最后用超声波震荡，改善疏水性、提高分散性

续表

时间	组成		方法
2017—2018	CN201811553641.4 Pt 催化剂、全氟磺酸树脂树脂、醇溶剂和多壁碳纳米管制备成的胶体提高电导率 JP2018102177 一种特殊聚合物，聚合物存在于载体的细孔中，提高催化剂利用率 KR1020180092104 包含2或3个具有平均粒度的基于组分的非氧化物纳米颗粒。或黏合剂树脂，控制粒径范围性能提高，生产简化 CN201910910430.X 碳载铂催化剂、半导体、水、离聚物溶液和沸点200℃以下的醇溶剂，增加催化活性	WOUS18051096 含有特殊氟聚合物分散体的油墨，提高电导率 WOUS17068252 水不溶性C510醇，C510水不溶性羧酸或其组合稳定、抑制针孔 JP2018187556 溶剂、碳纤维、聚合物电解质和包含纤维的有机电解质中的催化剂负载碳颗粒抑制褶皱或裂缝 KR1020180061699 将离聚物和溶剂，加入高分散石墨，加入催化剂改善低湿度下性能 CN201911043712.0 包含5wt%~30wt%的催化剂颗粒、0~20wt%的造孔剂、5wt%~40wt%的高分子质子导体聚合物分散液、1wt%~90wt%的溶剂,结构稳定、裂纹少	
2019—2020	CN201911410564.1 催化浆液通过阶梯式浓度分布以及添加增活剂提高催化剂利用率 CN202010192873.2 催化剂浆料本体和疏水性白炭黑保证催化层排水	CN202010076629.X 有机溶剂以及溶于有机溶剂中的催化剂、离子导体溶液和分散助剂，所述分散助剂为含氟磺酸聚合物或BYK系列分散剂避免裂纹	CN201910592707.9 氟磺酸聚合物，均匀分散在所述催化剂浆料中，且其分子链呈舒展状态；催化剂，均匀分散在所述催化剂浆料中和所述全氟磺酸聚合物呈舒展状态的分子链中，结构均匀、孔隙率高

根据上述技术路线总结出关键的技术节点（时间和技术），如图9.13所示，可以将催化剂浆料的发展时间段分为四个阶段，2004年以前、2005—2012年，2013—2018年，2019年以后。2004年以前，更侧重于催化剂浆料的组分比例、参数和组成的研究，在此之后，关于方法的研究开始领先，但是不管是基于组成的研究，还是基于方法的研究，都可以相互引证，作为研发的基础。

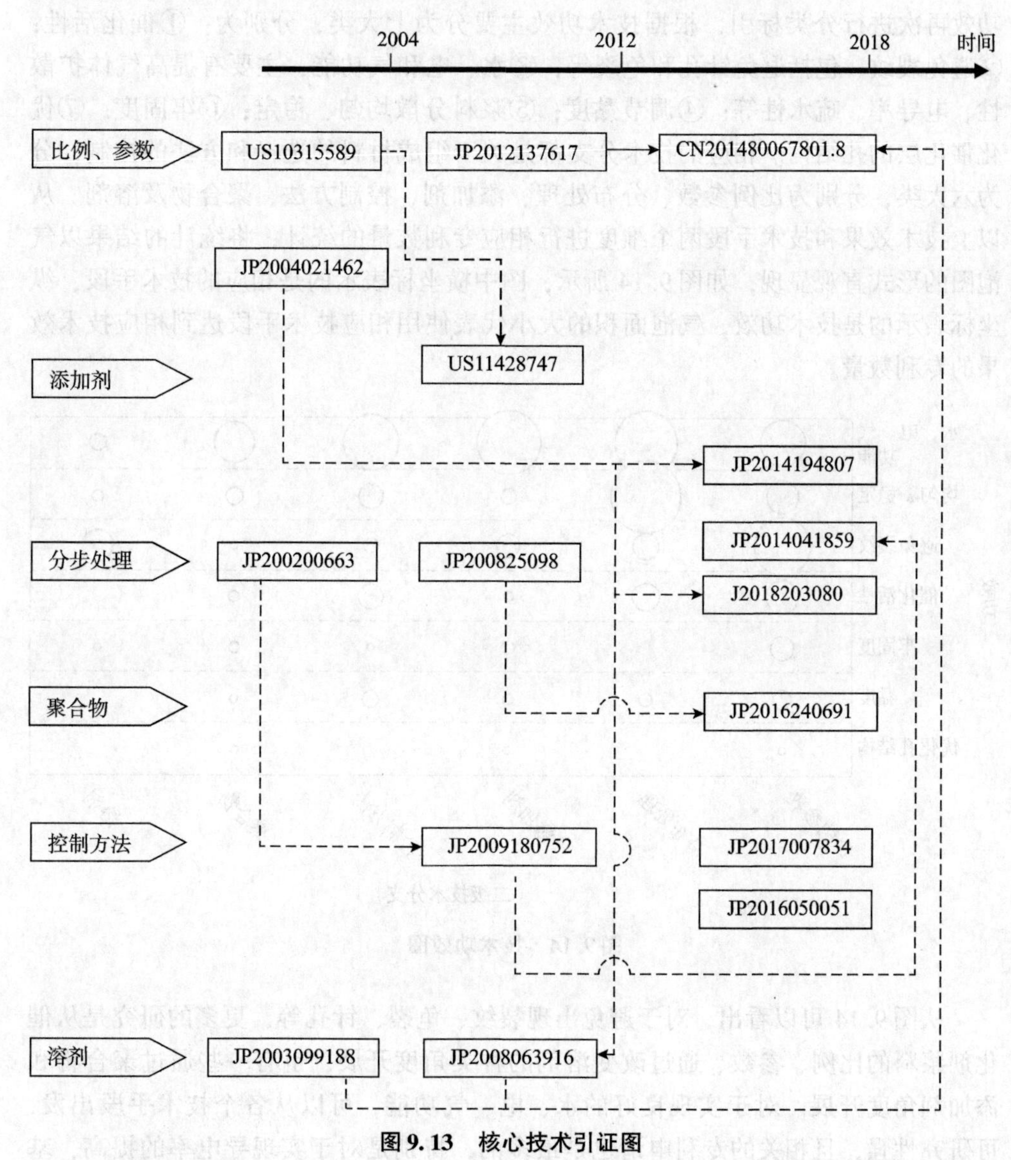

图9.13 核心技术引证图

注：虚线表示引用关系，例如专利US10315589指向专利US11428747，表示专利US11428747引用了专利US10315589。

9.2.12　技术功效矩阵分析

图9.14的第一维度为二级技术分支，分析各标引字段的专利数量，第二维度为功效，分析各标引字段的专利数量。将确定的催化层浆料根据技术手段和技术功效再次进行分类标引，根据技术功效主要分为七大类，分别为：①催化活性；②避免裂纹、包括避免针孔和龟裂等；③水、电和气功能，主要有提高气体扩散性、电导率、疏水性等；④调节黏度；⑤浆料分散均匀、稳定；⑥牢固度；⑦优化催化层的孔结构。相应的技术分支都是关于组成材料的选择和方法的控制，分为六大类，分别为比例参数、分布处理、添加剂、控制方法、聚合物及溶剂。从以上技术效果和技术手段两个维度进行相应专利数量的统计，将统计的结果以气泡图的形式直观显现，如图9.14所示，图中横坐标表示的是相应的技术手段，纵坐标表示的是技术功效，气泡面积的大小代表使用相应技术手段达到相应技术效果的专利数量。

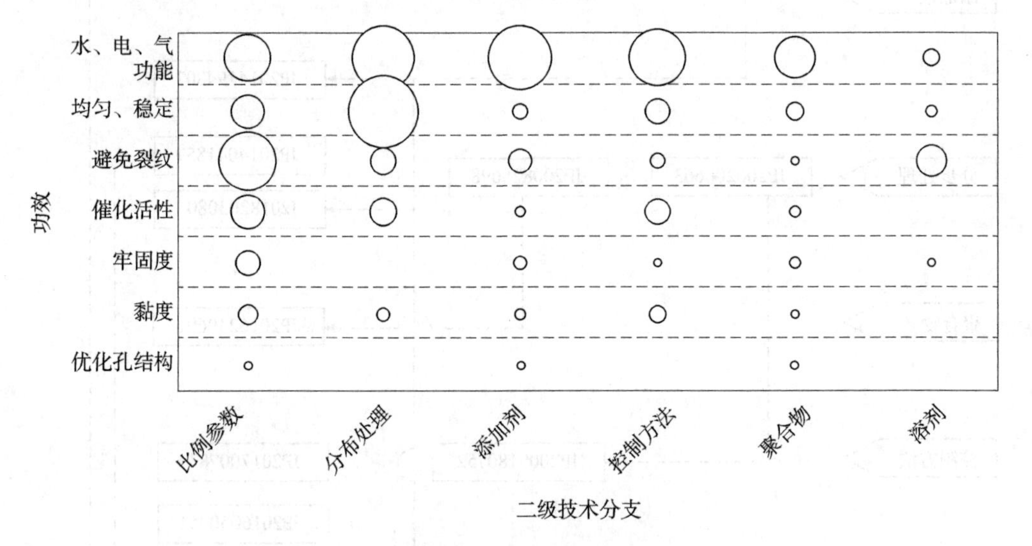

图9.14　技术功效图

从图9.14可以看出，对于避免出现裂纹、龟裂、针孔等，更多的研究是从催化剂浆料的比例、参数、通过改变溶剂的种类角度开展，也有一些通过聚合物和添加剂角度开展。对于实现良好的水、电、气功能，可以从各个技术手段出发，可研究性强，且相关的专利申请也是最多的，特别是对于实现导电率的提高，基本都是通过导电材料的选择实现。对于实现良好的黏度控制，基本是通过方法、比例、参数和添加剂实现的。对于提高催化层浆料的分散性和稳定性，可以实现的技术手段多，说明可研究方向多，特别是通过方法的分步处理。对于优化催化层的孔结构，相关文献量很少，研究还比较少，但是催化层的孔结构对膜电极的性能存在很大的影响，可以发现通过催化剂浆料优化孔结构是一个技术难点。

9.2.13 主要专利权人专利技术保护分析

某技术领域的主要申请人往往在该技术领域扮演技术领先者和市场主要控制者的角色。为了研究催化剂浆料技术领域的主要申请人的研究热点及专利保护策略，借助 incoPat 专利数据库对检索到的该领域文献进行专利权人代码精炼处理，从中筛选出行业内具有重要影响力的 3 个主要申请人，分别从年度分布、技术构成等方面进行分析。这 3 个主要申请人分别是日本丰田、日本本田、日本凸版印刷公司，上述 3 个申请人在世界主要国家（地区、组织）都积极进行专利布局，并且技术影响力也非常高，这与上述企业在该技术领域研发时间较长以及重视知识产权保护和管理工作有关。

（1）日本丰田。

图 9.15 为日本丰田 2011—2020 年在催化剂浆料领域的专利申请数量，可以看出，日本丰田的申请集中在 2012 年前后，2015 年后申请量略有上升，但是比较少。

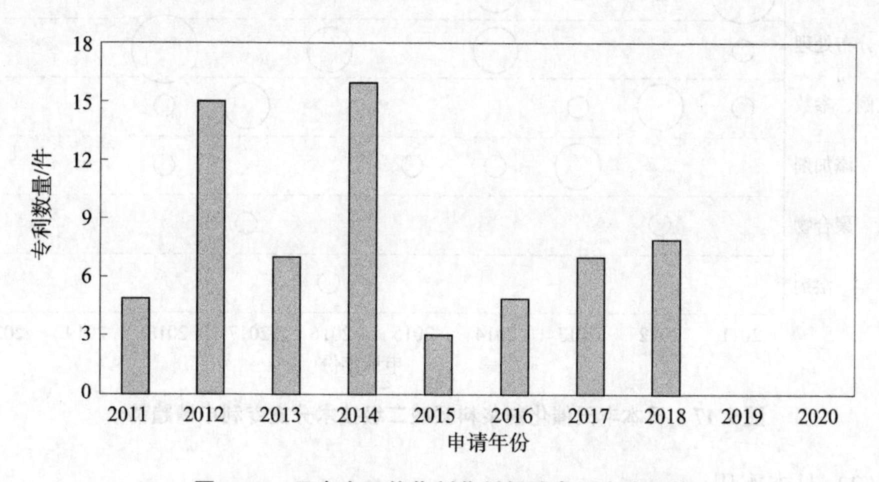

图 9.15 日本丰田催化剂浆料领域专利申请趋势

从图 9.16 和图 9.17 可以看出，日本丰田在催化剂浆料领域的申请主要是组成和方法，并且是持续投入，在不同年份交替从组成和方法上进行催化剂浆料的研究。2011 年的研究主要在催化剂浆料的控制方法上，2012 年为催化剂浆料的比例参数，2013 年为催化剂浆料的添加剂，2014 年为催化剂浆料的方法，涉及分步处理和控制方法，2016 年为催化剂浆料的分布处理，2017 年为催化剂浆料的比例参数，2018 年为催化剂浆料的分步处理，在 2019 年和 2020 年除了专利申请延迟公开的原因外，说明近两年在该技术领域的研究投入较少。

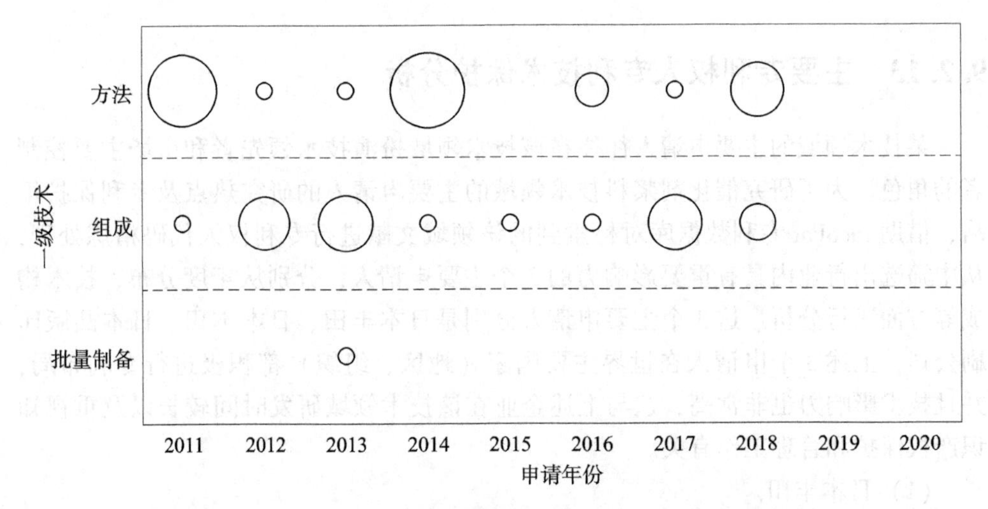

图 9.16 日本丰田催化剂浆料领域一级技术分支专利申请趋势

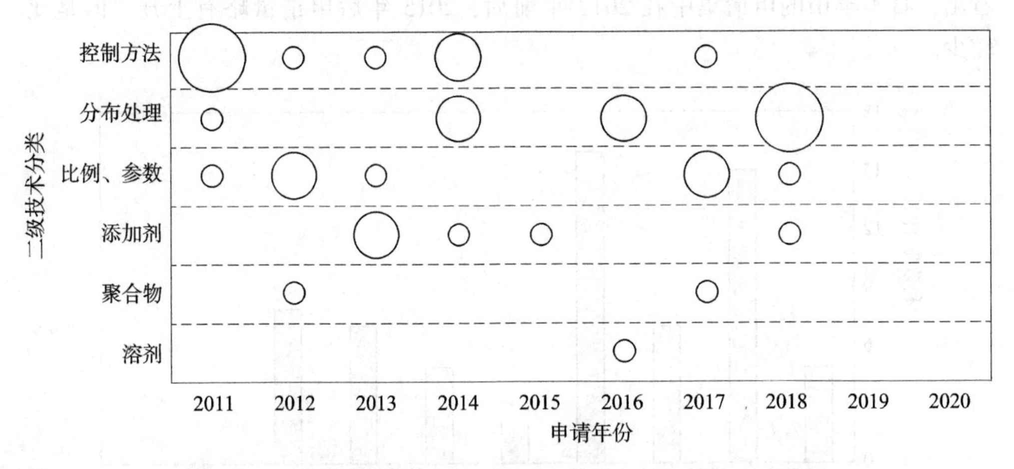

图 9.17 日本丰田催化剂浆料领域二级技术分支专利申请趋势

（2）日本本田。

图 9.18 为日本本田 2001 年到 2015 年在催化剂浆料领域的专利申请趋势，从图中可以看出，日本本田的申请主要集中在 2003—2006 年，在 2008 年以及 2010 年的专利申请量有一个小幅度的回升。在 2011—2015 年基本没有该领域内的研究。

从图 9.19 和图 9.20 可以看出，日本本田的研究的时间以及技术手段相对比较集中，主要是方法类的研究，具体为分步处理、控制方法以及比例参数类。

（3）日本凸版印刷公司。

图 9.21 为日本凸版印刷公司 2006—2020 年在催化剂浆料领域的专利申请趋势，从 2006 年到 2012 年申请量一直稳步增长，在 2013 年明显回落后，在 2016—2020 年逐步减少。

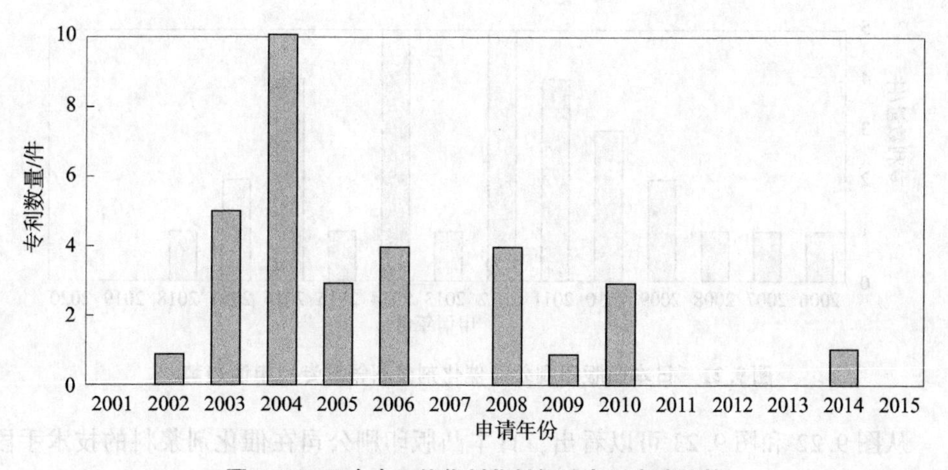

图 9.18　日本本田催化剂浆料领域专利申请趋势

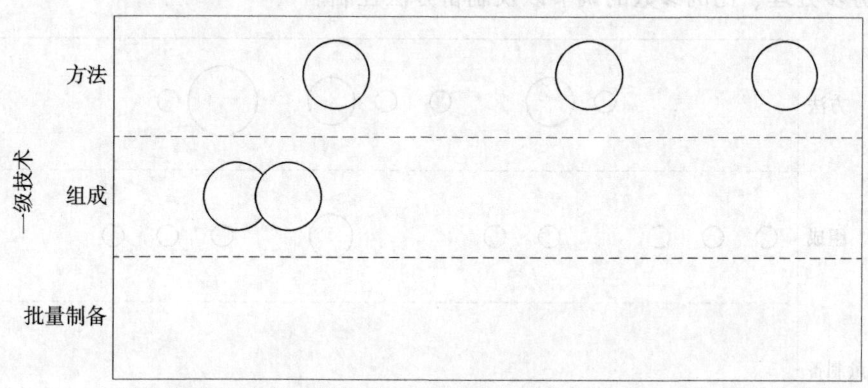

图 9.19　日本本田催化剂浆料领域一级技术分支专利申请趋势

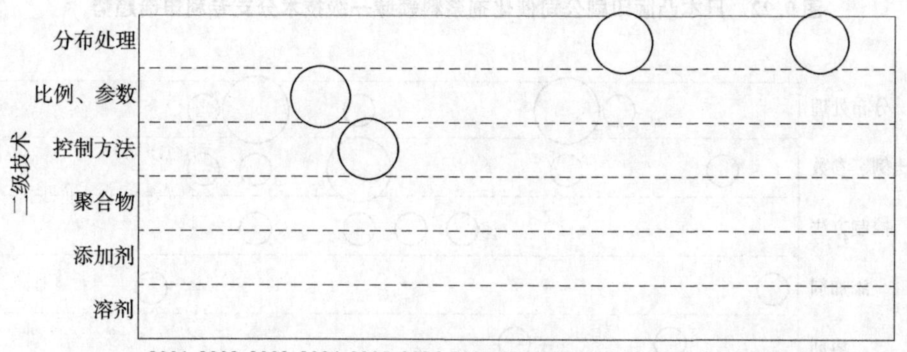

图 9.20　日本本田催化剂浆料领域二级技术分支专利申请趋势

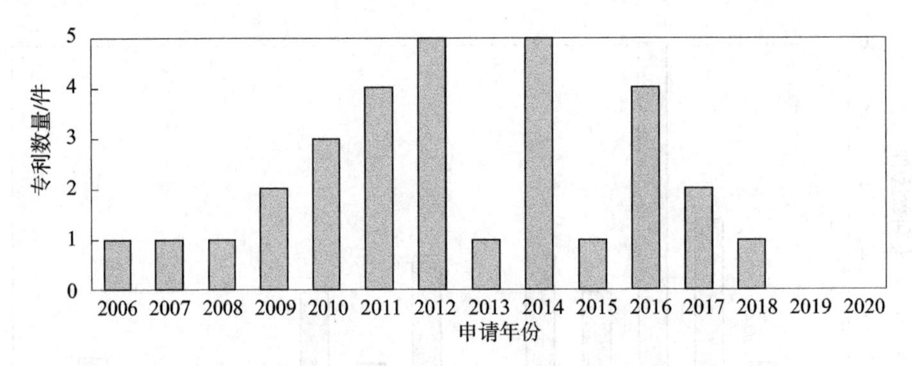

图 9.21　日本凸版印刷公司催化剂浆料领域专利申请趋势

从图 9.22 和图 9.23 可以看出，日本凸版印刷公司在催化剂浆料的技术手段方面的研究比较均匀，涉及的手段比较多，但是还是能够明显看出集中在方法类，包括分步处理、比例参数的调节以及制备方法控制。

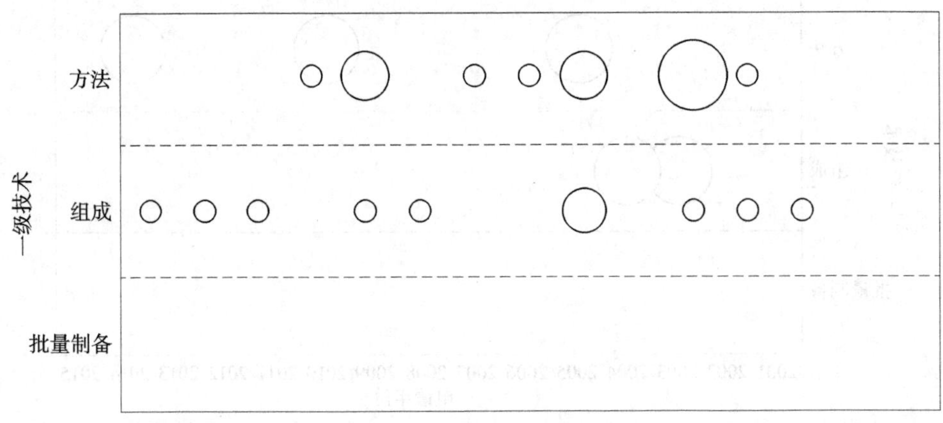

图 9.22　日本凸版印刷公司催化剂浆料领域一级技术分支专利申请趋势

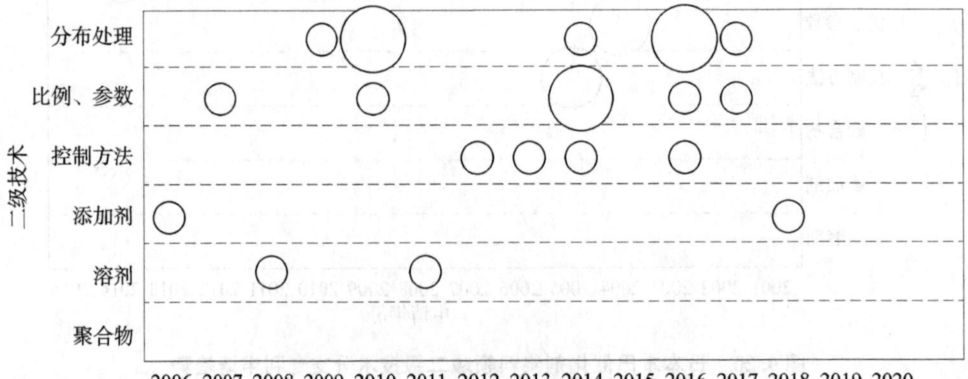

图 9.23　日本凸版印刷公司催化剂浆料领域二级技术分支专利申请趋势

9.3 小结

9.3.1 技术发展现状

燃料电池领域的技术分支已经布局25年以上，进入了成熟期，但是燃料电池的部件很多，相对来说，催化层浆料的申请比较少，技术仍处于成长期，可以进行相应的布局。

目前关于燃料电池的相关技术申请，日本、韩国、美国和中国处于领先地位，尤其是日本，开始时间早，技术原创性高，国际布局完整，中国应该从核心技术出发，在现有技术的基础上突破技术壁垒，积极布局国际申请。

9.3.2 保护力度

对于催化层浆料这个技术分支来说，保护的主题只有两种，组分和方法，方法还包括批量制备。组分是属于“强保护”，而方法是属于“弱保护”。因此，后续的申请从布局的角度来说，在后续研发中应该拓展组分类的申请，而从授权的角度来说，方法类的布局申请较少，且方法类的特征更多，关于方法类的申请更容易授权。

9.3.3 研究建议

山东省以潍柴动力股份有限公司为代表的燃料电池相关企业应该合理地布局氢燃料电池领域的专利申请，积极保护作为氢燃料电池的关键材料的催化层、催化剂浆料等，具体为如下两个方面。

（1）从技术手段和技术功效图来看，关于解决现有技术中催化层孔结构的相关申请较少，可以结合现有的相关申请，基于催化剂浆料，从多个角度研发优化孔结构的手段。

（2）关于添加剂和溶剂的应用在该技术领域的研究较少，可以技术效果为导向，从添加剂和溶剂的手段去研究找寻相应的技术手段。

第10章 质子交换膜燃料电池双极板技术专利导航分析

10.1 质子交换膜燃料电池双极板技术概况

质子交换膜燃料电池是相对紧凑的，有很高的功率密度能够实现快速启动。这些特性使得质子交换膜燃料电池作为动力来源的汽车更有吸引力。然而，在这项技术大规模生产和商业化之前仍有许多困难需要克服，包括提高双极性材料的长期耐久性，减少电池体积与重量，降低制造成本等。

双极板是质子交换膜燃料电池堆的组件，当它们分配反应气体时在气体扩散电极上，允许除去水和热量，并提供机械支持和电气连接。在燃料电池堆中，双极板通常占80%左右的重量和体积。

为使质子交换膜燃料电池与内燃机竞争充当发动机，PEMFC 双极板材料选择应考虑到如下几点：电池运行条件下的化学稳定性、抗腐蚀性及材料的机械强度等。除此之外，它应能大规模生产，以较低的成本形成适合的流场且密封良好。按照所采用的材料不同，双极板大体可以分为三类，分别为金属双极板、石墨双极板和复合双极板。

10.1.1 金属双极板

金属材料具有导电性，金属双极板也提供较低的氢气渗透速率。许多金属被研究作为双极板材料，特别是奥氏体不锈钢受到了广泛关注。使用不锈钢的优点是成本低、机械强度高，而且可通过冲压或压花形成流场，适合大规模生产。此外，因为它们可以作为薄片生产（0.2~1mm），能够显著改善燃料电池电堆的体积比功率和重量比功率，被认为是非常有前途的燃料电池双极板材料。然而，不锈钢双极板应用的主要障碍是金属在严酷的环境中缺乏抗腐蚀能力。在质子交换膜燃料电池的酸性潮湿环境中，金属双极板易形成氧化层、钝化层，引起不可避免的功率衰减。金属双极板腐蚀会导致金属离子溶出，而溶出的离子又会毒化膜电极，导致电池输出性能降低。金属阳离子对质子交换膜污染影响的后果是非常严重的。这是由于，金属阳离子与质子交换膜中磺酸根离子的亲和力高于氢离子与磺酸根离子的亲和力，金属离子迁移到膜中与磺酸根离子结合，严重影响氢离子与磺酸根的结合，从而影响氢离子传递及水在膜中的含量，影响电池输出性能。为了改善上述问题，有研究采用贵金属、不锈钢及各种涂层制成金属双极板。改进的氮化物基和碳化物基合金材料不牺牲金属的耐腐蚀性表面的接触电阻，保持成本效益，并能批量生产。目前，相当多的研究工作围绕发展金属双极板高耐腐蚀、低表面接触电阻展开。

10.1.2　石墨双极板

采用石墨粉或碳粉与可石墨化的树脂制备无孔石墨板。石墨化采用一定的升温程序，升温程序持续时间很长，按照此程序生产的石墨板价格较贵。起初采用高温制作的石墨板，由于制作工艺不成熟，石墨板存在氢气渗漏的现象。为了解决石墨板渗漏氢气的问题，在制作石墨板时，采用抽真空的方法，在一定的真空度下注入黏度较低的环氧树脂以减少氢气的渗透率。无孔石墨板制作好后，将无孔石墨板采用机械的方法加工流场，由于流场加工精度要求高且需要加工的流道多，造成加工流场的费用很高，这样组装的燃料电池，双极板费用约占整个燃料电池费用的60%～70%。传统的质子交换膜双极板是由天然或人工合成的石墨制成的，在燃料电池环境中，石墨板具有很高的导电率。许多研究发现使用石墨板的好处。虽然石墨板提供了显示最低降解的堆栈中的充分性能，但随着时间的推移，石墨机械强度会变差。因此在制作燃料电池堆时，使用石墨双极板限制体积功率。此外，它的高生产成本仍然是当前加工石墨板存在的主要问题，因此，石墨双极板不适合大批量地应用于车用燃料电池。

10.1.3　复合双极板

复合双极板是采用薄金属板或其他强度高的导电板作为分隔板，厚度很薄，一般为0.1～0.3mm，边框采用塑料、聚砜、聚碳酸酯等，减轻了电池组的重量，边框与金属板之间采用导电胶黏接，以注塑与焙烧法制备的有孔薄碳板、石墨板或石墨油毡作为流场板。不但可以提高电池组的体积比功率和重量比功率，而且能够结合石墨板和金属板的优点。复合双极板具有耐腐蚀、体积小、重量轻、强度高等特点，是发展的趋势之一。专利GB2359186提出一种双极板的制备方法，铝板为支撑板，流场用30%～80%的碳粉与聚丙烯混合，经注塑压制而成。为保证流场板与支撑板间的黏结，铝板表面需要进行处理。在铝板表面加工出脊刺，使铝板与聚合物之间更容易连接，使脊刺处的电流更方便地集流，减少电流通过导电聚合物的长度，从而减少电阻。或将聚合物板与铝板黏结在一起后，冲压出所需的流场，聚合物的制备不是采用注塑法而是采用刮涂法，这样聚合物的层厚度减薄，电阻会更小。由于流场板的支撑部分很薄（0.05～0.2mm）而导致其强度低，同时还存在透气的问题，所以又制备了一层致密的高强度的薄层石墨板作为流场板的支撑板，厚度为 0.07 ~ 0.15 mm，流场板与支撑板之间用导电树脂黏结，这样就构成了一个单面的复合板。

10.2　质子交换膜燃料电池双极板技术全球专利分析

10.2.1　查全查准率

命中数据：11 755 条；8794 件；5966 个简单同族，人工去噪后结果：11 133 条；8238 件；5502 个简单同族，查全率为 87.5%，查准率为 93%。

10.2.2　申请趋势分析

质子交换膜燃料电池双极板全球专利申请趋势如图 10.1 所示。可见 20 年内，该技术专利申请经历了两次波峰，一次是 2004—2007 年，期间年专利申请量均超过 500 件；之后随着国际上燃料电池政策的缩减，年专利申请量在 2011—2013 年一度下降至 300 件以下；而在日本丰田燃料电池汽车问世之后，全球再次形成燃料电池的“热潮”，2018 年专利申请量达 482 件，预计 2019 年和 2020 年申请量也将突破上述数量。图 10.2 所示的专利申请量增长率表现出与图 10.1 相同的趋势。

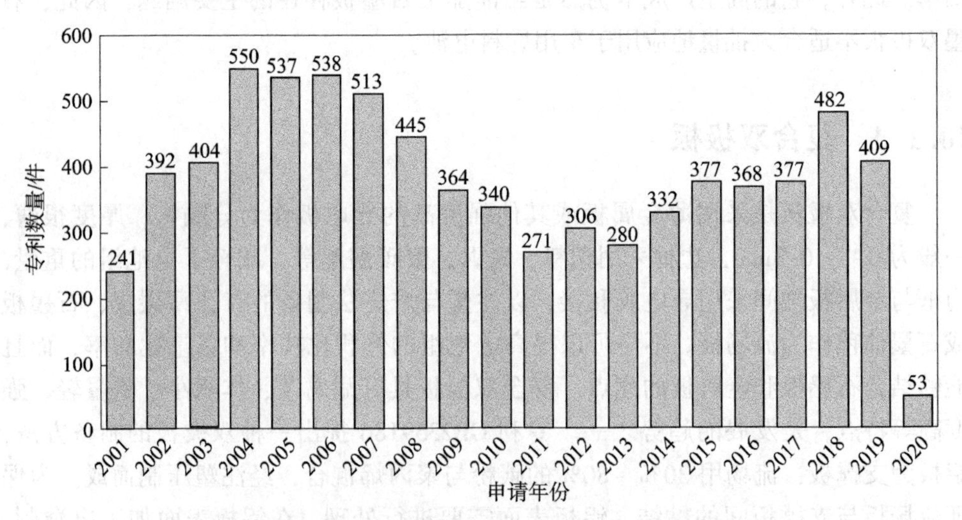

图 10.1　质子交换膜燃料电池双极板全球专利申请趋势

质子交换膜燃料电池双极板技术生命周期如图 10.3 所示。与专利申请趋势类似的是，2001—2006 年是该技术快速发展的时期，其间该技术专利的申请量及申请人数量均急剧增加；然而，其后的三年时间，上述两项数据均显著降低，尤其是专利申请人数量降低更为明显；2010—2014 年，专利申请人数量呈现波动式下

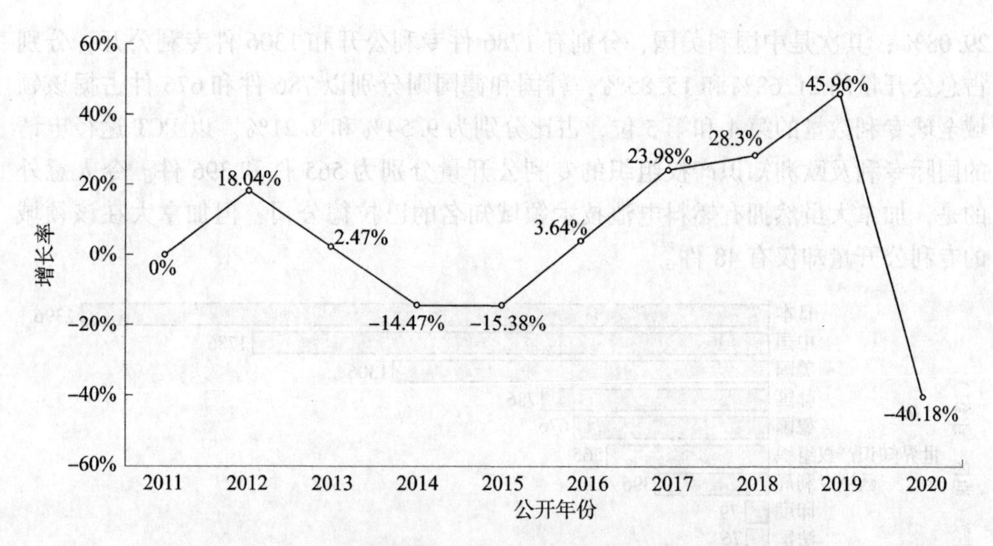

图 10.2　质子交换膜燃料电池双极板全球专利申请量增长率

降，专利申请量则出现了先下降后回稳的状态。若单纯从图 10.3 来看，貌似技术已走向成熟，但结合市场发展状态及产业政策，不难发现这一“假象”。进一步分析该图，可以看出 2014—2019 年该技术出现了“重生”状态，即专利数量与申请人数量再次出现急剧增长，但这一状态能维持多久才能进入真正的技术成熟期、抑或随着政策的变化再次出现“假象”仍不敢轻易下结论。

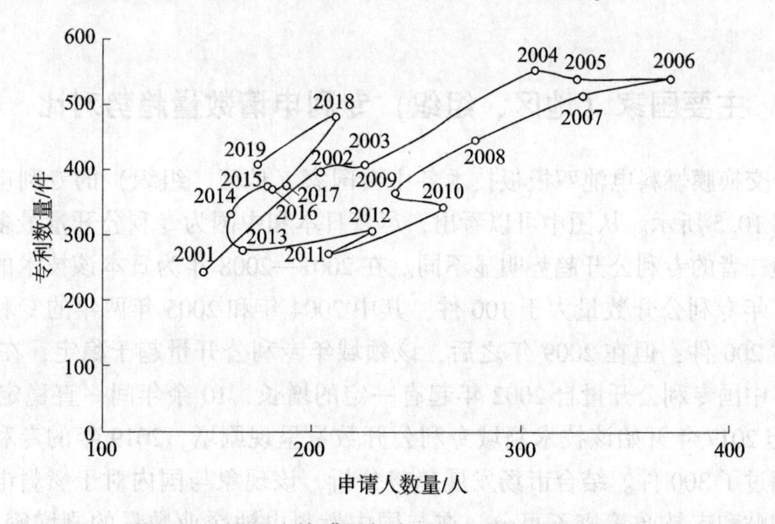

图 10.3　质子交换膜燃料电池双极板技术生命周期

10.2.3　申请国家（地区、组织）分布

质子交换膜燃料电池双极板技术全球专利分布如图 10.4 所示。从图中可以看出，日本是该技术领域第一专利申请国，有 2396 件专利公开，占总公开量的

29.08%；其次是中国和美国，分别有1786件专利公开和1306件专利公开，分别占总公开量的21.68%和15.85%；韩国和德国则分别以786件和676件占据该领域全球专利数量的第4和第5位，占比分别为9.54%和8.21%。以PCT途径申请的国际专利及欧洲知识产权组织的专利公开量分别为565件和396件。令人意外的是，加拿大虽然拥有燃料电池技术领域知名的巴拉德公司，但加拿大在该领域的专利公开量却仅有48件。

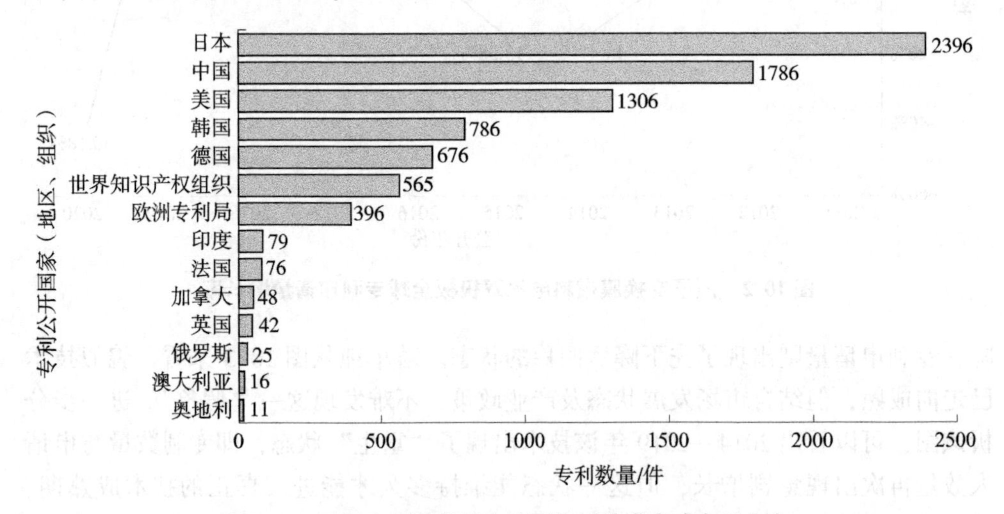

图10.4　质子交换膜燃料电池双极板技术全球专利分布

10.2.4　主要国家（地区、组织）专利申请数量趋势对比

质子交换膜燃料电池双极板技术各主要国家（地区、组织）的专利申请趋势对比如图10.5所示。从图中可以看出，尽管日本和中国为专利公开量最多的2个国家，但二者的专利公开趋势明显不同。在2001—2008年为日本该技术的快速发展时期，年专利公开数量大于100件，其中2004年和2005年两年的专利公开量甚至超过200件；但在2009年之后，该领域年专利公开量趋于稳定，在60～70件之间。中国专利公开量自2002年起有一定的增长，10余年间一直稳定在60～80件；但2017年开始该技术领域专利公开数量呈现剧增，2019年的专利公开数量甚至超过了300件。结合市场发展趋势分析，该现象与国内对于燃料电池技术产业的补贴和支持政策密不可分，亦与国内燃料电池企业数量的剧增密不可分。该领域专利公开数量相对较多的其他3个国家则未呈现专利年公开量明显变化的趋势。

综合上述趋势分析和地域分析，可初步判断：近年来，燃料电池双极板技术领域专利申请/公开数量的变化与中国对于燃料电池技术的发展具有直接的关系，而与日本丰田燃料电池技术的成熟也有着间接的不可分割的关系。

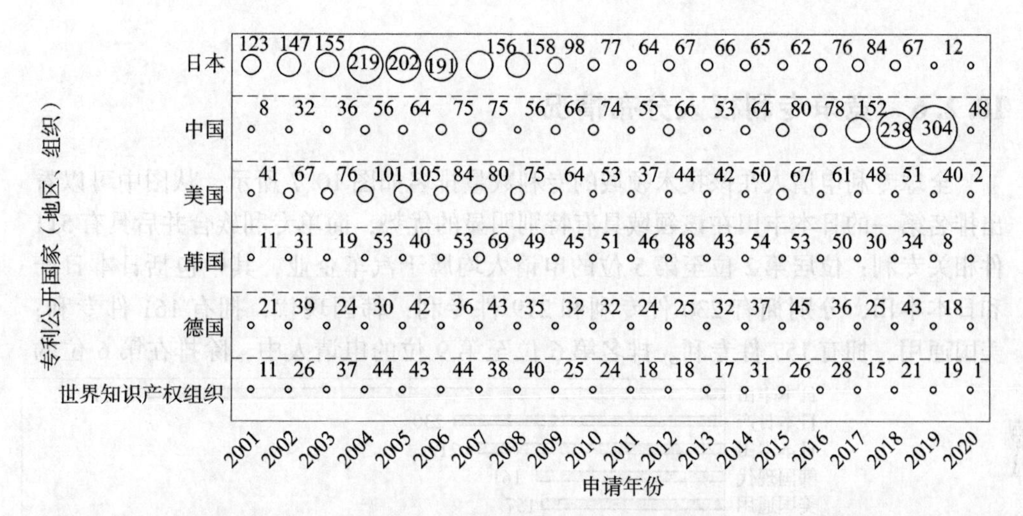

图 10.5　质子交换膜燃料电池双极板技术各主要国家（地区、组织）专利申请趋势（单位：件）

10.2.5　申请人国家（地区、组织）

对全球专利申请人的国家（地区、组织）进行分析，详细情况如图 10.6 所示。从图中可以看出，全球近 1/2 的专利来自日本申请人，其专利公开数量有 3763 件；来自中国、美国、韩国和德国申请人的专利数量分别占据第 2 ~ 5 位，组建了明显的第二梯队，数量分别为 1170 件、1009 件、919 件和 725 件；但第二梯队专利数量之和才刚刚超越日本一个国家，可见日本申请人的投入之多。这一原因也可能与日本申请人注重海外市场、更愿意到全球主要国家进行专利布局、十分重视用专利保护技术有关。

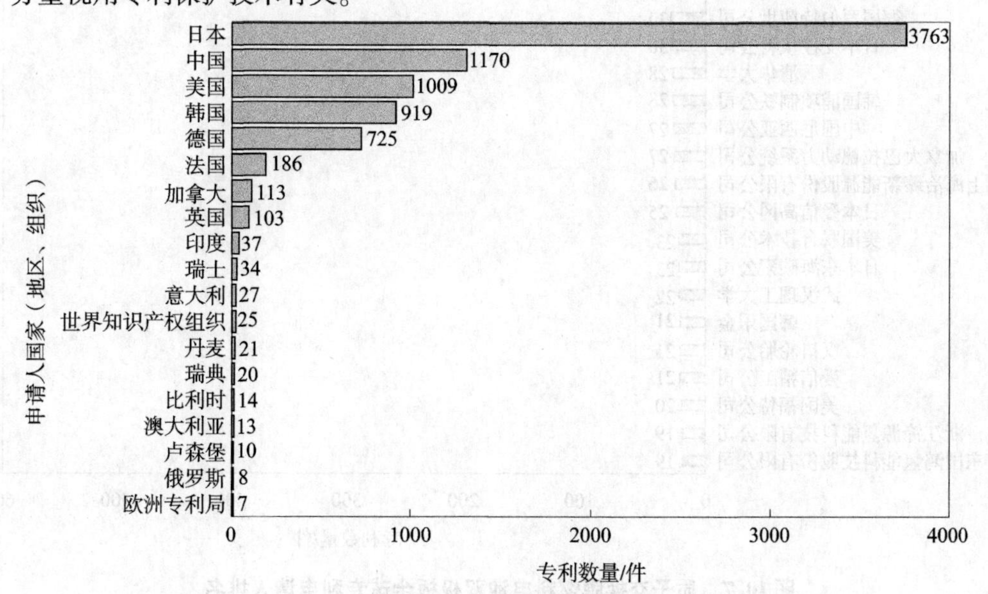

图 10.6　质子交换膜燃料电池双极板全球专利申请人地域分布

10.2.6　竞争专利权人分布情况

全球专利申请人在该技术领域的专利数量排名如图10.7所示。从图中可以看出排名第一的日本丰田在该领域具有特别明显的优势，简单专利族合并后具有511件相关专利；位居第2位至第5位的申请人均属于汽车企业，其中包括日本日产和日本本田，分别拥有230件专利和219件专利；韩国现代，拥有161件专利；美国通用，拥有157件专利。排名第6位至第9位的申请人中，除排在第6位的

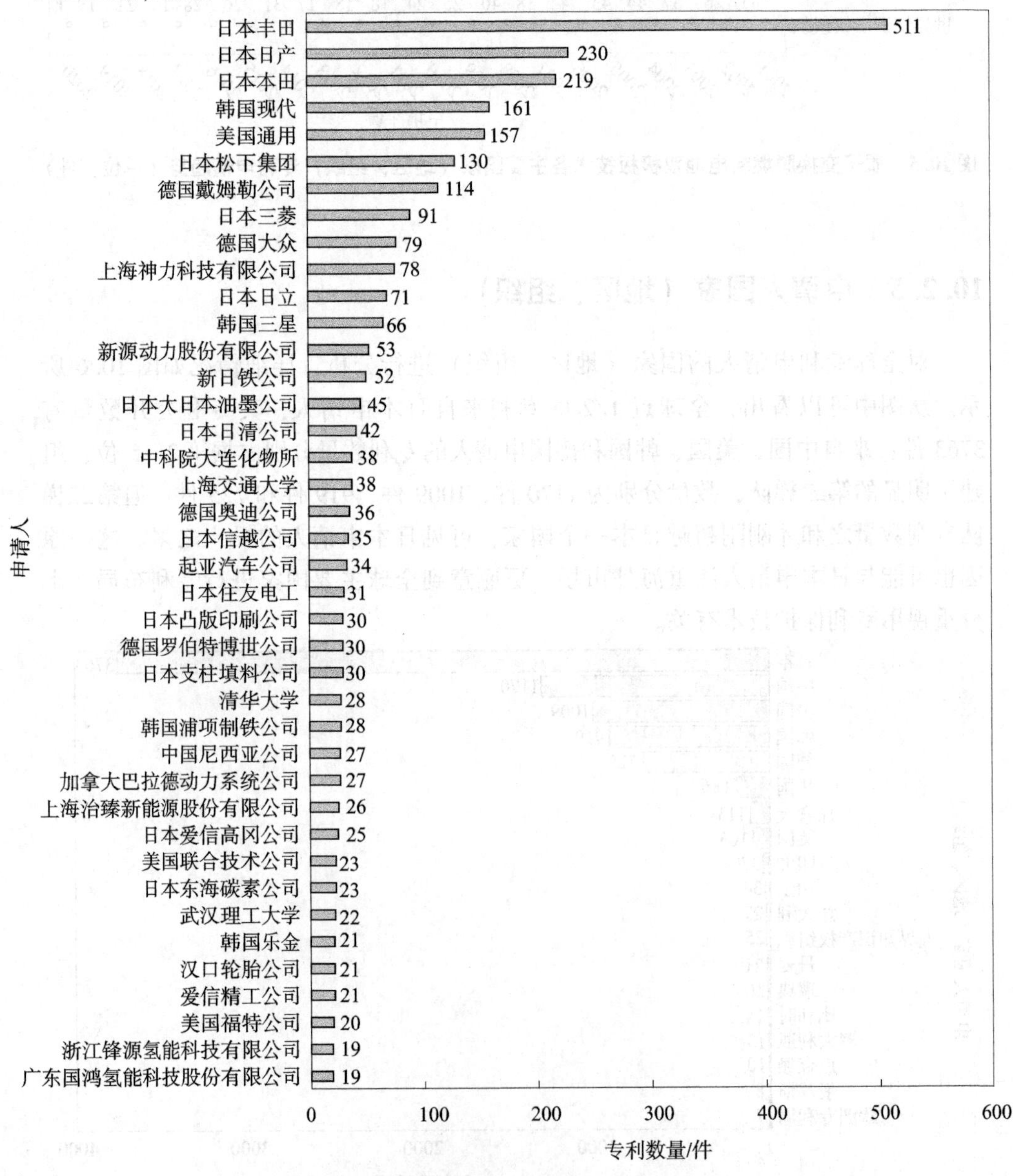

图10.7　质子交换膜燃料电池双极板全球专利申请人排名

日本松下集团属于日本知名电器企业，其他 3 位同样为知名汽车企业，它们分别是德国的戴姆勒公司、日本三菱和德国大众公司。由此可见，对于燃料电池这个新能源产业而言，汽车企业是其最忠实的“粉丝”。当然，令人欣慰的是，在燃料电池双极板技术领域，排名第 10 位的申请人是上海神力科技有限公司，目前主要生产氢氧燃料电池电堆。对于燃料电池双极板技术拥有 78 项专利，是中国申请人中专利数量最多的一个。

在排名 11 ~ 20 的申请人之中，日本申请人占 5 位，包括日本日立、新日铁公司、日本大日本油墨公司、日本日清公司和日本信越公司，中国申请人占 3 位，包括由中科院大连化物所技术出资成立的国内较早的燃料电池企业新源动力股份有限公司、中科院大连化物所和上海交通大学，分别位于总排行榜的第 13 位、第 17 位和第 18 位；另外两席被韩国三星和德国知名汽车企业奥迪占据。

在排名第 21 ~ 40 位的企业中，中国企业占 5 位，包括 2 位高校申请人清华大学和武汉理工大学，同时还包括 3 位企业申请人，分别是上海治臻新能源股份有限公司、浙江锋源氢能科技有限公司和广东国鸿氢能科技股份有限公司。其中上海治臻新能源股份有限公司主要涉及燃料电池双极板技术，浙江锋源氢能科技有限公司和广东国鸿氢能科技股份有限公司则主要涉及车用、船用或备用电源等应用的燃料电池技术，上述 3 家企业均成立于 2015 年之后，可见企业在国家新能源产业尤其是燃料电池技术的支持力度下，中国燃料电池企业正在快速成长，其相关技术领域的专利数量也在急剧增加。其他排在前 40 位的申请人中，还包括在燃料电池技术领域有一定知名度的加拿大巴拉德动力系统公司、美国联合技术公司和日本东海碳素公司，其中加拿大巴拉德公司以电堆著称、日本东海碳素公司为石墨类双极板的材料供应商。

图 10. 8 为质子交换膜燃料电池双极板专利申请人于不同地域的专利布局情况。其中日本专利和美国专利对比最为明显，日本专利中，有 88. 0% 的专利申请人来自日本本土，来自美国、韩国和德国的申请人申请的专利数量分别占据专利申请数量的 4. 0% 、3. 0% 和 2. 0% ，其他各国（地区、组织）申请人在日本申请专利的数量均不超过该领域日本专利总量的 1. 0% 。美国是各国专利申请人更愿意布局专利的国家，美国专利中来自日本申请人、美国申请人和韩国申请人的专利数量分别占据该领域美国专利总量的 33. 0% 、25. 0% 和 28. 0% ，可见各国申请人对于美国市场的重视程度远高于其他各国，但中国专利申请人申请美国专利的数量仅为 1. 5% ，一定程度上也反映了燃料电池双极板领域的中国技术仍处于“自行消化”阶段，还没有迈开步伐，走向世界。除此之外，中国专利和韩国专利均具有类似地域分布情况，其中本土申请人申请的专利约占2/3，位居其次的均为日本申请人，分别占中国专利和韩国专利各自总量的 14. 0% 和 22. 0% ；美国申请人申请的专利在中国和韩国的专利申请数量中分别占据 6. 0% 和 4. 0% 。在德国专利中，有 57. 0% 的专利申请来自德国本土申请人，20. 0% 的专利申请来自日本申请人，16. 0% 的专利申请来自美国申请人，4. 0% 的专利申请来自韩国申请人。

综合上述分析可知，日本申请人除在日本本土申请专利外，也重视在其他国家布局专利；而中国则恰恰相反，其除在本土布局专利外，很少到其他国家布局；美国、德国和韩国等国家的申请人除在本土申请外，也有适当数量的专利申请于世界其他国家布局。

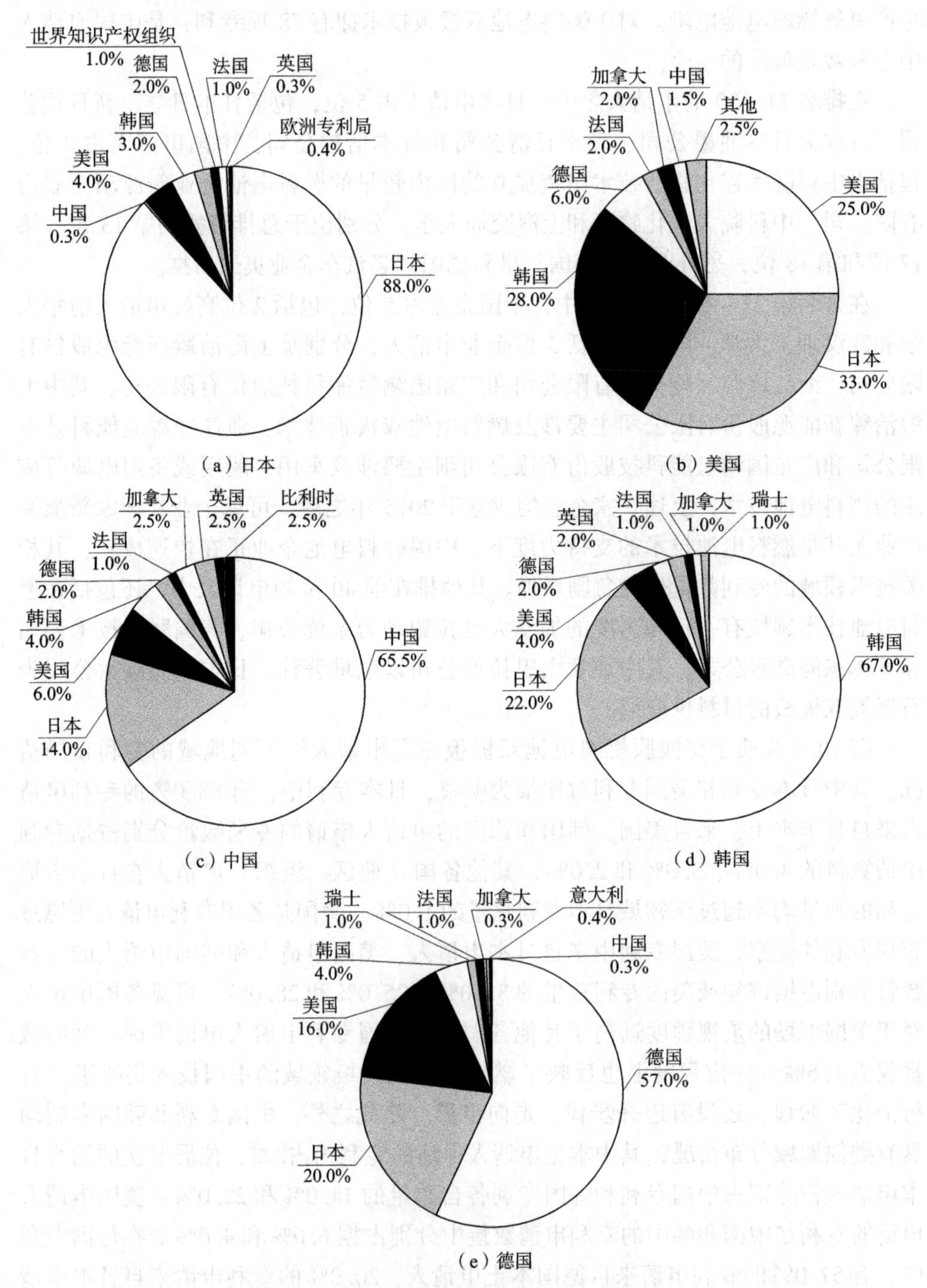

图 10.8　质子交换膜燃料电池双极板专利申请人于不同地域的专利布局情况

10.3　质子交换膜燃料电池双极板技术中国专利分析

10.3.1　申请趋势分析

图 10.9 为质子交换膜燃料电池双极板技术中国专利申请量和公开量的变化趋势。由图可以看出，自 2001 年起，燃料电池双极板技术相关专利持续增加，到 2016 年以后飞速发展，截至 2019 年，年申请专利数量和年公开专利数量均突破 300 件。同时，专利申请人数量也从 2016 年时不足 50 人跃升到 2019 年的 120 人，说明有越来越多的机构和个人参与到双极板技术的研发和创新中来。

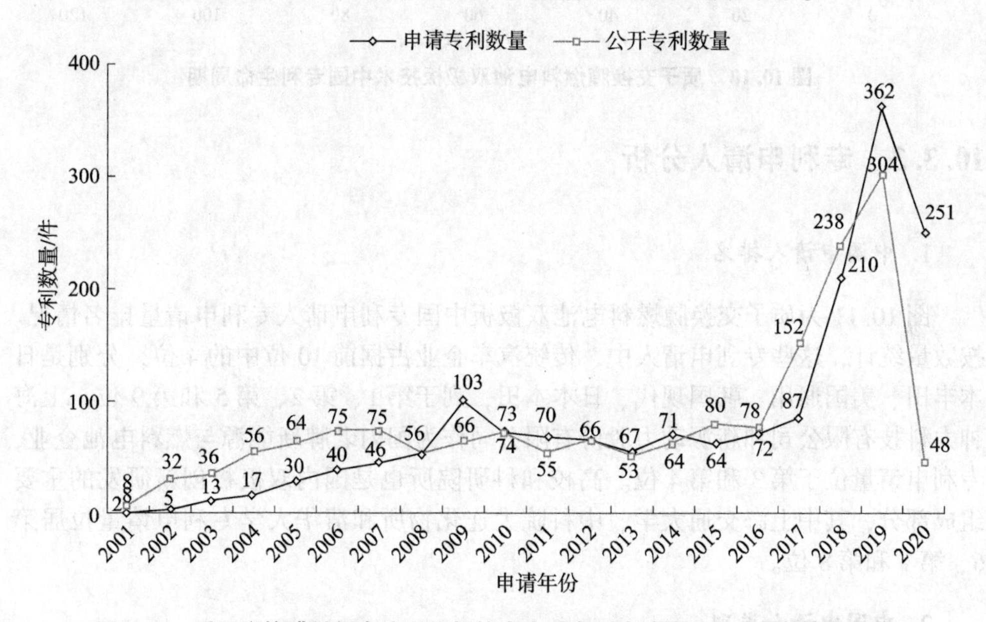

图 10.9　质子交换膜燃料电池双极板技术中国专利申请量和公开量的变化趋势

10.3.2　专利生命周期

图 10.10 展示了质子交换膜燃料电池双极板技术中国专利生命周期。与全球专利生命周期明显不同的是，2004—2016 年，中国专利一直处于徘徊期，其专利申请数量和专利申请人数量长期保持稳定。而 2016 年之后，该技术领域的专利申请数量和专利申请人数则同时飞速增长。再次印证了燃料电池技术是国内近年的发展“热潮”。

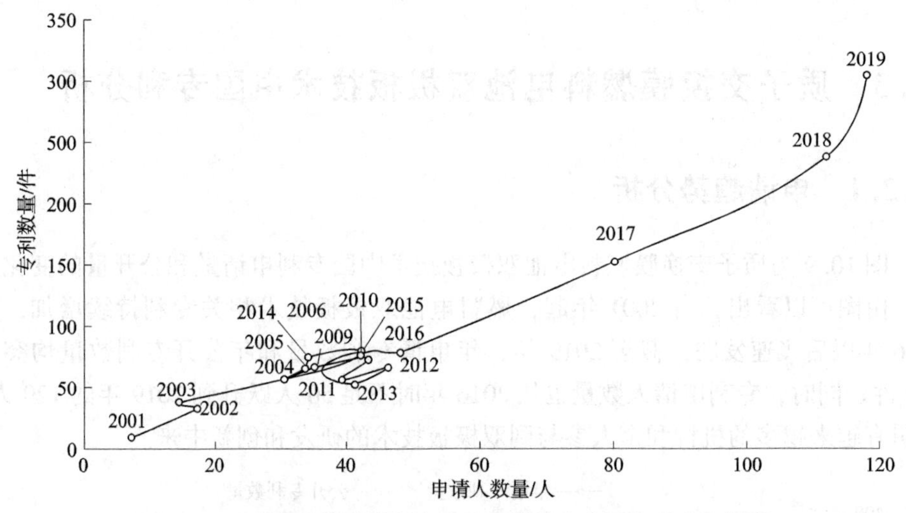

图 10.10　质子交换膜燃料电池双极板技术中国专利生命周期

10.3.3　专利申请人分析

1. 中国申请人排名

图 10.11 为质子交换膜燃料电池双极板中国专利申请人专利申请量排名情况。按数量统计，这些专利申请人中，传统汽车企业占据前 10 位中的 4 位，分别是日本丰田、美国通用、韩国现代、日本本田，列于第 1、第 2、第 5 和第 9 位。上海神力科技有限公司和新源动力股份有限公司作为国内老牌新能源与燃料电池企业，专利申请量位于第 3 和第 4 位。高校和科研院所也是国内双极板创新研发的重要组成部分，其中上海交通大学、中科院大连化物所和清华大学专利申请量位居第 6、第 7 和第 8 位。

2. 中国申请人类别

图 10.12 为质子交换膜燃料电池双极板中国专利申请人类型分布。由此可以看出，企业是燃料电池双极板相关专利的申请主体，企业专利申请人数量占申请人总量的 74.68%；其次是高校和科研院所，占总量的 22.25%；还有一部分个人的申请，占总量的 2.86% 左右。

3. 中国专利主要申请人比较

图 10.13 和图 10.14 分别为质子交换膜燃料电池双极板中国专利主要申请人申请趋势比较和中国专利主要申请人专利价值度比较。从各专利申请人的申请时间看，日本丰田长期保持稳定的高申请量。同时专利价值度也最高，10 分和 9 分的专利数量达到 52 件，体现了技术、法律、商业上的重要价值。上海神力科技有限公司的申请主要在 2005 年之前和 2017 年之后，专利价值度也得到很高的认可，其中 7 ~9 分的专利数量达到 48 件。

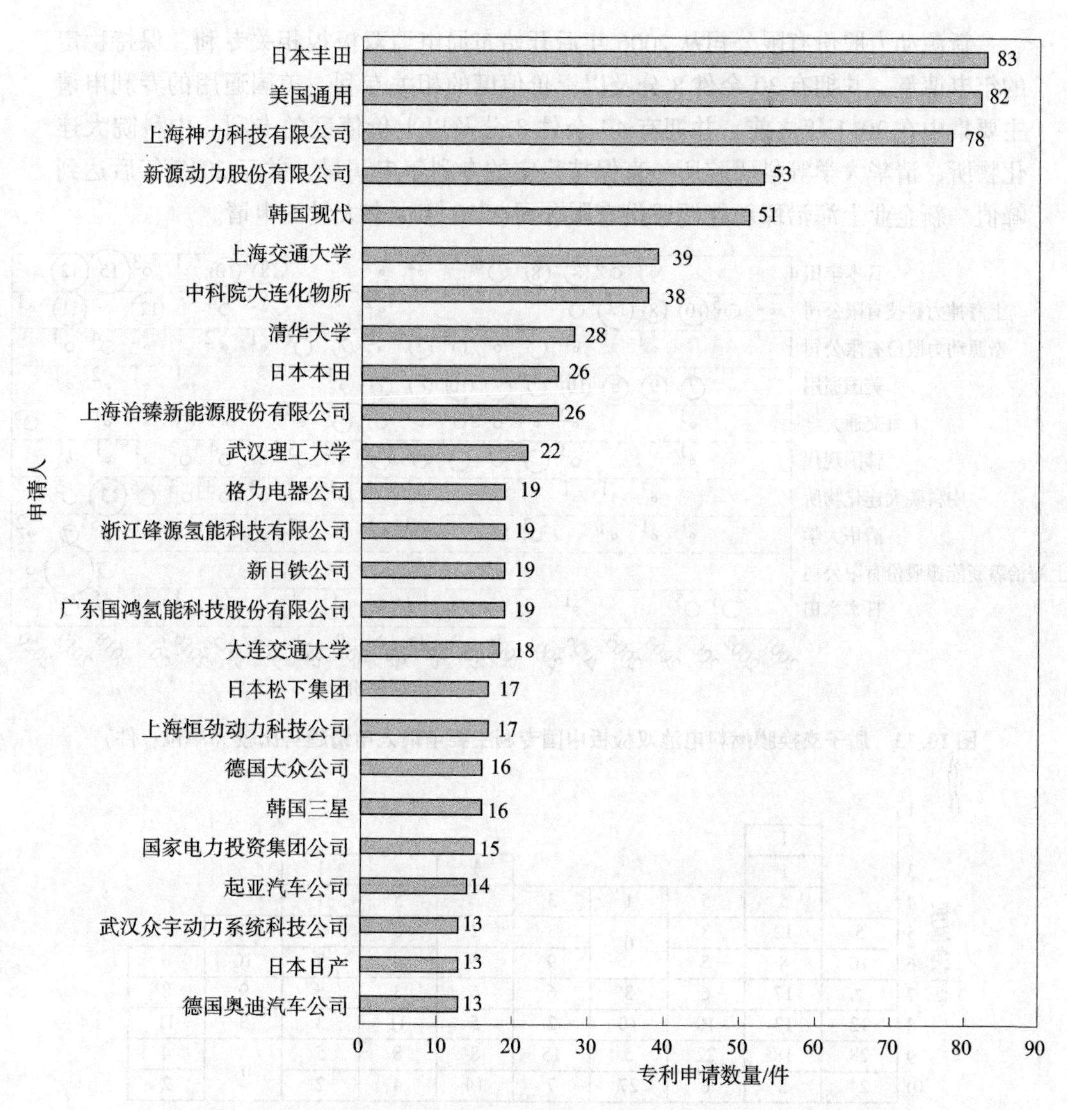

图 10.11　质子交换膜燃料电池双极板技术中国专利申请人专利申请量排名

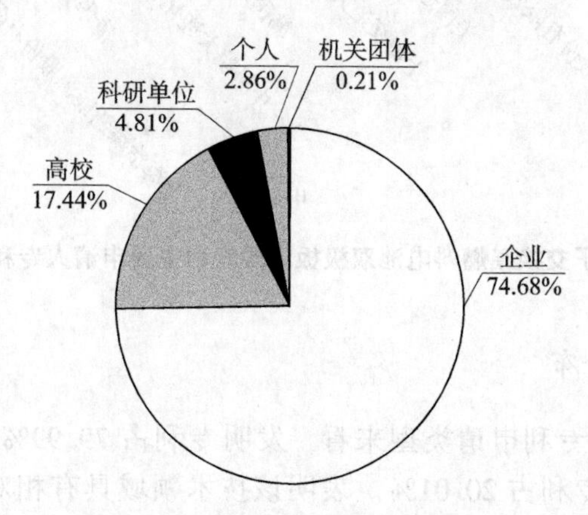

图 10.12　质子交换膜燃料电池双极板中国专利申请人类型

新源动力股份有限公司从2006年后开始布局申请双极板相关专利，保持稳定的年申请量，并拥有30余件8分及以上价值度的相关专利。美国通用的专利申请主要集中在2011年之前，并拥有40余件8分及以上价值度的专利。中科院大连化物所、清华大学等科研院所一直保持稳定的专利年申请量，并于2017年后达到峰值。新企业上海治臻新能源股份有限公司2020年也有大量的申请。

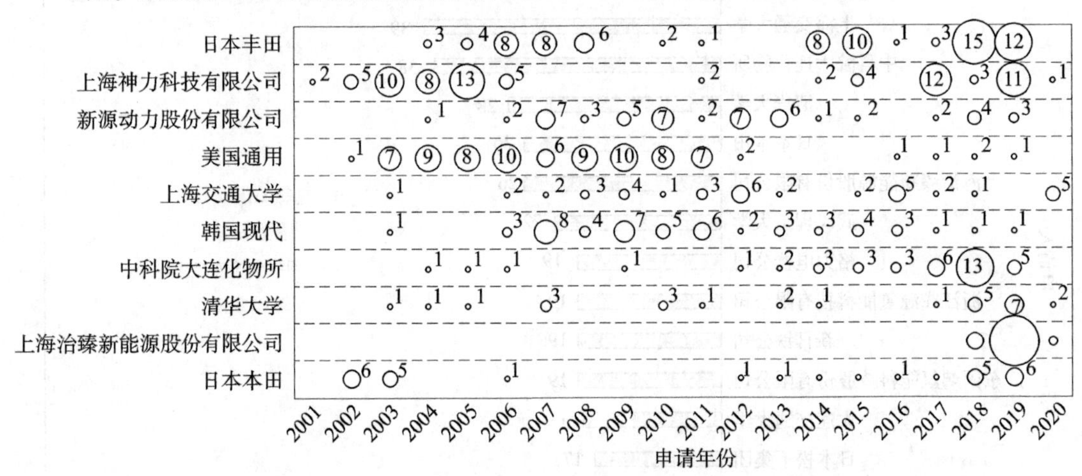

图10.13　质子交换膜燃料电池双极板中国专利主要申请人申请趋势比较（单位：件）

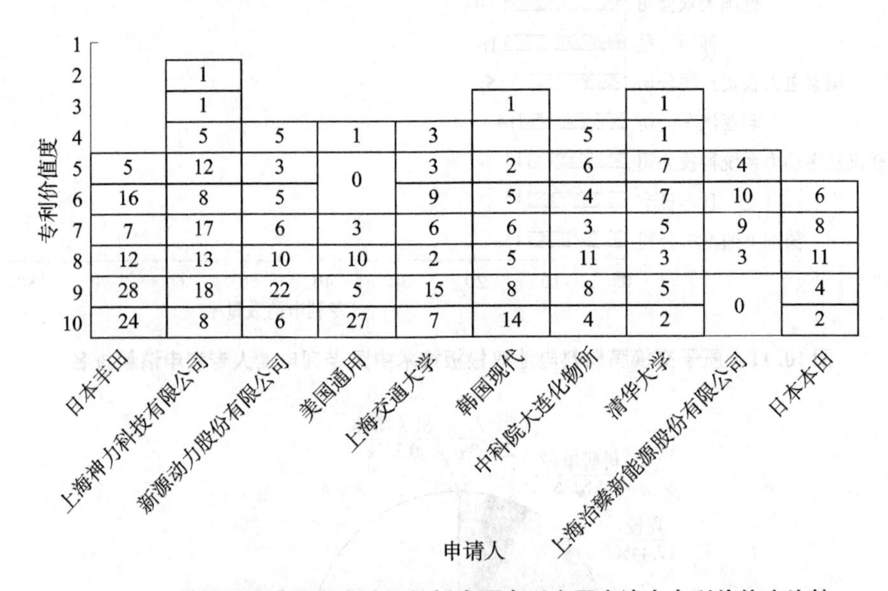

图10.14　质子交换膜燃料电池双极板中国专利主要申请人专利价值度比较

4. 专利申请的分布

从图10.15中国专利申请类型来看，发明专利占79.99%，其中已授权专利32.11%；实用新型专利占20.01%。表明该技术领域具有相对较高的技术门槛，其涉及的技术领域应主要涉及材料和结构，实用新型专利并不多。

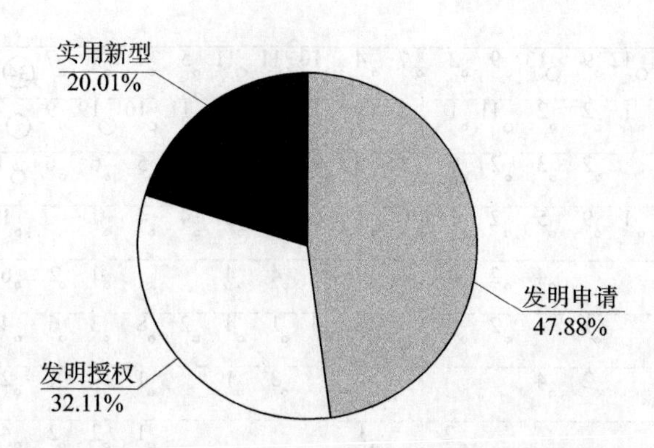

图 10.15　质子交换膜燃料电池双极板中国专利类型

图 10.16 为质子交换膜燃料电池双极板技术中国专利各地区分布情况。其中上海最多，为 254 件，江苏、辽宁紧随其后，分别拥有 177 件和 136 件，北京、广东、湖北、浙江排名 4 ~7 位，山东以 29 件位居第 8。

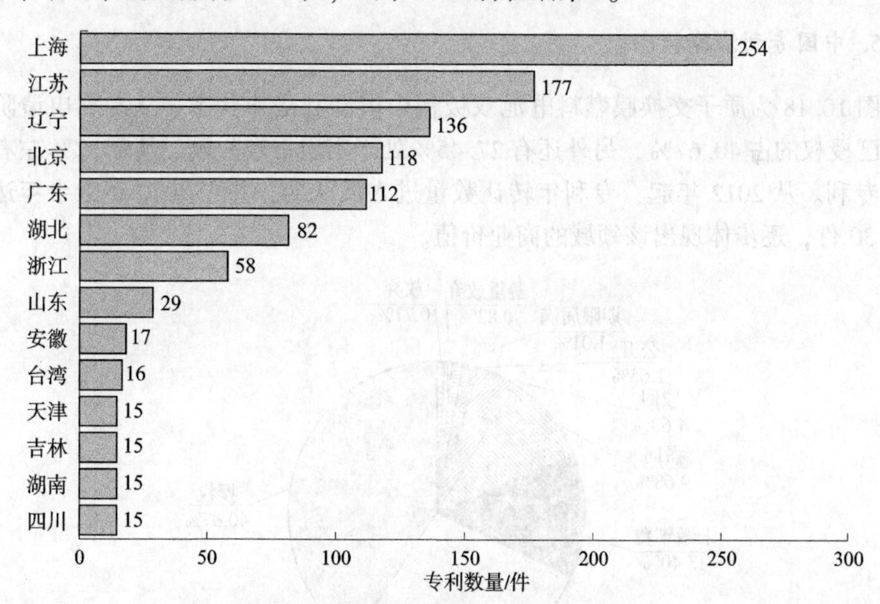

图 10.16　质子交换膜燃料电池双极板技术
中国专利各地区分布情况

图 10.17 为质子交换膜燃料电池双极板技术中国主要地区专利申请趋势。从时间上来看，位列前 8 的地区，均布局燃料电池双极板的专利较早，从 2001 年到 2008 年期间陆续进入该领域并保持稳定的年申请量，直到 2018 年后开始爆发式增长，体现了相关领域的研发热度。

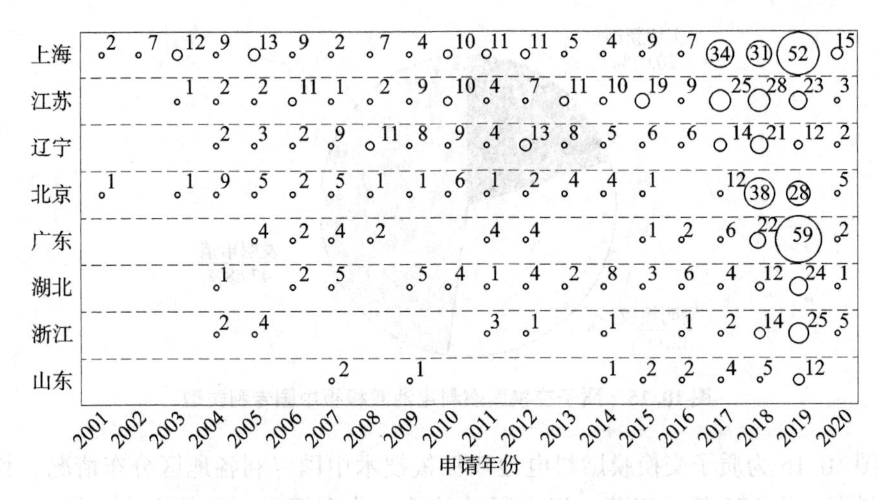

图 10.17　质子交换膜燃料电池双极板中国主要地区专利申请趋势（单位：件）

5. 中国专利法律状态

图 10.18 为质子交换膜燃料电池双极板中国专利法律状态。从专利申请阶段看，已授权的占 40.67%，另外还有 27.45% 处于实质审查阶段，其余 32% 左右为无效专利。从 2012 年起，专利年转让数量进入活跃期，并于 2020 年上半年达到峰值 30 件，逐步体现出该领域的商业价值。

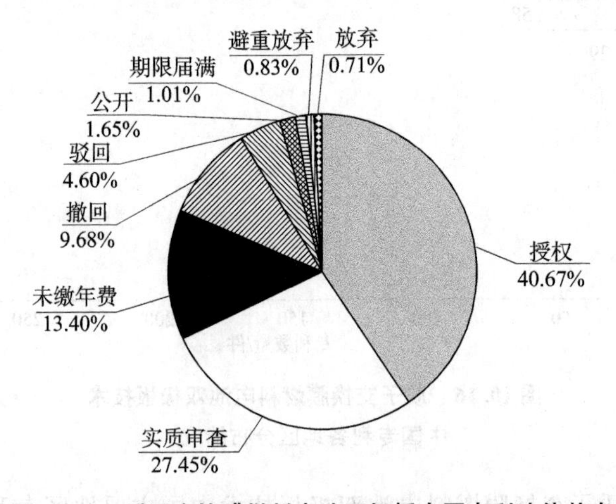

图 10.18　质子交换膜燃料电池双极板中国专利法律状态

图 10.19 为质子交换膜燃料电池双极板相关专利转让情况。从图中可以看出，在统计的前 10 年仅有 5 件专利发生转让，3 件发生在 2007 年，2 件发生在 2010 年；在统计的后 10 年中，合计转让的专利数量达 137 件，年平均转让数量达 13.7 件，其中 2020 年一年就发生 30 件专利权的转让，可见近年来燃料电池双极板市场非常活跃。

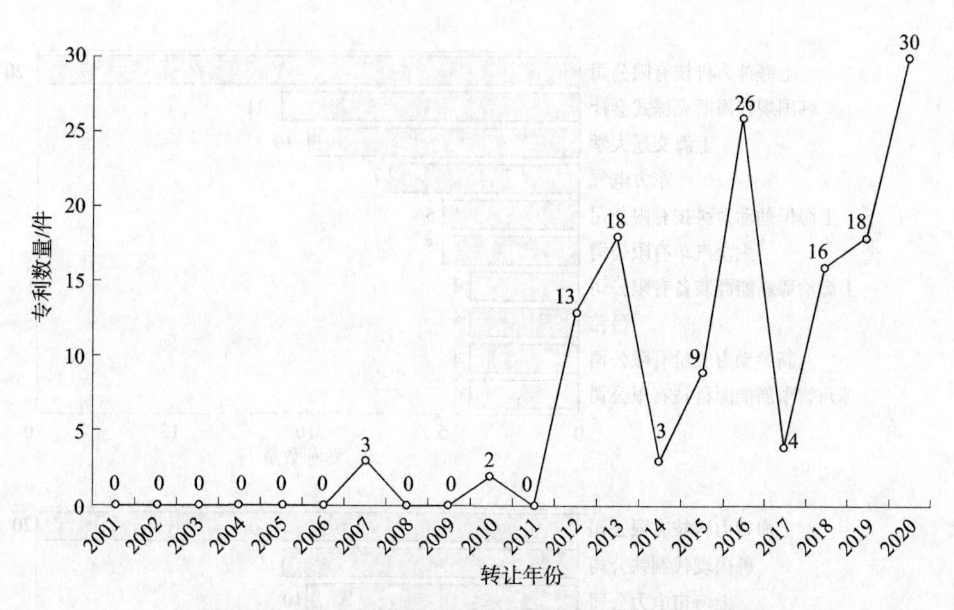

图 10.19　质子交换膜燃料电池双极板相关专利转让情况

图 10.20 为燃料电池双极板相关专利转让人和受让人情况。从图中可以看出，转让和受让专利最多的均为上海神力科技有限公司，且均为 20 件。进一步分析发现，20 件专利中，有 10 件专利国家电网成为其共同专利权人，另 10 件专利国网上海市电力公司成为其共同专利权人，即上海神力科技有限公司将其 20 件专利的部分专利权分别转让给国家电网和国网上海市电力公司。发生专利技术转让排在第 2 名的韩国现代海斯克株式会社，有 11 件专利发生转让，全部转让给了韩国现代的另一个分公司韩国现代制铁公司。专利转让排在第 3 名的是上海交通大学，有 10 件专利发生转让。核心发明人团队成员包括彭林法、来新民、倪军、林忠钦和易培云等人。其中 4 件专利的当前权利人为上海治臻新能源装备有限公司，1 件专利的当前权利人为上海治臻新能源装备有限公司和上海交通大学，2 件专利的当前权利人为苏州治臻新能源装备有限公司；3 件专利的当前权利人为上海氢晨新能源科技有限公司。

上海治臻新能源装备有限公司成立于 2016 年，是中国第一家专业研发、生产制造和销售燃料电池金属极板的高科技创新企业。苏州治臻新能源装备有限公司为上海治臻新能源装备有限公司的全资控股企业。上海氢晨新能源科技有限公司成立于 2017 年，是一家专注于高密度燃料电池电堆研发与制造的企业，公司依托上海交通大学雄厚的研发实力，通过近 10 年的持续研究，已开发了 3 代具有自主知识产权的燃料电池电堆，技术水平国内领先、国际先进。

图 10.21 为质子交换膜燃料电池双极板技术领域一级技术分支专利布局情况。图中显示，在燃料电池双极板技术领域，接近 50% 的专利为结构相关的专利，大约 39% 的专利为材料相关的专利，密封相关的专利约占 5%，在双极板测试、双极板批量加工等其他领域的专利占 8.21%。

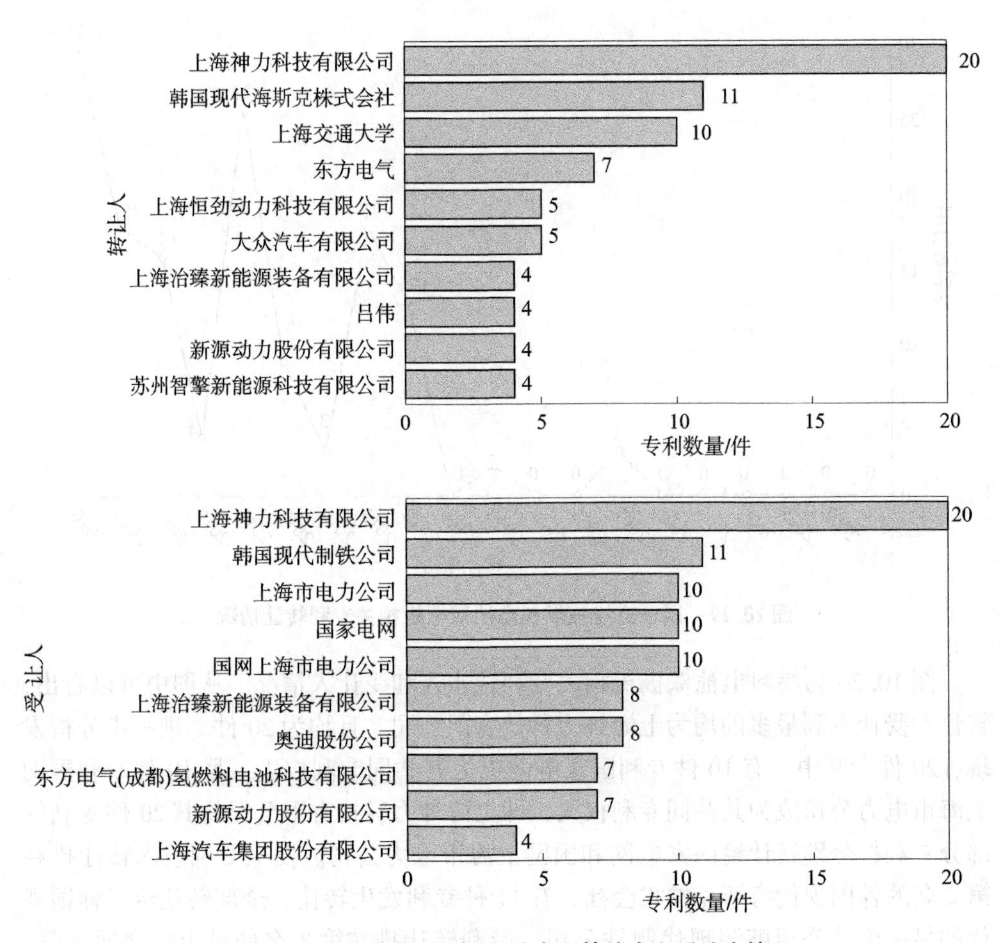

图 10.20　燃料电池双极板相关专利转让人和受让人情况

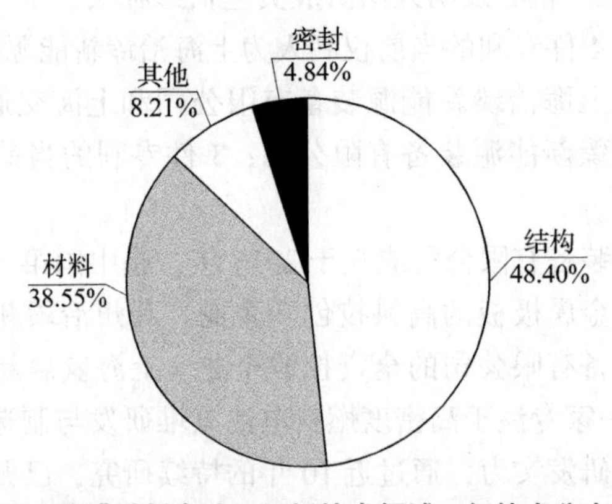

图 10.21　质子交换膜燃料电池双极板技术领域一级技术分支专利布局情况

图 10.22 为质子交换膜燃料电池双极板技术领域二级技术分支专利布局情况。从图中可以看到，与结构相关的专利主要集中在流场结构和冷却结构，其中流场结构相关专利数量大约是冷却结构专利数量的 2 倍；与材料相关的专利中，以金

属双极板为主，其次为金属基板复合碳层；石墨聚合物复合板紧随其后，专利数量约为金属双极板的一半。

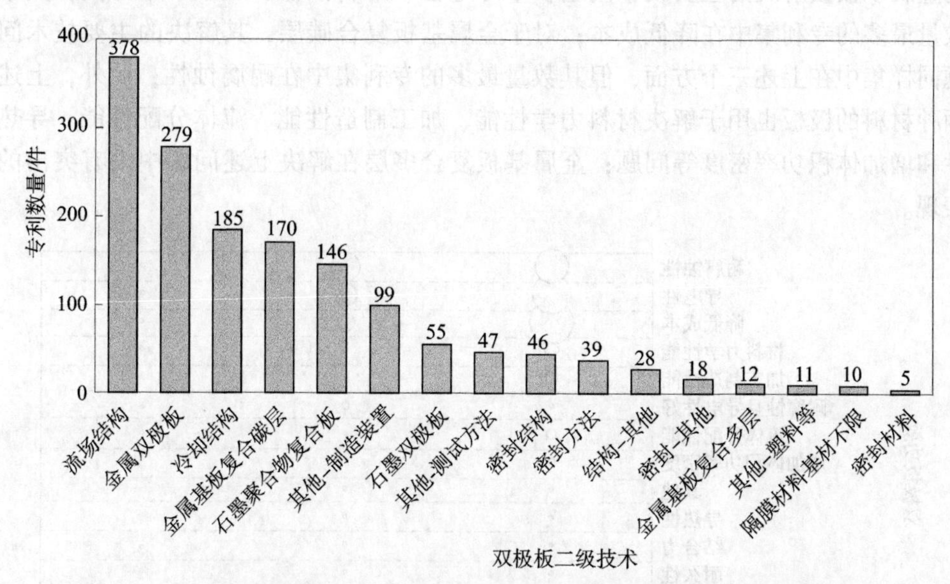

图10.22　质子交换膜燃料电池双极板技术领域二级技术分支专利布局情况

对燃料电池双极板技术分支一级为材料的相关专利进行进一步分析。图10.23为质子交换膜燃料电池双极板相关二级技术分支专利申请趋势。从图中可以看出，金属双极板技术于2007—2010年申请量有明显增幅，之后有小幅回落，2014年之后申请数量再次增加，且2017—2019年增幅显著；金属基板复合碳层专利申请变化趋势与金属双极板类似，其申请量增幅出现在2008—2012年，再次出现明显增幅始于2017年；石墨聚合物复合板2017年前的申请量相对稳定，2018年出现激增；而石墨双极板申请量较少，其申请数量大幅增加出现在2019年。

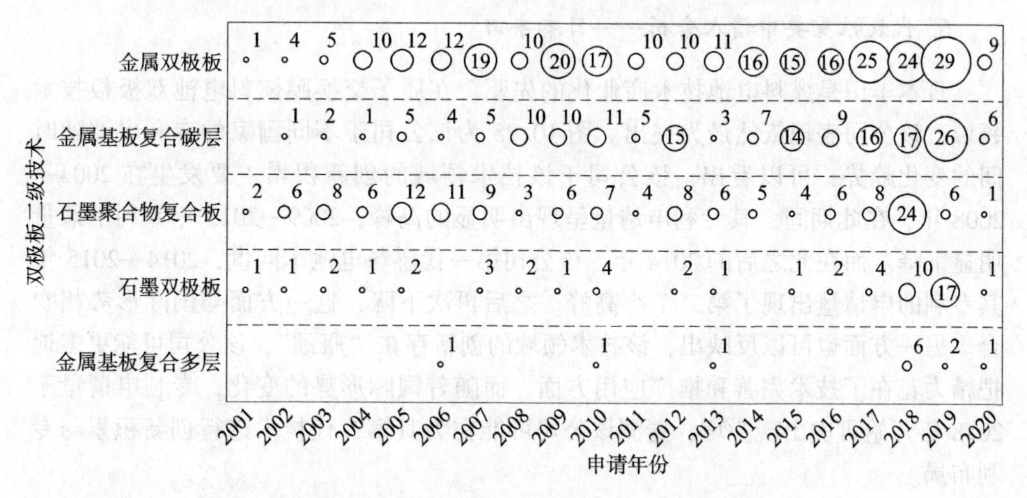

图10.23　质子交换膜燃料电池双极板相关二级技术分支专利申请趋势（单位：件）

进一步对金属极板相关专利进行技术－功效矩阵分析，如图 10.24 所示。可见金属双极板解决的主要技术问题在于导电性、耐腐蚀性和成本三个方面，其中数量最多的专利集中在降低成本；对于金属基板复合碳层，其解决的主要技术问题同样集中在上述三个方面，但其数量最多的专利集中在耐腐蚀性；此外，上述两种材料的极板也用于解决材料力学性能、加工制造性能、流体分配性能、导热性和增加体积功率密度等问题；金属基板复合多层在解决上述问题中没有突出的表现。

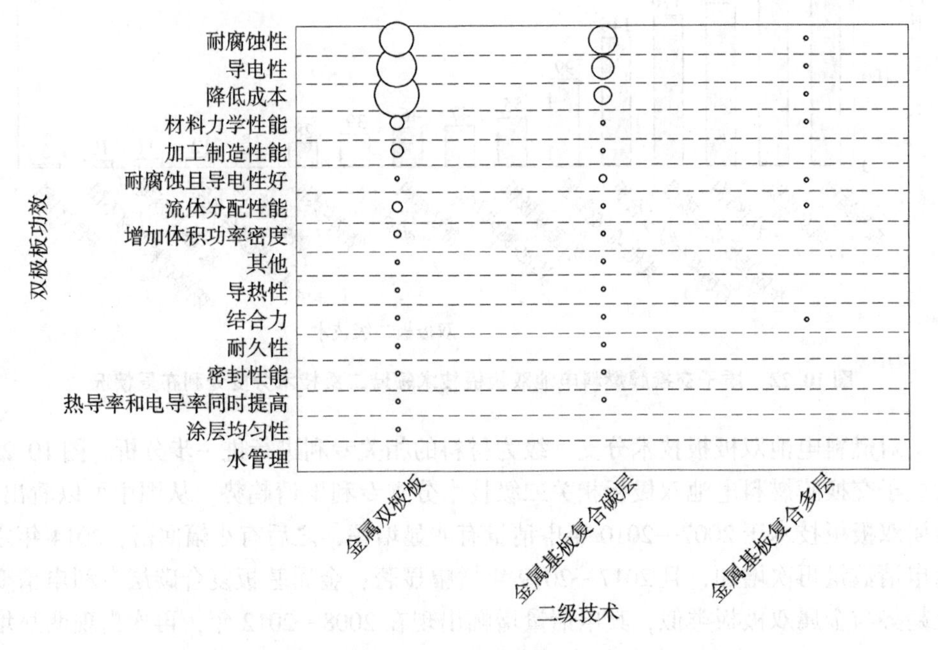

图 10.24　质子交换膜燃料电池双极板相关二级技术－功效矩阵

6. 代表性重要申请人分析——日本丰田

日本丰田是燃料电池技术商业化的先驱。在质子交换膜燃料电池双极板技术领域，该公司表现依然最为突出。图 10.25 为该公司于不同国家的专利申请随时间的变化趋势，可以看出，该公司于该技术领域的创新积累主要发生在 2004—2008 年，在此期间，其专利申请量呈现出明显的高峰；2009—2013 年专利申请量明显下降。而在此之后的 2014 年，该公司第一代燃料电池车问世，2014—2015 年其专利的申请量出现了第二个小高峰。之后再次下降，这一方面与国际形势相吻合。另一方面也可以反映出，该技术领域的创新存在“瓶颈”，该公司可能更多地把精力花在了技术完善和推广应用方面。而随着国际形势的变化，专利申请量于 2018 年开始再次出现激增，猜测该公司可能在为其第二代技术进行创新积累与专利布局。

从该公司专利的地域布局来看，其大多数的专利均布局在本国，其次是在美国和中国，再次是韩国和德国，可见其对中国市场的重视程度。进一步结合时间分析，该公司在中国的专利布局有以下特点：①2003—2007年，其在中国布局的专利数量与在美国布局的专利数量几乎相等；②2009—2013年，其在中国布局的专利数量及占比明显下降；③2014—2015年，燃料电池汽车问世以来，该公司降低了其在本土专利布局的占比，提高了在中国、美国和韩国的占比，甚至在上述各国的申请数量几乎达到同等水平；④2016—2017年，随着该公司全球申请数量的降低，在中国的专利占比再次降低，此次变化的原因仍需进一步探究。

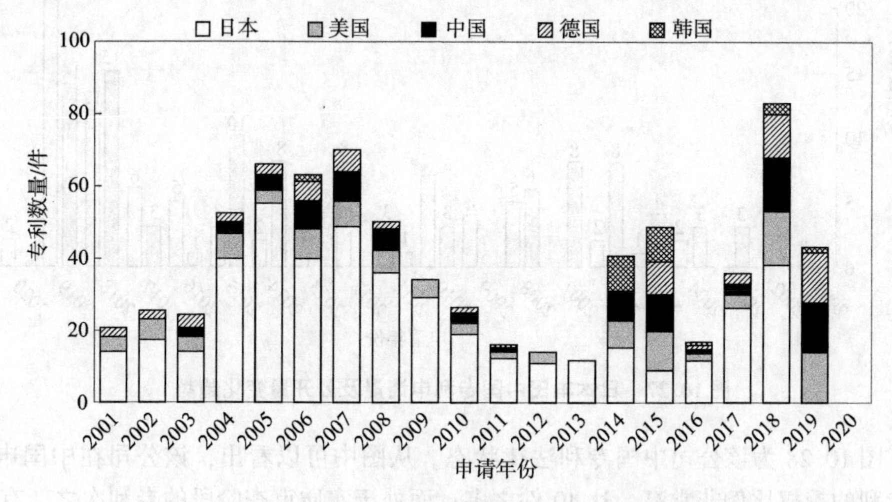

图10.25　日本丰田于不同国家专利申请随时间的变化趋势

图10.26为该公司全球专利价值度分析。从图中可以看出，在incoPat系统中，该公司全球专利价值度达到满分的占比超过了30%，8分及以上的占比超过了50%，分数5分及以下（包括申请未结案的专利）占比不足1/4，可见该公司专利具有较高的价值，其技术创新性及稳定性均比较突出。

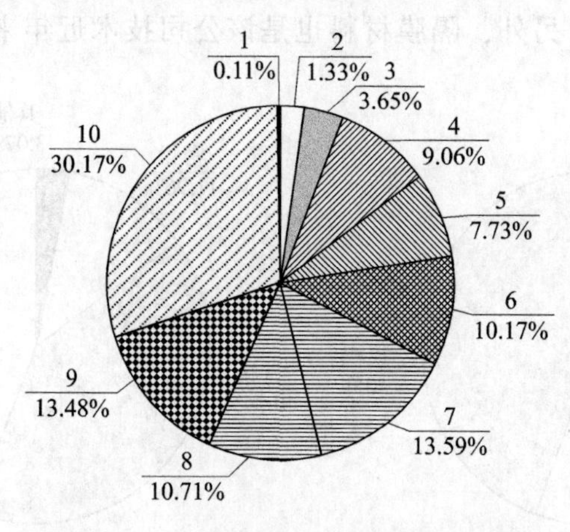

图10.26　日本丰田全球专利价值度分析

图10.27为该公司中国专利申请量及公开量变化趋势。从图中可以看出，该公司于中国的专利申请呈非连续状态。2018年，随着中国燃料电池技术热度的提

升，该公司加大了在中国的专利布局，就已公开数据来看，2018—2019 年，该公司在该技术领域共申请了 29 件中国专利。

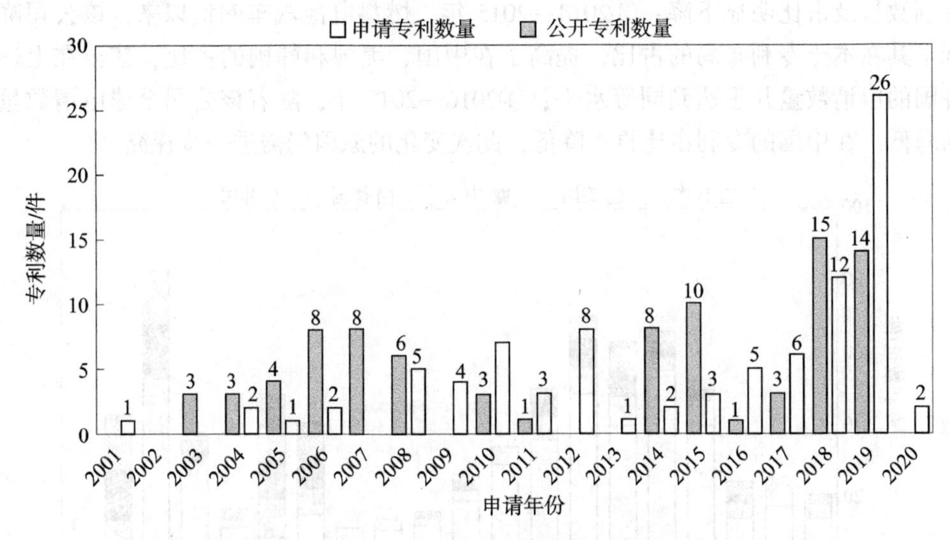

图 10.27　日本丰田中国专利申请量及公开量变化趋势

图 10.28 为该公司中国专利法律状态。从图中可以看出，该公司在中国申请的专利的授权比例非常高，达 40 件之多；而处于实质审查阶段的专利次之，有 32 件；未缴年费、撤回、驳回和放弃的专利合计有 18 件。

图 10.29 和图 10.30 为该公司中国专利技术分布图。从图中可以看出，该公司的技术主要集中在结构和材料两个方面，分别占 44.13% 和 40.84%，密封技术相关专利占 11.96%，其他占 3.07%。其中，材料领域中，其专利主要覆盖金属双极板和金属基板复合碳层；结构领域中，其专利主要覆盖冷却结构和流场结构；另外，隔膜材料也是该公司技术近年来关注的热点。

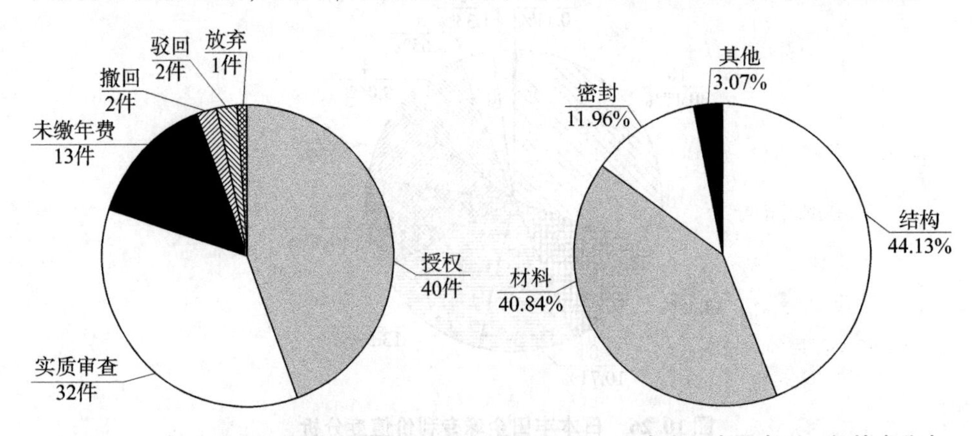

图 10.28　日本丰田中国专利法律状态　　**图 10.29　日本丰田中国专利一级技术分布**

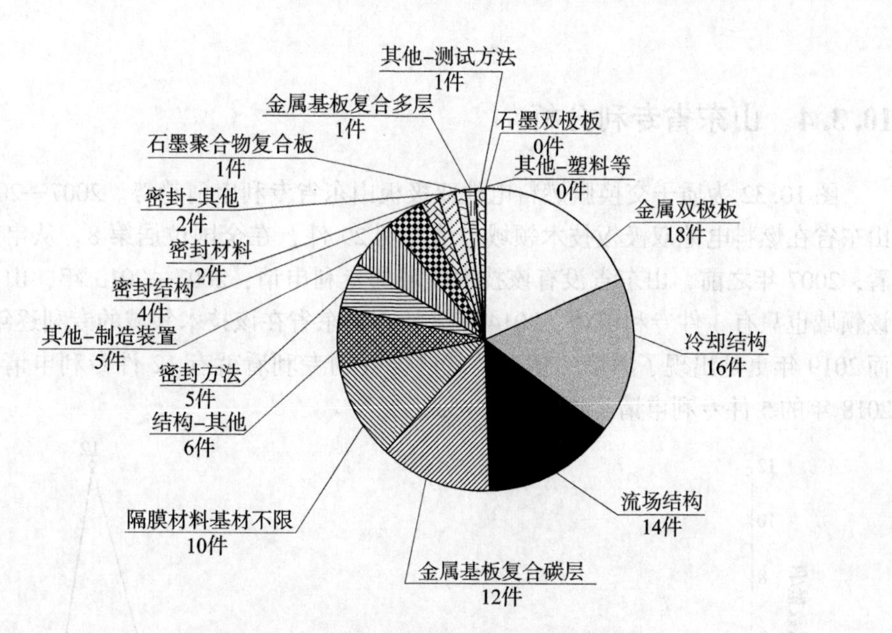

图10.30　日本丰田中国专利二级技术分布

图10.31为该公司中国专利技术-功效矩阵图。从图中可以看出，在金属双极板及金属基板复合碳层技术领域，其解决的技术问题主要是耐腐蚀性；另外，在加工制造、耐久性、成本、导热性、导电性等方面也有一定数量的专利布局。在冷却结构技术领域，其关注更多的是极板的力学稳定性，同时在流体分配性、耐久性、密封性能等方面也有所关注；在流场结构方面，其解决的核心技术问题是流体分配均匀性的问题，同时也解决了水管理、耐久性和成本方面的小部分问题；而其近期关注的隔膜技术则主要解决金属极板同时存在耐腐蚀性和导电性的问题。

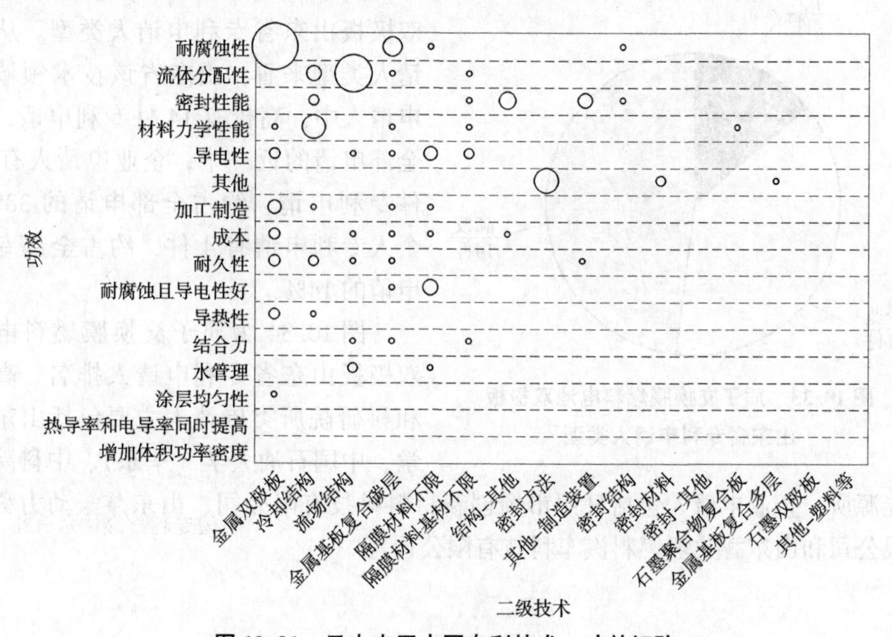

图10.31　日本丰田中国专利技术-功效矩阵

10.3.4　山东省专利分析

图 10.32 为质子交换膜燃料电池双极板山东省专利申请趋势。2007—2020 年，山东省在燃料电池双极板技术领域申请专利 29 件，在全国位居第 8。从申请时间看，2007 年之前，山东省没有该技术领域的专利申请；2007—2013 年，山东省在该领域也只有 3 件专利申请；2014 年开始，山东省在该技术领域的专利逐年增多，而 2019 年更是出现了激增的情况，就已公开的专利看就有 12 件专利申请，相比 2018 年的 5 件专利申请，增加了 140%。

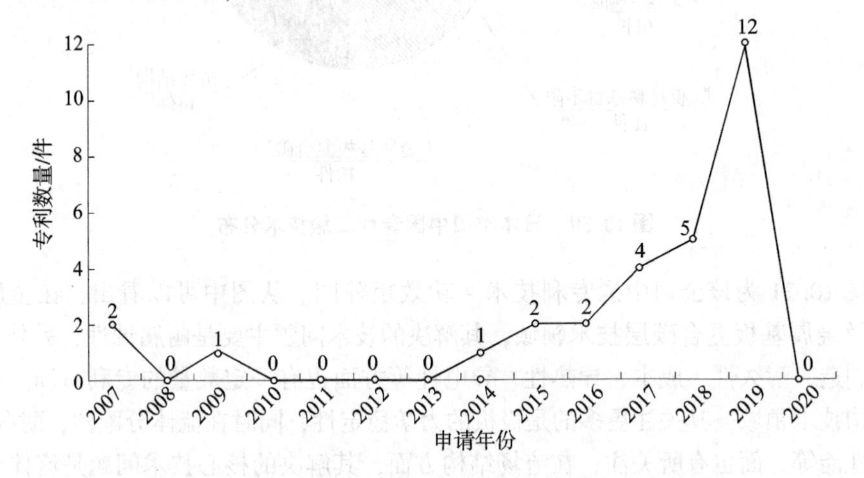

图 10.32　质子交换膜燃料电池双极板山东省专利申请趋势

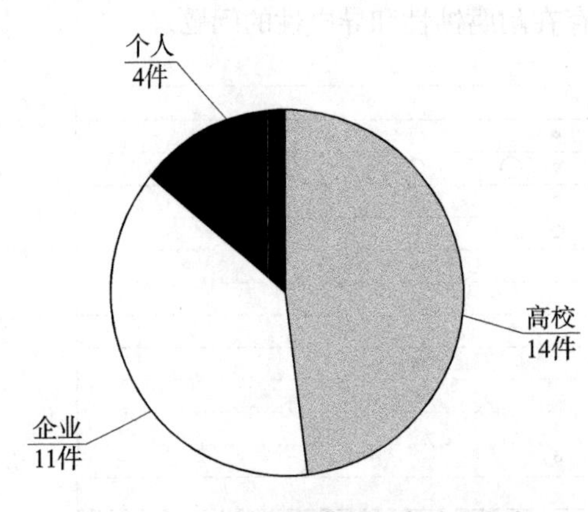

图 10.33　质子交换膜燃料电池双极板山东省专利申请人类型

图 10.33 为质子交换膜燃料电池双极板山东省专利申请人类型。从申请人类型来看，山东省该技术领域的申请人中，高校有 14 件专利申请，占全部申请的近一半；企业申请人有 11 件专利申请，约占全部申请的 38%；个人专利申请有 4 件，约占全部专利申请的 14%。

图 10.34 为质子交换膜燃料电池双极板山东省专利申请人排名。高校和科研院所类申请人主要包括山东大学、中国石油大学（华东）、中科院青岛能源所，企业申请人包括日照市烯创新材料科技有限公司、山东潍氢动力科技有限公司和山东智龙氢燃料汽车科技有限公司等。

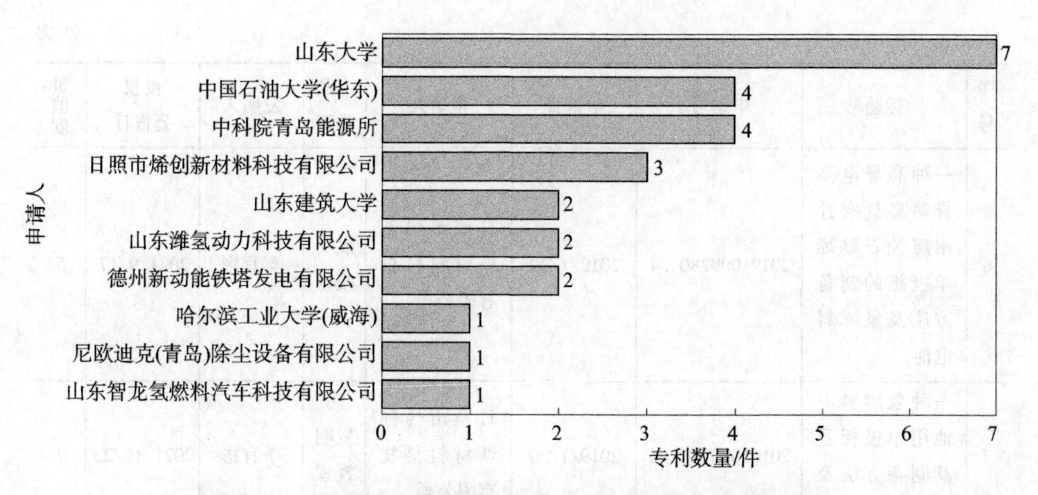

图 10.34 质子交换膜燃料电池双极板山东省专利申请人排名

表 10.1 为山东省专利申请人专利申请列表。

表 10.1 山东省专利申请人专利申请列表

序号	标题	申请号	申请日	申请人	专利类型	发明人	授权公告日	价值度
1	一种燃料电池用双极板及燃料电池	201811268810. X	2018/10/29	德州新动能铁塔发电有限公司	发明授权	张丁、戚玉欣	2020/7/17	8
2	一种燃料电池双极板复合材料及其制备方法与用途	201811116196. 5	2018/9/25	德州新动能铁塔发电有限公司	发明授权	陶志国、党志东、戚玉欣	2021/3/26	5
3	燃料电池双极板复合软模成形装置及方法	201710322094. 8	2017/5/9	哈尔滨工业大学（威海）	发明申请	王传杰、张鹏、陈刚、郭斌		6
4	一种高效低耗的电池极板固化室	201721817243. X	2017/12/22	尼欧迪克（青岛）除尘设备有限公司	实用新型	马卫东、王国权、李永铸、陈振晓	2018/9/18	7
5	膨胀石墨掺杂石墨烯制备高导电氢燃料电池双极板用低密度柔性石墨板的方法	201910055729. 1	2019/1/19	青岛岩海碳材料有限公司	发明申请	张勇		6

续表

序号	标题	申请号	申请日	申请人	专利类型	发明人	授权公告日	价值度
6	一种高导电高导热高气密性耐腐蚀石墨烯单极板的制备方法及氢燃料电池	201910092809.4	2019/1/30	日照市烯创新材料科技有限公司	发明授权	李宜彬	2021/9/17	5
7	一种氢燃料电池用单极板及其制备方法及氢燃料电池	201910092812.6	2019/1/30	日照市烯创新材料科技有限公司	发明授权	李宜彬	2021/11/23	7
8	一种高气体阻隔性膨胀石墨单极板的制备方法及氢燃料电池	201910093908.4	2019/1/30	日照市烯创新材料科技有限公司	发明授权	李宜彬	2022/2/22	6
9	一种柔性质子交换膜燃料电池极板及其制备方法	201910544767.3	2019/6/21	山东大学	发明授权	张成鹏、姜兆亮、刘文平、马嵩华	2020/9/25	9
10	一种燃料电池双极板结构及燃料电池	201910156433.9	2019/3/1	山东大学	发明授权	周博孺、李国祥、张国栋、刘洪建、王桂华、白书战、孙强	2020/12/4	9
11	一种燃料电池极板结构及电堆	201910157114.X	2019/3/1	山东大学	发明授权	刘洪建、李国祥、张国栋、周博孺、王桂华、白书战、孙强	2021/2/5	6
12	一种树脂/石墨复合材料双极板连续成形装置及制备工艺	201410090516.X	2014/3/12	山东大学	发明授权	王威强、冀晓燕、李爱菊	2016/2/17	9

续表

序号	标题	申请号	申请日	申请人	专利类型	发明人	授权公告日	价值度
13	一种磨碎碳纤维增强的酚醛树脂/石墨双极板材料	200910018755.3	2009/9/17	山东大学	发明申请	王威强、李爱菊、李二磊、尤铭铭、朱龚昭		5
14	一种磷酸型燃料电池用双极板及其制备方法	200710113259.7	2007/10/24	山东大学	发明授权	管从胜、张华勇、李自强	2009/8/19	7
15	一种燃料电池用双极板的制备方法	200710014455.9	2007/5/23	山东大学	发明授权	管从胜、秦敬玉、孙从征	2009/5/27	7
16	一种新型燃料电池圆形双极板	201910834924.4	2019/9/5	山东建筑大学	发明申请	郑明刚、朱万超、廉钰翀		5
17	燃料电池变截面流道及具有该流道的双极板	201910554444.2	2019/6/25	山东建筑大学	发明申请	郑明刚、朱万超、廉钰翀		2
18	一种集托盘抓取与双极板抓取于一体的工装	201921865659.8	2019/10/31	山东魔方新能源科技有限公司	实用新型	华周发、胡强、姚青	2020/6/30	8
19	燃料电池金属双极板结构	201920797925.1	2019/5/30	山东潍氢动力科技有限公司	实用新型	侯金亮、熊子昂、徐玉福	2020/1/7	9
20	具有双密封槽金属双极板与注硅胶膜电极结构的燃料电池	201910461155.8	2019/5/30	山东潍氢动力科技有限公司	发明申请	周璞、熊子昂、徐玉福	2020/10/13	8
21	一种质子交换膜燃料电池用极板及燃料电池	201620507559.8	2016/5/30	山东智龙氢燃料汽车科技有限公司	实用新型	郭金武	2016/10/12	2
22	一种用作质子交换膜燃料电池双极板的石墨基导电复合材料及其制备	201811530616.4	2018/12/14	中科院青岛能源所	发明申请	李晓锦、苗纪远		5

续表

序号	标题	申请号	申请日	申请人	专利类型	发明人	授权公告日	价值度
23	一种类蜂巢形流场的金属双极板	201811523356. 8	2018/12/13	中科院青岛能源所	发明申请	李晓锦、白兆圆、苗纪远		5
24	一种高分配一致性金属双极板流场构型	201711485988. 5	2017/12/29	中科院青岛能源所	发明申请	李晓锦、白兆圆		8
25	一种石墨－金属边框复合双极板及其制备方法	201711365577. 2	2017/12/18	中科院青岛能源所	发明授权	李晓锦、柳臻、白兆圆	2020/10/2	9
26	一种复合型流道的燃料电池双极板	201821154823. X	2018/7/20	中国石油大学（华东）	实用新型	王明磊、谢佳濛、曾强、李明超、方毅	2019/2/5	2
27	一种网结构流场的燃料电池双极板	201621338297. 3	2016/12/8	中国石油大学（华东）	实用新型	王胜昆、徐书根、王冲、黄生军、张元、孟维歌	2017/5/24	2
28	一种质子交换膜燃料电池金属双极板的超塑性成形装置及工艺	201510388220. 0	2015/7/3	中国石油大学（华东）	发明授权	徐书根	2016/8/24	2
29	一种螺旋结构流场的质子交换膜燃料电池双极板	201520019901. 5	2015/1/12	中国石油大学（华东）	实用新型	王冲；徐书根；王胜昆；孙志伟	2015/5/13	4

（1）山东大学。山东大学的7件专利申请均为发明专利申请，详细分析可以看到分为三个阶段，第一阶段为2007年，发明人为管从胜等人，其2件专利申请为磷酸型燃料电池相关的双极板，均已获得授权；第二阶段是2009—2014年，发

明人为王威强等人，其2件专利申请均为石墨复合双极板相关的专利申请，其中只有1件获得了授权；第三阶段是2019年，发明人为周博孺、李国祥等人，其2件专利申请主要涉及双极板结构，另1件专利申请的发明人为张成鹏等，其关注的是柔性双极板。从上面的详细分析可以看出，山东大学在燃料电池双极板技术领域并没有明确的布局，且技术关联性也不明显。

（2）中国石油大学（华东）。中国石油大学（华东）有4件相关专利申请，其中3件为实用新型专利，内容主要为流场结构，申请时间为2015—2018年，均已获得授权；另外1件为发明专利，内容为金属双极板制造相关的装置和工艺，申请时间为2015年，已获得授权。

（3）中科院青岛能源所。中科院青岛能源所有3件发明专利申请、1件发明授权，发明人为李晓锦等，申请时间为2017—2018年，申请保护的内容包括石墨复合双极板、金属双极板、石墨－金属复合双极板及金属双极板流场结构，其覆盖领域相对较宽，但其专利数量较少，仍然不能形成较好的保护体系。

（4）其他专利申请人。在山东省的其他专利申请人中，除山东建筑大学有2件专利申请和哈尔滨工业大学（威海）有1件专利申请外，其他全部为企业申请人。其中青岛市的企业申请人包括青岛岩海碳材料有限公司和尼欧迪克（青岛）除尘设备有限公司，前者成立于2014年，是一家石墨产品高科技企业，于2019年申请了柔性石墨双极板的相关专利；后者是一家仪器设备公司，于2017年申请了双极板制造用固化室的相关专利。

从技术转化的角度而言，山东省已经公开的29件专利申请中，有5件价值度评分为9分，4件价值度评分为8分；上述专利具有较好的技术先进性和稳定性，可随着燃料电池市场化的发展进展实现转移转化，体现专利价值。尤其是对于中科院青岛能源所，其已授权的专利价值度评分为9分，而其中一件价值度评分为8分，虽还未授权，也可以考虑实施技术转化。

综上可见，青岛市目前在燃料电池双极板技术领域并未形成产业布局，相关专利申请的数量仍不足，建议有意开拓该技术领域的高校和企业尽快开展研发投入，并适时完成专利布局和专利技术转移转化。

10.4　小结

燃料电池的发展与国家和产业政策支持密不可分；日本和美国汽车企业是该技术的忠实拥护者；以丰田为代表的燃料电池技术已经商业化，但我国本土技术是否成熟还有待见证。

燃料电池企业数量急剧增加，专利技术以企业为主体的地位凸显，但高价值专利的挖掘和布局仍是突破技术壁垒的有效手段。

从地区而言，燃料电池双极板专利排在前列的是上海市和江苏省；山东省虽然有潍柴动力等投资规模较大的燃料电池企业，但并未形成其在燃料电池双极板领域的有效专利布局。

从技术角度而言，双极板结构的专利数量高于材料；而相比于石墨双极板，金属双极板仍占据主要地位；导电性、耐腐蚀性和成本是研究热点。

从长远发展来看，建议本土汽车企业与燃料电池相关主体有效联合，尽早形成全面有效的专利保护，为燃料电池技术的商业化做好法律保护。

第11章 氢能及燃料电池技术领域专利导航初步结论及总体发展建议

2019年9月，青岛氢能产业高峰论坛在青岛国际会议中心举办。论坛以“世界氢城、活力青岛”为主题，旨在汇集全球氢能行业精英共话合作，搭建行业交流平台，展示最新研发成果，促进理论领域智慧碰撞和行业之间交流合作，助力青岛在氢能行业引领全球发展。在此次论坛上，提出了切实推动青岛市新能源汽车产业发展、构建产业链完善和技术先进的新能源汽车产业体系的12条利好政策。政策充分体现了个性化、精准化的产业政策特点，从整车、零部件、科技创新、产业集群、推广应用、产业生态等六个纵向维度和引进与培育两个横向维度进行立体覆盖，并前瞻性地提出，燃料电池和智能网联等热点领域政策支持堪称目前国内政策覆盖面最全、扶持最优的新能源汽车产业政策之一。结合山东省氢燃料电池产业布局规划和检索分析内容，给出以下分析结果和建议。

（1）技术发展概况。

氢能及燃料电池技术的发展与国家和产业政策支持密不可分；日本技术整体处于领先地位，以日本丰田为代表的燃料电池技术已经商业化；我国政府近年大力支持氢能及燃料电池产业的发展，进而孵化许多相关产业及科研产出，但我国本土技术是否成熟还有待见证。

（2）相关技术分析及发展建议。

化学链制氢反应器目前还处于实验室研究阶段，如何使载氧体在反应器之间顺畅循环，密封良好及长期稳定运行还有待于考察；从原料选择性看，将化学链制氢技术成功应用于固体燃料具有更大的吸引力和广阔的发展前景。

氢能和燃料电池氢循环关键技术的研究分布及热点主要包括生产率，可靠性，作用于物体的有害因素，系统的复杂性，稳定性，速度，操作流程的方便性，适应性、通用性，能耗及体积十个方面。

在催化剂浆液方面，建议相关机构从多个角度布局优化孔结构相关专利；同时以技术效果为导向，从添加剂和溶剂的手段去研究找寻相应的技术手段。

日本丰田的金属双极板技术已接近成熟，建议相关机构从技术问题出发，多点布局，形成“包围式”选择性专利成果，以突破技术壁垒，避免在燃料电池商业化实施过程中的法律风险。

（3）山东省发展建议。

氢作为地球上储备量最多的能量来源，被全世界各国广泛关注，从前面的分析可知，日本、欧洲、美国在推出氢能计划的基础上进行了一系列的布局。燃料电池技术作为氢能利用的能量转化装置，可以以高效、安全的工作方式将氢能转化为电能，氢燃料电池汽车目前已经率先在日本实现商业化，中国也处于氢燃料电池汽车大规范示范运行阶段。山东作为我国清洁能源开发利用的代表省份之一，山东氢能源与燃料电池产业联盟2019年1月4日在济南成立，明确指出发展氢能源和燃料电池产业，既是贯彻落实习近平总书记生态文明思想的具体举措，也是推动山东补齐传统能源体系短板的内在要求，更是加快新旧动能转换、推动高质量发展的必经之路。山东氢能源与燃料电池产业联盟要勇担重任、积极作为，切实发挥好对接政府、企业、科研院所的桥梁作用，完善产学研合作与协同创新机制，最大限度集聚各类创新资源，尽快在共性技术科研攻关和全产业链布局上取得突破，推动山东在新一轮能源技术革命中赢得先机、走在前列。

第三编

重要低碳醇制备技术专利导航分析

技术领域：

煤制乙醇技术

乙醇和丁三醇制备技术

烯醇制备技术

第12章 研究概况

12.1 研究背景及目的

《中华人民共和国国民经济和社会发展第十四个五年规划和二〇三五年远景目标纲要》指出，推进能源革命，建设清洁低碳、安全高效的能源体系，提高能源供给保障能力。从我国一次能源的储量与分布来看，“富煤、贫油、少气”的客观条件也要求我们大力发展洁净能源技术，推动电力和煤炭等传统能源的绿色低碳转型。先进储能技术、氢能技术、低碳醇技术等洁净能源技术符合我国能源结构转型方向，对我国能源结构调整具有重要意义，也是国家能源安全的重要保障之一。

12.1.1 研究背景

低碳醇是指C1～C6的醇类化合物，既不含芳香族，也不含硫，应用前景十分广阔，概括起来主要有以下几个方面：①用作替代燃料：虽然低碳醇热值略低于汽、柴油，但是由于醇中氧的存在，其燃烧比汽、柴油充分，尾气中CO、NO_x及烃类排放量少，是环境友好燃料。如果能克服机械上的问题而直接作为机动车用燃料，其现实意义不可低估。②用作清洁汽油添加剂：研究发现，甲基叔丁基醚作为汽油添加剂存在严重的问题，如储存、运输及使用过程中易于泄漏和污染饮用水等，威胁人类健康。虽然甲基叔丁基醚的使用仍会延续一段时间，但最终禁用只是一个时间问题。这为低碳醇的开发应用提供了巨大的发展契机，低碳醇具有很高的辛烷值，其防爆、抗震性能优越。高级醇含量越高与汽油的互溶性越好。③用作化学品及化工原料：从更深层次看，低碳醇的应用前景在于其作为化学产品和大宗化工生产原料的巨大价值。近年来低碳醇的化工应用前景逐步看好，低碳醇经分离可得到乙、丙、丁、戊醇等价格较高的醇类。低碳醇的其他应用包括：作为煤液化的手段之一，实现煤的烷基化和可溶化及有效运输，作为液化石油气（LPG）代用品；直接作为通用化学溶剂及用于高效发电等。随着对液体燃料的需求的日益提高和油气资源的日渐枯竭，作为石油路径的替代之一，低碳混合醇合成带来了新的生命力。

乙醇、丁三醇、烯醇作为低碳醇中重要的醇类，其应该更为广泛。其中乙醇作为燃料使用在国外已有上百年的历史，美国在20世纪初开始利用乙醇作为汽油添加剂使用，可以明显提高汽油的一些特性，但由于各种原因并未广泛推广。随着全球多次石油危机的发生，石油作为一种政治和经济武器，使许多国家的经济和社会发展遭到重创，各国开始重视替代能源的开发，以求缓解过度依赖石油带来的能源风险。燃料乙醇就是在这一时期逐渐受到重视，尤其像巴西、中国等石油资源贫乏、农业资源丰富的国家。进入新世纪，环保的压力，石油价格震荡等原因，使燃料乙醇的优势更加凸显，各国已经开始大力谋划布局燃料乙醇产业，作为国家能源的重要补充。自2001年，中国启动了燃料乙醇的试验，在部分城市开展车用乙醇汽油的试点。经过多年的试点，燃料乙醇可以明显提高汽油的辛烷值，降低车辆的污染物排放量，减少发动机积碳，并且调度灵活、成本可控，带来了明显的经济效益和社会效益。国家于2005年2月出台了《中华人民共和国可再生能源法》，以立法的形式支持包括燃料乙醇在内的新能源的发展，并计划2020年起全面开始应用车用燃料乙醇。“富煤少气”的能源结构决定了我国必然大力发展煤炭资源，积极推进煤炭的高效清洁转化，这对缓解我国石油紧缺问题、保障我国能源安全具有重要的战略意义。

除此之外，乙醇还可以用作不同浓度的消毒剂，广泛应用于医院和家庭及其他公共环境中。另外其还是酒的主要成分（含量和酒的种类有关系），也是基本的有机化工原料，可用来制取乙醛、乙醚、乙酸乙酯、乙胺等化工原料，也是制取溶剂、染料、涂料、洗涤剂等产品的原料。

1,2,4－丁三醇（以下简称“丁三醇”）是一种手性多元醇类化合物，属于非天然化学品，化学分子式为$C_4H_{10}O_3$，相对分子量为106.12。它无色、无臭，是一种强亲水性和强极性的油状液体。丁三醇的性质与同带三个羟基的甘油（1,2,3－丙三醇）类似，能与水和醇混溶，可作为溶剂和润湿剂。该分子的第二位碳原子是一个不对称的碳原子，存在旋光异构现象。丁三醇是一种重要的非天然多元醇，在医药、军工等领域具有广泛的应用价值。在医药方面，丁三醇可作缓释剂，控制药物的释放速度，是用于合成抗病毒化合物、血小板活性因子等多种药物制备的关键中间体；在军工领域，丁三醇是合成丁三醇硝酸酯（BTTN）的重要前体，BTTN是良好的含能增塑剂，可替代硝酸甘油用作优质的推进剂和增塑剂，冲击感度小于硝化甘油，热稳定性好，毒性、挥发性、吸湿性均比硝化甘油小，而且和其他含能增塑剂混合使用，能显著地提高以硝化纤维为基础的火药的低温力学性能。

烯醇化合物是一类重要的精细化工原料和有机合成中间体，因分子结构中含有C═C双键和羟基官能团，可进行氧化、还原、加成、酯化、醚化等反应，被广泛应用于医药、农药、香料、树脂等领域。当下烯醇类化合物生产方法主要是水解法、异构化法等。这两种生产烯醇化合物的方法均有步骤烦琐、成本高、能耗大、污染环境等缺点。因此，寻求一种高效、绿色生产烯醇类化合物的方法迫在眉睫，对其相关技术的专利信息进行分析，具有重要的意义。

12.1.2 研究目的

检索分析全球相关专利数据，开展分析预测，步骤如下。

（1）厘清国内外专利发展现状；

（2）对各技术领域的专利数据进行申请趋势、地域分布、申请人/发明人、技术分布、研究热点、技术研发深度等方面的分析；

（3）寻找技术空白点，为行业技术创新提供有效支撑，为技术走出去提供有益参考；

（4）完善专利布局，为创新主体进行专利技术转化和企业参与市场竞争提供建议。

（5）主要竞争对手（专利申请趋势、技术研发的热点和专利布局）分析，进行专利风险预警；

（6）专利技术转化前景分析。

12.2 研究方法与内容

12.2.1 研究方法

1. 查全查准评估

查全率是衡量某一检索系统从文献集合中检出相关文献成功度的一项指标，即检出的相关文献与全部相关文献的百分比。各技术查全评估方法是采用一名重要申请人进行评估，查全率=(检索出的相关信息量/系统中的相关信息总量)×100%。

查准率是衡量某一检索系统的信号噪声比的一种指标，即检出的相关文献与检出的全部文献的百分比。评估方法为在数据库结果中随机抽取一定量的专利文献逐一进行人工阅读，确定其与技术主题的相关性，查准率=(检索出的相关信息量/检索出的信息总量)×100%。

2. 统计分析

统计分析法是指运用数学模型等方法，对收集到的研究对象的范围、相关规模、程度等等数量信息进行分析研究，从实证角度揭示事物发展变化及未来趋势，从而达到对研究对象进行正确解释的一种研究方法。对各技术分支专利信息进行统计，可以对其发展现状与趋势进行实证方面的把握。

3. 数据来源与处理

本篇研究内容完成过程中使用的分析工具有 incoPat、PowerPoint 和 Excel，主要借助 incoPat 对检索结果进行导出、统计筛选、统计分析、聚类分析和 3D 沙盘分析，对单件专利进行引证分析，以 PowerPoint 和 Excel 作为辅助，形成分析用图表。

本篇检索时间为 2000 年 1 月 1 日至 2020 年 7 月 31 日区间的专利数据，检索范围为全球的相关专利数据。检索策略依据各技术分支不同的技术特点来确定，经过不断修正调整确定了检索式，获取了各个分支进行查全查准后的数据，最终各技术分支查全率在 89% 以上，查准率在 95% 以上。

12.2.2　研究内容

1. 研究对象

对重要低碳醇制备技术进行分析研究的基础上，与各个技术专家、合作单位进行技术分解的讨论，形成了重要低碳醇制备技术分解如图 12.1 所示。

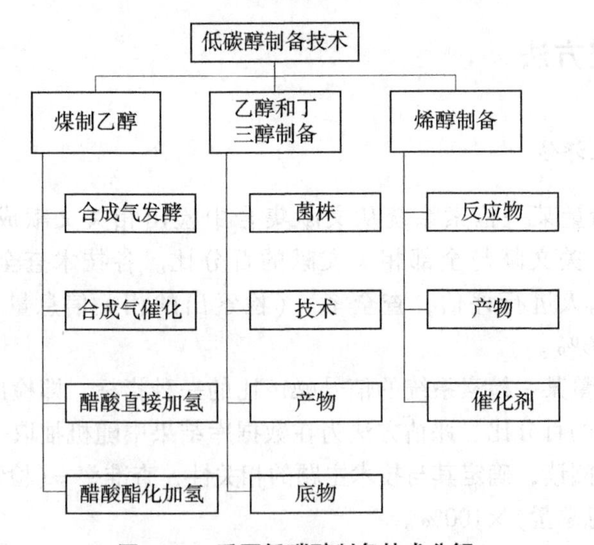

图 12.1　重要低碳醇制备技术分解

2. 技术分解表

重要低碳醇制备技术分解见表 12.1。

表 12.1　重要低碳醇制备技术分解

技术领域	一级分支	二级分支
煤制乙醇技术	合成气发酵路线	催化剂
	合成气催化转化路线	工艺方法
	乙酸（酯）加氢工艺	反应装置
	二甲醚羰基化加氢工艺	其他
微生物产低碳醇	菌株（微生物）	细菌
		酵母菌
		藻
		混菌
	技术	生产
		发酵
		分离
		纯化
		浓缩
		工艺
	产物	乙醇
		丁三醇
	底物	C3
		C4
		C5（主要为木糖）
		C6（主要为葡萄糖）
		C12（主要为蔗糖）
		秸秆
		废弃物
		谷物
		纤维素
		果实
		甘蔗蜜糖
		淀粉
烯醇制备技术	反应物	烯醇
		烯烃
		醇
		醛
		酮

续表

技术领域	一级分支	二级分支
烯醇制备技术	产物	烯醇
		烯醛
		醛
		酮
		醇
	催化剂	有机酸
		无机酸
		有机碱
		无机碱
		金属氧化物
		金属中心

12.2.3　标引原则

本篇重点选择煤制乙醇、乙醇和丁三醇制备和烯醇制备三个技术方向作为研究对象，并分别对每项技术进行如下技术分类标引和重点技术分析。

根据检索结果和技术内容，煤制乙醇技术按合成气发酵路线、合成气催化转化路线、乙酸（酯）加氢工艺、二甲醚羰基化加氢工艺为一级技术分支，二级技术分支为催化剂、工艺方法、反应装置和其他，技术功效为延长催化剂寿命、提高选择性、提高转化率、降低环境污染和降低成本。

为实现对基因工程技术领域及微生物发酵技术领域专利导航的技术信息进行挖掘，将所关注的技术问题进行技术分级并给出技术分解表（详见表12.1）。由表12.1可以看出，将菌株（微生物）、技术、产物和底物作为一级分支。其中，该领域所述菌株（微生物）的最高级分支选择细菌、酵母菌、藻和混菌；该领域所述技术（成熟度）的最高级分支选择生产、发酵、分离、纯化、浓缩和工艺；该领域所述产物的最高级分支选择乙醇和丁三醇；该领域所述底物的最高级分支选择C3、C4、C5（主要为木糖）、C6（主要为葡萄糖）、C12（主要为蔗糖）、秸秆、废弃物、谷物、纤维素、果实、甘蔗蜜糖和淀粉。

再利用incoPat智能库的类标签工具对每件专利加以最高级分支标引，并将标引字段作为分析字段进行技术分析。

烯醇制备技术将反应物、产物和催化剂作为一级分支。其中，该领域所述反应物的最高级分支选择烯醇、烯烃、醇、醛和酮；产物包括烯醇、烯醛、醛、酮和醇；催化剂进一步分为有机酸、无机酸、有机碱、无机碱、金属氧化物及金属中心。

第13章　重要低碳醇制备技术全球专利导航分析

13.1　专利申请趋势

图13.1给出了重要低碳醇制备技术的全球专利申请趋势，从中可以看出，该技术专利申请量基本经历了三个阶段，第一阶段是从2001年到2006年，这个是初始发展阶段，专利量增长缓慢；第二个阶段是从2007年到2015年，此阶段为快速增长阶段，专利申请量增长较快，到2011年，专利申请量达到最高峰503件；第三个阶段是2016年以后，专利申请量有较大程度的下降。这可能与世界石油价格的波动密切相关。

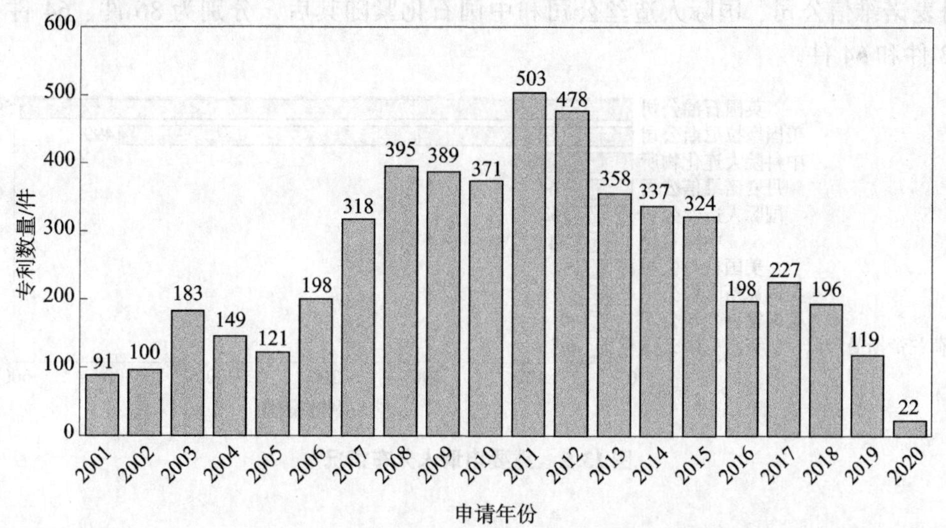

图13.1　重要低碳醇制备技术全球专利申请数量的发展趋势

13.2　申请国家（地区、组织）分布

表13.1展示了重要低碳醇制备技术主要专利申请国家（地区、组织）的分布，从表中可以看出，全球申请量排前10位的有中国、美国、世界知识产权组织、日本、欧洲专利局、加拿大、印度、韩国、巴西和澳大利亚。

表 13.1　重要低碳醇制备技术全球专利申请量前 10 位　（单位：件）

国家（地区、组织）	申请专利数量	国家（地区、组织）	申请专利数量
中国	981	加拿大	244
美国	719	印度	207
世界知识产权组织	574	韩国	193
日本	437	巴西	164
欧洲专利局	417	澳大利亚	147

13.3　重要专利申请人分析

图 13.2 为重要低碳醇制备技术重要申请人分布情况，从图中可以看出，全球专利申请数量排在前 6 位的依次是英国石油公司、美国塞拉尼斯公司、中科院大连化物所、丹麦诺维信公司、国际人造丝公司和中国石化。其中英国石油公司专利申请数量最多，为 595 件；美国塞拉尼斯公司 499 件，中科院大连化物所、丹麦诺维信公司、国际人造丝公司和中国石化紧随其后，分别为 86 件、64 件、63 件和 54 件。

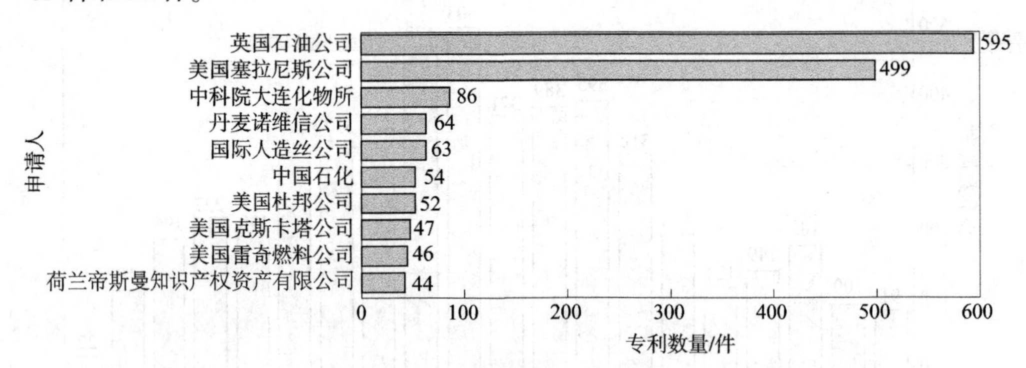

图 13.2　重要申请人分布情况

13.4　各国家（地区、组织）专利技术组成对比

图 13.3 给出了重要低碳醇制备技术的专利技术组成的对比情况，从图中可以看到，其中占比较高的 IPC 分类号依次为 C07C、C12P、B01J、C12N 和 C07B。由图 13.4 各国家（地区、组织）的专利技术组成可以明显看出，对于 C07C 分类，中国、美国、世界知识产权组织、欧洲专利局和日本分别排在第 1 到第 5 位。对于 C12P 分类，排在前 5 名的则是美国、世界知识产权组织、日本、欧洲专利局和韩国。对于 B01J 分类，则是中国排在第 1 位，日本、美国、世界知识产权组织和

欧洲专利局分别排在第2到5位。

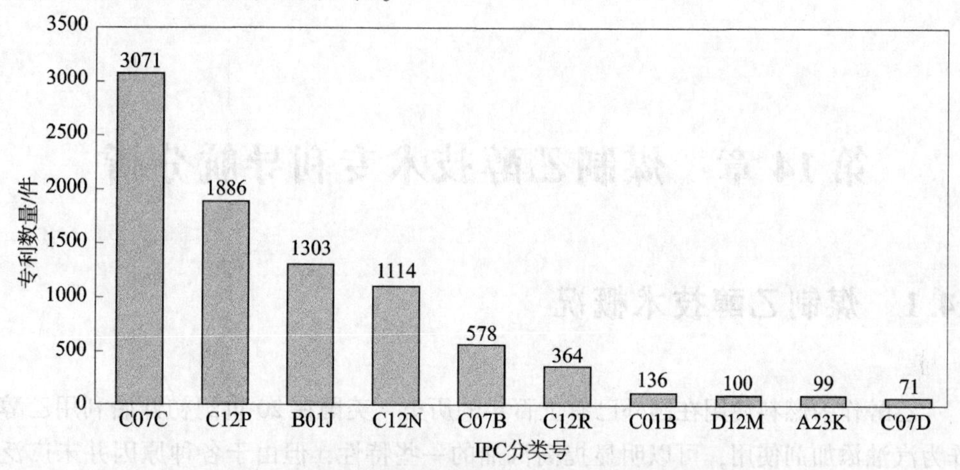

图13.3　重要低碳醇制备技术的专利技术组成

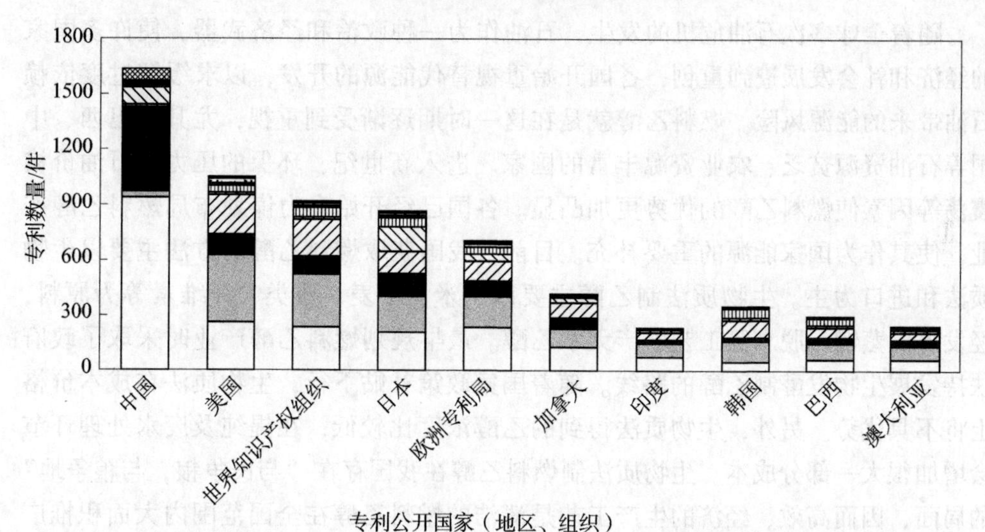

图13.4　各国家（地区、组织）的重要低碳醇制备技术的专利技术组成

13.5　小结

通过以上分析可以看出，重要低碳醇制备技术全球专利申请趋势分为3个阶段，2001—2006年的初始发展阶段，2007—2015年的快速增长阶段，2016年以后的技术成熟阶段。其重要申请人为英国石油公司、美国塞拉尼斯公司、中科院大连化物所、丹麦诺维信公司、国际人造丝公司和中国石化。专利主要分布在中国、美国、世界知识产权组织、日本和欧洲专利局。IPC分类号的技术组成依次为C07C、C12P、B01J、C12N和C07B。

第14章　煤制乙醇技术专利导航分析

14.1　煤制乙醇技术概况

乙醇作为燃料使用在国外已有上百年的历史，美国在20世纪初开始利用乙醇作为汽油添加剂使用，可以明显提高汽油的一些特性，但由于各种原因并未广泛推广。

随着全球多次石油危机的发生，石油作为一种政治和经济武器，使许多国家的经济和社会发展遭到重创，各国开始重视替代能源的开发，以求缓解过度依赖石油带来的能源风险。燃料乙醇就是在这一时期逐渐受到重视，尤其像巴西、中国等石油资源贫乏、农业资源丰富的国家。进入新世纪，环保的压力、石油价格震荡等因素使燃料乙醇的优势更加凸显。各国已经开始大力谋划布局燃料乙醇产业，使其作为国家能源的重要补充。目前，我国获取燃料乙醇的方法主要以生物质法和进口为主。生物质法制乙醇主要以玉米、小麦、薯类、纤维素等为原料，经发酵、蒸馏、脱水等工艺生产无水乙醇。最早规划燃料乙醇产业时采取了政府扶持发展生物发酵制乙醇的路线。随着国家政策补贴下行，生物质法在成本价格上将不具优势。另外，生物质法得到的乙醇浓度比较低，在提纯及废水处理环节会增加很大一部分成本。生物质法制燃料乙醇在我国存在“与民争粮，与粮争地”的局面，因而高效、经济的生产工艺是清洁的燃料乙醇在全国范围内大面积推广使用的前提。我国自2001年启动燃料乙醇的试验以来，在降低车辆的污染物排放量及成本方面取得了明显的经济效益和社会效益。

目前，煤制乙醇的技术路线主要分为两种：一是合成气直接制碳二含氧化合物，进一步加氢制乙醇，但该工艺需要贵金属铑作催化剂，催化剂成本较高；二是合成气制甲醇，进而生成乙酸制乙醇，这条路线相对成熟，但设备需要抗腐蚀材料，同时采用贵金属催化剂，投资成本和催化剂成本较高。

合成气直接制碳二含氧化合物路线通常操作条件为高温、高压，压缩功耗较大，能耗较高，目前尚未实现工业化。但其易于工业大型化，生产效率较高，若能开发出高效非贵金属催化剂并提高CO转化率，未来其将成为合成气制乙醇的主流技术。中科院大连化物所通过使用锰、铁等作铑基催化剂助剂，乙醇的选择性可达60%以上。索普集团采用中科院大连化物所的成果建设了1套3万吨/年煤制乙醇工业化装置。由于该技术路线需要采用铑等贵金属催化剂，而且转化率和选择性不高，目前仍处于探索阶段。

间接法制乙醇技术中的乙酸（酯）加氢工艺较为成熟，国内外已有多家公司拥有相关专利（表14.1），建成的中试装置都运行良好，整体处于工业化推广阶段。醋酸直接加氢技术是指在贵金属催化剂或非贵金属催化剂的作用下，将醋酸直接加氢生成乙醇的过程。目前已完成该工艺核心技术的开发并建成多个中试项目。该技术处于全球领先的是美国塞拉尼斯公司，其2013年在南京投产了27.5万吨/年醋酸直接加氢制乙醇装置。2016年4月，在江苏索普集团建成3万吨/年醋酸加氢制乙醇工业示范装置并一次开车成功，但过程反应速率慢，其产品的选择性和转化率有待提高，催化剂性能仍需提高。

表14.1　国内外主要的乙酸（酯）加氢制乙醇工艺

类别	专利商	催化剂	温度/℃	压力/MPa	乙酸转化率/%	乙醇选择性/%	工业化情况
乙酸加氢	江苏索普集团	Pd	200~250	5.0~7.0	—	—	3万吨/年中试
	上海浦景化工技术股份有限公司	贵金属	200~350	2.0~5.0	>99.0	>97.0	300吨/年中试
	中科院山西煤炭化学研究所	Pt/Ag	—	—	>99.8	>99.5	50吨/年中试
	美国塞拉尼斯公司	Pt/Sn	200~300	0.1~15.0	>99.0	>92.0	40万吨/年
乙酸酯加氢	上海戊正工程技术有限公司	Cu	190~230	2.0~3.3	>96.0	>98.0	60吨/年中试
	上海华谊集团	Cu	180~250	2.0~5.0	>98.0	>99.0	1000吨/年中试
	西南化工研究所	Cu	200~260	2.0~3.0	>98.0	>98.0	20万吨/年
	江苏丹化集团	Cu	180~260	2.0~5.0	>98.0	>99.0	600吨/年中试
	唐山市冀东溶剂厂	Cu		—	>98.5	>99.0	3万吨/年中试
	惠生工程（中国）有限公司天津分公司	Cu	180~250	2.5~3.0	>98.5	99.5	2万吨/年中试

间接法制乙醇技术中的二甲醚羰基化加氢工艺，乙酸甲酯加氢制乙醇是成熟技术，而二甲醚羰基化制乙酸甲酯是该工艺的关键，见表14.2。上海戊正工程技术有限公司开展了相关的技术研究，陕西延长石油（集团）有限责任公司与中科院大连化物所合作开发了二甲醚羰基化自有技术，并于2016年年底在下属陕西兴化集团公司建成了全球首套10万吨/年合成气制乙醇工业示范装置。目前该装置稳定运行，乙醇产品纯度达到99.71%；规模为20万吨/年与50万吨/年工艺包已编制完成。

表 14.2　二甲醚羰基化加氢工艺指标情况

类别	专利商	催化剂	温度/℃	压力/MPa	二甲醚或乙酸甲酯转化率/%	乙酸甲酯或乙醇选择性/%	时空生产率/[g/(kg·h)]
二甲醚羰基化	上海戊正工程技术有限公司	—	200～300	1.0～3.0	≥65.0	≥99.0	400
	陕西延长石油（集团）有限责任公司－中科院大连化物所	—	200～250	4.0～5.0	>50.0	>96.0	—
乙酸甲酯加氢	—	Cu/ZnO	190～320	2.0～3.3	≥96.0	≥99.0	1150

从反应原理来看，合成气直接法制乙醇的原子经济性好、路径最短，但其原料（$CO+H_2$）转化率低、产品乙醇选择性低，目前仅微生物发酵法处于中试阶段，尚无更大规模的工业化应用；而合成气间接法制乙醇，虽然合成路径较长，但其所需的关键技术或有成熟应用或有重大突破，产业化进程较快，距离大规模工业化生产已不远，具有更大的发展潜力。合成气制乙醇是能源化工发展的新方向，工业化应用也取得了较大进展，见表 14.3。其中，微生物发酵和化学催化直接制乙醇技术，已建成工业示范装置；而乙酸（酯）加氢间接法制乙醇技术较为成熟，已建成和在建多套商业化装置；另外，二甲醚羰基化加氢制乙醇技术也已获得关键突破，未来将成为一条重要的煤基合成气间接制乙醇的工艺路线。

表 14.3　合成气制乙醇典型生产（示范）项目

项目	技术类别	原料	规模/(万吨/年)	投产时间
宝钢尾气制乙醇	微生物直接发酵	钢厂尾气	0.03	2012
索普合成气制乙醇	催化直接转化	煤制合成气	3	2013
塞拉尼斯南京乙醇	间接法乙酸加氢	乙酸	27.5	2013
河南顺达乙醇	间接法乙酸酯加氢	乙酸酯	20	2016
延长石油兴化乙醇	二甲醚羰基化加氢	煤制合成气	10	2017
河北中溶科技乙醇	间接法乙酸加氢	焦炉煤气	10	2017

14.1.1　煤制乙醇技术行业发展状况

乙醇不仅是基本的有机化工原料和重要的溶剂，还是最环保的清洁燃料和油品质量改良剂。2016 年，全球燃料乙醇消耗量 8000 万吨，其中美国消耗 4500 万吨（主要来源于玉米），巴西消耗 2150 万吨（主要来源于甘蔗），而我国产量不足 300 万吨。2016 年我国汽油表观消耗量 1.2 亿吨，如果按照 10% 比例添加乙醇，有 1200 万吨需求，燃料乙醇市场缺口达到 900 万吨。2017 年 9 月 13 日国家发展改革委员会等十五部委联合印发《关于扩大生物燃料乙醇生产和推广使用车用乙醇汽油的实施方案》，明确：到 2020 年全国推广使用燃料乙醇。按照最新的国家政策规划，到 2020 年燃料乙醇供应面临大约 1000 万吨的供应缺口。目前中国燃料乙醇主要是以粮食、生物质为原料，如此大的市场缺口仅靠木薯、秸秆等是无法填补的。我国是煤炭储备大国，长期来看发展煤制乙醇具有巨大优势。同时，随着汽车保有量的增长，燃料乙醇的需求量势必相应也会有所增长，所以此项技术的应用推广前景将十分广阔。除了作为燃料乙醇外，乙醇下游开发利用前景广阔，随着乙醇生产成本的降低，乙醇下游产品的开发应用势必逐步走向工业化。

目前来说，工业生产中煤制乙醇生产技术主要分为两种。一种是直接对合成气进行生物提炼或催化得到的，该过程所获得的乙醇水分较多，要想获得无水乙醇还要进行分离操作。这种方法在物理上被称为直接制作法。将上述方法按照制作工艺进行划分可以再次分为生物发酵法和基于催化剂的化学方法两种。另一种生产技术是通过甲醇、二甲醚等中间介质进行反应后得到乙醇，该生产方法为间接制作法，是目前生产工艺中适用范围最广、最受欢迎的一种。

14.1.2 合成气生物法制乙醇

合成气生物法制作乙醇是直接制作法的典型代表。工业制作过程中主要是将微生物置于特定环境下进行发酵最终生成乙醇。其中，起到主要作用的是厌氧乙酰辅酶。截至目前，我国在合成气生物法制作乙醇方面还没有提炼出相对成熟的技术，工业生产中所使用的多为从新西兰引进的 Lanza Tech 技术。我国科研团队通过与新西兰团队进行通力合作打造了适合中国工业发展及中国国情的新型乙醇示范装置。该装置正式投入使用后极大地提高了乙醇提炼的纯度。与此同时，该技术的使用也存在一定缺陷，即连续性较差。至此，我国依然没有突破这一难题。

14.1.3 合成气直接催化合成乙醇

合成气直接催化合成乙醇也是直接制作法的一种。该制作方法主要发挥催化剂的催化作用，实现合成气与低碳醇的互相转化。由此可知，该技术的应用关键是催化剂的开发与选择。煤制乙醇的合成对催化剂的适应性及催化剂的耐受性提出了较高的考验。在工业制作过程中，需要通过催化剂作用提高一氧化碳的转化率，使乙醇制作的选择性更高。到目前为止，我国催化剂选择性较高的是中科院大连化物所使用的锰、铁等铑催化剂。据不完全统计，该类型的催化剂在煤制乙醇制作中能够将乙醇的选择性提高到 60% 甚至更高。江苏索普（集团）有限公司在看到铑催化剂这一应用前景后进一步升级了煤制乙醇的工业化装置，但由于铑催化剂使用的成本较高，煤制乙醇对催化剂本身的化学要求较高，使该集团的发展成本大大增加。此外，基于铑催化剂下的工业生产装置的制作无法稳定控制一氧化碳转化率及催化剂选择性，且在稳定控制的情况下二者相关参数均不能达到最佳状态，因此该技术目前在国内的应用较少。

14.1.4　醋酸直接加氢制乙醇

醋酸直接加氢制乙醇在本质上也是利用催化剂进行煤制乙醇提炼的。该生产工艺在催化剂方面的要求较前者相比较低，在条件允许的情况下可以选择贵金属催化剂，同时也可以利用非贵金属催化剂完成化学反应。现阶段，我国在醋酸直接加氢制乙醇方面的研究相对比较成熟，该生产工艺的核心技术已被突破并在多个项目中完成了工艺试用。但我国在该生产工艺的研究方面并不是十分先进的，全球范围来说最为领先的是美国，2013 年中国南京某企业与美国企业开展合作，共同推进中国行情下的醋酸加氢制作工艺的发展。2016 年索普集团又与美国企业展开合作再次对前期制作的醋酸加氢制乙醇示范装置进行优化。此次研究索普集团取得了巨大成功，同时使我国在醋酸直接加氢制乙醇方面的探索实践大大缩短，在一定程度上减少了科研经费的支出。与此同时，也出现了化学反应进行不彻底或化学反应慢的问题，极大地限制了产品的选择及一氧化碳转化率的提升。基于此，我国科研团队还应该加强对催化剂性质的加强与优化。

14.1.5　醋酸酯化加氢制乙醇

醋酸酯化加氢制乙醇工艺技术较上述几种生产手段而言难度较高，需要在强酸催化剂的辅助下完成化学反应。醋酸酯的生成主要依靠的是酯化反应的发生，该物质生成后还需要与铜基催化剂相结合完成加氢制乙醇工艺。与醋酸直接加氢法相比该生产方法的工艺性较强、过程比较复杂。但其在抵抗腐蚀方面所具备的优势是无法替代的，更为重要的是该技术应用于工业生产中能够大大降低分离过程中能量的损耗，与我国可持续发展的发展观念十分一致。因此，再次降低分离耗能、提高抗腐蚀性能已成为目前我国在醋酸酯化加氢制乙醇生产工艺方面的主要研究方向。相较于上述几种生产工艺来说，此制作方法的应用前景更为广阔。自该技术出现以来，我国众多单位开始对此技术展开了更加深入的研究，截至目前，该技术已正式应用于部分工业制作过程中。如江苏丹化集团有限责任公司、上海石油化工研究院等都是醋酸酯化加氢制乙醇技术手段的主要研究基地，且在该技术手段的研究方面均取得了一定的成果。河南顺达化工科技有限公司同样对该生产工艺进行了研究，其所建设的升级版工业化生产装置已应用于各项工业生产项目中，在装置运行状态及市场销售方面均做出了突出贡献。

14.1.6　二甲醚羰基化制乙醇

该生产工艺的使用需要通过甲醇等中间反应物进行，合成气也是该生产工艺的原料之一。在制得乙醇之前需要首先对甲醇进行脱水反应使其产生反应效果更胜一筹的二甲醚。之后在一定条件下二甲醚与一氧化碳发生羰基反应，而后生成乙酸甲酯化合物，最后加氢再次反应即可成功制得煤制乙醇。该工艺手段与上述以醋酸源为主的技术手段相比，对于催化剂的要求较低，不需要使用成本较高的贵金属催化剂或防腐性能较好的反应釜。首先，在制作成本方面，该技术手段的优势是显而易见的。其次，该生产工艺使用过程中产出的醋酸甲酯与甲醇同样具有市场价值，在企业乙醇生产状况不佳等消极情况出现时可将其引入市场进行销售。此外，二甲醚羰基化制乙醇生产工艺中的二甲醚合成技术在我国发展已相对成熟。因此，应重点对该生产工艺实施过程中羰基化反应、加氢反应等的发生进行重新思考与关注。目前来说，我国在此方面的研究成果主要以中科院大连化物所与陕西延长石油（集团）有限责任公司的合作为主。此次合作二甲醚羰基化制乙醇生产工艺的研究取得了一定程度的进展。2017 年，陕西延长石油（集团）有限责任公司将其建成的合成气制乙醇装置正式投入使用。经鉴定，该工艺手段所得无水乙醇产品合格率大大提升，乙醇提炼纯度更是达到了前所未有的高度。

通过对上述五种煤制乙醇技术路线进行分析可以发现，直接制作法并不会消耗过多的建设成本，且需要进行的化学反应较少，制作难度较低。但就直接制作法整体而言，其核心技术发展尚未成熟，目前正处于摸索阶段，且正式投入工业化使用较少，还需要一定的时间实现产业化发展。间接制作法相对于直接制作法来说虽然需要发生的化学反应较多，制作难度有所提升，但其技术含量与制作难度是成正比的。同时，间接制作法在我国的应用范围较广，并已正式应用于工业化生产。这对于醋酸产能过剩或经营状况不好的企业来说无疑是一大福利。醋酸可作为副产品进行二次销售，既能有效解决工业生产过程中醋酸生产过剩导致原材料浪费的情况又能够为企业运营创造更多的盈利空间。与此同时，间接制作法的应用能够在一定程度上使科研成本及建设成本有所提高。二甲醚羰基化制乙醇的生产工艺对于催化剂使用的要求并不高，相对来说在成本方面具有一定的优势。就设备本身而言，由于整套装置趋于无酸制作，在设备材质方面的要求也不是很高，普通的钢材也可满足制作要求。因此在设备材质选择与设备建设投资方面也具有相应优势。基于此，该工艺手段在我国应用范围较广且科研成果较多，具有较大的发展空间与市场潜力。2017 年 1 月 11 日，采用此项技术的陕西延长石油（集团）有限责任公司 10 万吨合成气制乙醇装置成功打通全流程，产出合格无水乙醇，标志着全球首套煤基乙醇工业示范装置一次试车成功，表明我国将率先拥有设计和建设百万吨级大型煤基乙醇工厂的能力，奠定了我国煤制乙醇工业化的国际领先地位，对于缓解我国石油供应不足、油品清洁化、缓解大气污染及煤炭清洁化利用具有战略意义，为 2020 年实现全国范围内车用乙醇汽油的使用做出贡献。截至目前，该技术已经签订技术许可合同 5 套，包括陕西延长石油榆神能源化工有限责任公司 50 万吨/年、鹤壁腾飞清洁能源有限公司 30 万吨/年、山东荣信集团有限公司 40 万吨/年、安徽昊源化工集团有限公司 30 万吨/年和新疆天业股份有限公司25万吨/年。与此同时，二甲醚羰基加氢制乙醇具有重要的技术战略意义。

（1）降低能源安全风险。

我国能源资源的特点是富煤、贫油、少气；煤炭资源总量5.9万亿吨，占一次能源资源总量的94%，石油对外依存度长期居高不下。2017年，我国原油进口量超过美国，首次成为世界最大的原油进口国。我国石油表观消费量达到5.9亿吨，增速为2011年以来的最高；国内产量降至1.92亿吨，连续二年低于2亿吨，而全年石油净进口量达到3.96亿吨，比上年增长10.8%。2017年我国原油对外依存度升至67.4%。2018年中国石油表观需求量首次突破6亿吨，达到6.25亿吨，对外依存度达到70.8%。

（2）解决粮食安全问题。

2016年开始，我国已明确提出农业供给侧结构性改革，供给过剩的玉米产业最先降低种植面积。随着我国大豆种植面积的逐年恢复，未来玉米的种植面积和库存都将呈现下行趋势。

（3）降低污染改善环境。

乙醇是优良的燃油的增氧剂，使汽油增加内氧燃烧充分，达到节能和环保目的；此外，乙醇还具有极好的抗爆性能，作为高辛烷值组分是最理想的汽油添加剂。

（4）优化产业升级转型。

针对我国提出的供给侧结构性改革大方针，传统的化工行业面临着产业升级转型的困扰。各企业可依据市场行情、自身情况，利用该项国际领先的技术达到调整机构、释放产能的目的。

14.2　煤制乙醇技术全球专利分析

14.2.1　查全查准率

煤制乙醇技术专利经过检索命中数据为46 724条。样本库建立，申请人为中科院大连化物所，发明人朱文良，人工去噪52件专利，导回数据库，批量检索91条，52件。查全率为89%；人工去噪，得到查准率100%。

14.2.2　申请趋势分析

煤制乙醇技术很早就开始研究，到2000年，逐渐开始发展。图14.1给出了煤制乙醇技术全球专利申请数量的年度（基于专利申请年）变化趋势。从图14.1中可以看出，从2001年开始煤制乙醇技术逐渐兴起，并随着时间发展，在2008年呈现较大幅度的增长。特别是在2011年，相关专利年申请量达到最高值，之后的 5 年，虽然专利申请量稍有回落，但也保持着较好的增长趋势。2016 年以来申请量有所下降。

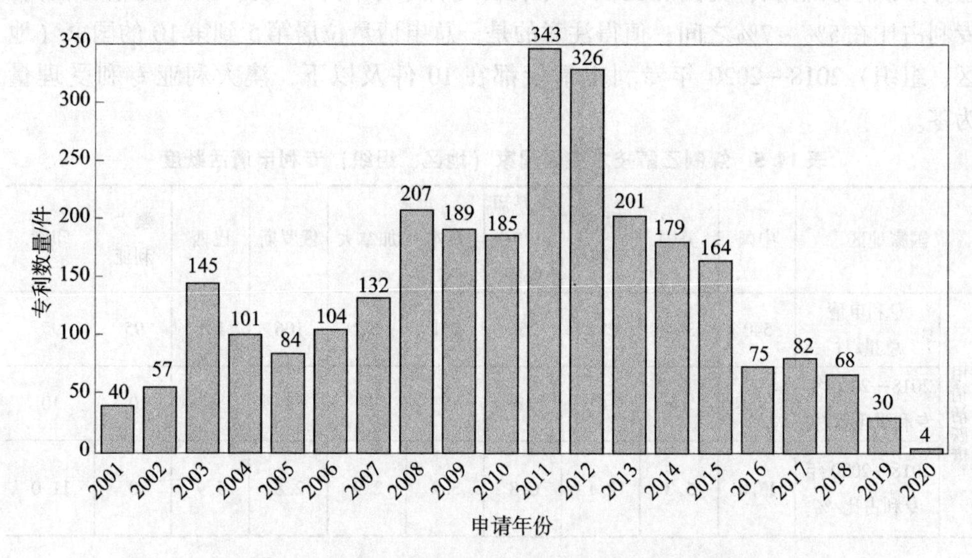

图 14.1　煤制乙醇技术全球专利申请数量的发展趋势

14.2.3　申请国家（地区、组织）分布

表 14.4 展示了煤制乙醇技术主要专利申请国家（地区、组织）的分布，可以看出，在全球申请量排前 10 位的有中国、美国、欧洲专利局、世界知识产权组织、日本、加拿大、俄罗斯、巴西、澳大利亚和印度。中国在煤制乙醇技术研究方面位列第一，专利申请量 540 件；美国紧随其后，为 304 件；欧洲专利局、世界知识产权组织和日本，在专利申请量上属于第二梯队，总量在 200 ~ 300 件之间；加拿大、俄罗斯、巴西、澳大利亚和印度属于第三梯队，专利量在 90 ~ 180 件之间。

表 14.4　煤制乙醇技术全球专利申请量前 10 位　　（单位：件）

国家（地区、组织）	申请专利数量	国家（地区、组织）	申请专利数量
中国	540	加拿大	172
美国	304	俄罗斯	106
欧洲专利局	282	巴西	101
世界知识产权组织	266	澳大利亚	95
日本	251	印度	95

14.2.4　主要国家（地区、组织）专利申请活跃度分析

由表 14.5 可以看出，2018—2020 年，中国和印度煤制乙醇技术专利申请活跃

度较高，其间专利受理量分别为93件和10件，专利占比分别为17.0%和11.0%；世界知识产权组织、美国和巴西，专利占比低于中国和印度，活跃度相对较高，专利占比在5%~7%之间；值得注意的是，总申请量位居第5到第10的国家（地区、组织）2018—2020年专利申请量都在10件及以下，澳大利亚专利受理量为零。

表14.5　煤制乙醇技术主要国家（地区、组织）专利申请活跃度

国家地区		中国	美国	欧洲专利局	世界知识产权组织	日本	加拿大	俄罗斯	巴西	澳大利亚	印度
申请活跃度	专利申请总量/件	540	304	282	266	251	172	106	101	95	95
	2018—2020年专利受理量/件	93	16	6	18	8	5	3	6	0	10
	2018—2020年专利占比/%	17.0	5.3	2.1	6.8	3.2	2.9	2.8	5.9	0	11.0

14.2.5　主要国家（地区、组织）专利申请数量趋势对比

从图14.2中可以看出，中国和美国的煤制乙醇技术在2012年专利申请量最高，这种较多专利数量的申请趋势一直持续到2015年，之后稍有下降；而欧洲专利局和世界知识产权组织也基本在2011和2012年达到最高申请量，之后3年专利数量维持在15件左右，2015年后，专利申请量基本在5件以下；总申请量排在第5位的日本，在2010和2011年申请量达到最高，随后申请量从20件逐渐下降到个位数。而申请量排在第6到第10位的加拿大、印度等国家每年的申请量基本维持在10件左右的水平。

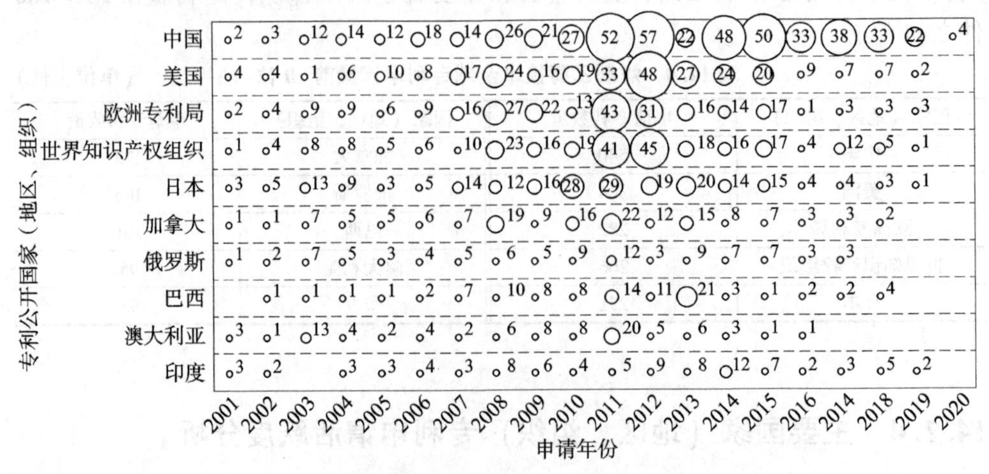

图14.2　煤制乙醇技术主要国家（地区、组织）专利申请量的发展趋势（单位：件）

14.2.6　专利技术生命周期

一种技术的生命周期通常由萌芽（产生）、成长（发展）、成熟、瓶颈（衰退）几个阶段构成（表 14.6）。通过分析一种技术的专利申请量及专利申请人数量的年度变化趋势，可以分析该技术处于技术生命周期的何种阶段，进而为研发、生产、投资等提供决策参考。

表 14.6　技术生命周期主要阶段简介

阶段	阶段名称	代表意义
第一阶段	技术萌芽	社会投入意愿低，专利申请数量与专利权人数量都很少
第二阶段	技术成长	产业技术有了一定突破或厂商对于市场价值有了认知，竞相投入发展，专利申请数量与专利权人数量呈现快速上升
第三阶段	技术成熟	厂商投资研发的资源不再扩张，且其他厂商进入此市场意愿低，专利申请数量与专利权人数量逐渐减缓或趋于平稳
第四阶段	技术瓶颈	相关产业已过于成熟，或产业技术研发遇到瓶颈难以有新的突破，专利申请数量与专利权人数量呈现负增长

基于煤制乙醇相关专利的历年专利申请量和申请人数量，图 14.3 绘出了煤制乙醇相关专利技术的发展进程。结合文献调研和图 14.3，我们可以认为：2007 年之前为煤制乙醇相关专利技术的萌芽阶段；2007 年之后煤制乙醇相关专利技术开始进入快速成长阶段，并在 2011 年进入技术成熟阶段；2013 年以后进入了技术瓶颈期。

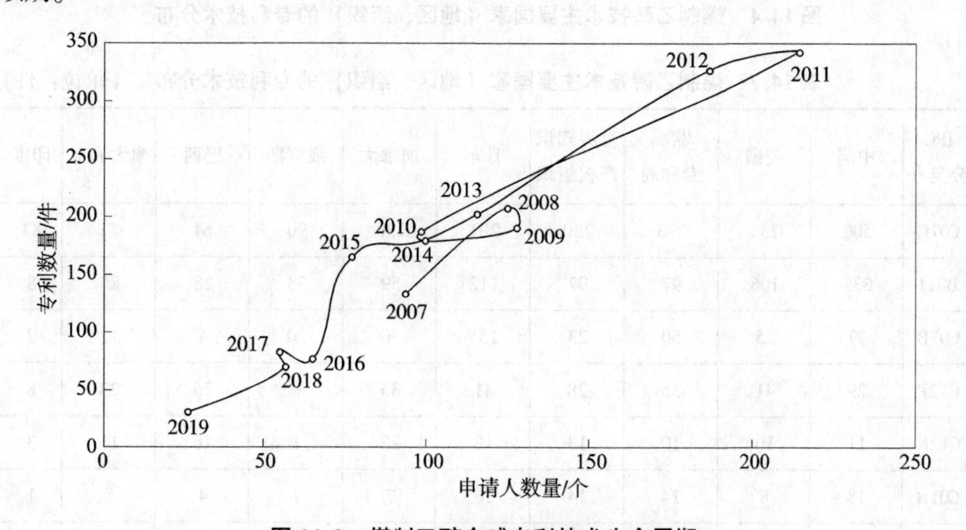

图 14.3　煤制乙醇全球专利技术生命周期

14.2.7　主要国家（地区、组织）专利技术分布

图 14.4 和表 14.7 展示了主要国家（地区、组织）的煤制乙醇专利技术的技术分布，可以看出，其中占比较高的 IPC 分类号依次为 C07C、B01J、C07B 和 C12P。由图 14.4 可以明显地看出，对于 C07C 分类，中国、美国、欧洲专利局、世界知识产权组织、日本和加拿大分别排在第 1 到第 6 名。对于 B01J 分类，排在前 5 名的则是中国、日本、美国、世界知识产权局和欧洲专利局。对于 C07B 分类，则是日本排在第 1 位，欧洲专利局排在第 2 位。

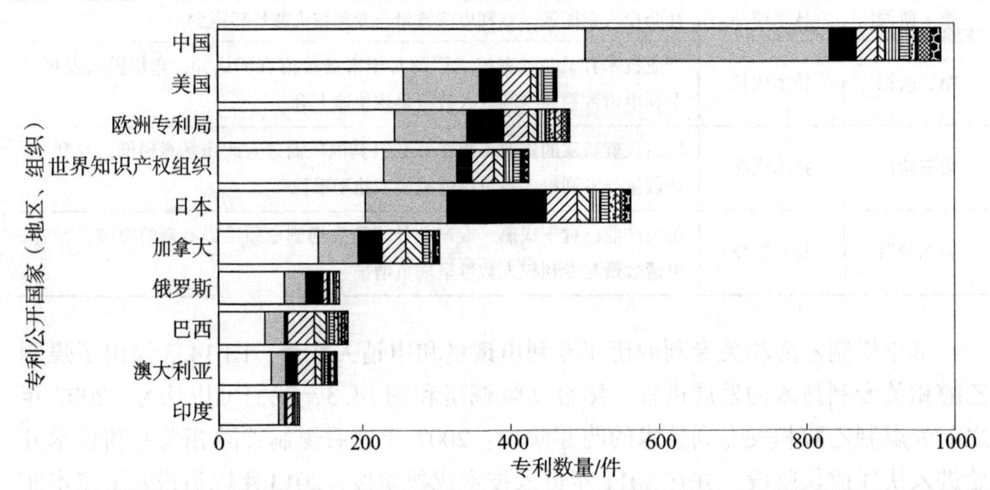

图 14.4　煤制乙醇技术主要国家（地区、组织）的专利技术分布

表 14.7　煤制乙醇技术主要国家（地区、组织）的专利技术分布　（单位：件）

IPC 分类号	中国	美国	欧洲专利局	世界知识产权组织	日本	加拿大	俄罗斯	巴西	澳大利亚	印度
C07C	500	255	243	230	201	136	90	64	72	84
B01J	332	106	97	97	112	59	33	28	25	8
C07B	37	25	50	23	135	30	20	4	12	2
C12P	29	41	35	28	41	35	8	36	23	8
C12N	11	10	10	13	18	22	1	16	11	3
C01B	18	8	14	14	16	7	7	4	5	1
C12R	15	0	3	6	9	1	1	7	5	1
C12M	8	12	8	0	8	1	1	5	1	1

续表

IPC 分类号	中国	美国	欧洲专利局	世界知识产权组织	日本	加拿大	俄罗斯	巴西	澳大利亚	印度
B01D	3	3	8	3	10	3	0	5	5	2
C10G	17	1	7	5	5	3	1	5	2	0
C10L	14	1	2	5	7	5	2	5	2	0

注：C07C（无环或碳环化合物）

B01J（化学或物理方法，例如，催化作用、胶体化学；其有关设备）

C07B（有机化学的一般方法，所用的装置）

C12P（发酵或使用酶的方法合成目标化合物或组合物或从外消旋混合物中分离旋光异构体）

C12N（微生物或酶；其组合物）

C01B（非金属元素，其化合物）

C12R（与涉及微生物之 C12C 至 C12Q 或 C12S 小类相关的引得表）

C12M（酶学或微生物学装置）

B01D（分离）

C10G（烃油裂化；液态烃混合物的制备，如用破坏性加氢反应、低聚反应、聚合反应）

C10L（不包含在其他类目中的燃料；天然气；不包含在 C10G 或 C10K 小类中的方法得到的合成天然气；液化石油气；在燃料或火中使用添加剂；引火物）

14.2.8　竞争专利权人分析

图 14.5 为煤制乙醇技术竞争专利权人分布情况，从图中可以看出，全球申请专利数量较多的主要有 7 个专利权人，申请数量最多的依次为英国石油公司、美国塞拉尼斯公司、中科院大连化物所、国际人造丝公司、美国雷奇燃料公司、瑞士英力士生物公司和中国石化。其中英国石油公司专利申请数量最多，为 641 件；美国塞拉尼斯公司 518 件；中科院大连化物所、国际人造丝公司、美国雷奇燃料公司和瑞士英力士生物公司紧随其后，分别为 80 件、63 件、46 件和 43 件。

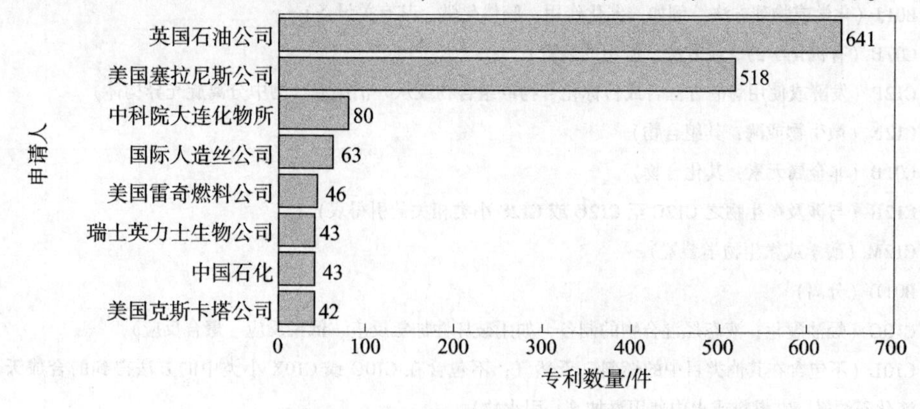

图 14.5　竞争专利权人分布情况

1. 竞争专利权人技术情况对比

图 14.6 给出了竞争专利权人技术对比情况，从图 14.6 可以看出，竞争专利权人的技术除了瑞士英力士生物公司均在 C07C 分类占有较大比重。申请量较多的英国石油公司、美国塞拉尼斯公司在 C07C、B01J 和 C07B 分类都有较多数量的专利申请。英国石油公司、美国塞拉尼斯公司在 C07C 申请量分别为 595 件和 499 件，在 B01J 分类的申请量为 293 件和 164 件，在 C07B 分类的申请量为 175 件和 66 件。而国际人造丝公司、中科院大连化物所和美国雷奇燃料公司则在 C07C 和 B01J 分类有较多数量的专利申请，在 C07C 分类国际人造丝公司、中科院大连化物所和美国雷奇燃料公司的申请量分别为 63 件、46 件和 37 件；在 B01J 分类的申请量，分别为 30 件、33 件和 26 件。而瑞士英力士生物公司，则是在 C12P 和 C12N 分类有较多数量的申请，分别是 38 件和 24 件。

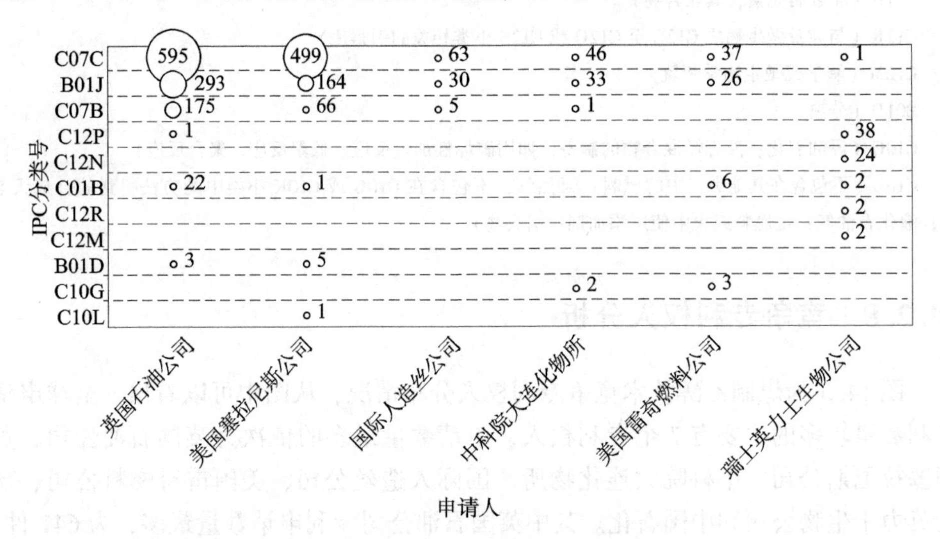

图 14.6　竞争专利权人技术对比（单位：件）

注：C07C（无环或碳环化合物）

B01J（化学或物理方法，例如，催化作用、胶体化学；其有关设备）

C07B（有机化学的一般方法，所用的装置）

C12P（发酵或使用酶的方法合成目标化合物或组合物或从外消旋混合物中分离旋光异构体）

C12N（微生物或酶；其组合物）

C01B（非金属元素，其化合物）

C12R（与涉及微生物之 C12C 至 C12Q 或 C12S 小类相关的引得表）

C12M（酶学或微生物学装置）

B01D（分离）

C10G（烃油裂化；液态烃混合物的制备，如用破坏性加氢反应、低聚反应、聚合反应）

C10L（不包含在其他类目中的燃料；天然气；不包含在 C10G 或 C10K 小类中的方法得到的合成天然气；液化石油气；在燃料或火中使用添加剂；引火物）

2. 竞争专利权人专利活跃情况

由表 14.8 可以看出，2016—2020 年，煤制乙醇技术活跃度最高的专利申请人为中科院大连化物所，其间专利占比高达 38.0%；英国石油公司的活跃度也相对较高，2016—2020 年专利受理 55 件，专利占比为 9.2%；瑞士英力士生物公司、美国塞拉尼斯公司、国际人造丝公司的专利活跃度均在 6% ~7% 之间。而美国雷奇燃料公司专利申请活跃度为零。

表 14.8 主要国家（地区、组织）煤制乙醇技术专利申请活跃度

国家地区		英国石油公司	美国塞拉尼斯公司	国际人造丝公司	中科院大连化物所	美国雷奇燃料公司	瑞士英力士生物公司
申请活跃度	专利总量/件	595	499	63	47	46	43
	2016—2020 年专利受理量/件	55	32	4	18	0	3
	2016—2020 年专利占比/%	9.2	6.4	6.3	38.0	0	7.0

3. 竞争专利权人研究热点

从图 14.7 可以看出，煤制乙醇技术近期技术热点仍然集中在 C07C、B01J 两个技术组成上。从图 14.8 可以看出，2018—2020 年申请专利较多的申请人是英国石油公司，美国塞拉尼斯公司和中科院大连化物所，但总的专利申请量也都开始呈现逐渐下降趋势。

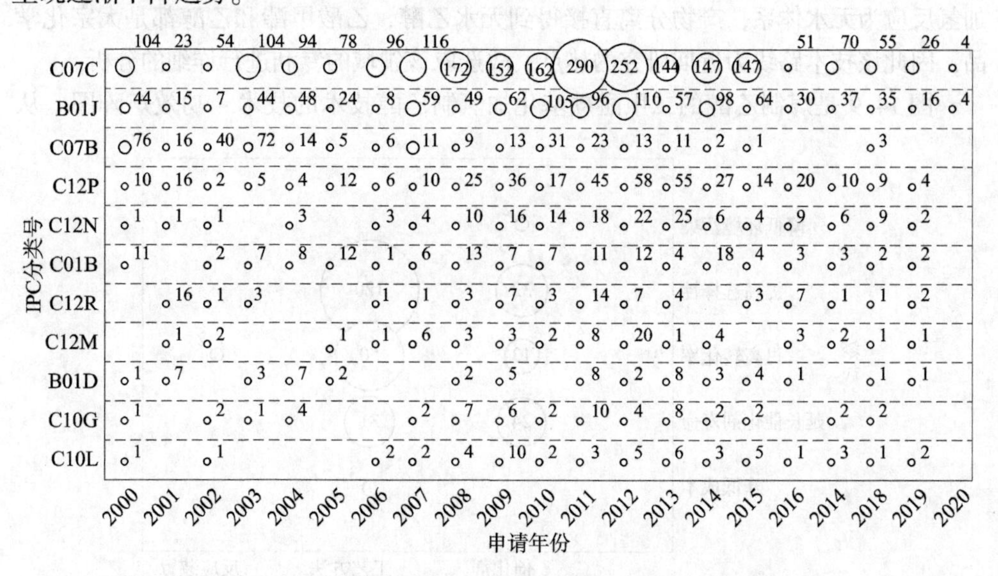

图 14.7 煤制乙醇技术专利技术分类的变化趋势（单位：件）

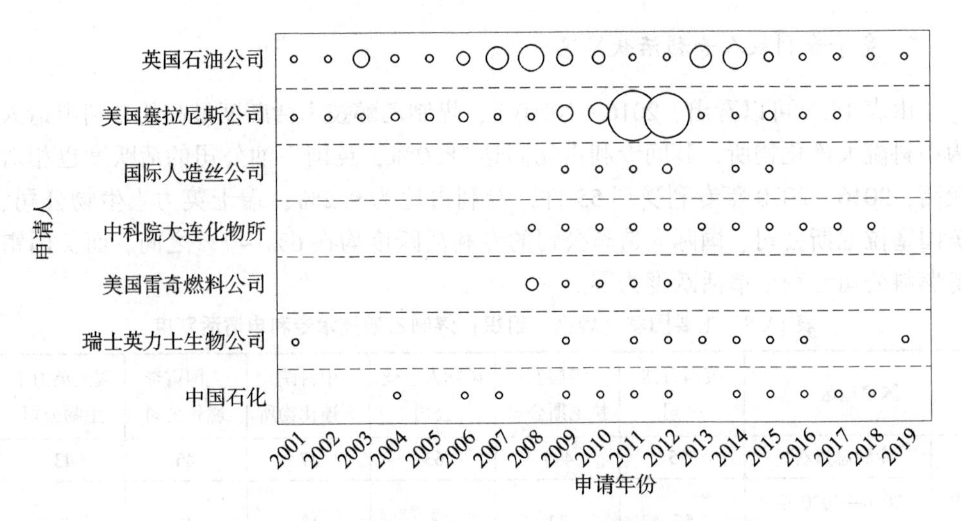

图 14.8　煤制乙醇技术专利权人专利申请量的变化趋势

14.2.9　专利技术功效分析

煤制乙醇技术合成路线有两种，分别是直接法和间接法，直接法包括合成气发酵路线、合成气催化转化路线，间接法包括乙酸（酯）加氢制备乙醇和二甲醚羰基化加氢制备乙酸甲酯。由于二甲醚羰基化路线其羰基化催化剂为分子筛催化剂，加氢催化剂是铜基催化剂，不是贵金属催化剂，经济成本降低，并且对环境没有污染，同时，产物中没有或有微量乙酸，设备采用常规材质即可。羰基化反应和加氢反应为无水体系，产物分离直接得到无水乙醇，乙酸甲酯和乙醇都是大宗化学品，因此该技术路线为近期研究的热点。故选取该领域的专利进行详细的分析。

图 14.9 是煤制乙醇的二甲醚羰基化加氢制乙醇技术的技术－功效矩阵图。从

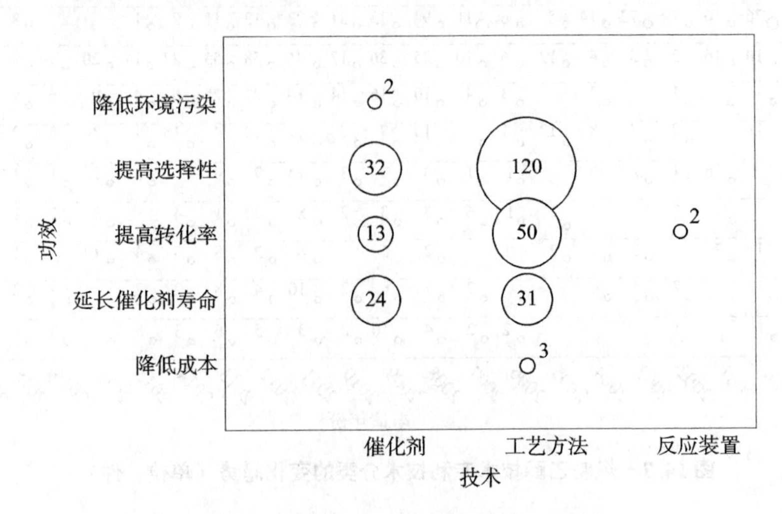

图 14.9　技术－功效图（单位：件）

图 14.9 可以看到，煤制乙醇技术的二甲醚羰基化加氢制乙醇技术的研究热点领域依次是通过改进工艺方法提高产物选择性、通过改进工艺来提高原料转化率、通过改进催化剂提高产物选择性以及通过改进工艺方法和催化剂来延长催化剂寿命这几个方面，而通过改进催化剂提高原料转化率、通过改变工艺方法降低成本、通过改进催化剂来降低环境污染和通过改进反应装置提高原料转化率这几个领域为研究的空白点。

14.2.10　小结

煤制乙醇技术全球很早就开始研究，根据申请人数量与专利申请量的变化，可以认为：2007 年之前为煤制乙醇相关专利技术的萌芽阶段；2007 年之后煤制乙醇相关专利技术开始进入快速成长阶段，并在 2011 年进入技术成熟阶段；2013 年以后进入了技术瓶颈期。

全球申请专利数量较多的主要有 7 个专利权人，依次为英国石油公司、美国塞拉尼斯公司、中科院大连化物所、国际人造丝公司、美国雷奇燃料公司、瑞士英力士生物公司和中国石化。在全球申请量排前 6 位的国家（地区、组织）有中国、美国、欧洲专利局、世界知识产权组织、日本和加拿大。

煤制乙醇专利技术的技术组成其中占比较高的 IPC 号依次为 C07C、B01J、C07B 和 C12P。中国、美国、欧洲专利局、世界知识产权组织、日本和加拿大的 C07C 分别排在第 1 到第 6 位。而 B01J 分类号，排在前 5 位的则是中国、日本、世界知识产权局、欧洲专利局和美国。煤制乙醇技术近期技术热点仍然集中在 C07C、B01J 两个技术组成上，中国和印度 2018—2020 年申请活跃度较高。2016—2020 年，活跃度最高的申请人为中科院大连化物所，其专利占比高达 37%；其次英国石油公司的活跃度也相对较高，专利受理 55 件，专利占比为 9.2%；而美国雷奇燃料公司，专利申请活跃度为零。

研究热点领域依次是通过改进工艺方法提高产物选择性、通过改进工艺来提高原料转化率、通过改进催化剂提高产物选择性以及通过改进工艺方法和催化剂来延长催化剂寿命这几个方面，而通过改进催化剂提高原料转化率、通过改变工艺方法降低成本、通过改进催化剂来降低环境污染和通过改进反应装置提高原料转化率这几个领域为研究的空白点。

14.3　煤制乙醇技术中国专利分析

14.3.1　申请趋势分析

图 14.10 展示了煤制乙醇技术中国专利申请数量的发展趋势，从图中可以看

出，煤制乙醇技术从2001开始在中国逐渐有专利申请；到2012年该技术发展达到了顶峰，申请专利的数量最多为57件；2013年迅速下降，2014—2018年仍然维持着较高的专利申请量；2019年申请量又开始下降。

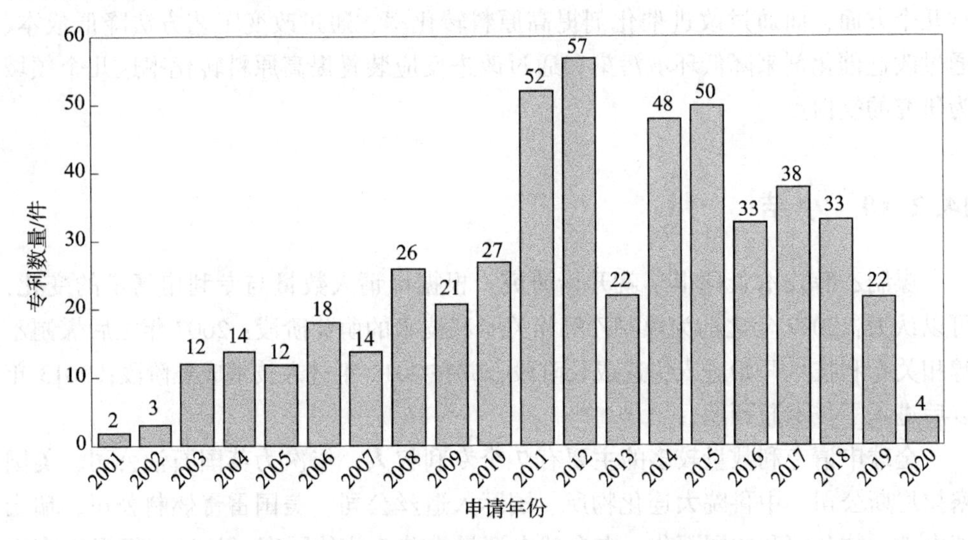

图14.10　煤制乙醇技术中国专利申请数量的发展趋势

14.3.2　专利申请地区分布情况

图14.11列出了专利申请在中国各地区的分布，从图中可以看出，煤制乙醇技术北京的申请人专利申请数量最多，其次是辽宁、上海、山西和四川，都在20件及以上，而天津、山东和福建的专利申请数量最少，分别为15件、15件和11件。

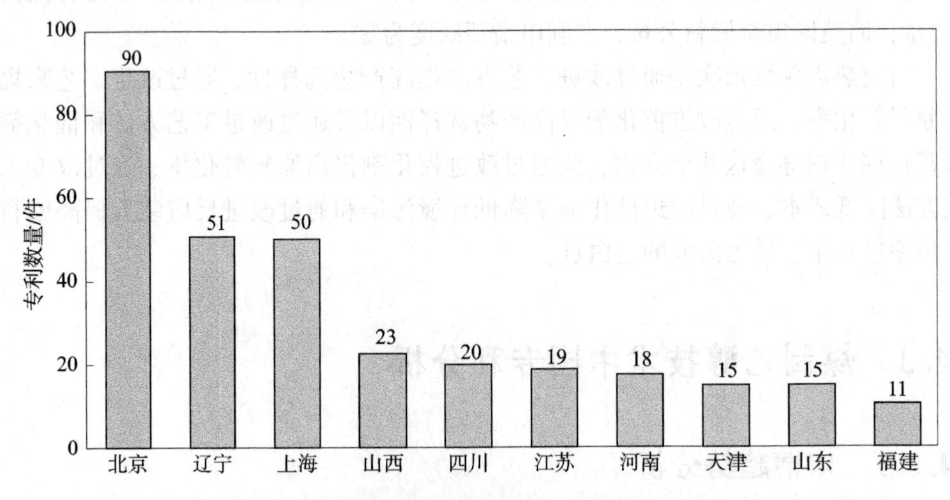

图14.11　煤制乙醇技术在中国各地区的专利分布

14.3.3　各国申请人在中国申请的专利分布

图 14.12 列出了煤制乙醇技术各国申请人在中国的专利申请情况，从图中可以看出，中国专利大部分是本土申请人申请的，数量为 367 件；美国申请人位列第 2，在中国申请的专利数量为 80 件；英国申请人位列第 3，为 62 件；其次是日本、德国、瑞士、法国、丹麦、塞浦路斯和加拿大，均在 10 件以下，加拿大的申请人专利申请数量最少，只有 1 件。

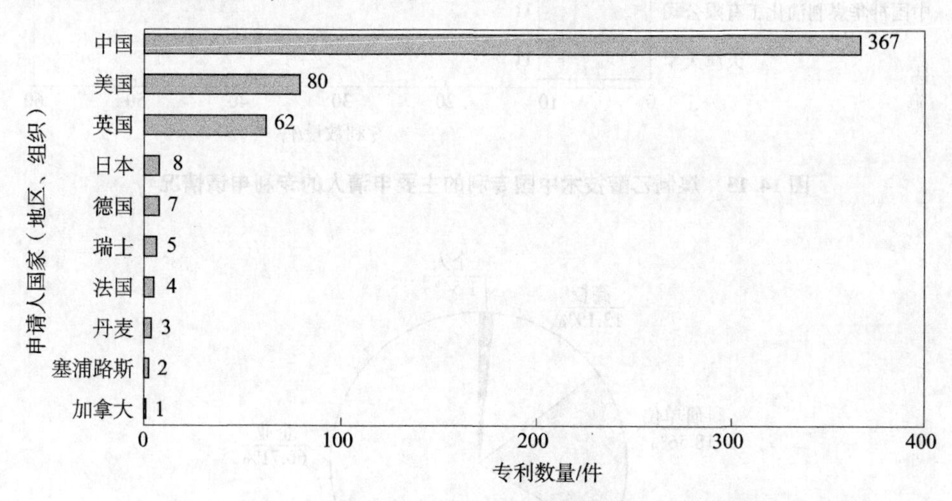

图 14.12　煤制乙醇技术各国申请人在中国的专利申请情况

14.3.4　中国专利主要申请人

图 14.13 给出了煤制乙醇技术中国专利的主要申请人的分布和申请情况，从图中可以看出，中国专利的主要申请人有英国石油公司、中科院大连化物所、国际人造丝公司、中国石化、中科院山西煤炭化学研究所、中科院化学研究所、中国神华煤制油化工有限公司和天津大学，他们分别排在第 1 到第 8 位，专利申请数量分别为 58 件、47 件、44 件、43 件、15 件、13 件、11 件和 11 件。

图 14.14 给出了煤制乙醇技术中国专利申请人的类型及分布，从图中可以看出，企业申请人占比为 66.71%，科研单位申请人占比为 18.56%，高校申请人占比为 13.19%，个人申请人占比为 1.54%。

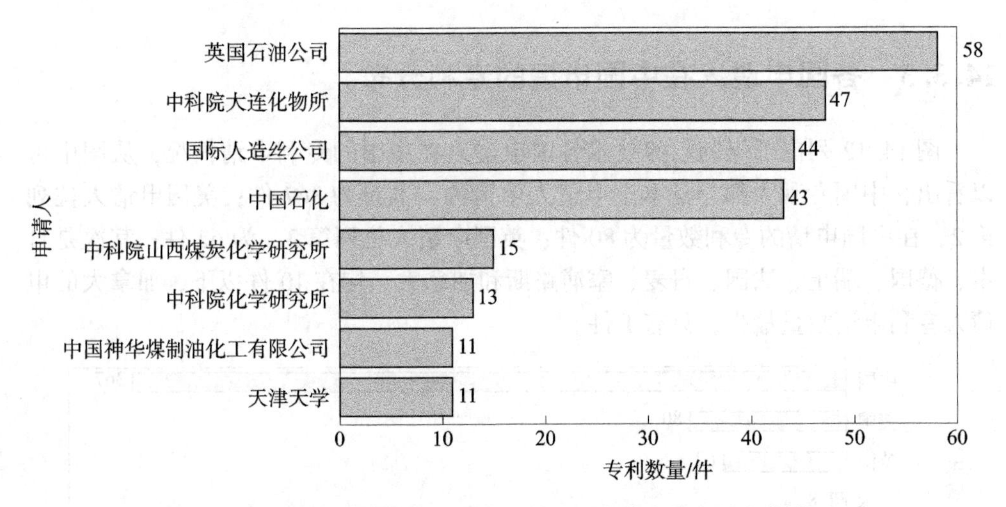

图 14.13　煤制乙醇技术中国专利的主要申请人的专利申请情况

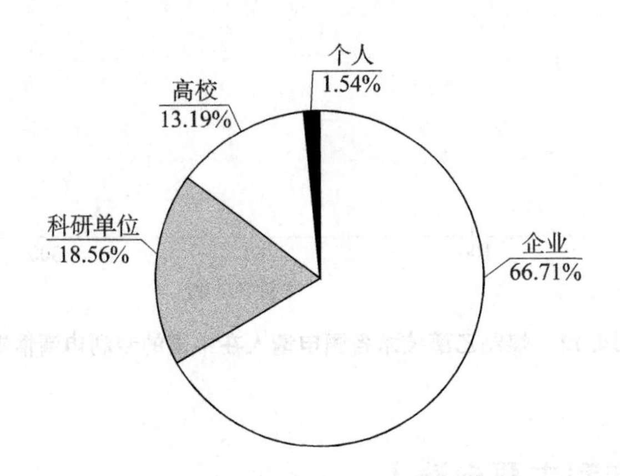

图 14.14　煤制乙醇技术中国专利申请人的类型及分布

14.3.5　主要申请人技术分布

图 14.15 给出了煤制乙醇技术中国专利申请人的技术分布，从图中可以看出，英国石油公司技术构成比较广，集中在 C07C、B01J、C07B 和 C01B，中科院大连化物所主要技术构成为 C07C、B01J、C07B 和 C10G，国际人造丝公司主要技术构成为 C07C、B01J 和 C07B，中国石化和天津大学主要技术构成集中在 C07C、B01J 和 C01B，中科院山西煤炭化学研究所和中国神华煤制油化工有限公司主要集中在为 C07C、B01J，而中科院化学研究所仅集中在 C07C 和 B01J 两个技术分类上。

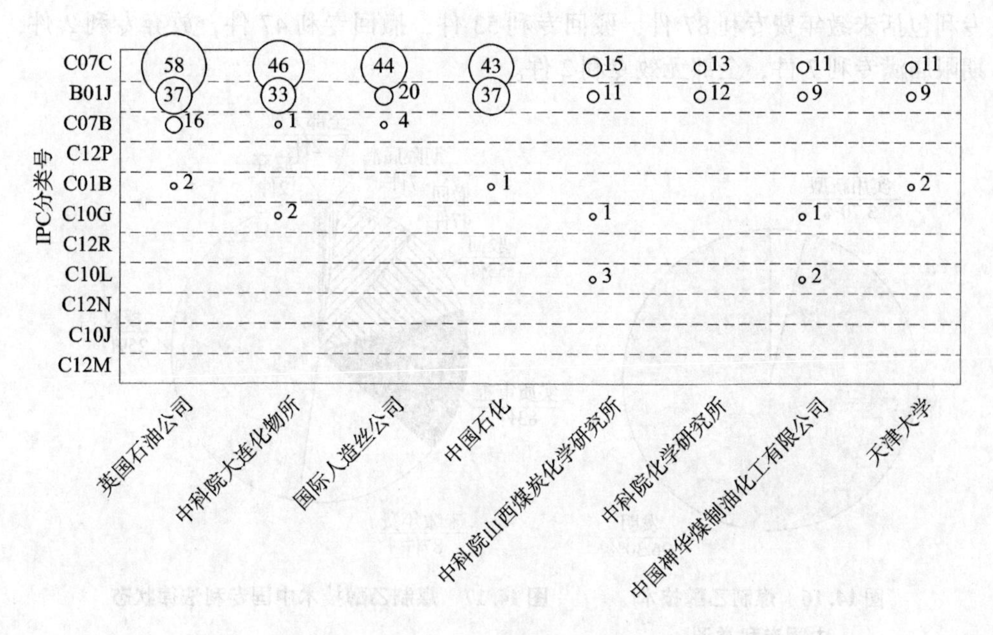

图 14.15　煤制乙醇技术中国专利申请人技术分布（单位：件）

注：C07C（无环或碳环化合物）

B01J（化学或物理方法，例如，催化作用、胶体化学；其有关设备）

C07B（有机化学的一般方法，所用的装置）

C12P（发酵或使用酶的方法合成目标化合物或组合物或从外消旋混合物中分离旋光异构体）

C12N（微生物或酶；其组合物）

C01B（非金属元素，其化合物）

C12R（与涉及微生物之 C12C 至 C12Q 或 C12S 小类相关的引得表）

C12M（酶学或微生物学装置）

B01D（分离）

C10G（烃油裂化；液态烃混合物的制备，如用破坏性加氢反应、低聚反应、聚合反应）

C10L（不包含在其他类目中的燃料；天然气；不包含在 C10G 或 C10K 小类中的方法得到的合成天然气；液化石油气；在燃料或火中使用添加剂；引火物）

14.3.6　中国专利类型

图 14.16 给出了煤制乙醇技术中国专利的类型，从图中可以看出，煤制乙醇技术中国专利主要为发明专利，占比为 96.30%，实用新型专利占比为 3.70%。

14.3.7　中国专利法律状态

图 14.17 给出了煤制乙醇技术中国专利的法律状态，从图中可以看出，中国专利处于失效状态的为 198 件，审中专利为 83 件，有效专利为 259 件，其中失效

专利包括未缴年费专利 87 件，驳回专利 53 件，撤回专利 47 件，放弃专利 2 件，期限届满专利 7 件，全部无效专利 2 件。

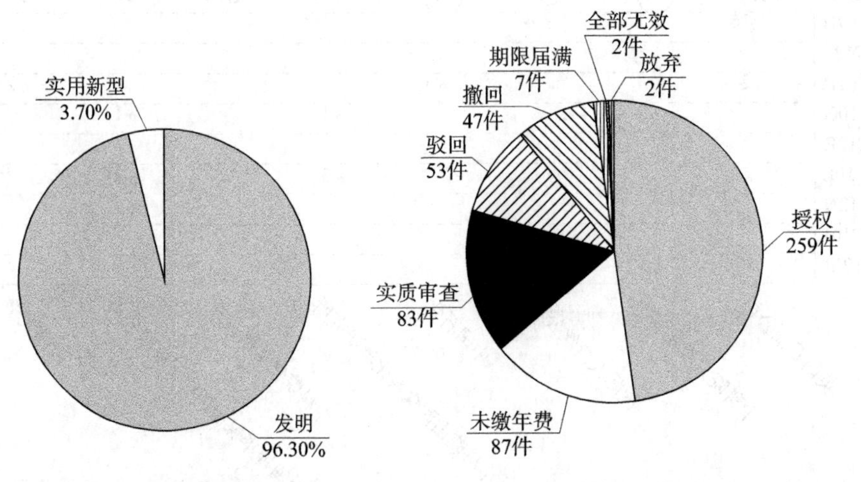

图 14.16　煤制乙醇技术中国专利类型

图 14.17　煤制乙醇技术中国专利法律状态

14.3.8　中国专利转让人排名情况

图 14.18 给出了煤制乙醇技术中国专利转让人转让专利数量的排名情况，从图中可以看出，中科院大连化物所和江苏索普（集团）有限公司排在第 1 位，陕西延长石油（集团）有限责任公司排在第 3 位，上海吴泾化工有限公司、中科院化学研究所、巨鹏生物股份公司并列排在第 4 位，随后是北京化工大学、江苏索普工程科技有限公司、西南化工研究设计院有限公司和镇江索普醋酸有限公司。

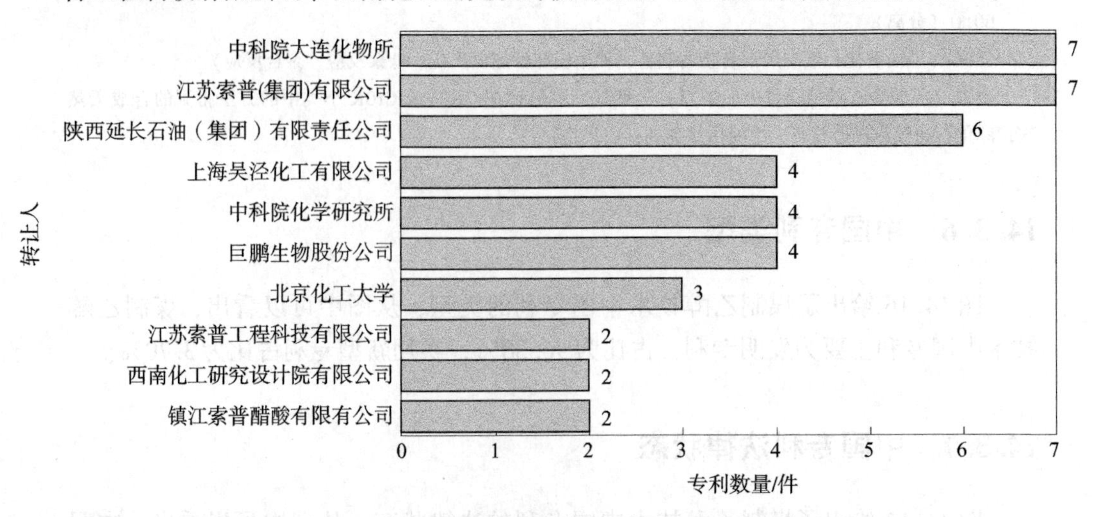

图 14.18　煤制乙醇技术中国专利转让人转让专利数量的排名情况

14. 3. 9　主要专利申请人分析

煤制乙醇技术领域申请量最高、在行业内具有重要影响力的主要有 6 个申请人，按申请数量进行排序，依次为英国石油公司、美国塞拉尼斯公司、国际人造丝公司、中科院大连化物所、美国雷奇燃料公司和瑞士英力士生物公司。其中英国石油公司专利申请数量最多，为 641 件；美国塞拉尼斯公司为 518 件，中科院大连化物所、国际人造丝公司紧随其后，分别为 80 件和 63 件。下面分别对排在前 4 位的重要申请人从专利申请变化趋势、技术分布等方面进行分析。

1. 英国石油公司

图 14. 19 给出了英国石油公司的专利申请数量随时间的变化趋势，从图中可以看到，2003—2010 年，该公司处于该技术的研究高峰期，申请专利数量较多；2011—2012 年，该公司处于该技术研究的低谷期，专利申请数量较少；2013—2015 年，该公司又对该技术进行了研究投入，申请了较多的专利；从 2016 年开始，该公司减少了对该技术的研究投入，专利申请数量基本维持在 10 件以下的水平。

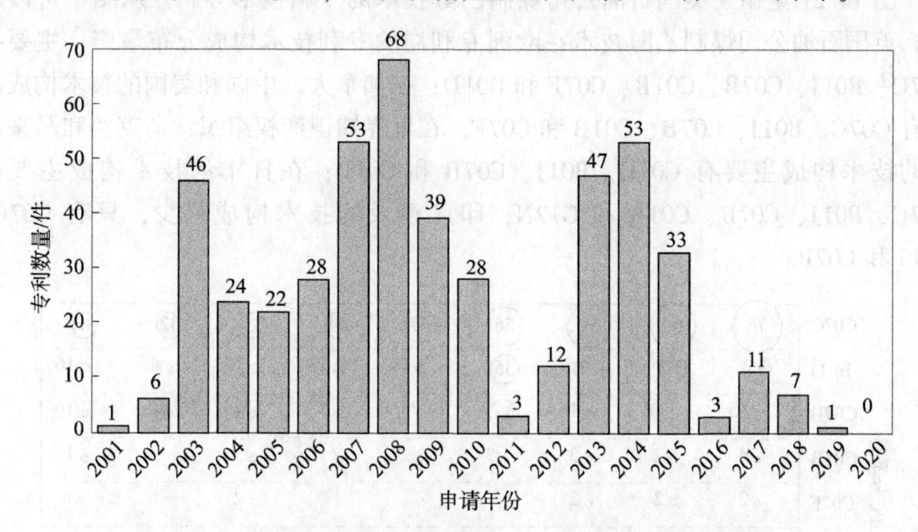

图 14. 19　英国石油公司煤制乙醇技术专利申请数量变化趋势

图 14. 20 给出了英国石油公司煤制乙醇技术分布的变化趋势，从图中可以看到，该公司该技术的技术组成主要分布在 C07C、B01J 两个领域，另外还在 C07B、C01B、C07F、B01D、C12P 和 G01N 几个领域有少量专利分布。C07C 技术领域存在着三个阶段，一个是 2005 年以前，初步发展阶段，专利申请数量逐渐增加；第二个阶段是专利数量快速增长阶段，从 2005 年到 2010 年，在 2008 年专利申请数量达到顶峰；第三阶段是从 2011 年到 2019 年，在此阶段，专利申请数量逐步减少，2014 年达到峰值，2016 年之后专利申请数量仅维持在 10 件以下。而对于

B01J 技术领域，专利数量要明显少于 C07C 技术领域，在 2007 年和 2014 年分别达到了两个高峰点，为 38 件和 41 件。

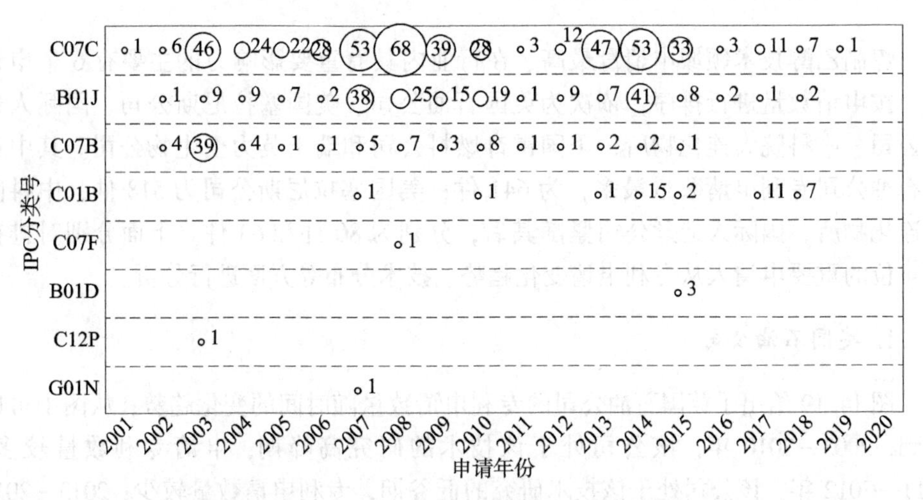

图 14.20　英国石油公司煤制乙醇技术的专利技术分布变化趋势（单位：件）

图 14.21 给出了英国石油公司煤制乙醇技术的专利技术分布，从图中可以看到，英国石油公司煤制乙醇技术在欧洲专利局的专利技术构成分布最广，主要有 C07C、B01J、C07B、C01B、C07F 和 B01D；在加拿大、中国和美国的技术构成主要有 C07C、B01J、C07B、C01B 和 C07F；在世界知识产权组织、乌克兰和马来西亚的技术构成主要有 C07C、B01J、C07B 和 C01B；在日本的技术构成主要有 C07C、B01J、C07B、C01B 和 G12N；印度涉及的技术构成最少，只有 C07C、B01J 和 C07B。

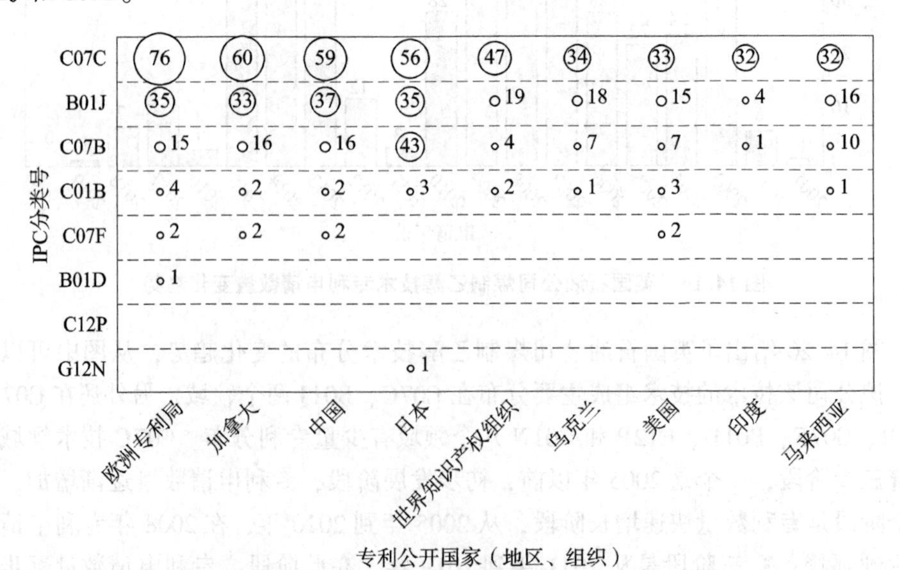

图 14.21　英国石油公司煤制乙醇技术的专利技术分布（单位：件）

图 14.22 给出了英国石油公司煤制乙醇技术的专利公开国家（地区、组织）分布，从图中可以看到，英国石油公司该技术在中国申请的专利数量最多，其次是欧洲专利局，排在第 3 至第 8 位的分别为加拿大、日本、世界知识产权组织、乌克兰、美国、印度和马来西亚。

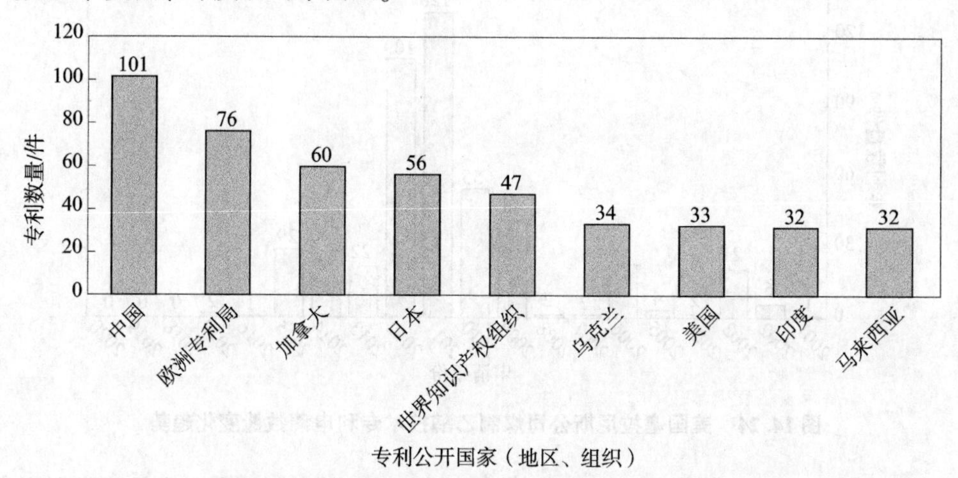

图 14.22　英国石油公司煤制乙醇技术的专利公开国家（地区、组织）分布

图 14.23 给出了英国石油公司煤制乙醇技术专利在中国的法律状态分布，从图中可以看到，该公司该技术在中国专利授权 26 件，未缴年费 24 件，授权后放弃 17 件，另有实质审查 3 件，驳回 3 件，失效 2 件，授权后失效 2 件，撤回 2 件，期限届满 1 件。

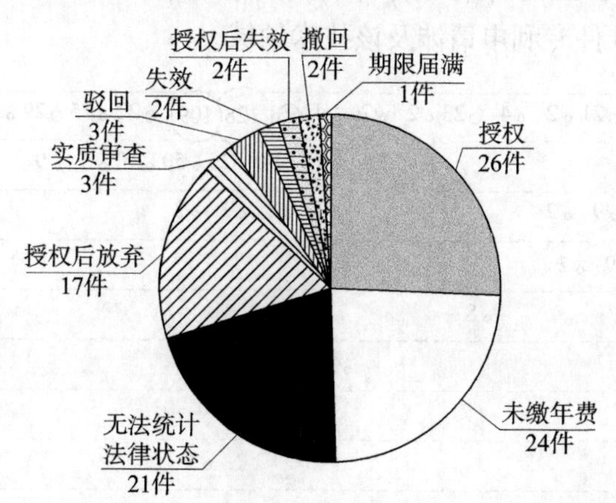

图 14.23　英国石油公司煤制乙醇技术的中国专利法律状态分布

2. 美国塞拉尼斯公司

图 14.24 给出了美国塞拉尼斯公司的专利申请数量的变化趋势，从图中可以看到，2001—2011 年该公司申请专利数量总体呈现增加的趋势；2011 年申请数量最多，达到 128 件；之后专利申请量总体呈现下降的趋势；到 2017 年，其相关专

利申请量只有2件；2018—2020年，其专利申请量为0，表明该公司在该技术研究方向不再进行投入。

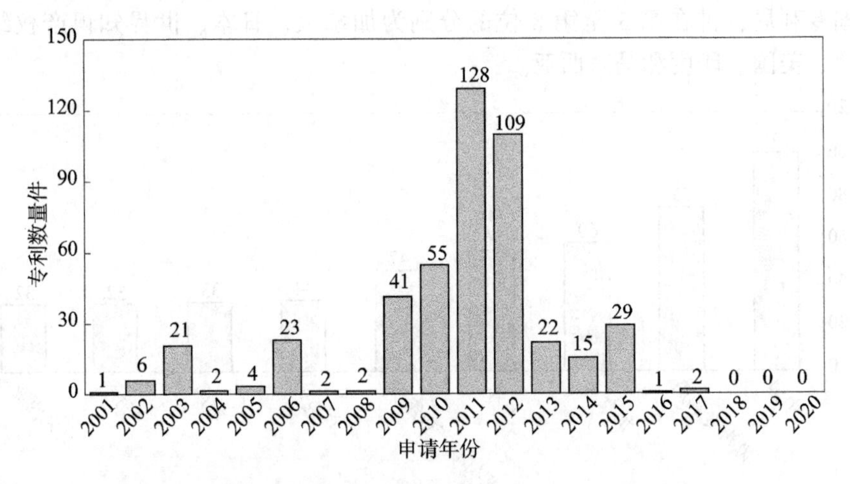

图14.24　美国塞拉尼斯公司煤制乙醇技术专利申请数量变化趋势

图14.25给出了美国塞拉尼斯公司煤制乙醇技术的专利技术构成变化趋势，从图中可以看到，该公司煤制乙醇技术的专利技术组成比较广泛，除了主要分布在C07C、B01J两个领域，另外还在C07B、C08F、G05B、B01D、C09K、C01B和C10L几个领域有少量专利分布。C07C技术领域从2001年开始专利申请量总体呈现增加的趋势，到2011年专利申请数量达到顶峰，之后总体呈现下降的趋势；而B01J技术领域，除了2001年有1件专利，其余均是在2009—2015年才有专利申请，2012年共有50件专利申请涉及该技术领域。

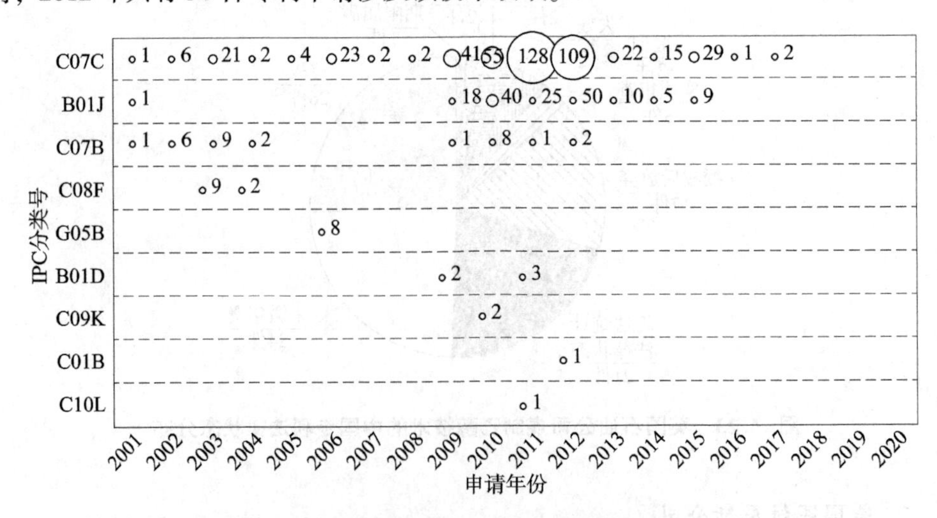

图14.25　美国塞拉尼斯公司煤制乙醇技术的专利技术构成变化趋势（单位：件）

图14.26给出了美国塞拉尼斯公司煤制乙醇技术的专利公开国家（地区、组织）分布，从图中可以看到，该公司该技术在美国申请的专利数量最多，为89

件，其次是世界知识产权组织，排在第 3 至第 10 位的分别为欧洲专利局、墨西哥、澳大利亚、加拿大、阿根廷、新西兰、印度和南非。

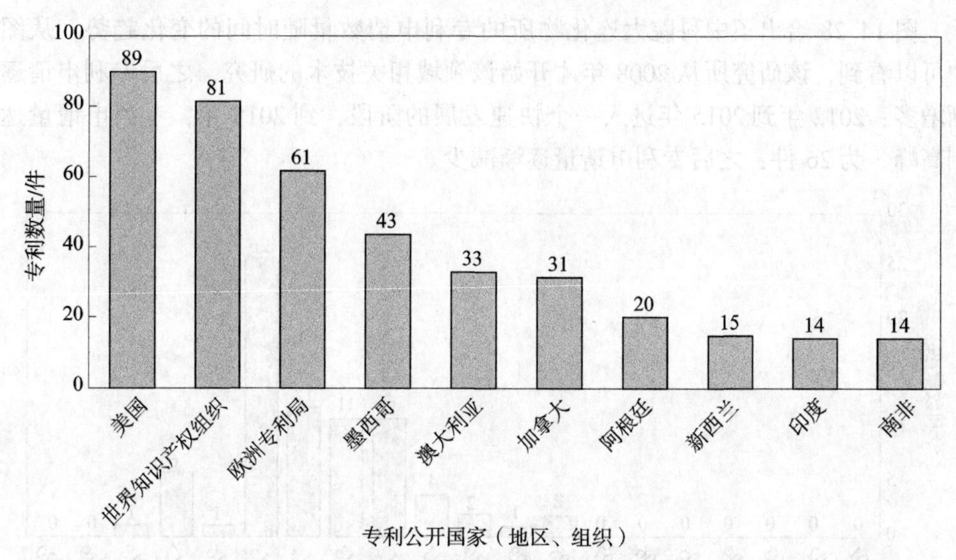

图 14.26　美国塞拉尼斯公司煤制乙醇技术的专利公开国家（地区、组织）分布

图 14.27 给出了美国塞拉尼斯公司煤制乙醇技术的专利技术构成分布，从图中可以看到，该公司该技术的技术构成在世界知识产权组织分布最广，主要有 C07C、B01J、C07B、G05B、B01D、C01B 和 C10L；而欧洲专利局和新西兰的技术构成主要有 C07C、B01J、C07B、C08F、G05B 和 B01D；而墨西哥、加拿大、澳大利亚和南非的技术构成主要有 C07C、B01J、C07B、C08F 和 G05B；阿根廷的技术构成主要有 C07C、B01J、C07B 和 C08F；而印度涉及的技术构成最少，只有 C07C 和 B01J。

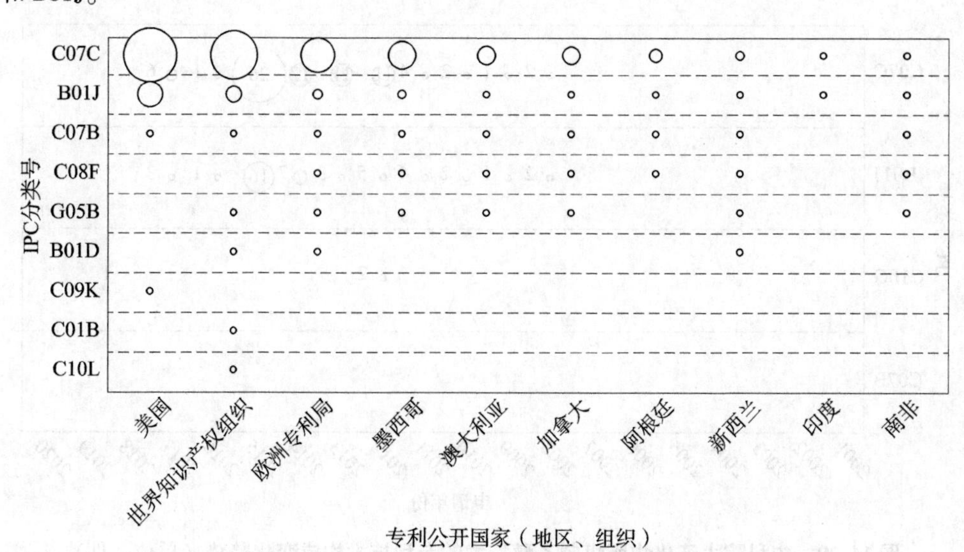

图 14.27　美国塞拉尼斯公司煤制乙醇技术的专利技术构成分布

3. 中科院大连化物所

图 14.28 给出了中科院大连化物所的专利申请数量随时间的变化趋势，从图中可以看到，该研究所从 2008 年才开始该领域相关技术的研究，之后专利申请逐渐增多；2012 年到 2015 年进入一个快速发展的阶段，到 2015 年，专利申请量达到高峰，为 26 件；之后专利申请量逐渐减少。

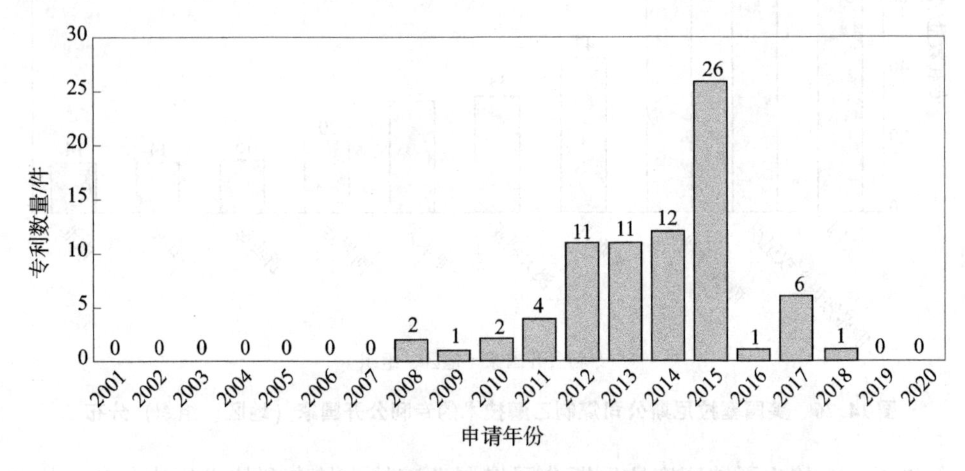

图 14.28　中科院大连化物所煤制乙醇技术专利申请数量变化趋势

图 14.29 给出了中科院大连化物所煤制乙醇技术的专利技术构成变化趋势，从图中可以看到，该研究所该技术的技术组成比较集中，主要分布在 C07C、B01J 两个领域，另外还在 C10G 领域有少量专利分布。从 2008 年开始，C07C 和 B01J 这两个技术领域专利申请量总体呈现增加的趋势，到 2015 年专利申请数量达到顶峰；而 C10G 技术领域，仅在 2012 年有 2 件专利和 2018 年有 1 件专利涉及。

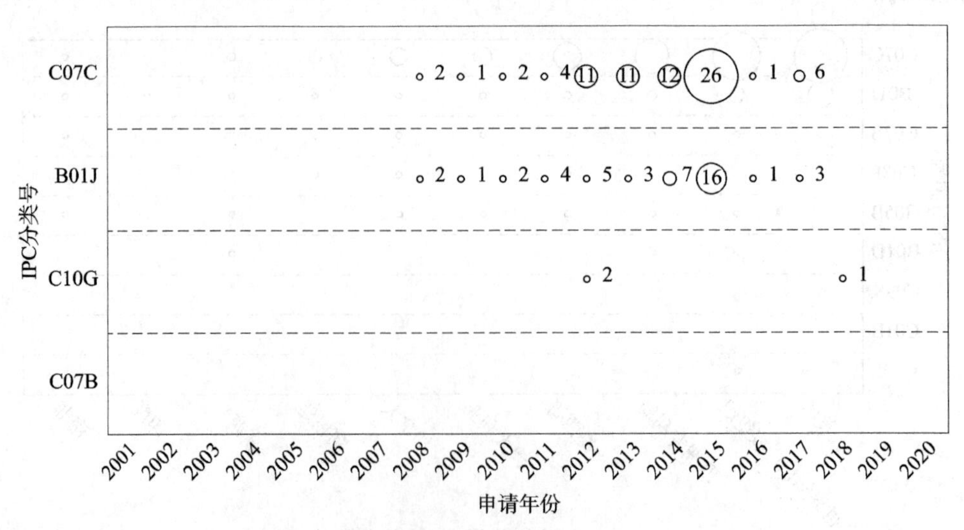

图 14.29　中科院大连化物所煤制乙醇技术的专利技术构成变化趋势（单位：件）

图 14.30 给出了中科院大连化物所煤制乙醇技术的专利公开国家（地区、组织）分布，从图中可以看到，该研究所该技术在中国申请的专利数量最多，为 47 件，其次是世界知识产权组织，排在第 3 至第 8 位的分别为美国、欧洲专利局、日本、澳大利亚、巴西和加拿大。

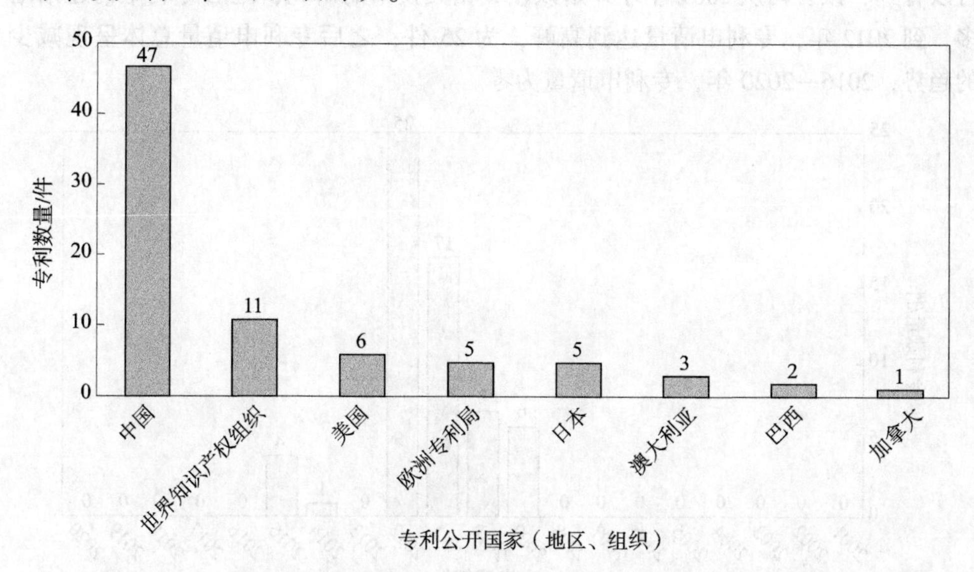

图 14.30　中科院大连化物所煤制乙醇技术的专利公开国家（地区、组织）分布

图 14.31 给出了中科院大连化物所煤制乙醇技术的专利技术构成分布，从图中可以看到，该研究所该技术的技术构成在中国分布最广，主要有 C07C、B01J、C10G 和 C07B；而美国的技术构成主要有 C07C、B01J 和 C10G；而世界知识产权组织、欧洲专利局、澳大利亚和巴西的技术构成主要有 C07C 和 B01J；日本和加拿大的技术构成只有 C07C。

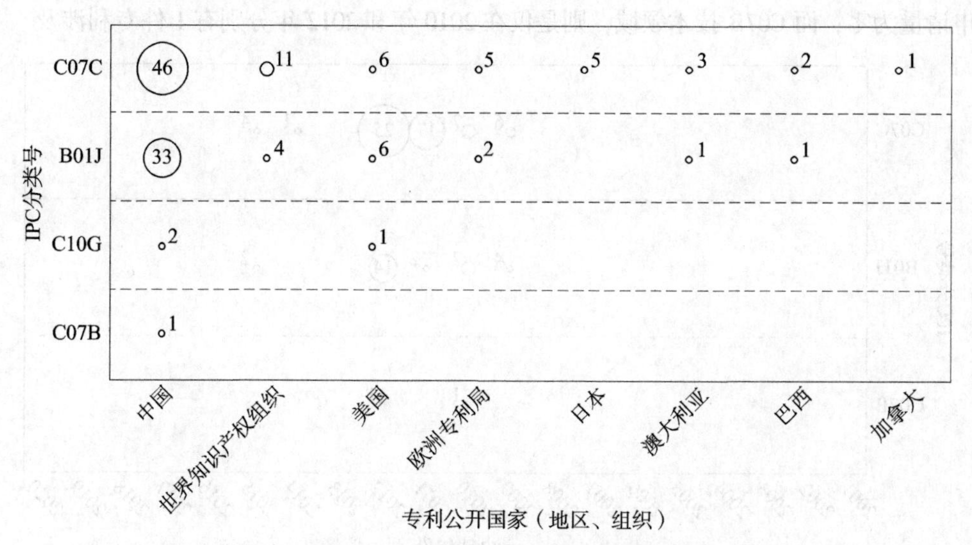

图 14.31　中科院大连化物所煤制乙醇技术的专利技术构成分布（单位：件）

4. 国际人造丝公司

图 14.32 给出了国际人造丝公司的专利申请数量随时间变化趋势图，从图中可以看到，该公司从 2009 年才开始该领域相关技术的研究，之后专利申请逐渐增多，到 2012 年，专利申请量达到高峰，为 25 件；之后专利申请量总体呈现减少的趋势，2016—2020 年，专利申请量为零。

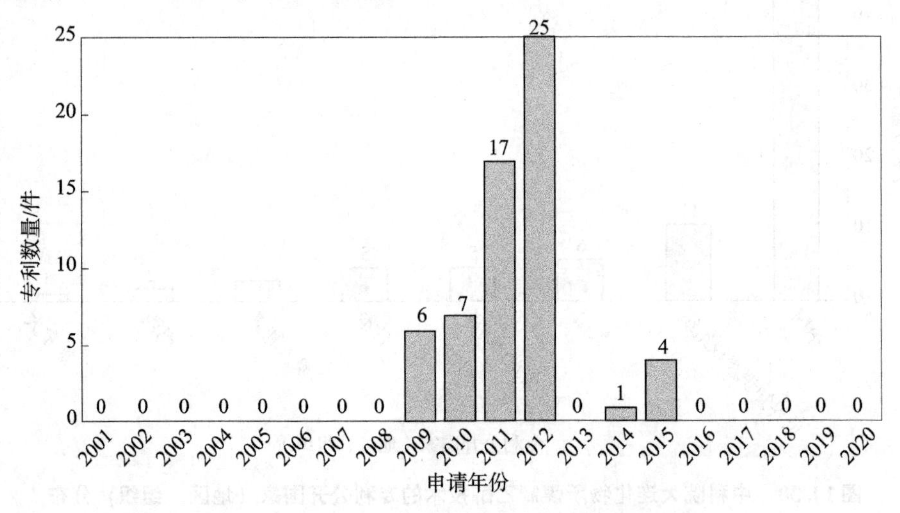

图 14.32　国际人造丝公司煤制乙醇技术专利申请数量变化趋势

图 14.33 给出了国际人造丝公司煤制乙醇技术的专利技术构成变化趋势，从图中可以看到，该公司该技术的技术构成比较集中，主要分布在 C07C、B01J 两个领域，另外在 C07B 领域有 2 件专利分布。从 2009 年开始，C07C 和 B01J 这两个技术领域专利申请量逐渐增加，到 2012 年专利申请数量达到顶峰；2016—2020 年，专利申请量为零；而 C07B 技术领域，则是仅在 2010 年和 2012 年分别有 1 件专利涉及。

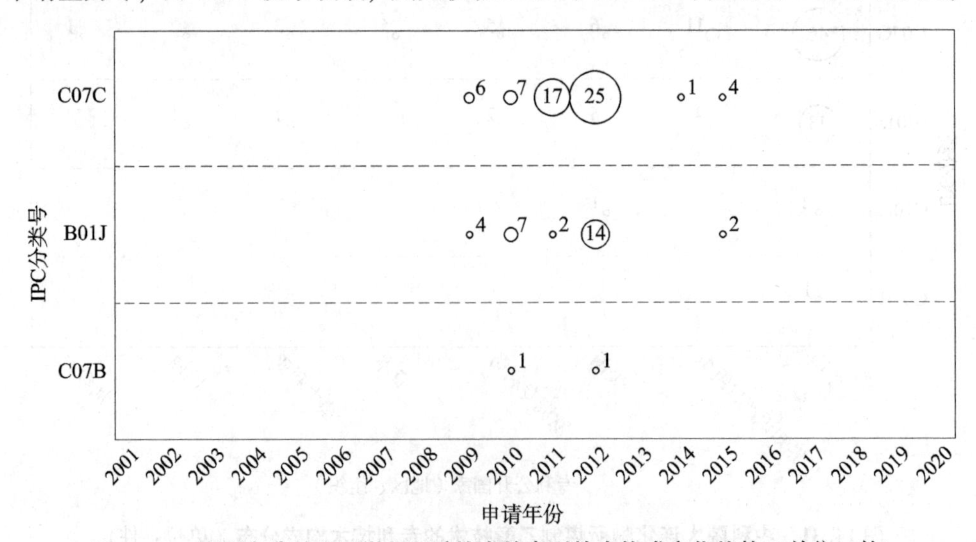

图 14.33　国际人造丝公司煤制乙醇技术的专利技术构成变化趋势（单位：件）

通过分析我们可以看出，不同的申请人的申请各有侧重点。具体如下：

从申请趋势上看，英国石油公司在 2003 年到 2010 年，处于该技术的研究高峰期，从 2016 年开始，该公司减少了对该技术的研究投入，专利申请数量基本维持在 10 件以下的水平。美国塞拉尼斯公司 2001 年到 2011 年，申请专利数量逐渐增加，到 2011 年，申请数量最多，达到 128 件，之后专利申请量逐渐下降，从 2018 年开始，其专利申请量为 0，表明该公司在该技术研究方面不再进行投入。中科院大连化物所从 2008 年才开始该领域相关技术的研究，之后专利申请逐渐增多，从 2012 年到 2015 年，进入一个快速发展的阶段，到 2015 年，专利申请量达到高峰，26 件，之后专利申请量逐渐减少。国际人造丝公司从 2009 年才开始该领域相关技术的研究，之后专利申请逐渐增多，到 2012 年，进入一个快速发展的阶段，到 2015 年，专利申请量达到高峰，26 件，之后专利申请量逐渐减少，从 2016 年开始，专利申请量为零。

从技术构成看，英国石油公司该技术的技术构成主要分布在 C07C、B01J 两个领域，另外还在 C07B、C01B、C07F、B01D、C12P 和 G01N 几个领域有少量专利分布。其技术构成在欧洲专利局分布最广，主要有 C07C、B01J、C07B、C01B、C07F 和 B01D。该公司在中国申请的专利数量最多，其次是欧洲专利局，排在第 3 至第 8 位的分别为加拿大、日本、世界知识产权组织、乌克兰、美国、印度和马来西亚。美国塞拉尼斯公司的技术构成比较广泛，除了主要分布在 C07C、B01J 两个领域，另外还在 C07B、C08F、G05B、B01D、C09K、C01B 和 C10L 几个领域有少量专利分布。美国塞拉尼斯公司该技术的技术构成在世界知识产权组织分布最广，主要有 C07C、B01J、C07B、G05B、B01D、C01B 和 C10L；该公司在美国申请的专利数量最多，其次是世界知识产权组织，排在第 3 至第 10 位的分别为欧洲专利局、墨西哥、澳大利亚、加拿大、阿根廷、新西兰、印度和南非。中科院大连化物所该技术的技术构成比较集中，主要分布在 C07C、B01J 两个领域，另外还在 C10G 这个领域有少量专利分布。中科院大连化物所该技术的技术构成在中国分布最广，主要有 C07C、B01J、C10G 和 C07B；中科院大连化物所该技术在中国申请的专利数量最多，其次是世界知识产权组织，排在第 3 至第 8 位的分别为美国、欧洲专利局、日本、澳大利亚和加拿大。国际人造丝公司该技术的技术组成比较集中，主要分布在 C07C、B01J 两个领域，另外还在 C07B 领域有 2 件专利分布。

14.3.10　小结

在中国，煤制乙醇技术开始于 2001 年，2001—2002 年该技术处于发展的萌芽阶段；随后从 2003 年开始到 2012 年，该技术处于快速成长的阶段；到 2012 年，该技术逐渐趋于成熟，从 2013 年开始，该技术逐渐进入了成熟期，专利申请数量稍有下降，但逐渐趋于平缓；到 2018 年，该技术专利申请量逐渐下降，进入了瓶颈期。煤制乙醇技术在北京的申请人专利申请数量最多，其次是辽宁、上海、山西和四川，而山东和福建的专利申请数量最少。中国专利大部分是在中国的申请人申请的，其次是美国申请人，英国申请人位列第3，加拿大的申请人专利申请数量最少，只有1件。

煤制乙醇技术中国专利的主要申请人有英国石油公司、中科院大连化物所、国际人造丝公司、中国石化、中科院山西煤炭化学研究所、中科院化学研究所、中国神华煤制油化工有限公司和天津大学，他们分别排在第1到第8位。中国专利企业申请人占比为66.71%，科研单位申请人占比为18.56%，高校申请人占比为13.19%，个人申请人占比为1.54%。

英国石油技术构成比较广，集中在C07C、B01J、C07B和C01B，中科院大连化物所主要技术构成为C07C、B01J、C07B和C10G，国际人造丝公司主要技术构成为C07C、B01J和C07B，中国石化和天津大学主要技术构成集中在C07C、B01J和C01B，中科院山西煤炭化学研究所和中国神华煤制油化工有限公司主要集中在为C07C、B01J，而中科院化学研究所则就集中在C07C和B01J两个技术构成上。

煤制乙醇技术中国专利主要为发明专利，占比为96.30%，实用新型专利占比为3.70%。

煤制乙醇技术中国专利处于失效状态的为198件，审中专利为83件，有效专利为259件，其中失效专利包括未缴年费专利87件，驳回专利53件，撤回专利47件，放弃专利2件，期限届满专利7件，全部无效专利2件。

14.4　小结

以上针对煤制乙醇技术全球专利申请、中国专利申请进行了系统分析，并对全球重要的申请人的专利情况进行了较深入的分析，期望了解和展现煤制乙醇技术的专利现状，最后对行业现状进行了概况介绍，希望能为煤制乙醇技术产业发展决策提供参考。

14.4.1　煤制乙醇技术整体态势

（1）申请态势。

煤制乙醇技术很早就开始研究，根据申请人数量与专利申请量的变化，可以认为：2007年之前为煤制乙醇相关专利技术的萌芽阶段；2007年之后煤制乙醇相关专利技术开始进入快速成长阶段，并在2011年进入技术成熟阶段。2013年以后进入了技术瓶颈期。

全球申请专利数量较多的主要有7个专利权人，申请数量最多的依次为英国石油公司、美国塞拉尼斯公司、中科院大连化物所、国际人造丝公司、美国雷奇燃料公司、瑞士英力士生物公司和中国石化。

中国、美国、欧洲专利局、世界知识产权组织、日本和加拿大在全球申请量排前 6 名。在煤制乙醇的研究和应用中，中国、英国、美国的企业和研究所走在了前列，其中英国石油公司乙酸加氢制乙醇已经实现了工业化，中科院大连化物所的二甲醚羰基化加氢制乙醇技术已经首次实现了工业化。

（2）技术分析。

煤制乙醇技术研究中，专利申请量居前 3 位的是 C07C（无环或碳环化合物）、B01J（化学或物理方法，如催化作用、胶体化学；其有关设备）、C07B（有机化学的一般方法，所用的装置）和 C12P（发酵或使用酶的方法合成目标化合物或组合物或从外消旋混合物中分离旋光异构体），主要涉及煤制乙醇技术的工艺及催化剂研究。

煤制乙醇技术近期技术热点仍然集中在 C07C、B01J 两个技术组成上，中国和印度 2018—2020 年申请活跃度较高。2016—2020 年，活跃度最高的申请人为中科院大连化物所，其专利占比高达 37%；其次英国石油公司的活跃度也相对较高，专利受理 55 件，专利占比为 9.2%。

（3）研发热点。

煤制乙醇技术的研究热点主要集中在以下四个方面：①通过改进工艺方法提高产物选择性；②通过改进工艺来提高原料转化率；③通过改进催化剂提高产物选择性；④通过改进工艺方法和催化剂来延长催化剂寿命。

（4）专利类型、法律状态及转让情况。

煤制乙醇技术中国专利主要为发明专利，占比为 96.30%，实用新型专利占比为 3.70%。

中国专利处于失效的为 198 件，审中专利为 83 件，有效专利为 259 件，其中失效专利包括未缴年费专利 87 件，驳回专利 53 件，撤回专利 47 件，放弃专利 2 件，期限届满专利 7 件，全部无效专利 2 件。

14.4.2　产业现状

煤制乙醇技术主要有直接法和间接法技术路线，目前比较趋于工业化的是间接法技术路线，醋酸加氢制乙醇、醋酸酯加氢制乙醇技术均有在建工厂，但受贵金属催化剂限制，二甲醚羰基化加氢制乙醇技术由于不采用贵金属催化剂、对设备要求低，已成为近年来更有发展潜力的技术路线。随着 2017 年中国该技术工业示范装置的开车成功，该技术得到了广泛的关注，目前已签订 5 套技术许可合同。

14.4.3　专利风险及布局建议

煤制乙醇技术呈现中国专利数量多、技术组成分布广的特点，专利申请主要集中在2006—2019年，但是重要申请人英国石油公司仍然申请了一些重要的基础专利，目前这些专利大部分仍处于有效保护状态。中国申请量在2011年后异军突起，目前在工业化方面处于全球领先地位，在走出去进行专利布局时，风险较小。

（1）抓住机遇，尽早布局。

目前中国煤制乙醇技术在工业化方面已经处在全球领先地位，因此除了中国专利布局外，应尽早地进行海外布局，尤其是新一代二甲醚羰基化加氢制乙醇技术，更应提早布局。目前来看，应该加强通过改进催化剂提高原料转化率、通过改变工艺方法降低成本、通过改进催化剂来降低环境污染和通过改进反应装置提高原料转化率等这些技术空白点领域的研究。

煤制乙醇各技术单元在取得较大发展与进步的基础上，将不断开发高效催化剂，改进优化反应工艺和分离工艺，不断提高乙醇产品质量，推进装置的大型化，优化设备及换热流程设计，进一步降低生产的物耗、能耗。提高反应空速、原料转化率和目标产物选择性，降低催化剂装填量，提高催化剂使用寿命及采用不同工艺组合优化等将成为煤制乙醇技术的主要发展方向。加快开发并形成原料多样化、产品结构灵活、绿色环保并具有自主知识产权的煤制乙醇及上下游产品成套技术，将对我国乙醇产业的发展起到积极的推动作用。

（2）针对不同技术的特点，有针对性地进行专利布局。

中国的煤制乙醇技术在工业化上取得了重大的技术进步，并且是全球主要的煤制乙醇技术研发国家，在海外技术输出的风险相对较小。目前美国的煤制乙醇技术中已落后于中国，但其在一些国家的专利布局中掌握基础专利技术，并且其中还有相当一部分处于有效保护状态，中国申请人在那些国家进行专利布局时应特别防范美国未到期的专利技术，有针对性地制定专利布局策略和规避风险策略。

（3）加强科研院所和高校的知识产权意识，提高运用转化知识产权的能力。

科研院所和高校在进行研发工作的同时，也要关注研发技术行业的发展情况，积极地申请专利，并结合行业发展和研究的情况进行合理的专利布局，为接下来的知识产权转化和运用打下坚实的基础。日常研发要重视专利文献信息的搜集与利用，并对专利信息进行分析与监控，根据专利分析与预警成果，修正研发方向，加快研发步伐，避免重复研发，提高研发产出效率，同时做好化解知识产权风险的准备，减少不必要的投入和损失。高校和科研院所要结合自身发展战略，针对不同情况，采取合作、许可、转让等方式积极地进行知识产权的转化运用。

（4）加强统筹规划，提升产业战略地位。

目前，我国煤制乙醇技术，尤其是二甲醚羰基化加氢制乙醇技术路线，处于国际领先地位。因此，机遇和挑战并存，急需从国家战略层面对该产业的发展予以重视和加强统筹规划，以进一步提高我国在该领域的竞争力和保证该产业的可持续发展。煤制乙醇技术的发展将有效解决粮食燃料乙醇产能不足、工业无水乙醇价格偏高的问题。未来，我国对基础化工原料需求依然保持旺盛，煤制乙醇技术仍将是需要重点开发和优化的核心技术。随着煤制乙醇技术的大面积推广，乙醇的上、下游产品，如乙酸甲酯、乙酸乙烯、甲基丙烯酸甲酯、乙烯、氯乙烯和苯乙烯等产品也必将迎来蓬勃发展。

第15章　乙醇和丁三醇的生产工艺及产业化专利导航分析

15.1　乙醇和丁三醇的生产工艺及产业化概况

乙醇是一种重要的化合物，广泛应用于食品、化工和医药等领域。近年来，随着石油资源紧缺及环境污染等问题日益突出，乙醇作为一种清洁能源受到重视。燃料乙醇产业是我国重点培育和发展的战略性新兴产业之一，推进生物燃料乙醇产业的智能化、安全化发展新模式，对于我国燃料乙醇产业高质量发展具有重要意义。燃料乙醇是目前世界上应用最广泛的可再生能源，也是我国重点培育和发展的战略性新兴产业之一，符合我国能源供给侧结构性改革和能源发展战略的方向。

生物燃料乙醇是联通农业、能源和环保的国家战略性新兴产业，在保障国家粮食安全、解决能源危机和环境治理等方面将发挥更大的作用。一方面，燃料乙醇作为传统石化能源的替代品之一，有助于进一步优化我国能源结构，降低石油对外依赖度，保证能源安全；另一方面，生物燃料乙醇是粮食生产的“推进器”和粮食安全的“调节阀”，通过生物燃料乙醇的生产和加工，有助于稳定粮食生产，是解决“问题粮食”的唯一现实途径，可以有效促进农业健康发展。同时，燃料乙醇还是一种清洁能源，是汽油最环保的增氧剂和辛烷值促进剂，能够有效减少温室气体和PM2.5排放，对于改善大气环境质量有着积极作用。

根据行业资讯机构最新报告，近年来，全球乙醇产量一直维持小幅增长的状态。2018年、2019年，全球乙醇年产量分别为1080亿升和1130亿升。作为可再生能源，乙醇燃烧完全、效率高和无污染的特点曾为全球多国所认可。然而，由于乙醇行业尚未真正实现商业化和规模化发展，其需求受各国政府政策影响较大。美国现阶段生物燃料乙醇的研究重心转移到以纤维素等为原料的生产工艺中。为了促进乙醇产业的发展，不少国家选择了采用强制性法规推动乙醇市场发展。如巴西要求在汽油中添加乙醇的比例应超过20%。业界人士（Brian Healy）预计，“到2022年，全球乙醇产量有望恢复至1100亿升左右，但相较此前的水平还有一定的差距。虽然短期内，全球乙醇市场增长空间有限，但长期来看，乙醇产业仍有发展潜力，8～10年内其市场有望增长20%。”

1,2,4-丁三醇（以下简称丁三醇）是一种手性多元醇类化合物，属于非天然化学品，化学分子式为 $C_4H_{10}O_3$，相对分子质量为106.12。它无色、无臭，是一种强亲水性和强极性的油状液体。丁三醇的性质与同带三个羟基的甘油（1,2,3-丙三醇）类似，能与水和醇混溶，可作为溶剂和润湿剂。该分子的第二位碳原子是一个不对称的碳原子，存在旋光异构现象。丁三醇是一种重要的非天然多元醇，在医药、军工等领域具有广泛的应用价值。在医药上，丁三醇可作缓释剂，控制药物的释放速度，是用于合成抗病毒化合物、血小板活性因子等多种药物制备的关键中间体；在军工领域丁三醇是合成丁三醇硝酸酯（以下简称BTTN）的重要前体，BTTN是良好的含能增塑剂，可替代硝酸甘油用作优质的推进剂和增塑剂，冲击感度小于硝化甘油，热稳定性好，毒性、挥发性、吸湿性均比硝化甘油小，而且和其他含能增塑剂混合使用，能显著地提高以硝化纤维为基础的火药的低温力学性能。

2014—2018年随着医药、军事武器、烟草、服装、油墨、陶瓷等领域的发展，丁三醇的需求不断增加，市场规模不断扩大。其中，2014年中国丁三醇行业的产量为76.7吨，销售量为74.5吨，市场规模为2729万元；2018年，中国丁三醇行业的产量为95.9吨，销量为93.6吨，市场规模为3745万元。随着市场需求规模的扩大及生产能力的不断提升，预计2024年，中国丁三醇行业供给规模预计将增加到6320万元，增长率为8.1%。

在国际技术发展趋势方面，美国密歇根州立大学改进了原有工艺，在中国申请专利（专利号为CN200780032753.9），涉及了改良的酶系统、重组细胞及采用该细胞生物合成的丁三醇的方法、由此制备的丁三醇及其衍生物、由丁三醇制备的丁三醇三硝酸酯及可用于该酶系统和重组细胞中的酶和基因等方面。丹麦诺维信公司、美国杜邦公司和丹麦丹尼斯克公司均致力于微生物发酵产乙醇，共申请专利280余件。

而国内技术现有水平方面，中科院微生物生理与代谢工程重点实验室的研究人员根据基团反应原理和吉布斯自由能计算，设计了一条热力学上可行的1,2,4-丁三醇生物合成新途径。该途径始于L-苹果酸，经六步反应生成L-1,2,4-丁三醇，理论得率为每克葡萄糖得0.65克1,2,4-丁三醇，与化学合成路线相比具有较强的竞争力。江南大学通过重组大肠杆菌菌株基因敲除技术，并利用木糖合成丁三醇。江南大学通过废水利用产乙醇的技术及微生物产乙醇的工艺共申请专利50余件。中粮集团微生物发酵产乙醇申请专利约100件。

15.2　生物法生产低碳醇[1]技术全球专利分析

15.2.1　查全查准率

生物法生产低碳醇技术专利经过检索命中数据为 5279 条，4216 件，2766 个简单同族。利用查全样本检测法得到查全率为 95%。利用抽样 60 件专利后得到查准率为 86.66%。

15.2.2　申请趋势分析

通过 incoPat 专利数据库分析，共检索到相关专利 4216 件。微生物生产低碳醇类相关的研究已有较长时间，从古代利用野生菌酿酒到现代利用基因工程菌发酵，利用微生物改造方法实现了产量的大幅度提升和产物的多样化。

图 15.1 给出了低碳醇相关专利数量的年度（基于专利申请年）变化趋势。从图 15.1 中可以看出，国际上早在 2001 年对微生物产低碳醇就开始高度重视，专利申请在 2007 年呈现大幅度增长。特别是在 2008 年，相关专利年申请量达到最高值，且在其后的 10 年中年申请量均相对较高。2019 年以来申请量有所下降，但由于专利从申请到公开再到数据库收录，会有一定时间的延迟，2019—2020 年，特别是 2020 年的数据会大幅小于实际数据，仅供参考。

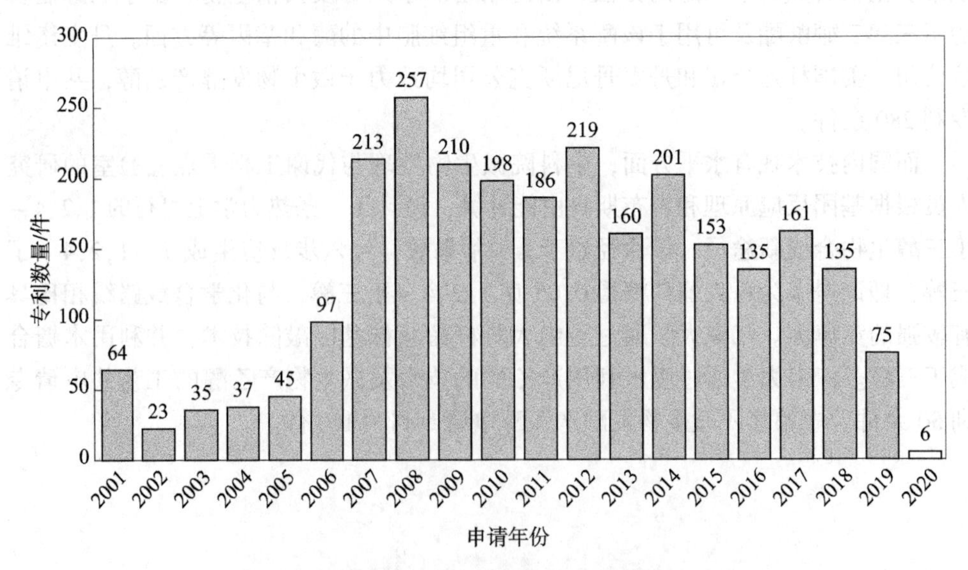

图 15.1　低碳醇技术全球专利申请数量的年度分布

---

[1] 本节低碳醇指乙醇和丁三醇。

15.2.3　申请国家（地区、组织）分布

1. 各国家（地区、组织）专利受理总量对比

由表 15.1 可以看出，中国在生物法生产低碳醇技术专利申请量位列第一，是位列第二的美国此技术专利数量的近 2 倍。同时，世界知识产权组织、日本、欧洲专利局、韩国、印度、加拿大、巴西和澳大利亚分别位列第 3 至第 10 位。

从图 15.2 中可以看出，在全球申请量前 10 位的国家（地区、组织）中，美国和世界知识产权组织在 2001 年申请量最高，且从 2006 年开始申请量大幅度提高。生物法生产低碳醇研究很早，最早可追溯到 1922 年美国申请的一件专利。于 1998 年突破全球年申请量超过 10 件，且在 2007—2014 年全球年平均申请量达到巅峰近 200 件。其中印度、加拿大、巴西、澳大利亚等国家的申请量始终保持稳定，增长缓慢，而中国、美国、世界知识产权组织和日本在 2007 年后申请量增长迅速。其中中国的增长速度最快，自 2008 年后生物法生产低碳醇相关专利申请总量已经远远超越美国、世界知识产权组织和日本。

表 15.1　全球申请量前 10 位国家（地区、组织）排名　　（单位：件）

国家（地区、组织）	申请专利数量	国家（地区、组织）	申请专利数量
中国	810	韩国	125
美国	422	印度	114
世界知识产权组织	317	加拿大	81
日本	197	巴西	67
欧洲专利局	145	澳大利亚	57

专利公开国家（地区、组织）	2001	2002	2003	2004	2005	2006	2007	2008	2009	2010	2011	2012	2013	2014	2015	2016	2014	2018	2019	2020
中国	6	2	6	7	10	19	53	87	49	51	47	94	51	65	42	64	66	52	31	3
美国	8	6	7	9	8	21	37	35	36	29	22	29	28	26	33	13	22	23	12	1
世界知识产权组织	8	1	3	3	5	9	30	37	33	27	24	16	15	29	15	10	17	12	19	1
日本	4	3	7	3	2	10	17	24	19	12	18	18	11	21	4	8	7	5	1	
欧洲专利局	6			3	4	7	14	14	15	9	10	12	8	9	11	1	8	5	2	
韩国	4		2	2	4	1	4	7	11	23	15	12	11	10	8	4	1	1	1	
印度		3	1	1	2		5	10	9	7	9	9	10	10	6	9	8	7	4	1
加拿大	2			1	3	3	11	12	7	9	7	3	3	3	2		5	7	1	
巴西		1	2		1		3	4	6		5	5	9	8	6	8	4	5		
澳大利亚	6	3	1	1	1	2	6	4	4	2	4	4		3	7	2	2	2	1	

申请年份

图 15.2　生物法生产低碳醇技术主要最早优先权国家（地区、组织）专利申请量变化趋势（单位：件）

2. 主要国家（地区、组织）专利申请活跃度分析

由表15.2可以看出，2018—2020年，在生物法生产低碳醇技术的专利申请中，中国和印度申请活跃度较高，专利受理量分别为152件和20件，专利占比分别为19%和18%；加拿大、世界知识产权组织、美国、巴西和欧洲专利局专利占比略低于中国和印度，活跃度相对较低，专利占比在10%~16%；值得注意的是，总申请量位居第6和第10的韩国与澳大利亚专利受理量为零，专利申请活跃度为零。

表15.2　主要国家（地区、组织）生物法生产低碳醇技术专利申请活跃度

国家地区		中国	美国	世界知识产权组织	日本	欧洲专利局	韩国	印度	加拿大	巴西	澳大利亚
申请活跃度	专利总量/件	810	422	317	197	145	125	114	81	67	57
	2018—2020年专利受理量/件	152	58	49	13	15	0	20	13	9	0
	2018—2020年专利占比/%	19	14	15	7	10	0	18	16	13	0

3. 各国家（地区、组织）专利技术组成对比

把生物法生产低碳醇的技术组成用IPC分类号来代表，其中占比最高的IPC号为C12P7/06、C12P7/10、C12R1/865、C12P7/08、C12N1/19、C12N1/16、C12P19/14、C12N1/21、C12N9/04和C12N1/18。图15.3和表15.3展示了生物法生产低碳醇

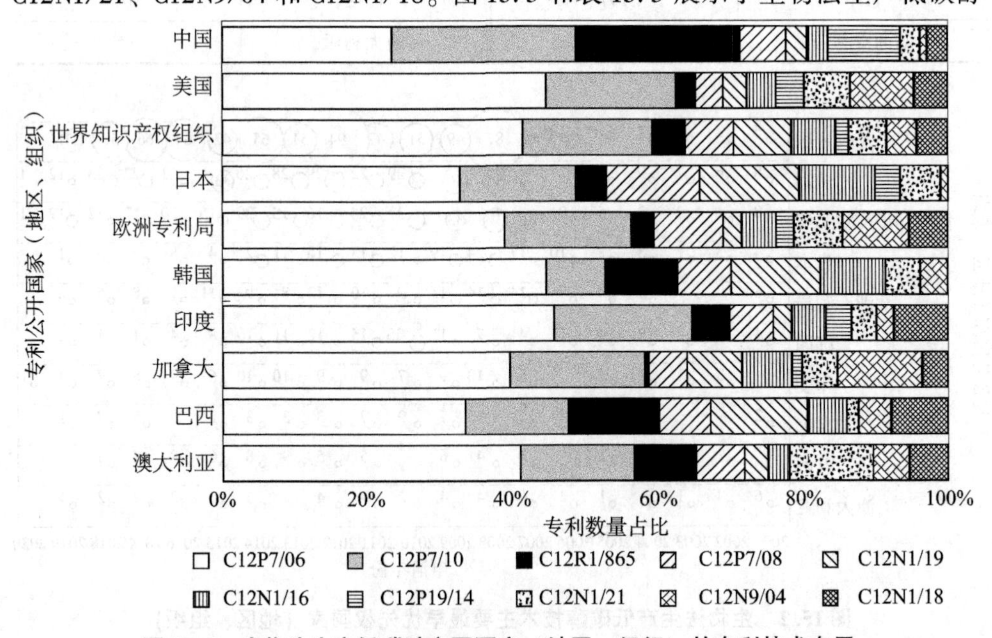

图15.3　生物法生产低碳醇主要国家（地区、组织）的专利技术布局

主要国家（地区、组织）的专利技术布局。由图15.3和表15.3可以明显地看出，生物法生产低碳醇的IPC分类主要集中在C12P7/06，其中中国在C12P7/06分类占20%左右，而其他国家（地区、组织）均占40%左右；中国在C12P7/10和C12R1/865分类占比相对较大约20%，其次在C12P19/14分类也研究较多约10%；美国、世界知识产权组织、日本、欧洲专利局、印度、加拿大、巴西和澳大利亚在C12P7/10分类占比仅次于C12P7/06分类占比。同时值得注意的是，C12N1/19分类占比最大的国家是日本；C12P19/14分类占比最多的国家是中国。

表15.3　生物法生产低碳醇主要国家（地区、组织）的专利技术布局　（单位：件）

IPC分类号	中国	美国	世界知识产权组织	日本	欧洲专利局	韩国	印度	加拿大	巴西	澳大利亚
C12P7/06	309	237	183	99	93	83	38	55	38	38
C12P7/10	332	97	80	48	42	15	16	26	16	15
C12R1/865	292	13	19	13	7	18	4	1	14	8
C12P7/08	84	19	29	37	23	14	5	7	8	6
C12N1/19	37	18	36	42	6	22	2	11	15	3
C12N1/16	40	21	26	31	12	17	4	9	6	3
C12P19/14	132	21	7	10	5	0	3	2	0	0
C12N1/21	32	33	23	17	17	9	3	7	2	10
C12N9/04	14	46	20	3	22	7	2	16	5	5
C12N1/18	37	25	18	0	12	0	6	5	9	5

注：C12P7/06（乙醇，即非饮料）
C12P7/10（含纤维素材料的基质）
C12R1/865（酿酒酵母）
C12P7/08（作为副产品或从废物或纤维素材料基质中制得）
C12N1/19（引入外来遗传材料修饰的）
C12N1/16（酵母；其培养基）
C12P19/14（由碳水化合物酶作用产生的，如由α-淀粉酶）
C12N1/21（引入外来遗传物质修饰的）
C12N9/04（作为供体作用于CHOH基团，如葡萄糖氧化酶、乳酸脱氢酶）
C12N1/18（面包酵母，啤酒酵母）

15.2.4　竞争专利权人分析

1. 竞争专利权人分布情况

表15.4展示了生物法生产低碳醇竞争专利权人分布情况。由表15.4可以看

出，全球申请专利数量最多的8个申请人依次为丹麦诺维信公司、中粮集团、荷兰帝斯曼公司、美国杜邦公司、日本丰田、丹尼斯科美国公司、澳大利亚麦克罗百奥健有限公司和法国乐斯福公司。其中丹麦诺维信公司专利申请量为64件，中粮集团和荷兰帝斯曼公司紧随其后，专利数量为45件和44件。

表15.4 竞争专利权人分布情况 （单位：件）

申请人	专利数量
丹麦诺维信公司	64
中粮集团	45
荷兰帝斯曼公司	44
美国杜邦公司	39
日本丰田	34
丹尼斯科美国公司	31
澳大利亚麦克罗百奥健有限公司	24
法国乐斯福公司	23

2. 竞争专利权人技术对比情况

图15.4展示了竞争专利权人技术对比情况。由图15.4可以看出，竞争专利权人的技术都在C12P7/06分类上占有较大比重。其中澳大利亚麦克罗百奥健有限公司和丹麦诺维信公司还在C12N1/18分类上分别申请了19件和17件专利；荷兰帝斯曼公司在C12N9/04分类申请专利数量较其他申请人多，达到23件；荷兰帝斯曼公司和中粮集团在C12P7/10分类申请专利数量较其他申请人多，达到23件。

3. 竞争专利权人专利活跃情况

表15.5展示了生物法生产低碳醇技术主要竞争专利权人的专利申请活跃度。由表15.5可以看出，2018—2020年，活跃度最高的申请人为日本丰田，其专利占比高达71%；其次中粮集团的活跃度也相对较高，专利受理25件，专利占比为57%；同时美国杜邦公司专利受理量也较高，为16件，专利占比达47%；澳大利亚麦克罗百奥健有限公司、法国乐斯福公司、丹尼斯科美国公司和日本本田专利受理量平均在5件左右；值得注意的是，专利总量第一的丹麦诺维信公司专利受理量为0，该公司与荷兰帝斯曼公司和日本丰田专利申请活跃度均为0。

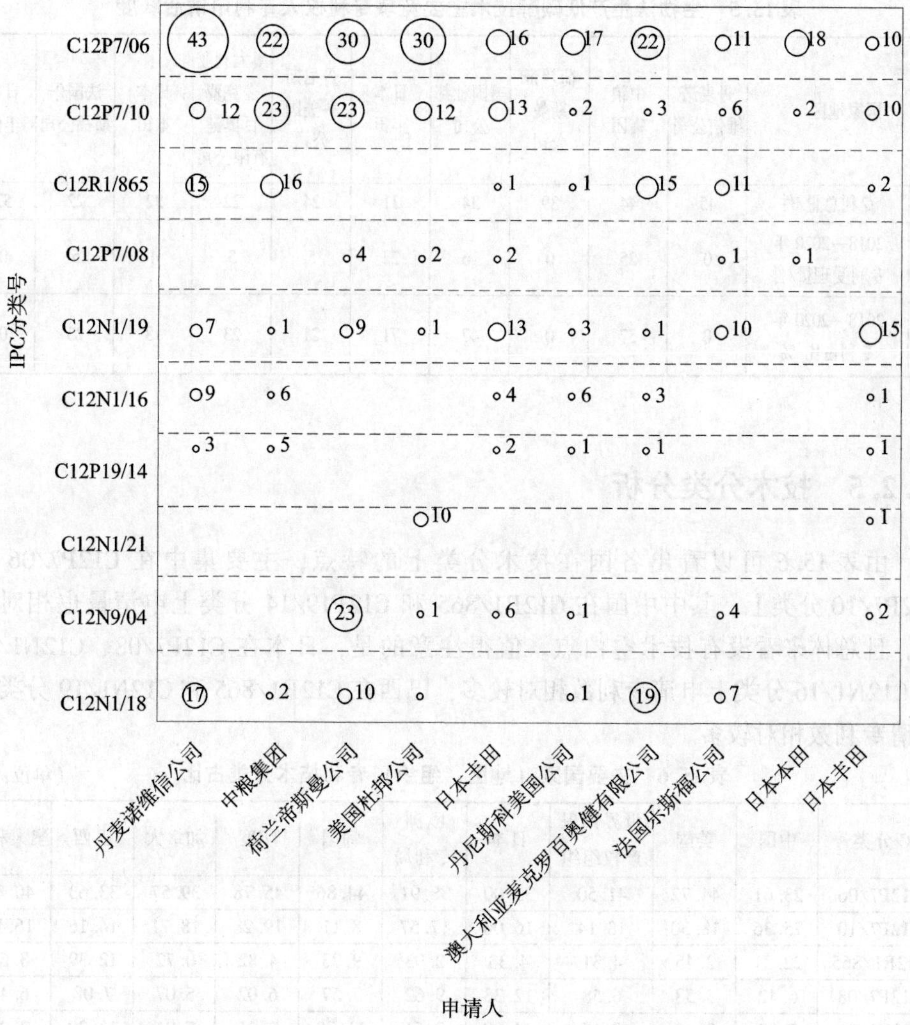

IPC分类号	丹麦诺维信公司	中粮集团	荷兰帝斯曼公司	美国杜邦公司	日本丰田	丹尼斯科美国公司	澳大利亚麦克罗百奥健有限公司	法国乐斯福公司	日本本田	日本丰田
C12P7/06	43	22	30	30	16	17	22	11	18	10
C12P7/10	12	23	23	12	13	2	3	6	2	10
C12R1/865	15	16			1	1	15	11		2
C12P7/08			4	2	2			1	1	
C12N1/19	7	1	9	1	13	3	1	10		15
C12N1/16	9	6			4	6	3			1
C12P19/14	3	5			2	1	1			1
C12N1/21				10						1
C12N9/04			23	1	6	1		4		2
C12N1/18	17	2	10			1	19	7		

申请人

图 15.4　竞争专利权人技术对比（单位：件）

注：C12P7/06（乙醇，即非饮料）

C12P7/10（含纤维素材料的基质）

C12R1/865（酿酒酵母）

C12P7/08（作为副产品或从废物或纤维素材料基质中制得）

C12N1/19（引入外来遗传材料修饰的）

C12N1/16（酵母；其培养基）

C12P19/14（由碳水化合物酶作用产生的，如由 α－淀粉酶）

C12N1/21（引入外来遗传物质修饰的）

C12N9/04（作为供体作用于 CHOH 基团，如葡萄糖氧化酶、乳酸脱氢酶）

C12N1/18（面包酵母，啤酒酵母）

表 15.5　生物法生产低碳醇技术主要竞争专利权人专利申请活跃度

国家地区		丹麦诺维信公司	中粮集团	荷兰帝斯曼公司	美国杜邦公司	日本丰田	丹尼斯科美国公司	澳大利亚麦克罗百奥健有限公司	日本本田	法国乐斯福公司	日本丰田
申请活跃度	专利总量/件	45	44	39	34	31	24	22	22	22	57
	2018—2020 年专利受理量/件	0	25	0	16	22	5	5	4	5	0
	2018—2020 年专利占比/%	0	57	0	47	71	21	23	18	23	0

15.2.5　技术分类分析

由表 15.6 可以看出各国在技术分类上的特点，主要集中在 C12P7/06 和 C12P7/10 分类上，其中中国在 C12R1/865 和 C12P19/14 分类上申请量也相对较多，且总体来看没有技术空白点。值得注意的是，日本在 C12P7/08、C12N1/19 和 C12N1/16 分类上申请专利数相对较多，巴西在 C12R1/865 和 C12N1/19 分类上申请专利数相对较多。

表 15.6　主要国家（地区、组织）专利技术分类占比　　（单位:%）

IPC 分类号	中国	美国	世界知识产权组织	日本	欧洲专利局	韩国	印度	加拿大	巴西	澳大利亚
C12P7/06	23.61	44.72	41.50	33.00	38.91	44.86	45.78	39.57	33.63	40.86
C12P7/10	25.36	18.30	18.14	16.00	17.57	8.11	19.28	18.71	14.16	16.13
C12R1/865	22.31	2.45	4.31	4.33	2.93	9.73	4.82	0.72	12.39	8.60
C12P7/08	6.42	3.58	6.58	12.33	9.62	7.57	6.02	5.07	7.08	6.45
C12N1/19	2.83	3.40	8.16	14.00	2.51	11.89	2.41	7.91	13.27	3.23
C12N1/16	3.06	3.96	5.90	10.33	5.02	9.19	4.82	6.47	5.31	3.23
C12P19/14	10.08	3.96	1.59	3.33	2.09	0.00	3.61	1.44	0.00	0.00
C12N1/21	2.44	6.23	5.22	5.67	7.11	4.86	3.61	5.04	1.77	10.75
C12N9/04	1.07	8.68	4.54	1.00	9.21	3.78	2.41	11.51	4.42	5.38
C12N1/18	2.83	4.72	4.08	0.00	5.02	0.00	7.23	3.60	7.96	5.38

注：C12P7/06（乙醇，即非饮料）

C12P7/10（含纤维素材料的基质）

C12R1/865（酿酒酵母）

C12P7/08（作为副产品或从废物或纤维素材料基质中制得）

C12N1/19（引入外来遗传材料修饰的）

C12N1/16（酵母；其培养基）

C12P19/14（由碳水化合物酶作用产生的，如由 α－淀粉酶）

C12N1/21（引入外来遗传物质修饰的）

C12N9/04（作为供体作用于 CHOH 基团，如葡萄糖氧化酶、乳酸脱氢酶）

C12N1/18（面包酵母，啤酒酵母）

15.2.6　技术热点分析

由表15.7近期技术热点可以看出，2018—2020年，C12P19/14分类专利受理量为54件，但是专利占比最高达30%；C12N9/04、C12P7/10、C12N1/19、C12N1/16和C12N1/18分类专利占比较高分别为20%、18%、18%、17%和16%。值得注意的是，C12P7/06分类虽然2018—2020年专利受理量最高为161件，但已经呈现活跃度下降趋势，专利占比只为12%。C12P7/08和C12N1/21分类专利受理量分别为25件和10件，专利占比分别为10%和6%。

表15.7　近期技术热点

IPC分类号		C12P7/06	C12P7/10	C12R1/865	C12P7/08	C12N1/19	C12N1/16	C12P19/14	C12N1/21	C12N9/04	C12N1/18
申请活跃度	专利总量/件	1307	746	415	262	214	198	181	163	157	135
	2018—2020年专利受理量/件	161	133	58	25	38	33	54	10	31	22
	2018—2020年专利占比/%	12	18	14	10	18	17	30	6	20	16

注：C12P7/06（乙醇，即非饮料）
C12P7/10（含纤维素材料的基质）
C12R1/865（酿酒酵母）
C12P7/08（作为副产品或从废物或纤维素材料基质中制得）
C12N1/19（引入外来遗传材料修饰的）
C12N1/16（酵母；其培养基）
C12P19/14（由碳水化合物酶作用产生的，如由α-淀粉酶）
C12N1/21（引入外来遗传物质修饰的）
C12N9/04（作为供体作用于CHOH基团，如葡萄糖氧化酶、乳酸脱氢酶）
C12N1/18（面包酵母，啤酒酵母）

15.2.7　技术研发深度分析

生物法生产低碳醇的底物分析。

由图15.5和表15.7可以看出，生物法生产低碳醇技术方面申请的专利主要集中在利用葡萄糖为底物原料方面，共1358件专利，其次利用木糖和纤维素为底物原料的专利也相对较多，分别为395件和346件。利用淀粉、秸秆、废弃物、蔗糖、谷物和果实为底物原料的专利分别为167件、140件、98件、71件、55件和44件。

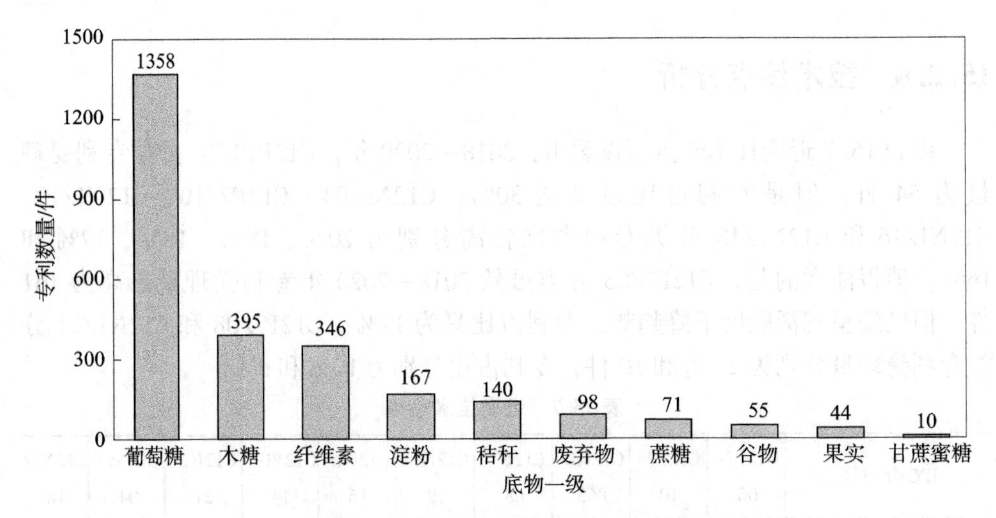

图 15.5　生物法合成低碳醇的底物分析

15.2.8　小结

虽然微生物法生产低碳醇技术在最近几年专利申请量呈下降趋势，但在技术申请方向上发生了变化。我们都知道微生物法生产低碳醇技术拥有其先天的优势是绿色无污染，通过微生物改造，突破传统的发酵原料和发酵方法，利用更多种类的微生物和改造的代谢途径，能够生产更多品种的低碳醇产物来满足更多的需求。值得注意的是，除了改造菌株代谢途径外底物的廉价性和易制得也逐渐被人们所关注，玉米、秸秆、厨余垃圾等都将维持一段时间成为研究热点。

15.3　生物法生产低碳醇技术中国专利分析

15.3.1　申请趋势分析

图 15.6 展示了微生物法生产低碳醇技术方面的中国专利申请的发展趋势，由 2002 年 1 件慢慢增加到 2006 年 14 件，并在 2007 年专利申请量突增达 40 件，且随后在 2008 年和 2012 年分别达到 77 件和 81 件，达到年申请量较高水平。随后在 2016 年和 2017 年申请量均为 60 件，2019—2020 年专利申请量有所下降，但由于专利从申请到公开再到数据库收录有一定时间的延迟，会造成已公开的 2020 年的数据大幅小于实际数据。

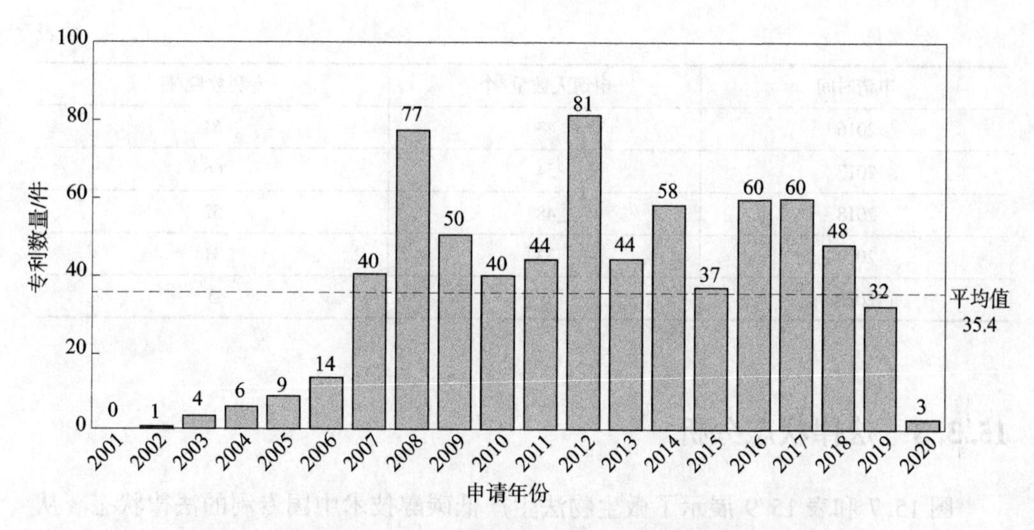

图 15.6　微生物法生产低碳醇技术中国专利申请数量的发展趋势

15.3.2　生命周期分析

表 15.8 为中国在微生物法生产低碳醇技术方面的生命周期，可以看出，申请人数量和专利数量从 2010 年到 2019 年呈现先上升后下降趋势，一定程度上也说明了微生物法生产低碳醇技术达到了成熟阶段。

表 15.8　中国微生物法生产低碳醇技术生命周期

申请时间	申请人数量/个	专利数量/件
2001	6	6
2002	4	2
2003	6	6
2004	5	7
2005	8	10
2006	17	19
2007	51	53
2008	49	87
2009	49	49
2010	45	51
2011	39	47
2012	65	94
2013	52	51
2014	51	65
2015	36	42

续表

申请时间	申请人数量/个	专利数量/件
2016	43	64
2017	54	66
2018	48	52
2019	33	31
2020	6	3

15.3.3　法律状态分析

图 15.7 和表 15.9 展示了微生物法生产低碳醇技术中国专利的法律状态。从图 15.9 中可以看出，排名前 10 位的申请人分别是中粮集团、中科院、中国石化、天津大学、丰原集团、陶氏杜邦、荷兰帝斯曼公司、日本丰田、日本本田和江苏大学。其中，中粮集团、中科院和中国石化的申请量最大，其中，中粮集团专利处于失效的是 5 件，审中专利是 5 件，有效专利是 42 件；中科院专利处于失效的是 17 件，审中专利是 2 件，有效专利是 12 件；而中国石化专利处于失效的是 1 件，审中专利是 4 件，有效专利是 16 件。从图中还能看出，近些年，一些其他公司也加入到了该领域的研究中来，如丰原集团、陶氏杜邦、荷兰帝斯曼公司、日本丰田和日本本田，可见，他们近些年在该领域的成果较多，其中丰原集团专利处于失效的是 0 件，审中专利是 0 件，有效专利是 11 件；日本本田专利失效的是 0 件，审中专利是 0 件，有效专利是 5 件；日本丰田专利失效的是 2 件，审中专利是 1 件，有效专利是 3 件。

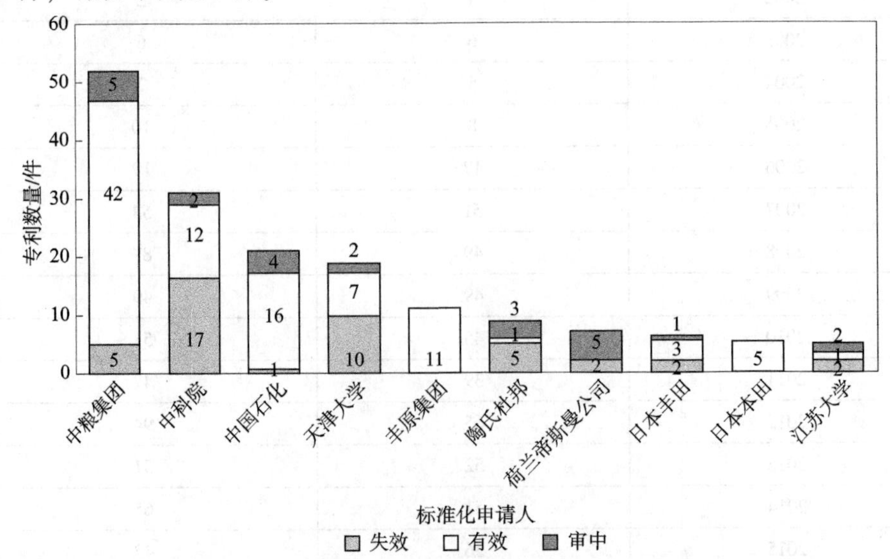

图 15.7　微生物法生产低碳醇技术中国专利法律状态

表15.9　微生物法生产低碳醇技术中国专利法律状态　（单位：件）

法律状态	中粮集团	中科院	中国石化	天津大学	丰原集团	陶氏杜邦	荷兰帝斯曼公司	日本丰田	日本本田	江苏大学
失效	5	17	1	10	0	5	2	2	0	2
有效	42	12	16	7	11	1	0	3	5	1
审中	5	2	4	2	0	3	5	1	0	2

15.3.4　申请人分布

由图15.8和表15.10可以看出微生物法生产低碳醇各技术方向在各地区的数量分布情况，通过对比分析，可以发现，C12P和C12R是重要技术方向，且主要集中在北京和江苏，同时广东、山东、天津、辽宁、广西、河南、安徽和黑龙江申请量也位居前10。C12P技术分类在北京申请量最高，达138件；C12N技术分类在北京和江苏申请量较高，分别是39件和38件。

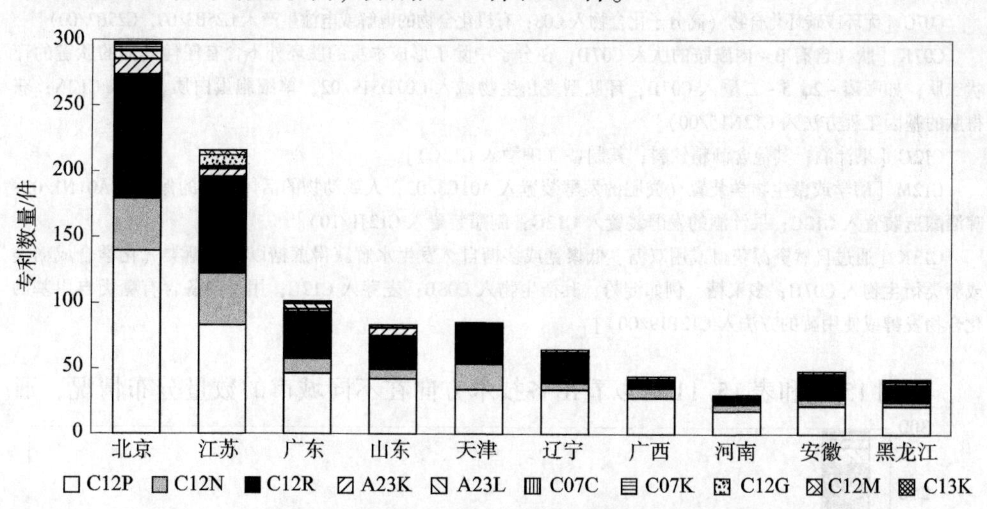

图15.8　微生物法生产低碳醇技术在各地区的专利技术分类分布

表15.10　微生物法生产低碳醇技术在各地区的专利技术分类分布　（单位：件）

IPC分类号	北京	江苏	广东	山东	天津	辽宁	广西	河南	安徽	黑龙江
C12P	138	82	45	41	34	33	27	17	20	20
C12N	39	38	12	8	19	4	7	5	5	3
C12R	95	75	36	25	30	24	8	8	20	14
A23K	12	6	1	5	0	0	1	0	1	1
A23L	2	1	4	1	0	0	0	0	0	1

续表

IPC分类号	北京	江苏	广东	山东	天津	辽宁	广西	河南	安徽	黑龙江
C07C	4	1	1	0	1	1	0	0	0	1
C07K	1	0	1	0	0	10	0	0	0	2
C12G	3	9	0	0	0	0	1	0	1	0
C12M	2	3	0	0	0	1	0	0	0	0
C13K	1	0	0	0	0	0	0	0	0	0

注：C12P（发酵或使用酶的方法合成目标化合物或组合物或从外消旋混合物中分离旋光异构体）

C12N［微生物或酶；其组合物（杀生剂、害虫驱避剂或引诱剂，或含有微生物、病毒、微生物真菌、酶、发酵物的植物生长调节剂，或从微生物或动物材料产生或提取制得的物质入 A01N63/00；药品入 A61K；肥料入 C05F）；繁殖、保藏或维持微生物；变异或遗传工程；培养基（微生物学的试验介质入 C12Q1/00）］

C12R（与涉及微生物的 C12C 至 C12Q 小类相关的引得表）

A23K（专门适用于动物的喂养饲料；其生产方法）

A23L［不包含在 A21D 或 A23B 至 A23J 小类中的食品、食料或非酒精饮料；它们的制备或处理，例如烹调、营养品质的改进、物理处理（不能为本小类完全包含的成型或加工入 A23P）；食品或食料的一般保存（用于烘焙的面粉或面团的保存入 A21D）］

C07C［无环或碳环化合物（高分子化合物入 C08；有机化合物的电解或电泳生产入 C25B3/00，C25B7/00）］

C07K［肽（含有 β－内酰胺的肽入 C07D；在分子中除了形成本身的肽环外不含有任何其他的肽键的环状二肽，如哌嗪－2，5－二酮入 C07D；环肽型麦角生物碱入 C07D519/02；单细胞蛋白质、酶入 C12N；获得肽的基因工程方法入 C12N15/00）］

C12G［果汁酒；其他含酒精饮料；其制备（啤酒入 C12C）］

C12M［酶学或微生物学装置（粪肥的发酵装置入 A01C3/02；人或动物的活体部分的保存入 A01N1/02；啤酒酿造装置入 C12C；果汁酒的发酵装置入 C12G；制醋装置入 C12J1/10）］

C13K［通过自然资源获得或用双糖、低聚糖或多糖自然发生水解获得蔗糖以外的糖类（化学合成糖类或糖类衍生物入 C07H；多聚糖，例如淀粉，其衍生物入 C08B；麦芽入 C12C；用于制备含有糖类自由基的化合物发酵或使用酶的方法入 C12P19/00）］

由图 15.9 和表 15.11 可以看出各技术方向在不同城市的数量分布情况，通

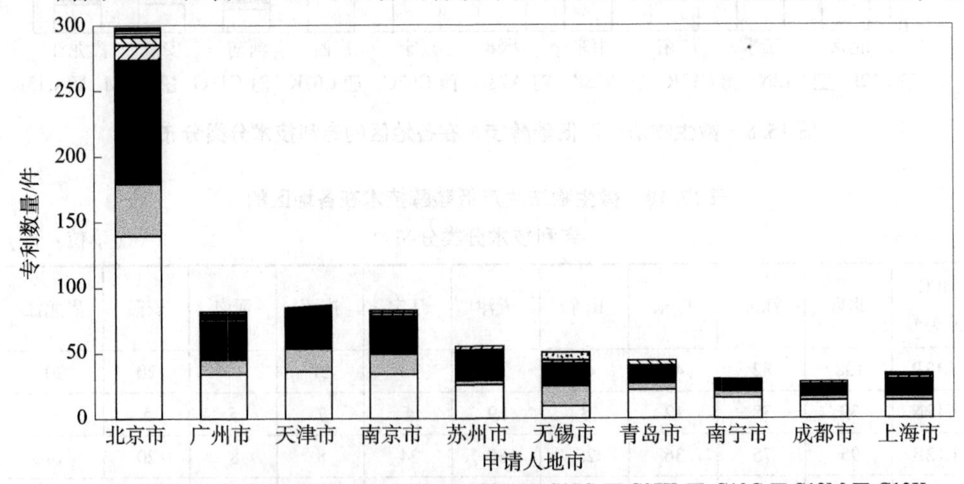

图 15.9　微生物法生产低碳醇技术在中国主要城市的专利技术分布

过对比分析，可以知道C12P和C12R为重要技术且主要集中北京，随后依次是广州、天津、南京、苏州、无锡、青岛、南宁、成都和上海。

表15.11　微生物法生产低碳醇技术在中国主要城市的专利技术分类分布

（单位：件）

IPC分类号	北京	广州	天津	南京	苏州	无锡	青岛	南宁	成都	上海
C12P	138	33	34	31	25	9	19	15	13	14
C12N	39	11	19	18	3	16	6	6	2	3
C12R	95	29	30	28	23	14	13	7	11	12
A23K	12	1	0	3	1	2	4	0	1	1
A23L	2	4	0	0	0	1	0	0	0	0
C07C	4	1	1	1	0	0	0	0	1	0
C07K	1	1	0	0	0	0	0	0	0	0
C12G	3	0	0	1	0	8	0	1	0	0
C12M	2	0	0	0	0	0	0	0	0	1
C13K	1	0	0	0	0	0	0	0	0	0

注：C12P（发酵或使用酶的方法合成目标化合物或组合物或从外消旋混合物中分离旋光异构体）

C12N［微生物或酶；其组合物（杀生剂、害虫驱避剂或引诱剂，或含有微生物、病毒、微生物真菌、酶、发酵物的植物生长调节剂，或从微生物或动物材料产生或提取制得的物质入A01N63/00；药品入A61K；肥料入C05F）；繁殖、保藏或维持微生物；变异或遗传工程；培养基（微生物学的试验介质入C12Q1/00）］

C12R（与涉及微生物的C12C至C12Q小类相关的引得表）

A23K（专门适用于动物的喂养饲料；其生产方法）

A23L［不包含在A21D或A23B至A23J小类中的食品、食料或非酒精饮料；它们的制备或处理，例如烹调、营养品质的改进、物理处理（不能为本小类完全包含的成型或加工入A23P）；食品或食料的一般保存（用于烘焙的面粉或面团的保存入A21D）］

C07C［无环或碳环化合物（高分子化合物入C08；有机化合物的电解或电泳生产入C25B3/00，C25B7/00）］

C07K［肽（含有β-内酰胺的肽入C07D；在分子中除了形成本身的肽环外不含有任何其他的肽键的环状二肽，如哌嗪-2，5-二酮入C07D；环肽型麦角生物碱入C07D519/02；单细胞蛋白质、酶入C12N；获得肽的基因工程方法入C12N15/00）］

C12G［果汁酒；其他含酒精饮料；其制备（啤酒入C12C）］

C12M［酶学或微生物学装置（粪肥的发酵装置入A01C3/02；人或动物的活体部分的保存入A01N1/02；啤酒酿造装置入C12C；果汁酒的发酵装置入C12G；制醋装置入C12J1/10）］

C13K［通过自然资源获得或用双糖、低聚糖或多糖自然发生水解获得蔗糖以外的糖类（化学合成糖类或糖类衍生物入C07H；多聚糖，例如淀粉，其衍生物入C08B；麦芽入C12C；用于制备含有糖类自由基的化合物发酵或使用酶的方法入C12P19/00）］

从表15.12可以看出，太仓市周氏化学品有限公司从2012年开始从事该方向的研究，申请专利15件，之后便在无此方面研究，可见该公司已不从事相关研究。江南大学从2011年就已经从事该方向的研究，且几乎保持每年有专利申请的态势，在此研究领域一直有研究。

表 15.12　微生物法生产低碳醇技术中国专利的主要申请人专利申请的趋势

（单位：件）

专利申请人	2011	2012	2013	2014	2015	2016	2017	2018	2019	2020
中粮集团	0	5	3	3	3	0	0	0	0	0
中粮营养健康研究院有限公司	0	5	3	3	3	0	2	3	0	1
江南大学	7	1	0	1	2	1	1	5	2	0
中粮生化能源（肇东）有限公司	0	5	3	3	3	0	1	4	0	0
天津大学	1	2	1	3	3	0	1	0	0	1
中国石化	6	1	1	3	0	0	0	1	1	0
南京工业大学	0	1	0	4	0	3	5	1	0	0
太仓市周氏化学品有限公司	0	15	0	0	0	0	0	0	0	0

15.3.5　高校、企业、科研单位与个人对比分析

根据专利申请人性质的不同，可以将专利申请人分为高校、企业、科研单位与个人。图 15.10 和表 15.13 展示了微生物法生产低碳醇技术中国专利申请人的类型及专利数量占比情况。由图 15.10 可以看出，在我国，企业申请专利 352 件（占 42.0%）、高校申请专利 294 件（占 35.1%）、个人申请专利 102 件（占 12.2%）、科研单位申请专利 90 件（占 10.7%）。

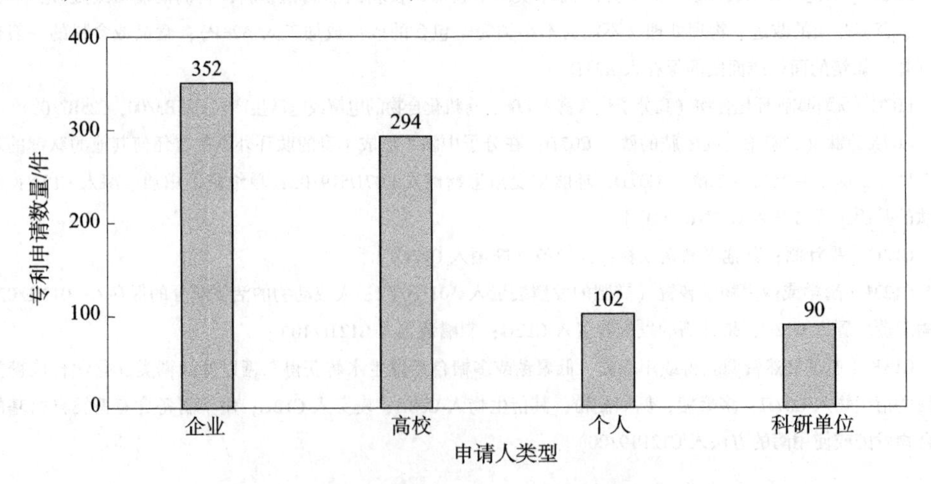

图 15.10　微生物法生产低碳醇技术中国专利申请人类型

表 15.13　微生物法生产低碳醇技术中国专利申请人的专利数量占比

专利申请人		专利数量/件	百分比/%（占本单元）
企业	中粮集团	45	12.78
	中粮营养健康研究院有限公司	20	5.68
	中粮生化能源（肇东）有限公司	19	5.40
	中国石化	16	4.55
	太仓市周氏化学品有限公司	15	4.26
	安徽丰原发酵技术工程研究有限公司	11	3.13
	诺维信公司	10	2.84
	中国石油化工股份有限公司抚顺石油化工研究院	9	2.56
	吉林中粮生化有限公司	8	2.27
	太仓同济化工原料厂	8	2.27
高校	江南大学	20	6.80
	天津大学	19	6.46
	南京工业大学	15	5.10
	华南理工大学	12	4.08
	北京科技大学	9	3.06
	北京化工大学	8	2.72
	北京林业大学	8	2.72
	南京林业大学	8	2.72
	华南农业大学	7	2.38
	大连理工大学	7	2.38
个人	刘明全	10	9.80
	张永北	4	3.92
	黄虹寓	4	3.92
	张聪聪	3	2.94
	朱天南	3	2.94
	朱毅彬	3	2.94
	王孟杰	3	2.94
	王集臣	3	2.94
	郎咏梅	3	2.94
	项传夫	3	2.94
科研单位	中科院过程工程研究所	13	14.44
	中科院广州能源研究所	7	7.78
	广西科学院	5	5.56
	中国热带农业科学院热带生物技术研究所	4	4.44

续表

	专利申请人	专利数量/件	百分比/%（占本单元）
科研单位	中科院微生物研究所	4	4.44
	中科院成都生物研究所	4	4.44
	中科院青岛能源所	4	4.44
	湖南省强生药业有限公司	4	4.44
	中科院天津工业生物技术研究所	3	3.33
	国家海洋局第一海洋研究所	3	3.33

15.3.6 技术研发深度分析

由图15.11可以看出，中国在微生物法生产低碳醇技术上的主要底物还是葡萄糖，专利数量达272件；纤维素、秸秆、淀粉和木糖的申请量也较高，分别为132件、100件、98件和90件。同时，值得注意的是，利用废弃物为原料生产低碳醇的申请量也很高，达69件，说明我国对废弃物转化低碳醇方面的研究较为广泛。

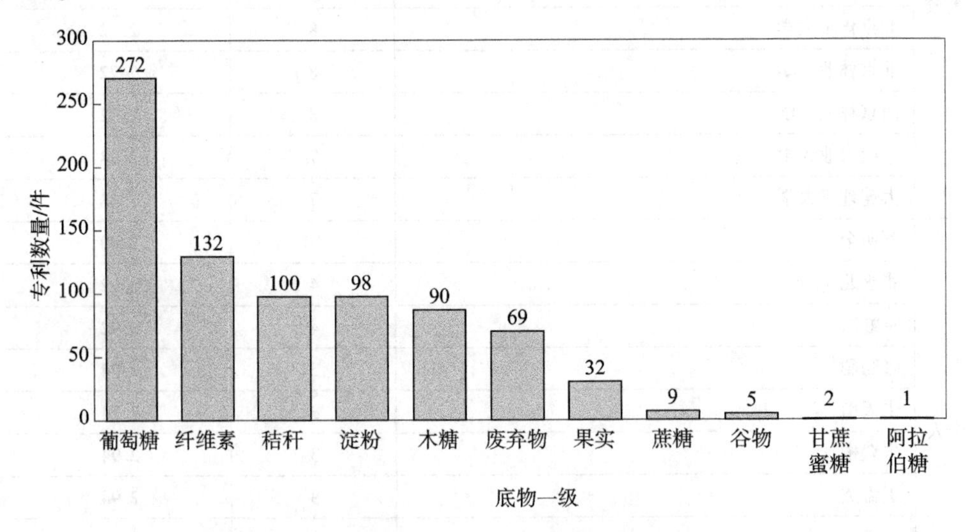

图15.11 中国微生物法生产低碳醇技术底物利用

在中国，微生物法生产低碳醇技术主要集中在北京地区；申请量最多的企业主要为中粮和中石油；申请量最多的院校为江南大学、天津大学、南京工业大学和华南理工大学；申请量最多的科研院所为中科院过程工程研究所和中科院广州能源研究所；申请量最多的个人为刘明全。总体来说，高校和科研院所在研发方向上较为发散且多为创新型研究；而企业和更倾向于较为单一的研发方向，且研发技术较高，专利影响度较高。

15.3.7　主要专利申请人分析

微生物生产低碳醇技术领域分析从申请量最高、在行业内具有重要影响力的 6 个主要申请人，分别从年度分布、技术构成方面进行分析。这 6 个主要申请人分别为中粮集团、江南大学、中国石化、中科院过程工程研究所和华南理工大学。

1. 中粮集团

由图 15.12 可以看出，中粮集团在 2007 年开始申请相关专利，申请数量为 7 件；在 2008 年申请专利突增高达 22 件；随后几乎每年都会申请相关专利。由图 15.13 可以看出，技术分支主要为 C12P、C12R 和 C12N。

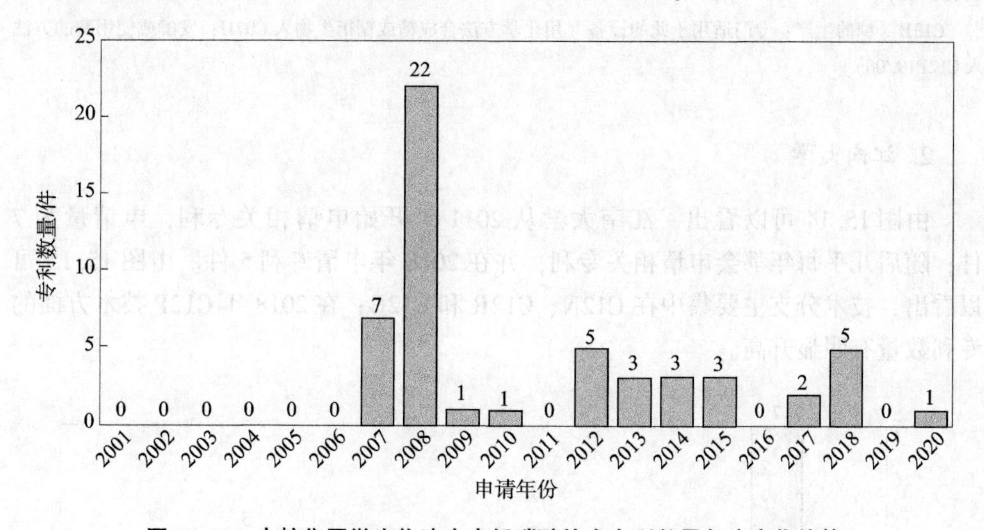

图 15.12　中粮集团微生物法生产低碳醇技术专利数量年度变化趋势

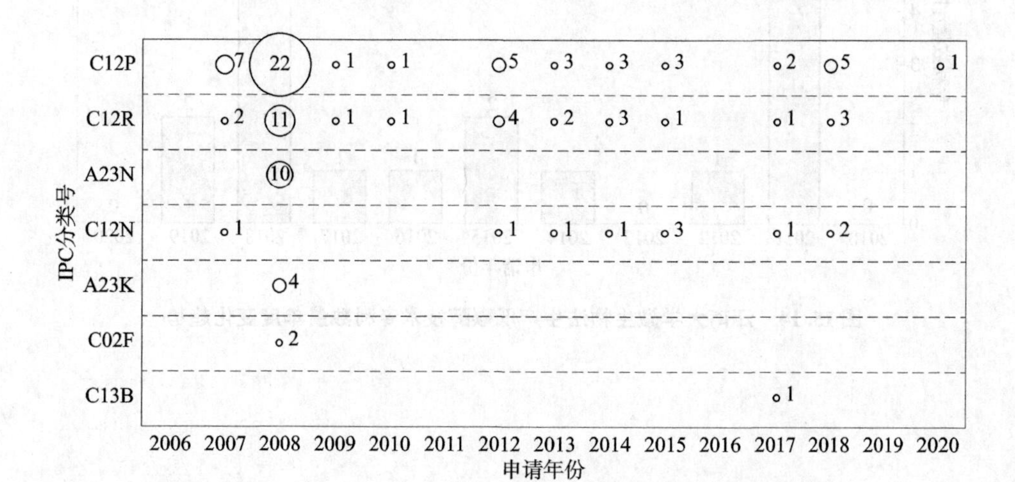

图 15.13　中粮集团微生物法生产低碳醇技术各技术分支专利申请量变化趋势（单位：件）

注：C12P（发酵或使用酶的方法合成目标化合物或组合物或从外消旋混合物中分离旋光异构体）

C12R（与涉及微生物的 C12C 至 C12Q 小类相关的引得表）

A23N［其他类不包含的处理大量收获的水果、蔬菜或花球茎的机械或装置；大量蔬菜或水果的去皮；制备牲畜饲料装置（切割草类或饲料机械入 A01F29/00；碎裂，例如切碎入 B02C；切断，例如切割、割裂、切片入 B26B，B26D）］

C12N［微生物或酶；其组合物（杀生剂、害虫驱避剂或引诱剂，或含有微生物、病毒、微生物真菌、酶、发酵物的植物生长调节剂，或从微生物或动物材料产生或提取制得的物质入 A01N63/00；药品入 A61K；肥料入 C05F）；繁殖、保藏或维持微生物；变异或遗传工程；培养基（微生物学的试验介质入 C12Q1/00）］

A23K（专门适用于动物的喂养饲料；其生产方法）

C02F［水、废水、污水或污泥的处理（通过在物质中产生化学变化使有害的化学物质无害或降低危害的方法入 A62D3/00；分离、沉淀箱或过滤设备入 B01D；有关处理水、废水或污水生产装置的水运容器的特殊设备，例如用于制备淡水入 B63J；为防止水的腐蚀用的添加物质入 C23F；放射性废液的处理入 G21F9/04）］

C13B［糖的生产；专门适用于此的设备（用化学方法合成糖或糖衍生物入 C07H；发酵或使用酶的方法入 C12P19/00）］

2. 江南大学

由图 15.14 可以看出，江南大学从 2011 年开始申请相关专利，申请量为 7 件；随后几乎每年都会申请相关专利，并在 2018 年申请专利 5 件。由图 15.15 可以看出，技术分支主要集中在 C12N、C12R 和 C12G；在 2018 年 C12P 技术方面的专利数量有明显升高。

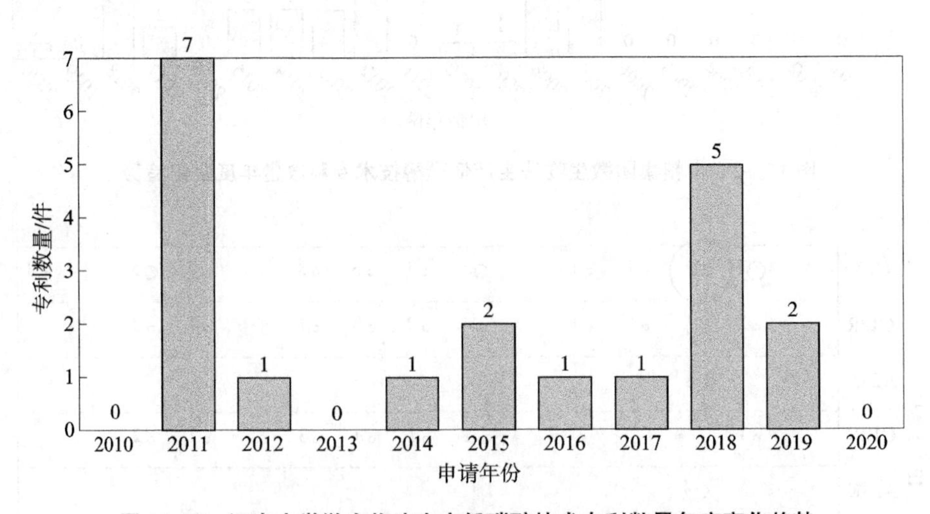

图 15.14　江南大学微生物法生产低碳醇技术专利数量年度变化趋势

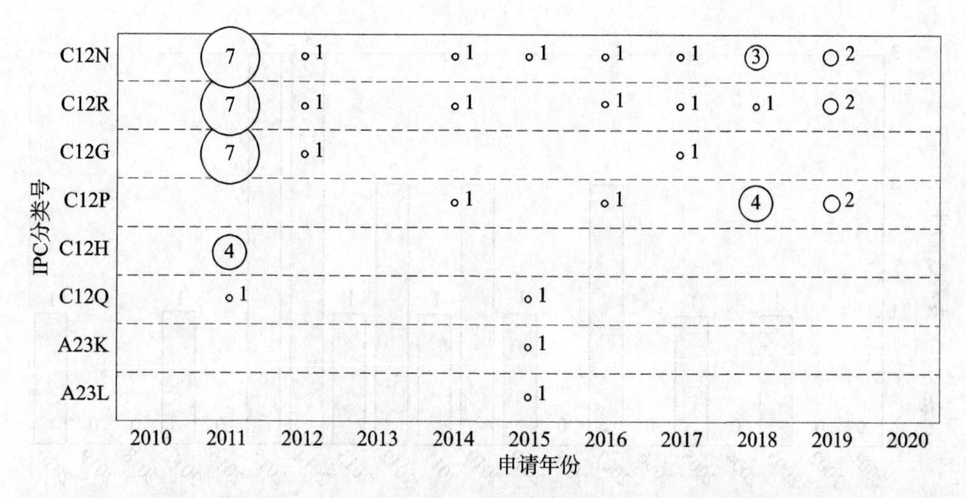

图 15.15　江南大学微生物法生产低碳醇技术各技术分支专利申请量变化趋势（单位：件）

注：C12N［微生物或酶；其组合物（杀生剂、害虫驱避剂或引诱剂，或含有微生物、病毒、微生物真菌、酶、发酵物的植物生长调节剂，或从微生物或动物材料产生或提取制得的物质入 A01N63/00；药品入 A61K；肥料入 C05F）；繁殖、保藏或维持微生物；变异或遗传工程；培养基（微生物学的试验介质入 C12Q1/00）］

C12R（与涉及微生物的 C12C 至 C12Q 小类相关的引得表）

C12G［果汁酒；其他含酒精饮料；其制备（啤酒入 C12C）］

C12P（发酵或使用酶的方法合成目标化合物或组合物或从外消旋混合物中分离旋光异构体）

C12H［酒精饮料的巴氏灭菌、杀菌、保藏、纯化、澄清或陈酿；改变发酵溶液或酒精饮料的酒精含量的方法（葡萄酒脱酸化入 C12G1/10；防止酒石沉淀入 C12G1/12；加调味香料模拟老化入 C12G3/06）］

C12Q［包含酶、核酸或微生物的测定或检验方法（免疫检测入 G01N33/53）；其所用的组合物或试纸；这种组合物的制备方法；在微生物学方法或酶学方法中的条件反应控制］

A23K（专门适用于动物的喂养饲料；其生产方法）

A23L［不包含在 A21D 或 A23B 至 A23J 小类中的食品、食料或非酒精饮料；它们的制备或处理，例如烹调、营养品质的改进、物理处理（不能为本小类完全包含的成型或加工入 A23P）；食品或食料的一般保存（用于烘焙的面粉或面团的保存入 A21D）］

3. 天津大学

由图 15.16 可以看出，天津大学从 2003 年开始相关研究的专利申请，并在 2014 年和 2015 年申请量达到最高。由图 15.17 可以看出，天津大学在技术分支上较为单一，主要为 C12P、C12R 和 C12N。

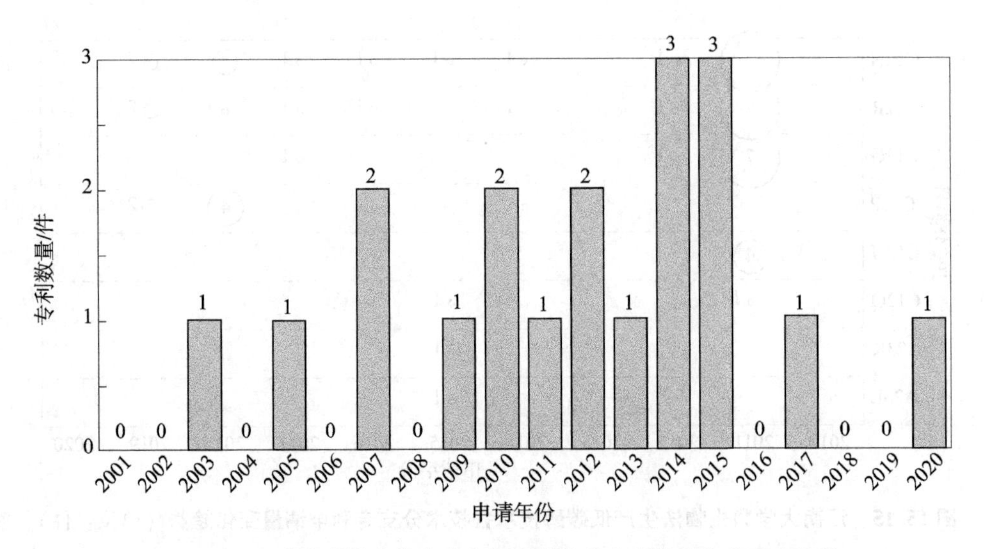

图 15.16　天津大学微生物法生产低碳醇技术专利数量年度变化趋势

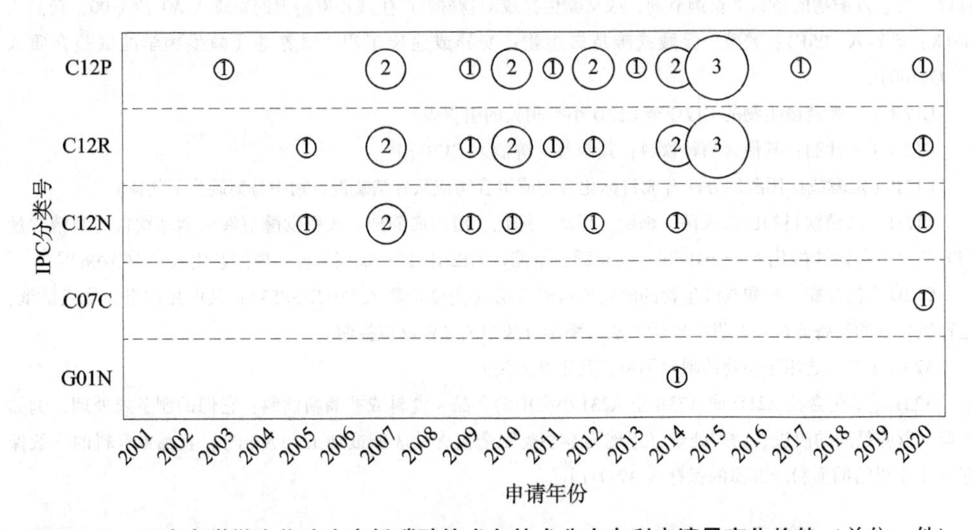

图 15.17　天津大学微生物法生产低碳醇技术各技术分支专利申请量变化趋势（单位：件）

注：C12P（发酵或使用酶的方法合成目标化合物或组合物或从外消旋混合物中分离旋光异构体）

C12R（与涉及微生物的 C12C 至 C12Q 小类相关的引得表）

C12N［微生物或酶；其组合物（杀生剂、害虫驱避剂或引诱剂，或含有微生物、病毒、微生物真菌、酶、发酵物的植物生长调节剂，或从微生物或动物材料产生或提取制得的物质入 A01N63/00；药品入 A61K；肥料入 C05F）；繁殖、保藏或维持微生物；变异或遗传工程；培养基（微生物学的试验介质入 C12Q1/00）］

C07C［无环或碳环化合物（高分子化合物入 C08；有机化合物的电解或电泳生产入 C25B3/00，C25B7/00）］

G01N［借助于测定材料的化学或物理性质来测试或分析材料（除免疫测定法以外包括酶或微生物的测量或试验入 C12M，C12Q）］

4. 中国石化

由图15.18可以看出，中国石化在2009年就申请了相关专利，且在2011年申请量达到最高。由图15.19可以看出，该公司专利的技术分支较多，但主要集中在C12P和C12R。

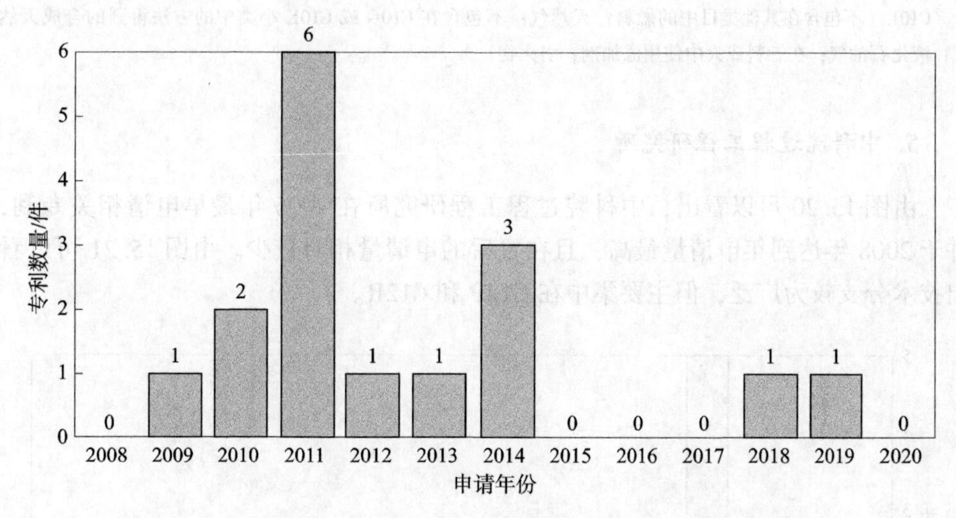

图15.18　中国石化微生物法生产低碳醇技术专利数量年度变化趋势

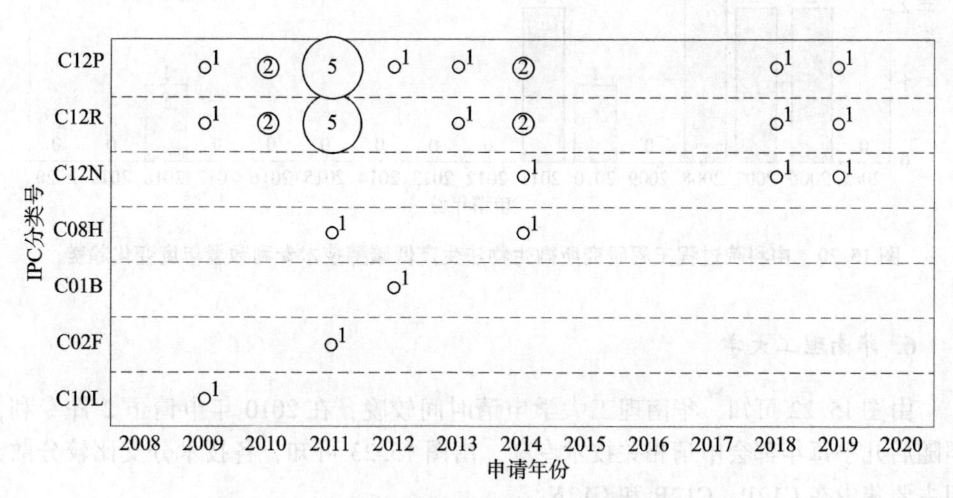

图15.19　中国石化微生物法生产低碳醇各技术分支专利申请量变化趋势（单位：件）

注：C12P（发酵或使用酶的方法合成目标化合物或组合物或从外消旋混合物中分离旋光异构体）

C12R（与涉及微生物的C12C至C12Q小类相关的引得表）

C12N［微生物或酶；其组合物（杀生剂、害虫驱避剂或引诱剂，或含有微生物、病毒、微生物真菌、酶、发酵物的植物生长调节剂，或从微生物或动物材料产生或提取制得的物质入A01N63/00；药品入A61K；肥料入C05F）；繁殖、保藏或维持微生物；变异或遗传工程；培养基（微生物学的试验介质入C12Q1/00）］

C08H［天然高分子化合物的衍生物（多糖类入C08B；天然橡胶入C08C；天然树脂或其衍生物入

C09F；焦油沥青、石油沥青或天然沥青的加工入 C10C3/00）］

C01B［非金属元素；其化合物（制备元素或二氧化碳以外无机化合物的发酵或用酶工艺入 C12P3/00；用电解法或电泳法生产非金属元素或无机化合物入 C25B）］

C02F［水、废水、污水或污泥的处理（通过在物质中产生化学变化使有害的化学物质无害或降低危害的方法入 A62D3/00；分离、沉淀箱或过滤设备入 B01D；有关处理水、废水或污水生产装置的水运容器的特殊设备，例如用于制备淡水入 B63J；为防止水的腐蚀用的添加物质入 C23F；放射性废液的处理入 G21F9/04）］

C10L（不包含在其他类目中的燃料；天然气；不包含在 C10G 或 C10K 小类中的方法得到的合成天然气；液化石油气；在燃料或火中使用添加剂；引火物）

5. 中科院过程工程研究所

由图 15.20 可以看出，中科院过程工程研究所在 2006 年最早申请相关专利，并于 2008 年达到年申请量最高，且在之后的申请量相对较少。由图 15.21 可以看出技术分支较为广泛，但主要集中在 C12P 和 C12R。

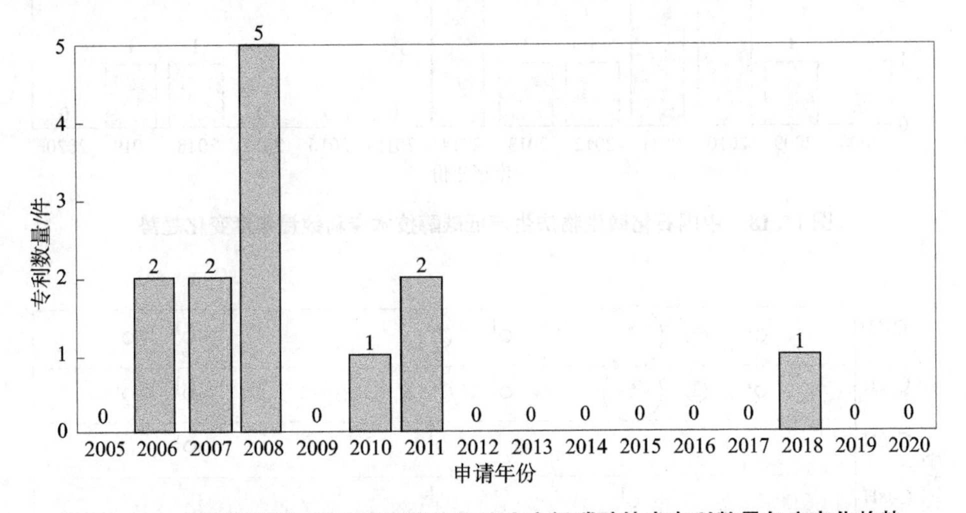

图 15.20　中科院过程工程研究所微生物法生产低碳醇技术专利数量年度变化趋势

6. 华南理工大学

由图 15.22 可知，华南理工大学申请时间较晚，在 2010 年申请了 2 件专利，但随后几乎每年都会申请相关技术专利。由图 15.23 可知，各技术分支比较分散，但主要集中在 C12P、C12R 和 C12N。

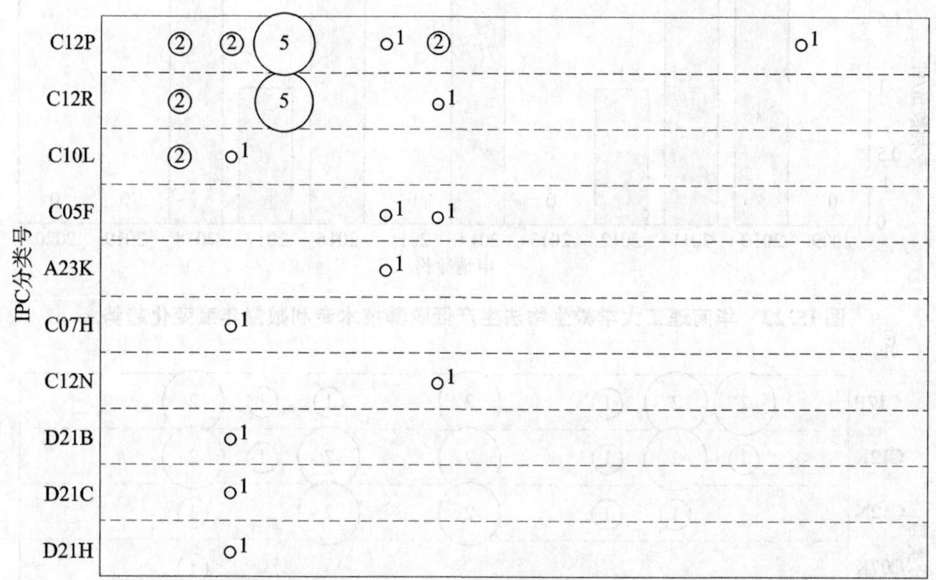

图 15.21　中科院过程工程研究所微生物法生产低碳醇技术各技术分支专利申请量变化趋势（单位：件）

注：C12P（发酵或使用酶的方法合成目标化合物或组合物或从外消旋混合物中分离旋光异构体）

C12R（与涉及微生物的 C12C 至 C12Q 小类相关的引得表）

C10L（不包含在其他类目中的燃料；天然气；不包含在 C10G 或 C10K 小类中的方法得到的合成天然气；液化石油气；在燃料或火中使用添加剂；引火物）

C05F（不包含在 C05B、C05C 小类中的有机肥料，如用废物或垃圾制成的肥料）

A23K（专门适用于动物的喂养饲料；其生产方法）

C07H［糖类；及其衍生物；核苷；核苷酸；核酸（糖醛酸或糖质酸的衍生物入 C07C、C07D；糖醛酸、糖质酸入 C07C59/105，C07C59/285；氰醇类入 C07C255/16；烯糖类入 C07D；未知结构的化合物入 C07G；多糖类，有关的衍生物入 C08B；有关基因工程的 DNA 或 RNA，载体，例如质粒，或它们的分离、制备或纯化入 C12N15/00；制糖工业入 C13）］

C12N［微生物或酶；其组合物（杀生剂、害虫驱避剂或引诱剂，或含有微生物、病毒、微生物真菌、酶、发酵物的植物生长调节剂，或从微生物或动物材料产生或提取制得的物质入 A01N63/00；药品入 A61K；肥料入 C05F）；繁殖、保藏或维持微生物；变异或遗传工程；培养基（微生物学的试验介质入 C12Q1/00）］

D21B（纤维原料或其机械处理）

D21C（从含纤维素原料中除去非纤维素物质生产纤维素；制浆药液的再生；所需设备）

D21H（浆料或纸浆组合物；不包括在小类 D21C、D21D 中的纸浆组合物的制备；纸的浸渍或涂布；不包括在大类 B31 或小类 D21G 中的成品纸的加工；其他类不包括的纸）

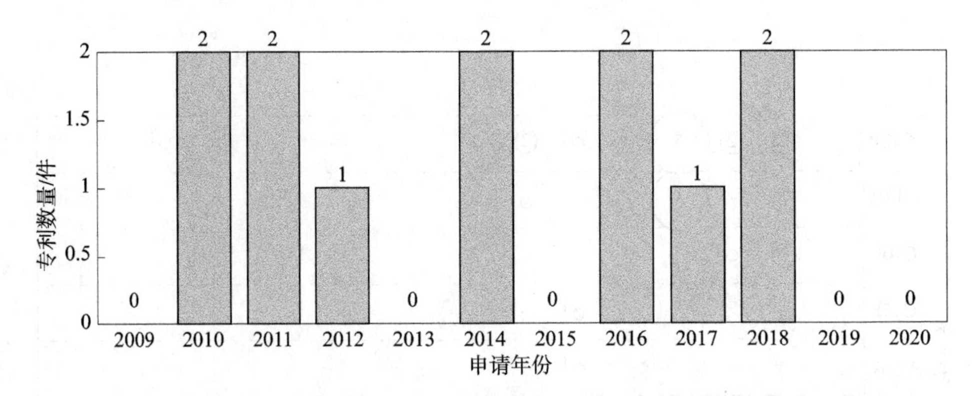

图 15.22　华南理工大学微生物法生产低碳醇技术专利数量年度变化趋势

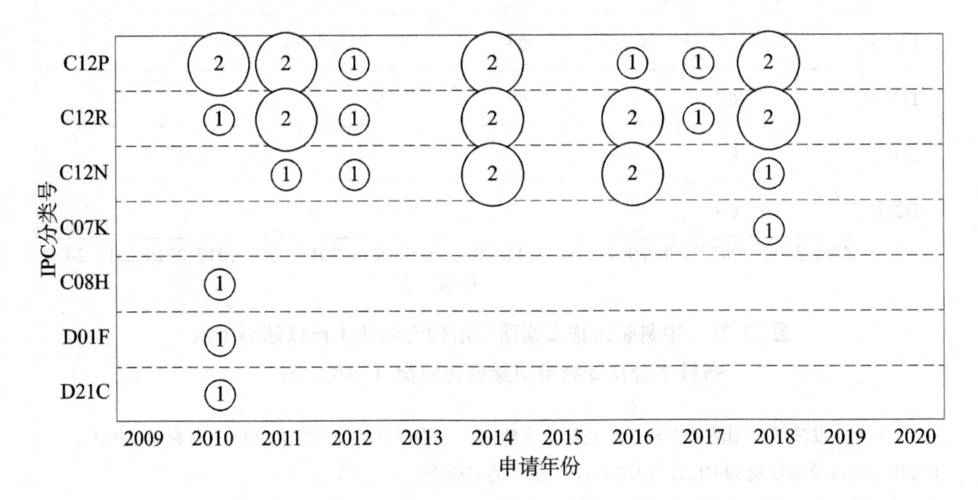

图 15.23　华南理工大学微生物法生产低碳醇技术各技术分支专利申请量变化趋势（单位：件）

注：C12P（发酵或使用酶的方法合成目标化合物或组合物或从外消旋混合物中分离旋光异构体）

C12R（与涉及微生物的 C12C 至 C12Q 小类相关的引得表）

C12N［微生物或酶；其组合物（杀生剂、害虫驱避剂或引诱剂，或含有微生物、病毒、微生物真菌、酶、发酵物的植物生长调节剂，或从微生物或动物材料产生或提取制得的物质入 A01N63/00；药品入 A61K；肥料入 C05F）；繁殖、保藏或维持微生物；变异或遗传工程；培养基（微生物学的试验介质入 C12Q1/00）］

C07K［肽（含有 β－内酰胺的肽入 C07D；在分子中除了形成本身的肽环外不含有任何其他的肽键的环状二肽，如哌嗪－2，5－二酮入 C07D；环肽型麦角生物碱入 C07D519/02；单细胞蛋白质、酶入 C12N；获得肽的基因工程方法入 C12N15/00）］

C08H［天然高分子化合物的衍生物（多糖类入 C08B；天然橡胶入 C08C；天然树脂或其衍生物入 C09F；焦油沥青、石油沥青或天然沥青的加工入 C10C3/00）］

D01F（制作人造长丝、线、纤维、鬃或带子的化学特征；专用于生产碳纤维的设备）

D21C（从含纤维素原料中除去非纤维素物质生产纤维素；制浆药液的再生；所需设备）

根据专利对微生物法生产低碳醇技术的参考度，选择了 6 个主要申请人的重要专利，按照标题、申请人、申请日、技术功效短语、被引证次数和合享价值度详细列出，见表 15.14。

表 15.14　中国微生物法生产低碳醇技术重点专利

序号	所属单位	标题	申请人	申请日	技术功效短语	合享价值度
1	中粮集团	一种生产乙醇的方法	中粮营养健康研究院有限公司；中粮生化能源（肇东）有限公司；中粮集团有限公司	2012/12/25	提高产率；缩短生长缓慢期；减少污染杂菌机会；乙醇生产；减少培养辅助设备；发酵生产；生长快；提供高效率；繁殖快	10
2		采用含木薯渣的原料制备乙醇的方法	中粮集团	2008/9/25	均匀混合；快速接触；缩短酶解时间；提高乙醇产率；反应体系稳定；提高酶解效率；均匀接触；提高原料糖转化率；原料反应均匀；提高原料利用率；提高产率利用率；均匀反应；充分	10
3		酵母菌株的扩培方法以及生产乙醇的方法	中粮生化能源（肇东）有限公司；中粮营养健康研究院有限公司；中粮集团有限公司	2014/9/28	保持活性；提高扩培方法；提高发酵水平；活性得到提高	9
4		一种利用微生物发酵木质纤维素原料产乙醇的方法	中粮营养健康研究院有限公司；中粮生化能源（肇东）有限公司；中粮集团有限公司	2014/5/30	促进微生物；快速增殖；节约粮食；减轻燃料利用；改善环境；减轻处理压力；避免使用发酵产乙醇；提高发酵质量；提高速度；减缓消耗速度；降低生产成本；提高效率	9
5		一种利用微生物共发酵 C5 和 C6 生产乙醇的方法	中粮营养健康研究院有限公司；中粮集团有限公司；中粮生化能源（肇东）有限公司	2014/1/27	实现发酵微生物；快速增殖；实现利用微生物；高效产乙醇；C5 高效利用；减轻燃料利用；改善环境；减轻处理压力；高效发酵；减缓消耗速度；加快发酵速度；高效生产乙醇	9

续表

序号	所属单位	标题	申请人	申请日	技术功效短语	合享价值度
6	中粮集团	一种应用复合抑菌剂生料发酵淀粉质原料生产乙醇的方法	中粮营养健康研究院有限公司；中粮生化能源（肇东）有限公司；中粮集团有限公司	2013/4/8	蒸馏产生的泡沫减少；降低成本；丰富氮源；容易操作；增加生产效率；延长抑菌剂作用时间；降低液化醪粘度；提高设备生产能力；降低设备损耗；降低酸度；缩短发酵周期；降低能耗；提高淀粉利用率；提高原料出酒率；提高产量；促进酵母菌生长；增加发酵浓度；促进繁殖；减少刷罐次数；降低生产成本；低成本；预处理方式温度低；动物健康；节省能耗；降低蒸汽；提高淀粉；抑制生长；减少对人的危害；复杂程度；提高发酵速率；降低水用量	9
7		一种采用含纤维素原料制备乙醇的方法	中粮营养健康研究院有限公司；中粮生化能源（肇东）有限公司；中粮集团有限公司	2012/11/2	提高原料糖转化率；浓度降低；降低综合能耗；提高乙醇产率；缩短生产周期；浓度保持；酶解效率；提高设备利用率；酶解效率低；酶解周期缩短16小时以上	9
8		一种玉米低温预处理方式生产燃料乙醇的方法	中粮集团有限公司；中粮生化能源（肇东）有限公司；中粮营养健康研究院有限公司	2012/10/18	降低生产成本；泡沫减少；丰富氮源；操作；增加生产效率；降低液化醪粘度；降低设备损耗；降低能耗；提高原料出酒率；缩短发酵周期；低成本；增加发酵；不用蒸汽；提高淀粉利用率；预处理方式温度低；降低蒸汽；提高淀粉；提高设备生产能力；降低发酵生产能耗；促进酵母菌生长；复杂程度；提供热源；提高发酵速率；降低成本；降低水用量	9
9		采用含纤维素的原料制备乙醇的方法	中粮集团	2008/3/4	快速接触；缩短酶解时间；提高酶解效率；降低纤维素比例；降低乙醇产率；均匀反应；提高产率；效率提高；也限制乙醇产率提高；均匀混合；提高原料糖转化率；均匀接触；提高乙醇产率；保证蒸汽爆破条件	9

续表

序号	所属单位	标题	申请人	申请日	技术功效短语	合享价值度
10	中粮集团	一种利用甜高粱制备乙醇的方法	中粮集团	2008/1/30	提高原料利用率；防滑性提高；降低糖分残留量；连系降低；撕解物位置高；减少粉尘；提高利用率；净化工作环境；提高进料速度；提高速度利用方法	9
11	中粮集团	利用薯类原料制备乙醇的方法	中粮集团	2008/1/15	降低回收能耗；提高乙醇产率；降低能耗；提高产率；降低滤饼含水量	9
12	中粮集团	采用含纤维素原料制备乙醇的方法	中粮集团；诺维信公司	2007/4/17	浓度降低；提高原料糖转化率；提高乙醇产率	9
13	中粮集团	一种酿酒酵母菌及其在乙醇发酵中的用途	吉林中粮生化有限公司；中粮生化能源（肇东）有限公司；中粮营养健康研究院有限公司	2018/11/30		8
14	中粮集团	一种扩培酵母菌的方法及其应用和发酵乙醇的方法	中粮集团；中粮营养健康研究院有限公司；中粮生化能源（肇东）有限公司	2015/12/18	提高糖醇转化率；提高消耗率；控制酵母菌数量；保证转化效率；避免杂菌污染；投资强度小	8
15	中粮集团	生产乙醇的重组酿酒酵母菌株、其构建方法以及利用该菌株生产乙醇的方法	中粮营养健康研究院有限公司；中粮集团；中粮生化能源（肇东）有限公司	2015/9/24	高效转化；高效代谢；实现共发酵；更高的乙醇转化率；	8
16	中粮集团	一种自然 pH 发酵木质纤维素产乙醇的方法	中粮营养健康研究院有限公司；中粮生化能源（肇东）有限公司；中粮集团	2013/12/31	不调节 pH；发酵性能好；保持发酵活力；实现乙醇发酵；抑制杂菌生长；避免复杂操作；实现高产量	8
17	中粮集团	一种采用玉米和甘蔗联产蔗糖和乙醇的方法	中粮营养健康研究院有限公司	2017/12/29	降低生产糖醇；有利于工序效果；不会想到将甘蔗渣用于热源；降低过程能耗；有效利用热源；降低乙醇能耗；有效利用甘蔗蔗渣；提供热源；减少酶用量	7

续表

序号	所属单位	标题	申请人	申请日	技术功效短语	合享价值度
18	中粮集团	一种液化醪扩培酵母菌的方法及其应用和发酵乙醇的方法	中粮营养健康研究院有限公司；中粮生化能源（肇东）有限公司；中粮集团	2015/12/18	提高消耗率；控制酵母菌数量；控制数量；提高乙醇得率；提高木糖消耗率	7
19		一种乙醇的生产方法	中粮营养健康研究院有限公司；中粮生化能源（肇东）有限公司；中粮集团	2012/12/25	提供负荷比；克服菌体生长慢；实现乙醇生产；降低生产成本；提供高效率；大规模发酵生产	7
20		发酵产乙醇的方法	吉林中粮生化有限公司；中粮营养健康研究院有限公司；广西中粮生物质能源有限公司；中粮生物科技股份有限公司	2020/4/9	获得淀粉出酒率；能耗降低；提高发酵效果；提高发酵乙醇浓度	6
21		酿酒酵母、包含其的微生物制剂及使用其生产乙醇的方法	吉林中粮生化有限公司；中粮营养健康研究院有限公司；中粮生化能源（肇东）有限公司	2018/12/28	实现增产30%；实现发酵；良好工业化；发酵效果良好	6
22		一种使用玉米和玉米秸秆作为原料综合生产乙醇的方法	中粮生化能源（肇东）有限公司；吉林中粮生化有限公司；中粮生物化学（安徽）股份有限公司	2018/12/18	减少水、电、汽能耗；降低蒸馏能耗；改善葡萄糖利用率；营养物减少；操作简单；未增加设备投资；提高淀粉利用率；提高设备利用率；提高乙醇浓度	6
23		利用玉米皮作为原料生产乙醇的方法	中粮生化能源（肇东）有限公司；吉林中粮生化有限公司	2018/11/21	产物浓度高；提高乙醇得率；预处理效果好；增加玉米皮附加值；转化率高	6
24		重组酿酒酵母及生料发酵生产乙醇的方法	吉林中粮生化有限公司；中粮营养健康研究院有限公司；中粮生化能源（肇东）有限公司	2017/12/29	良好发酵性能；降低生产成本；简化发酵工艺；降低能耗；有效替代总量	6

续表

序号	所属单位	标题	申请人	申请日	技术功效短语	合享价值度
25	中粮集团	一种制备乙醇的方法	中粮集团	2008/1/30	分解；减少糖分损失；糖汁微生物繁殖加快；产率降低；快速繁殖；含糖量开始降低；延缓糖分分解速度；得到乙醇产率提高	5
1	江南大学	一株耐乙醇及高产乳酸的耐酸乳杆菌及其应用	湖州老恒和酒业有限公司；江南大学	2017/6/20	酒精耐受性高；避免酸败隐患	9
2		一种共表达分子伴侣蛋白提高重组大肠杆菌1，2，4－丁三醇产量的方法	江南大学	2016/5/13	提高催化活性；增强关键酶活性；方法简单；提高酶折叠效率	9
3		一种提高乳酸菌乙醇胁迫抗性的方法	江南大学	2015/9/16	提高胁迫抗性能力	9
4		一种敲除大肠杆菌醛脱氢酶基因提高1，2，4－丁三醇产量的方法	江南大学	2019/7/30		7
5		过表达木糖转运蛋白基因提高1，2，4－丁三醇产量的方法及应用	江南大学	2019/7/30	增加产量；减少成本	6
6		一种提高重组大肠杆菌中1，2，4－丁三醇产量的方法	江南大学	2018/3/16		6

续表

序号	所属单位	标题	申请人	申请日	技术功效短语	合享价值度
7	江南大学	一种乙醇积累减少的酿酒酵母基因工程菌及其应用	江南大学	2014/7/16	减少乙醇积累；减少碳流损失；减少副产物乙醇；价值好	6
8		一种以谷物为原料生产乙醇的方法	江南大学	2018/9/10	降低生产能耗；避免发酵生酸问题；减少厌氧消化；降低生产成本；显著提高酒精出率；降低原料消耗；降低发酵风险；减少乙醇发酵有机物；改善发酵性能；节约水资源；改善工艺卫生；提高乙醇产率；降低蒸汽消耗	5
1	天津大学	燃料乙醇生产中回收再利用纤维素酶全组份的方法	天津大学	2010/9/9	设备简单；降低使用成本；良好应用前景；工艺简单；扩大应用范围；广阔工业化前景；操作简单；回收简单；操作方便；实现组分回收；增加分离工段	10
2		一种抑制剂存在下混菌生产乙醇的方法	天津大学	2015/2/15	抑制影响发酵效果	9
3		一种酿酒酵母菌株及在共发酵葡萄糖和木糖产乙醇的用途	天津大学	2012/11/29	有效发酵；碳糖高效转化；高效为乙醇	9
4		能利用木糖生产乙醇的重组运动发酵单胞菌及发酵方法	天津大学	2009/12/4	葡萄糖高效利用；基因产醇高效表达；外源基因高效表达	9
5		甘油通道蛋白基因缺失降低甘油生成提高乙醇产量的酿酒酵母菌株及构建方法	天津大学	2005/8/8	降低副产物生成；改善物化性能；增加乙醇产量	9

续表

序号	所属单位	标题	申请人	申请日	技术功效短语	合享价值度
6	天津大学	一种微生物发酵乙醇的方法	天津大学	2015/3/4	提高乙醇产量；提高利用速率；提高生产速率；加快诸如代谢速率；不限制数量；公知组分；提高转化速率；不限制种类	8
7		一种富含乳糖的生物质联产 beta－半乳糖苷酶酶制剂和乙醇产品的集成方法	天津大学	2020/2/24	规避细胞破壁；产品质量好；工业生物转化；适合长期储存；实现苷酶联产；稳定性；产率高；广泛应用；产品浓度高	7
8		寻找光合蓝细菌与乙醇耐受相关的生物标记物的方法	天津大学	2014/9/18	乙醇耐受性提高；寻找速度提高	7
9		一种构建酿酒酵母乙醇高产菌株的方法	天津大学	2007/12/28	优良菌株；周期缩短	6
10		一种构建酿酒酵母乙醇高产菌株的方法	天津大学	2007/12/28	优良菌株	6
11		一种以玉米秸秆为原料制取乙醇的工艺	天津大学	2017/12/22	提高分离经济性；实现循环；提高环保性；简化工艺流程	5
12		一种抑制剂存在下发酵生产乙醇的方法	天津大学	2015/2/10	产量提高；改善菌株活性	4
13		一种集胞藻6803乙醇耐受相关基因 slr0982 及用途	天津大学	2014/9/29	提高微生物乙醇；应用前景广泛	4
14		一种同步糖化共发酵生产乙醇的方法	天津大学	2014/7/4	产量提高；降低发酵；改善菌株活性	4

续表

序号	所属单位	标题	申请人	申请日	技术功效短语	合享价值度
15	天津大学	由淀粉类中药渣制备乙醇的方法	天津大学	2013/4/18	成本低；经济效益、环境效益好；效率提高	4
16		稻谷生料发酵制备高浓度乙醇发酵液的方法	天津大学	2003/4/15	节省精馏过程能耗；降低生产成本；节省蒸煮能耗	4
17		一种多酶复配、分步水解餐厨废弃物制备燃料乙醇的方法	天津生态城水务有限公司；天津大学；天津生态城环保有限公司	2011/12/23	无需加水；提高原料利用率；缩短发酵时间；节约水资源；克服单一酶解缺陷；省去高温步骤；节约能源；降低各组分抑制作用；提高乙醇产量；高效液化酶	3
18		利用甜高粱茎秆浓缩汁液生产燃料乙醇的方法	天津大学	2010/4/14	避免储存问题；改变生产乙醇现状；提高设备利用率；减少酵母菌抑制；乙醇浓度高；降低能耗；提高生产效率；避免影响酵母菌生长；提高发酵效率；满足发酵生产需要；缩短发酵周期	3
19		一种利用酶制剂废渣作为添加剂进行乙醇发酵的方法	天津大学	2012/6/15	充分利用；减少污染；降低生产成本；实现资源化；适合大规模生产；充分利用发酵废液；提高乙醇产率	2
1	中国石化	由木质纤维原料生产乙醇的方法	中国石化；中国石化上海工程有限公司	2011/10/9	提高总糖利用率；降低纤维素聚合度；减轻能耗负担；实现连续化操作；降低结晶度；增加纤维素可及度；提高乙醇浓度；温度低；总糖得率高	10
2		一种木质纤维素连续酶解发酵产乙醇的方法	中国石化；中国石化抚顺石油化工研究院	2013/11/5	降低酶解成本；提高乙醇得率；提高生产效率；降耗；提高酶解效率；节能；酶解发酵糖多；提高原料糖转化率；避免酶浪费；提高酶解效率	9

续表

序号	所属单位	标题	申请人	申请日	技术功效短语	合享价值度
3	中国石化	一种橡实制备燃料乙醇及资源化利用的方法	中国石化；中国石化抚顺石油化工研究院	2012/10/25	增加附加值；提高经济性；提高过程经济性；作为食用油萃取剂安全；提高工艺可行性；降低生产成本；实现资源化利用；提高过程附加值；简化生产过程	9
4		利用木质纤维原料生产乙醇的方法	中国石化；中国石化上海工程有限公司	2011/10/9	提高总糖利用率；减少工序能耗；降低纤维素聚合度；实现连续化操作；降低结晶度；增加纤维素可及度；提高乙醇浓度；总糖得率高；温度低	9
5		木质纤维原料生产乙醇的方法	中国石化；中国石化上海工程有限公司	2011/10/9	提高总糖利用率；降低纤维素聚合度；降低结晶度；实现连续化操作；增加纤维素可及度；温度低；总糖得率高	9
6		利用鲜秸秆汁液中可发酵糖制备燃料乙醇的方法	中国石化；中国石化抚顺石油化工研究院	2010/10/14	生产简单；生产成本低；新鲜秸秆；经济价值高；降低生产成本；生成乙醇；节省粮食	9
7		一种利用木薯渣生产乙醇的方法	中国石化；中国石化抚顺石油化工研究院	2010/7/7	提高燃料竞争力；降低操作能耗；有效转化；简化工艺流程；降低生产成本；过程简单	9
8		橡实粉发酵生产燃料乙醇的方法	中国石化；中国石化抚顺石油化工研究院	2009/10/21	表面平滑；提高过程经济性；边缘整齐；步骤简单；降低生产成本；提供技术支撑；节省化石燃料；简化生产过程；提高淀粉利用率	9
9		一种木质纤维素连续酶解发酵产乙醇的方法	中国石化；中国石化抚顺石油化工研究院	2014/12/5	提高设备利用率；加快沉降速率；降低发酵成本；提高利用率；吸附重新脱附；降低酶解；提高发酵得率；减小投资成本；节省时间；提高酶活性	8

续表

序号	所属单位	标题	申请人	申请日	技术功效短语	合享价值度
10	中国石化	一种酵母菌剂及其用途和生产乙醇的方法	中国石化；中国石化石油化工科学研究院	2014/10/11	产量高；实用性强；抑制中用途；抑制酵母菌剂；耐受性；遗传性能稳定；乙醇高效生产；糖利用率高；稳定发酵产乙醇	8
11		一种木质纤维素酶解发酵生产乙醇的方法	中国石化；中国石化大连石油化工研究院	2018/12/21	促进发酵菌生长；降低绿色环保；诱导分泌纤维素酶；诱导分泌木聚糖酶；减少水耗；提高产酶性能；降低发酵成本；减少糠醛抑制物	7
12		一种利用玉米芯加工残渣发酵生产燃料乙醇的方法	中国石化；中国石化抚顺石油化工研究院	2011/8/1	降低阶段能耗；提高纤维素；提高芯效率；补充发酵物质；实现水解；提高水解活性；有效水解；提高乙醇浓度；高效同步发酵；提高水解效率	6
1	中科院过程工程研究所	一株耐高温东方伊萨酵母、及其应用和发酵生产乙醇的方法	中科院过程工程研究所	2011/6/24	提高发酵效率；降低发酵成本；降低成本；降低能耗；工业化生产；解决效率降低问题；克服积累难缺点；发酵简单；能量降低	7
2		一种林地荒草联产纸浆与燃料乙醇的方法	中科院过程工程研究所	2007/9/5	提高生产效率；降低生产成本；实现清洁；实现高值化；降低蒸煮温度；酶解发酵；实现分级分离；减少用量；清洁制备高档纸浆；经济效益；良好社会效益；反复循环利用；良好经济效益；清洁高值化利用	7
3		葛根汽爆预处理后发酵生产燃料乙醇的方法	中科院过程工程研究所；湖南省强生药业有限公司	2006/11/22	省去蒸煮过程；降低蒸馏能耗；粉糊化率提高；降低发酵乙醇能耗；降低生产成本；减少废水处理；缩短生产周期；解决液化问题；减少处理过程；提高乙醇含量	7

续表

序号	所属单位	标题	申请人	申请日	技术功效短语	合享价值度
4		葛根同步糖化发酵生产燃料乙醇的方法	中科院过程工程研究所；湖南省强生药业有限公司	2006/11/22	降低生产成本；增产；降低蒸馏能耗；发酵成本高；防止染菌；减少废水处理；建立发酵条件；减少处理过程；提高乙醇浓度；淀粉糊化；提高淀粉利用率	7
5		橡子果汽爆处理发酵燃料乙醇及其综合利用的方法	中科院过程工程研究所	2007/9/5	克服能耗高；节省生产成本；实现橡子综合利用；充分利用	6
6		汽爆木薯固态发酵乙醇及其综合利用的方法	中科院过程工程研究所	2010/2/24	含量降低；木薯利用；解除毒害作用；降低蒸馏能耗；营养价值低；解决液化问题；解决酒精糟；减少废水处理；降低生产成本；糊化率提高；提高资源利用率；提高乙醇浓度	6
7	中科院过程工程研究所	源于动物与微生物的纤维素酶协同酶解发酵乙醇的方法	中科院过程工程研究所	2008/7/23	减少酶用量；降低酶生产成本；增加新酶来源；提高酶解效率	6
8		麻类纤维处理过程产生的落麻用于发酵乙醇的方法	中科院过程工程研究所	2008/2/27	克服落麻利用单一的缺点；提供新方向；解决原料有限问题；提供新思路	6
9		红薯固态同步糖化发酵生产燃料乙醇的方法	中科院过程工程研究所；湖南省强生药业有限公司	2008/3/28	增产；降低蒸馏能耗；发酵成本高；解除产物；综合利用；防止染菌；降低生产成本；减少废水处理；提高乙醇浓度；减少处理过程	6
10		汽爆红薯直接发酵生产燃料乙醇的方法	中科院过程工程研究所；湖南省强生药业有限公司	2008/3/28	缩短生产周期；工艺路线简单；综合利用；减少处理过程；生产效率高；糊化率提高；省去蒸煮过程；含量降低；降低发酵乙醇能耗；降低生产成本；降低蒸馏能耗	6

续表

序号	所属单位	标题	申请人	申请日	技术功效短语	合享价值度
11	中科院过程工程研究所	一种连续固态发酵餐厨垃圾生产乙醇的方法	中科院过程工程研究所	2011/2/1	实现垃圾消化；降低蒸馏能耗；解决生产乙醇问题；显著提升经济效益；增加处理效率；增加乙醇浓度；增加生产效率；降低生产成本；消除产生环境污染	5
12		一种葛根发酵生产燃料乙醇的方法	中科院过程工程研究所	2008/1/30	增产；降低发酵成本；浓度提高；提供新方向；消耗降低；淀粉糊化；干燥能源；提高淀粉利用率	3
1	华南理工大学	一种利用木薯渣同时发酵生产乙醇和氢气的方法	华南理工大学	2011/8/8	不经过预处理；降低生产成本；降低投资费用；工艺简单	10
2		一种嗜热厌氧杆菌及利用其生产乙醇的方法	华南理工大学	2014/9/5	迟滞期缩短；工艺放大较为容易；快速积累乙醇；适合工业化生产；产生副产物少；快速发酵	9
3		一种酵母融合菌株及其发酵造纸污泥水解液得到乙醇的方法	华南理工大学	2011/10/10	乙醇耐受能力好	9
4		以甘蔗渣为原料同步发酵生产乙醇和丁二酸的方法与应用	华南理工大学	2018/11/19	减少能量；实现丁二酸；提高底物利用率；减少水用量；提高生产效率；降低蒸馏成本；降低生产成本；节约发酵成本；减少消耗	6
5		一种低温生料浓醪发酵生产乙醇的方法	华南理工大学	2010/9/26	保证酵母生长；提高原料利用率；废水排放减少；避免底物抑制；效率高；降低水用量；快速生长；精度高；省去蒸煮工序；降低蒸汽用量；降低乙醇浓度	6
6		利用木糖进行乙醇发酵的酿酒酵母工程菌及制备方法与应用	华南理工大学	2014/10/28	降低生产成本	5

通过对中粮、江南大学、天津大学、中国石化、中科院过程工程研究所和华南理工大学这 6 个主要竞争对手分析，从专利申请的技术分支、技术功效、被引证次数、合享价值度和合作关系 5 个方面进行总结。

在技术分支上，中粮集团、天津大学、中国石化、华南理工大学的主要集中在 C12P、C12R 和 C12N。而江南大学除主流技术分支外还在 C12G 和 C12H 有较深入的研究。

在技术功效上，中粮集团主要放在提高产率、保持活性、快速增值、降低需能耗方面；江南大学关注耐受性、抗性和提高产率方面；天津大学关注工艺简单、操作方便、基因表达、耐受性、优良菌株和成本低方面；中国石化关注产率、生产成本、绿色环保和稳定发酵方面；中科院过程工程研究所关注低成本、分级分离、社会效益、经济效益、降低成本和垃圾消化方面；华南理工大学关注降低成本、耐受能力、提高原料利用率和快速发酵方面。

在被引证次数上，中粮集团、江南大学和天津大学申请的专利中有较高的被引证次数。如专利“采用含木薯渣的原料制备乙醇的方法”“一种乙醇积累减少的酿酒酵母基因工程菌及其应用”“燃料乙醇生产中回收再利用纤维素酶全组分的方法”“稻谷生料发酵制备高浓度乙醇发酵液的方法”。

在合享价值度上，中粮集团、天津大学、中国石化和华南理工大学均有价值度为 10 的专利，如“一种生产乙醇的方法”“采用含木薯渣的原料制备乙醇的方法”“燃料乙醇生产中回收再利用纤维素酶全组分的方法”“由木质纤维原料生产乙醇的方法”“一种利用木薯渣同时发酵生产乙醇和氢气的方法”。

在合作关系上，天津大学与天津生态城水务有限公司、天津生态城环保有限公司合作了水解餐厨废弃物制备燃料乙醇的方法；中科院过程工程研究所与湖南省强生药业有限公司合作红薯发酵产燃料乙醇方面的研究；中粮集团内部各公司之间的合作较多，但缺少与其他企业或研究所的合作。总体上主要竞争对手与外界的合作关系比较单一。

15.4　小结

以上各节针对微生物生产低碳醇技术进行了相关专利的分析。分析包括对检索出的专利进行知识产权基本信息、专利发明人、专利申请人、专利区域、生命周期等进行全面分析。全球专利申请总体状况，重点为申请的变化趋势、区域性分布、申请人分析及国内专利总体情况。

15.4.1　产业现状

在工业生产中，低碳醇（乙醇和丁三醇）主要通过化学法制得，虽然化学合成和分离的技术在不断地改进和成熟，但是随着石油的逐渐耗尽，材料短缺将会成为工业生产低碳醇技术的瓶颈。利用微生物发酵能够得到低碳醇，具有成本低廉、产量较高、生产周期较短、污染少等优点，已经成为近年来该领域研究学者颇为关注的生产方法。中国起步较晚，专利申请还处于增长阶段，乙醇和丁三醇合成相关技术正在再次发展阶段，竞争也较为激烈。

15.4.2　重点技术领域

微生物法生产低碳醇专利主要集中在2个方面：（1）选择经济适用的底物原料；（2）选择合适的宿主构建生物细胞工程（大肠杆菌、酵母菌方向）。

15.4.3　技术地域分布

全球微生物法生产低碳醇技术的研发主要集中在中国，同时美国、世界知识产权组织、日本和欧洲专利局申请相关技术专利也相对较多。其中，美国在此领域起步较早，在产业方面处于优势领先地位，同时，德国、法国、日本和韩国在此研究领域的研究也相对较早。我国进入微生物法生产低碳醇技术领域起步晚，虽然近些年发展较为迅速，但在市场竞争力方面存在很大不足，需要进一步发展。

15.4.4　主要专利申请人分析

全球微生物生产低碳醇技术相关专利申请数量居于前位的基本都是企业和研究机构，而且基本都是国外的企业和研究机构。部分重要企业的专利布局广阔，除在所属国家进行专利布局外，在其他多个国家也有专利布局。

我国国内专利申请数量居于前几位的申请人为企业和高校，高校科研方向较为发散、创新性强，但中国高校和科研院所在全球内进行专利布局的意识较薄弱，大多为国内申请。此外，我国微生物生产低碳醇技术相关专利申请的质量较差，授权率相对较低，保护力度较弱。

15.4.5　SWOT 法分析微生物法生产低碳醇技术竞争态势

（1）优势。目前，工业上主要是通过化学法从石油基原料中制备低碳醇，美国、日本是主要的生产国，随着石油量的减少，利用生物技术制备低碳醇将成为主流。目前，我国利用生物技术制备低碳醇的专利申请量居世界第一。

（2）劣势。我国利用生物技术制备低碳醇起步较晚，申请人和分布区域较为集中，主要集中在北京地区。目前，处于审中和无权的专利占比也较大，专利质量有待提高。

（3）机会。随着石油量的减少，利用生物技术制备低碳醇具有较为广阔的发展前景。

（4）威胁。由于国外研究该方向的申请人较多，实力较强的申请人在多个国家均有专利布局，只有不断提高自身的科研能力和实力，才能在该领域占有一定地位。

15.4.6　建议措施

（1）加强统筹规划，提升产业战略地位。

我国微生物法生产低碳醇产业正处于再次发展阶段，机遇和挑战并存，急需从国家战略层面对低碳醇产业的发展予以重视和加强统筹规划。提升对低碳醇生物合成战略地位和重要性的认识，对整个产业链通盘考虑，建立起统一、高效的低碳醇生物合成技术产业发展规划和推动机制，促进我国低碳醇生物合成技术产业的健康快速发展。

（2）积极建立专利平台，力争走在世界前沿。

在大力建立健全低碳醇生物合成技术标准体系的同时，积极参与国际标准的制定和研讨，积极推进建立专利池平台，在世界范围内起到带头领军作用，走在世界前沿，制定被国际认可的标准，更充分维护国内行业的核心利益，提升我国在低碳醇生物合成技术行业的地位。

（3）提高企业创新能力，构建技术服务平台。

鼓励中国企业大力投入研发，提高创新能力。重点支持替代性关键原材料作为发酵培养基，并选择多种宿主及构建生物细胞工程技术及产业化。同时，建设完善公共技术服务平台，为企业间技术合作、企业与大学、科研院所之间的合作和技术推广提供便利，加强产业链横向和纵向合作和融合，提高我国在微生物生产低碳醇领域的核心竞争力。

（4）加强科研院所和高校的知识产权意识，提高运用知识产权的能力。

科研院所和高校在进行研发、生产和市场拓展的同时，要认识到专利分析与预警工作的重要性，重视专利文献信息的利用与整理，从整体上提高运用知识产权的能力。根据专利分析与预警成果，修正研发方向，加快研发步伐，避免重复研发，提高研发产出效率，同时做好化解知识产权风险的准备，减少不必要的投入和损失。高校和科研院所要结合自身发展战略，分析影响发展的国内外竞争对手的专利布局，针对不同情况，采取合作、许可、购买等有效应对措施。对已经授权并构成风险的专利，企业要寻求规避方案和替代技术，必要时可启动专利无效程序；对尚未授权且可能构成风险的专利申请，应积极协助国家知识产权局进行专利审查；对暂时无法确定是否构成风险的专利应及时研究，应加强对技术、法律等方面的评估，尽早明确风险。

第16章　烯醇制备技术专利导航分析

16.1　烯醇制备技术概况

烯醇化合物是一类重要的精细化工原料和有机合成中间体，因分子结构中含有C═C双键和羟基官能团，可进行氧化、还原、加成、酯化、醚化等反应，被广泛应用于医药、农药、香料、树脂等领域。目前烯醇类化合物生产方法主要是水解法、异构化法等。这两种生产烯醇化合物方法均存在步骤烦琐、成本高、能耗大、污染环境等缺点。因此，寻求一种高效、绿色生产烯醇类化合物的方法迫在眉睫。

甲醇、乙醇、丙醇等低碳醇具有来源广泛、价格低廉等优点。因此，以低碳醇为原料，通过开发新型反应路线来制备高附加值化学品有重要的实际意义。我们可以利用这些低碳醇通过C—C偶联反应制备重要的燃料化学品。比如，乙醇缩合制备正丁醇，甲醇和乙醇交叉缩合反应高选择性制备异丁醇，低碳混合醇深度C—C偶联制备长链酮醇混合物，后者可以作为高级燃料添加剂使用。上述转化过程均是经过脱氢、aldol－缩合反应、脱水、加氢等实现的。其中，由aldol－缩合步骤生成的不饱和醛中间体包含有双键（C═C）和醛基（C═O）结构，从而可以利用这两种活性基团制备含双键或醛基官能团的化合物。特别地，可以通过选择性加氢反应，使醛基选择性还原为羟基，而保留C═C键，以制备不饱和醇。但是，利用低碳醇通过控制Guerbet缩合步骤，使其有选择性地直接生成不饱和醇的研究却鲜有报道。

本章以廉价、易得的甲醇乙醇等低碳醇为原料，在催化剂作用下定向催化制备多元烯醇为主要技术路线展开专利分析。本章以甲醇乙醇制烯丙基醇为研究对象，在文献资料调研和专家咨询的基础上，利用incoPat数据库，采用由浅到深的分析思路对烯醇制备技术的整体发展态势、专利布局和重点技术进行分析，以期展现烯醇制备技术的专利保护现状，为我国制备不饱和醇技术领域科研发展提供有力的支撑。

主要研究内容包括：烯醇制备领域的国际总体研发态势；烯醇制备领域的关键技术；我国在烯醇制备研究中的优、劣势分析；烯醇制备研究领域的技术空白点。

16.2　烯醇制备技术全球专利分析

16.2.1　查全查准率

烯醇制备技术专利经过 incoPat 专利数据库检索命中数据为 55 709 条。查全样本 38 命中数据：33 条，21 件，21 个简单同族；查全率：33/38 × 100% = 87%。本章主要关注在相关催化剂作用下烯醇制备的技术，因此，进一步限定检索范围。批量去噪后命中数据：644 条，441 件，439 个简单同族。人工阅读后，确认相关专利 92 条，样本 1 查准率为 92/100 × 100% = 92%。

16.2.2　申请趋势分析

图 16.1 展示的是烯醇制备技术专利申请量的变化趋势。通过申请趋势可以看出烯醇制备技术的热度自 2007 年明显提高，2013 年达到峰值，目前，烯醇制备技术的国际关注度趋于平缓。

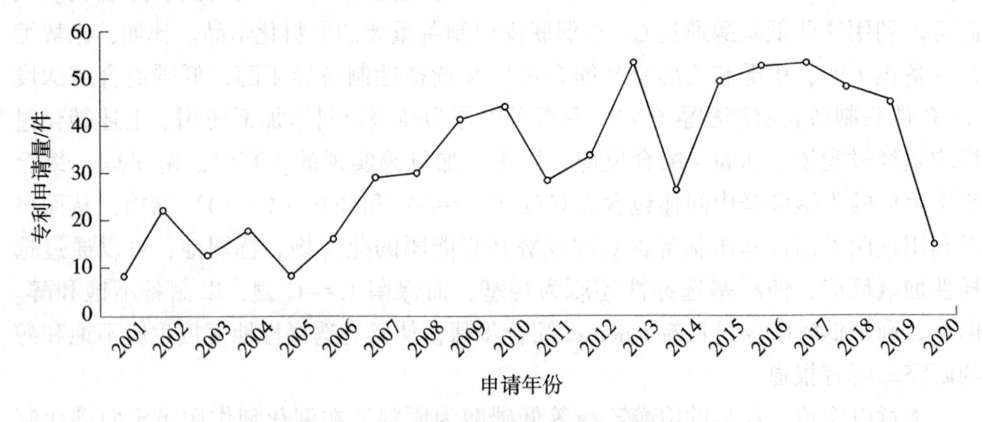

图 16.1　烯醇制备技术专利申请趋势

图 16.2 展示的是中国和世界知识产权组织专利申请量的发展趋势，从图中可以看出，中国是烯醇制备技术的贡献大国，可以着重分析烯醇制备技术在中国的发展。

图 16.3 展示的是烯醇制备技术的中国专利申请人国家（地区、组织）分析，可以看出，日本、美国、德国等均在中国进行烯醇制备技术的专利布局。

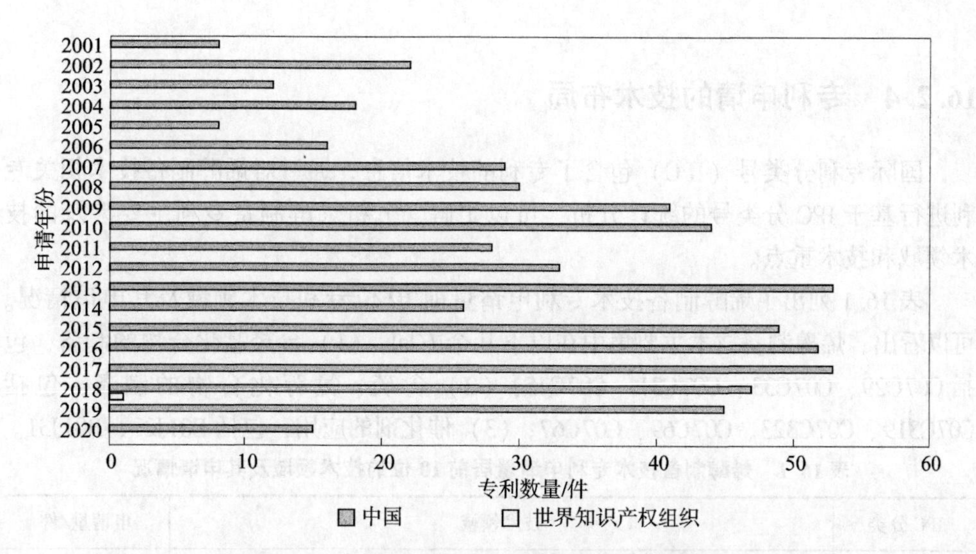

图 16.2　中国和世界知识产权组织专利申请趋势

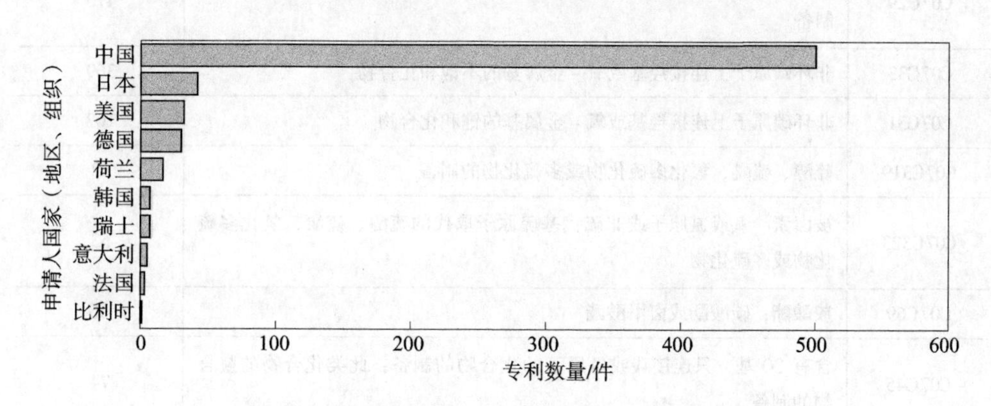

图 16.3　中国专利申请人国家（地区、组织）分布

16.2.3　中国专利申请态势

图 16.4 给出了中国专利申请人类型分布情况，从图中可以看出，在中国，企业单元的专利申请数量较多，这表明烯醇制备技术很受各大企业的欢迎，烯醇制备技术工业化应用前景广阔。而在各高校和科研单位专利申请量占比仅次于企业，这说明，烯醇制备技术有较好的科研基础。

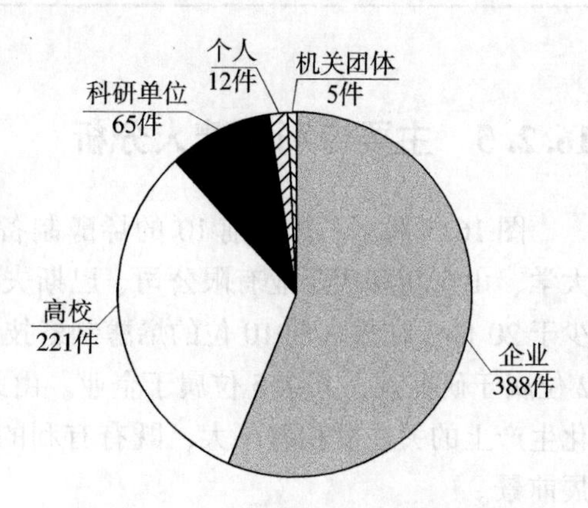

图 16.4　中国专利申请人类型分布

16.2.4 专利申请的技术布局

国际专利分类号（IPC）包含了专利的技术信息，通过对烯醇制备技术相关专利进行基于IPC分类号的统计分析，可以了解、分析烯醇制备专利主要涉及的技术领域和技术重点。

表16.1列出了烯醇制备技术专利申请量前10位专利技术领域及其申请情况。可以看出，烯醇制备技术主要集中在以下几个方向：(1) 含羟基化合物的制备，包括C07C29、C07C33、C07C31、C07C45；(2) 含硫、氮等化合物的制备，包括C07C319、C07C323、C07C69、C07C67；(3) 催化剂的应用，包括B01J23、B01J31。

表16.1 烯醇制备技术专利申请量居前10位的技术领域及其申请情况

IPC分类	技术领域	申请量/件
C07C29	含羟基或氧－金属基连接碳原子（不属于六元芳环的）的化合物的制备	470
C07C33	非环碳原子上连接羟基或氧－金属基的不饱和化合物	369
C07C31	非环碳原子上连接羟基或氧－金属基的饱和化合物	102
C07C319	硫醇、硫醚、氢化多硫化物或多硫化物的制备	62
C07C323	被卤素、氧或氮原子或非硫代基硫原子取代的硫醇、硫醚、氢化多硫化物或多硫化物	53
C07C69	羧酸酯；碳酸酯或卤甲酸酯	66
C07C45	含有CO基，只连接碳或氢原子的化合物的制备；此类化合物的螯合物的制备	74
C07C67	羧酸酯的制备	66
B01J23	包含金属或金属氧化物或氢氧化物的催化剂	97
B01J31	包含氢化物，配位配合物或有机化合物的催化剂	77

16.2.5 主要专利申请人分析

图16.5展示了排名前10的烯醇制备技术主要专利申请人，可以看出，浙江大学、山东新和成药业有限公司、巴斯夫股份有限公司依次位列前3，申请量均不少于20件。在排名前10位的烯醇制备技术主要专利申请人中，有3位属于高校，2位属于研究院，其余5位属于企业。由此可见，烯醇制备技术在基础研究和工业化生产上的关注度相差不大，既有有利的科学研究基础作支撑，又具有产业化发展前景。

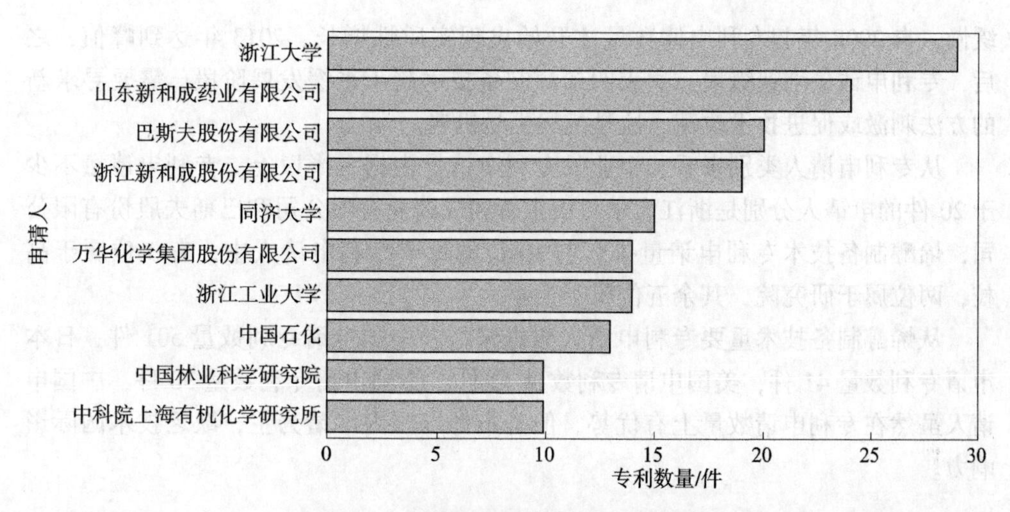

图 16.5　烯醇制备技术主要专利申请人

表 16.2 展示了主要专利申请人专利申请数量以及其技术路线，从表中可以看出，企业专利申请人在烯醇制备技术中，专利申请数量明显多于高校和科研院所，且在企业的专利申请中，烯醇制备技术主要采用加氢、异构化技术，技术结构专一性强；反观高校和科研院所，虽然专利申请数量没有企业多，但是，在烯醇制备技术中，其技术路线呈多样化，为烯醇制备未来的发展做出探索性贡献。

表 16.2　主要专利申请人专利申请情况

机构		专利申请量/件	技术路线
高校及科研院所	浙江大学	29	加氢（6）、异构化（4）、氧化（3）、缩合（1）
	同济大学	15	异构化（3）、光催化（4）
	浙江工业大学	14	异构化（2）、缩合（2）
	中国林业科学研究院	10	加氢（4）、异构化（2）、氧化（4）
	中科院上海有机化学研究所	10	异构化（1）、光催化（1）
企业	山东新和成药业有限公司	24	加氢（15）、异构化（5）、缩合（3）
	巴斯夫股份有限公司	20	加氢（5）、异构化（8）
	浙江新和成股份有限公司	19	加氢（9）、异构化（5）、缩合（2）
	万华化学集团股份有限公司	14	加氢（4）、异构化（6）、缩合（2）、还原（1）
	中国石化	13	加氢（3）、异构化（2）、氧化（2）

注：括号中的数字表示专利数量。

16.2.6　小结

本节基于 incoPat 数据，对烯醇制备技术整体专利申请态势进行了分析。通过本节分析可以看出，烯醇制备技术的相关专利申请在 20 世纪末就已出现，但发展缓慢，自2008年起专利申请数量才开始出现实质性增长，2013年达到峰值，之后，专利申请量增速缓慢，这表明烯醇制备技术趋于平缓发展阶段，需要寻求新的方法刺激或促进技术改革，这是挑战更是机遇。

从专利申请人类别来看，企业的专利申请量占据一半以上，专利申请量不少于20件的申请人分别是浙江大学、山东新和成药业有限公司和巴斯夫股份有限公司，烯醇制备技术专利申请量排名前10位的重要专利申请人中，有3位属于高校，两位属于研究院，其余五位属于企业。

从烯醇制备技术重要专利申请人数据来看，中国申请专利数量501件，日本申请专利数量41件，美国申请专利数量32件，德国申请专利数量30件，中国申请人虽然在专利申请数量上有优势，但基本都以国内申请为主，缺乏技术国际影响力。

16.3　烯醇制备技术中国专利分析

考虑到专利申请的语言及数据收录的及时性等问题，通过incoPat专利数据库进行检索，共检索到在催化剂作用下，烯醇制备的相关中国专利645件，其中实用新型5件，发明授权209件，发明申请432件，数据检索时间截至2020年7月30日。

16.3.1　专利申请法律状态分析

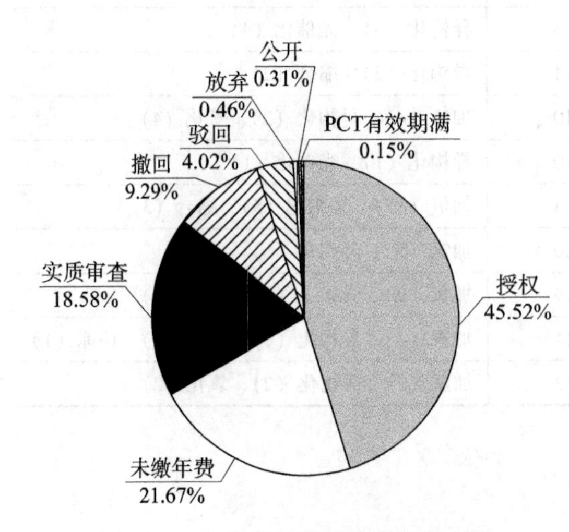

图16.6　中国专利当前法律状态分析

图16.6是烯醇制备技术中国专利当前法律状态分析，从图中可以看出，实质审查专利占18.58%，授权专利占45.52%，撤回专利占9.29%，还有21.67%的专利未缴纳年费。这主要是因为烯醇制备技术的发展遇到技术瓶颈。随着科技的发展和社会的进步，人类对烯醇制备技术提出了更高的要求，这导致某些早期专利失去原有的价值，从而促使某些专利申请人放弃部分原始专利。

16.3.2　专利申请人类型分析

图 16.7 给出了烯醇制备技术中国专利申请人类型分布情况，从图中可以看出，在中国，企业的专利申请数量较多，这表明烯醇制备技术很受各大企业的欢迎，烯醇制备技术工业化应用前景广阔。而各高校和科研单位专利申请量占比仅次于企业，这说明，烯醇制备技术有较好的科研基础。

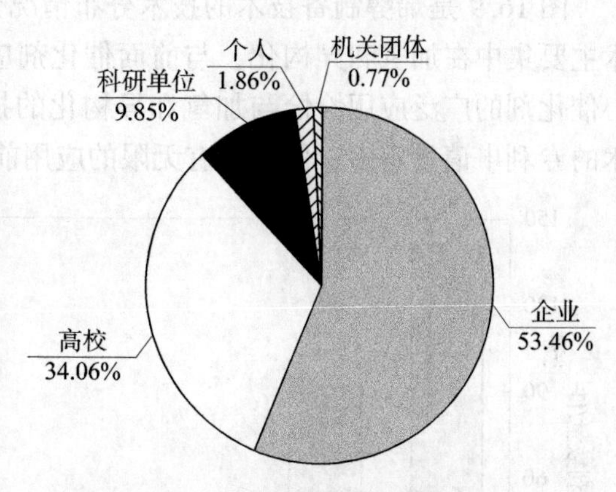

图 16.7　中国申请人类型占比

16.3.3　中国专利技术功效分析

在前面分析的基础上，把检索到的 645 件专利按技术层面和功效层面进行分类分析。（1）技术层面，按照反应物、产物、催化剂、技术路线等 4 个方面进行分析。反应物包括烯醛、烯烃、酮、醇、烯醇等；产物包括烯醇、烯醛、饱和醛、酮、醇等；催化剂包括无机酸、有机酸、无机碱、有机碱、活性金属氧化物、活性金属中心等；技术路线包括加氢、异构化、氧化、还原、缩合、脱水、光催化等。（2）功效层面包括转化率高、选择性好、绿色环保、经济性好、催化剂活性高、催化剂寿命长等。

1. 催化剂应用情况分析

图 16.8 是催化剂应用情况分析，从图中可以看出，在催化剂应用方面以活性金属催化剂为主，无机酸、无机碱催化剂的应用程度相差不大，光催化剂的应用较少。

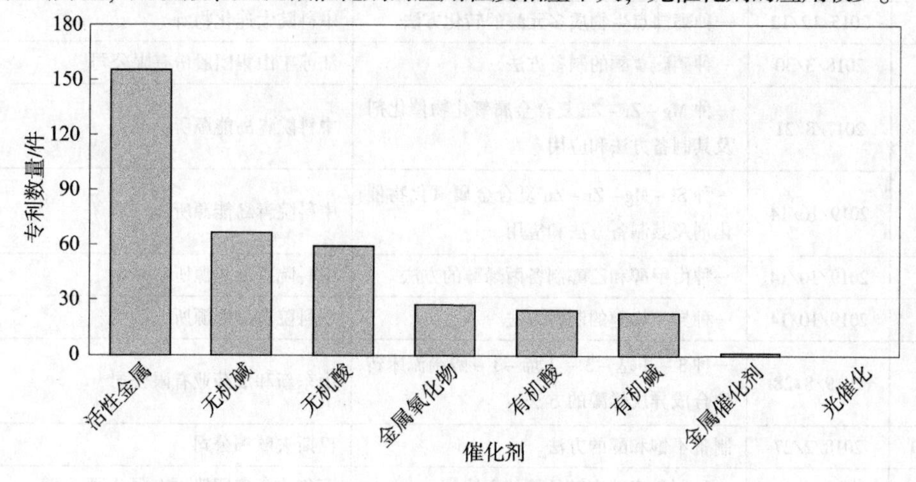

图 16.8　催化剂应用情况分析

2. 技术分布情况分析

图16.9是烯醇制备技术的技术分布情况分析，从图中可以看出，烯醇制备技术主要集中在加氢和异构化，与前面催化剂应用情况分析结合，发现金属活性中心催化剂的广泛应用恰恰与加氢和异构化的技术路线相吻合。目前，虽然缩合技术的专利申请量不多，但其拥有无限的应用前景和发展空间，可以多加关注。

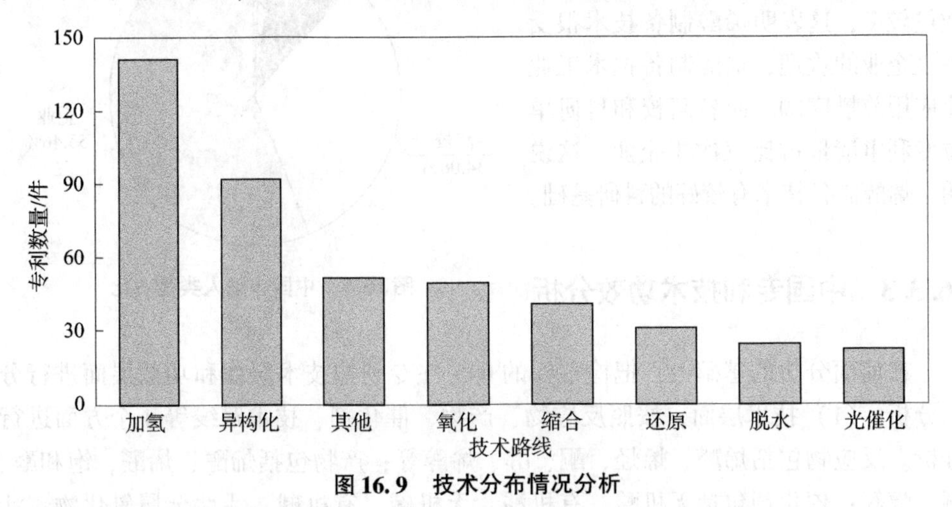

图16.9　技术分布情况分析

以缩合技术路线烯醇制备的专利情况见表16.3。

表16.3　以缩合技术路线烯醇制备的专利情况

序号	申请日	专利名称	申请人
1	2020/1/17	一种金属氧化物涂覆的陶瓷波纹板催化剂、制备及其在制备柠檬醛关键中间体中的应用	浙江新和成股份有限公司；浙江大学；山东新和成药业有限公司
2	2020/2/28	一种六甲基茚满醇的制备方法	万华化学集团股份有限公司
3	2015/12/12	一种高沸点生物质多元醇的转化方法	中科院大连化物所
4	2018/3/30	一种硝磺草酮的制备方法	江苏丰山集团股份有限公司
5	2017/8/21	一种 Mg－Zr－Zn 复合金属氧化物催化剂及其制备方法和应用	中科院青岛能源所
6	2019/10/14	一种 Si－Mg－Zr－Zn 复合金属氧化物催化剂及其制备方法和应用	中科院青岛能源所
7	2019/10/14	一种由甲醇和乙醇制备丙烯醇的方法	中科院青岛能源所
8	2019/10/14	一种异丁烯醇的制备方法	中科院青岛能源所
9	2019/8/28	一种3－甲基－3－丁烯－1－醇滴流床转位合成异戊烯醇的方法	山东新和成药业有限公司
10	2018/2/27	制备不饱和醇的方法	巴斯夫欧洲公司
11	2019/6/27	一种制备高碳支链仲醇的方法	万华化学集团股份有限公司

续表

序号	申请日	专利名称	申请人
12	2018/3/1	烯烃和醛一步偶联高效合成E－烯丙醇类化合物	南开大学
13	2015/6/2	γ，δ－不饱和醇的制造方法	株式会社可乐丽
14	2018/1/9	一种合成不饱和伯醇的方法	南京理工大学
15	2013/9/24	用于合成环己烯酮的方法及环己烯酮在香料工业中的用途	威曼父子有限公司
16	2017/10/12	用于生产2－烷基烷醇的方法	庄信万丰戴维科技有限公司
17	2017/9/19	一种八氟戊基丙烯醚的合成方法	中昊晨光化工研究院有限公司
18	2017/5/26	一种乙酸异戊烯酯转酯化反应制异戊烯醇的方法	中科院大连化物所
19	2017/8/21	一种MgZrZn复合金属氧化物催化剂及其制备方法和应用	中科院青岛能源所
20	2012/12/27	一种制备不饱和醇的方法	上海海嘉诺医药发展股份有限公司；大丰海嘉诺药业有限公司；上海创诺医药集团有限公司
21	2014/12/25	二氧化碳或碳酸盐与水反应合成糖及糖醇等有机物的方法和用途	李坚
22	2014/11/21	一种3－甲基－3－丁烯－1－醇的合成方法	山东新和成药业有限公司
23	2013/12/16	一种烯丙基醇的制备方法	江苏苏博特新材料股份有限公司；南京博特新材料有限公司
24	2016/1/12	一种福多司坦的生产工艺	安徽悦康凯悦制药有限公司
25	2014/10/7	包含醚化合物的表面活性剂组合物以及用于其制造的催化方法	罗地亚经营管理公司；法国国家科学研究中心
26	2015/1/13	一种端烯基不饱和醇或端烯基不饱和胺的制备方法	江苏苏博特新材料股份有限公司；南京博特新材料有限公司
27	2014/6/5	一种酯交换制备异戊烯醇的方法及系统	南京工业大学
28	2013/11/14	一种分层装填催化剂在合成气制备低碳醇中的应用	中科院广州能源研究所
29	2010/5/25	一种2－乙基己烯醛和2－乙基己醇的制备工艺	上海焦化有限公司
30	2011/2/11	用于生产烯丙醇的方法	莱昂德尔化学技术公司
31	2012/3/23	一种烯丙基酯的制备方法	苏州大学
32	2007/9/20	3－甲基－2－丁烯醇的制备方法	浙江新和成股份有限公司
33	2008/8/8	相转移催化合成不同组成大蒜油的方法	淮阴工学院

续表

序号	申请日	专利名称	申请人
34	2008/8/21	以二氧化碳为原料的醇的制造方法	日立化成工业株式会社；独立行政法人产业技术综合研究所
35	2009/1/19	一种纳米金属催化剂及其制备方法与应用	中科院化学研究所
36	2007/11/28	一种2-芳基烯丙醇化合物的合成方法	浙江工业大学
37	2000/11/29	类胡萝卜素多烯链状化合物的制备方法和用于制备此类化合物的中间体	具相湖；SK株式会社
38	2004/10/29	一种2-芳基烯丙醇的制备方法	浙江工业大学

3. 催化剂与技术分布分析

图16.10展示的是催化剂与技术分布分析，从图中可以看出，加氢和异构化是两条主要的烯醇制备技术；其中，在活性金属作用下，烯醇制备技术主要以加氢技术进行，无机酸存在情况下，也可通过加氢烯醇制备。对烯醇制备技术来说，活性金属、无机酸、无机碱有较好的催化活性。

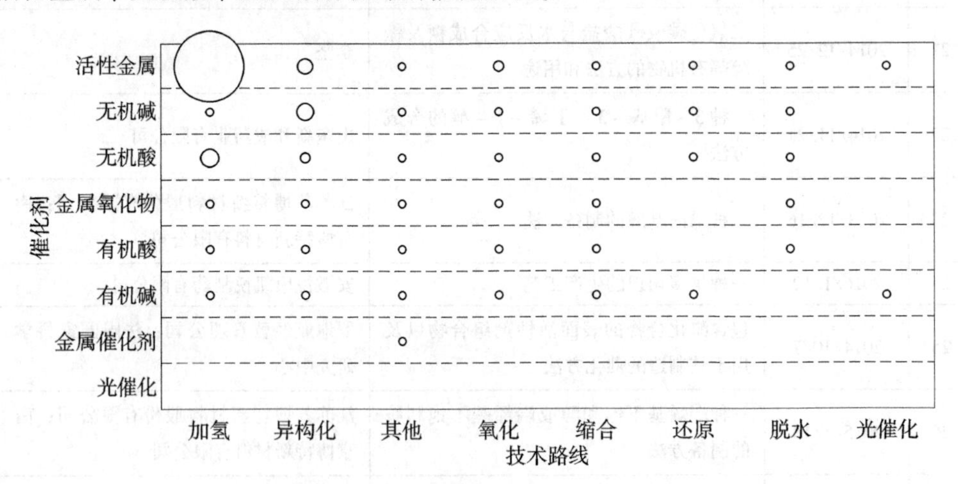

图16.10　催化剂与技术分布分析

4. 产物与技术分布分析

图16.11是产物与技术分布分析图，从图中可以看出，得到目标产物——烯醇的技术路线主要是加氢、异构化、氧化、缩合。通过前面的分析可知，加氢和异构化是烯醇制备技术主要的两种技术路线，其次是氧化和缩合，由于烯醇本身的不稳定性及氧化技术路线反应条件要求等原因，缩合可以成为更有研究前景和发展前景的另一技术路线。

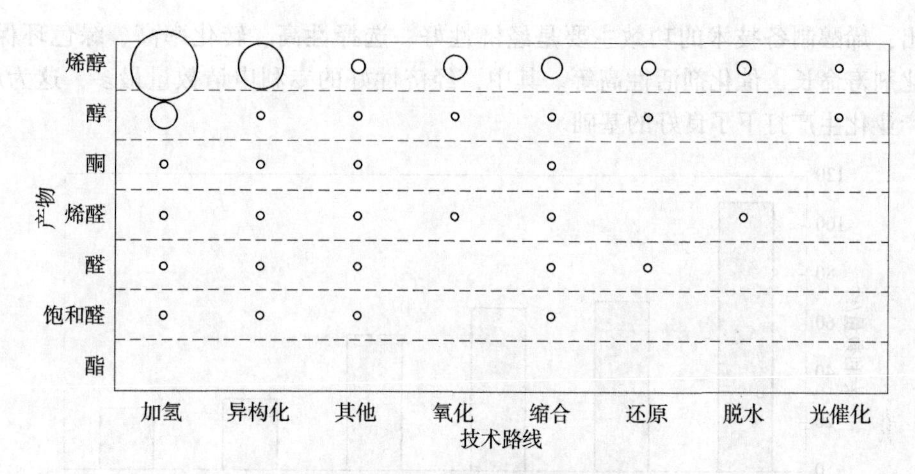

图 16.11　产物与技术分布分析

5. 申请人技术分布分析

图 16.12 展示的是相关专利申请人与其技术分布情况分析，图中共展示了 10 位专利申请人在烯醇制备技术中各技术路线的开发应用情况。从图中可以看出，浙江大学在加氢、异构化、氧化、缩合等技术领域均有涉及，且分布均匀，这可能是因为浙江大学综合实力较强，各个方向的人才都有储备、技术都有研究。山东新和成药业有限公司主要以加氢技术为主，在异构化和缩合方面略有开发，这体现了企业技术分布专一性的特点。

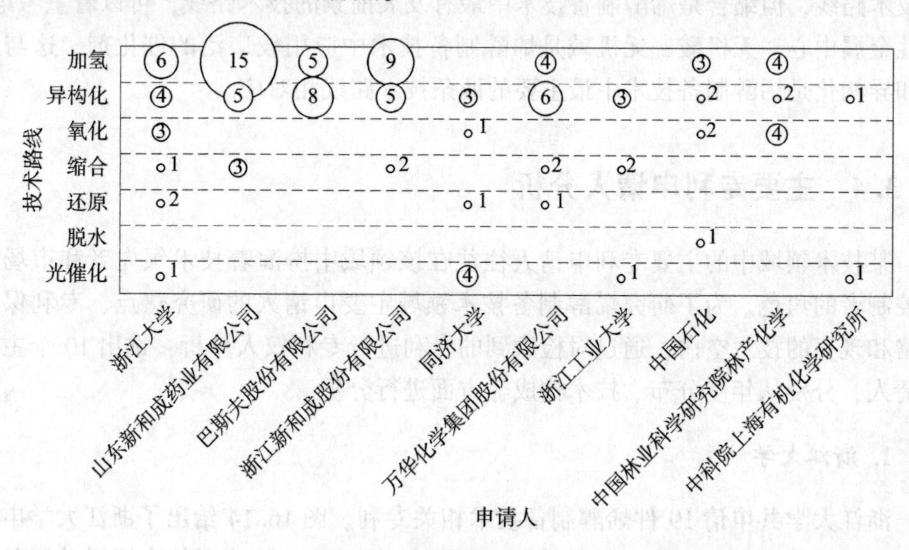

图 16.12　相关专利申请人技术分布分析（单位：件）

6. 功效分析

图 16.13 是烯醇制备技术的专利申请量与其技术功效情况分析，从图中可以

看出，烯醇制备技术的功效主要是经济性好、选择性高、转化率高、绿色环保、催化剂寿命长、催化剂活性高等。其中，经济性好的专利申请数量最多，这为后期产业化生产打下了良好的基础。

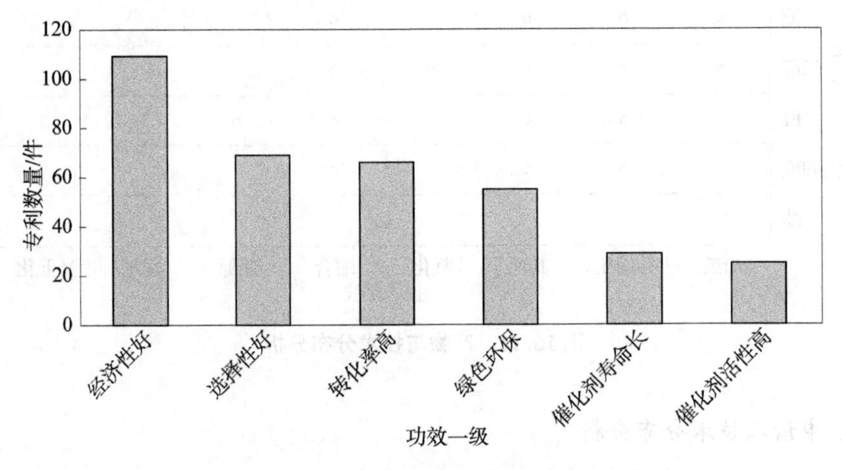

图 16.13　技术 – 功效分析

通过对烯醇制备技术的申请人情况分析、催化剂应用情况分析、工艺技术分布分析、催化剂与技术分布情况分析、产物情况分析等可以得到：浙江大学是烯醇制备技术中专利申请数量最多的科研院校，山东新和成药业有限公司是烯醇制备技术中专利申请数量最多的企业。加氢和异构化是烯醇制备技术中最主要的两条技术路线，但缩合是烯醇制备技术中最有发展前景的技术路线，可以着重考虑。活性金属中心、无机酸、无机碱是烯醇制备技术中应用较广泛的催化剂，这与加氢和异构化是烯醇制备技术中最主要的两条技术路线相对应。

16.3.4　主要专利申请人分析

某技术领域中的主要专利申请人往往在该领域中扮演着技术领先者和市场主要控制者的角色。为了研究烯醇制备技术领域主要申请人的研究热点、专利保护策略和现存的技术空白，通过对检索到的专利进行专利权人分析，选出 10 个主要申请人，分别从年度分布、技术构成等方面进行分析。

1. 浙江大学

浙江大学共申请 19 件烯醇制备技术相关专利。图 16.14 给出了浙江大学申请专利数量随年度变化趋势。可以看出，浙江大学自 2005 年才开始申请烯醇制备技术相关专利，并呈缓慢增长趋势。表 16.4 给出了浙江大学近 20 年烯醇制备技术专利申请情况。

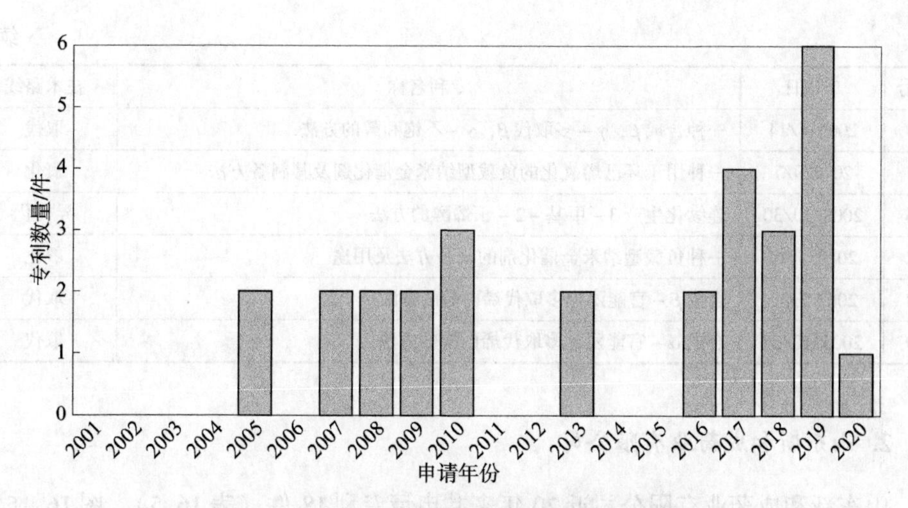

图 16.14　浙江大学申请专利数量年度变化趋势

表 16.4　浙江大学专利申请情况

序号	申请日	专利名称	技术路线
1	2019/3/1	一种甘油加氢制备丙烯醇的硫化钼－磷酸锆催化剂及其制备方法和应用	加氢
2	2020/1/17	一种金属氧化物涂覆的陶瓷波纹板催化剂、制备及其在制备柠檬醛关键中间体中的应用	缩合
3	2019/12/26	一种碳酸钙改性的炭材料负载纳米钯合金催化剂及其制备方法和应用	还原
4	2019/3/1	一种甘油加氢制备丙烯醇的 CoFe 催化剂及其制备方法和应用	加氢
5	2018/5/11	基于四甲基螺二氢茚骨架的单膦配体及其中间体和制备方法与用途	其他
6	2017/12/22	一种连续制备 2－甲基烯丙醇的方法	其他
7	2019/10/15	一种滨海孪生花烷二萜 Stemarin 的合成方法	异构化
8	2018/10/10	METHOD FOR CONTINUOUS PREPARATION OF 2－METHYL ALLYL ALCOHOL	其他
9	2016/8/22	一种用于炔醇选择性加氢的催化剂及其制备方法和应用	加氢
10	2018/12/11	一种用于 α, β－不饱和醛选择性加氢制不饱和醇的催化剂及其制备方法和应用	加氢
11	2017/8/8	兼有轴手性和中心手性的高光学活性联烯化合物及其构建方法和应用	光催化
12	2017/6/15	一种超临界法合成异戊烯醇体系中甲醛的回收方法	其他
13	2013/6/27	一种 3－甲基－3－丁烯－1－醇在水－有机两相体系中催化转位合成异戊烯醇的方法	异构化

续表

序号	申请日	专利名称	技术路线
14	2009/4/14	一种合成β，γ－多取代β，γ－不饱和醇的方法	取代
15	2010/9/7	一种用于环己烯氧化的负载型纳米金催化剂及其制备方法	氧化
16	2008/10/30	连续化生产3－甲基－2－丁烯醇的方法	异构化
17	2010/5/14	一种负载型纳米金催化剂的制备方法及用途	氧化
18	2007/5/17	合成β－官能团化多取代烯丙醇的方法	取代
19	2005/10/27	合成α－官能团化多取代烯丙醇的方法	取代

2. 山东新和成药业有限公司

山东新和成药业有限公司近20年来共申请专利18件（表16.5），图16.15给出了山东新和成药业有限公司申请专利数量年度变化趋势，可以看出增长趋势呈火山型曲线，先增加后降低，2017年以来专利申请量呈低迷状态，这可能是因为烯醇制备技术的发展遇到瓶颈，急需寻求新的技术转型。

表16.5　山东新和成药业有限公司专利申请情况

序号	申请日	专利名称	技术路线
1	2020/4/29	一种回路反应器中炔醇选择性加氢制烯醇的方法	加氢
2	2016/5/6	一种3－甲基－5－苯基－戊醇的制备方法	加氢
3	2020/1/17	一种金属氧化物涂覆的陶瓷波纹板催化剂、制备及其在制备柠檬醛关键中间体中的应用	缩合
4	2019/12/14	一种硼化镍催化剂在炔醇选择性氢化中的应用	加氢
5	2019/8/28	一种3－甲基－3－丁烯－1－醇滴流床转位合成异戊烯醇的方法	缩合
6	2018/12/11	一种用于α，β－不饱和醛选择性加氢制不饱和醇的催化剂及其制备方法和应用	加氢
7	2015/9/22	一种炔丙基醇选择性加氢制备烯丙基醇的方法	加氢
8	2017/6/15	一种超临界法合成异戊烯醇体系中甲醛的回收方法	其他
9	2015/11/3	一种烯丙基醇经异构化法连续制备芳樟醇的方法	异构化
10	2014/11/21	一种异戊烯醛选择性加氢合成异戊烯醇的方法	加氢
11	2014/11/21	一种3－甲基－3－丁烯－1－醇的合成方法	缩合
12	2013/11/1	一种粉状Pd/SiO < sub >2 < / sub >催化剂及其制备方法和应用	加氢
13	2015/11/3	一种烯丙基醇经异构化法连续制备芳樟醇的方法	加氢
14	2013/6/27	一种柠檬醛在水－有机两相体系中选择性加氢合成橙花醇和香叶醇混合物的方法	加氢
15	2013/6/27	一种3－甲基－3－丁烯－1－醇在水－有机两相体系中催化转位合成异戊烯醇的方法	异构化
16	2014/11/21	一种3－甲基－3－丁烯－1－醇的合成方法	异构化
17	2012/4/20	用复合催化剂合成异戊烯醇的方法	加氢
18	2012/4/20	用复合催化剂合成异戊烯醇的方法	异构化

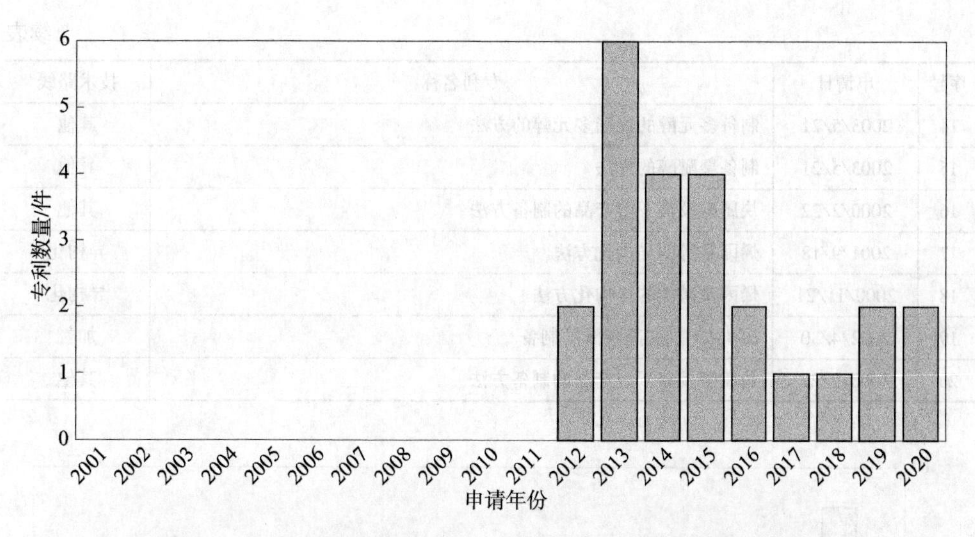

图 16.15　山东新和成药业有限公司申请专利数量年度变化趋势

3. 巴斯夫股份公司

巴斯夫股份有限公司自 2000 年以来共申请专利 20 件（表 16.6），图 16.16 给出了该公司申请专利数量年度变化趋势，从图中可以看出，巴斯夫股份有限公司烯醇制备技术的专利申请量主要集中在 2001—2003 年。此后，烯醇制备技术的专利申请量呈递减趋势，直至申请量为 0。这也说明了，21 世纪初烯醇制备技术达到发展高峰，而近几年，该技术的发展进入瓶颈期，急需寻求新的烯醇制备技术替代传统技术。

表 16.6　巴斯夫股份公司专利申请情况

序号	申请日	专利名称	技术路线
1	2018/2/27	制备不饱和醇的方法	缩合
2	2017/6/6	制备 2,3 - 不饱和醇的方法	加氢
3	2017/3/14	由 3 - 甲基 - 3 - 丁烯醇生产异戊烯醇和异戊烯醛的方法	异构化
4	2017/2/16	制备萜烯醇混合物的方法	异构化
5	2014/1/23	聚硫化物多元醇、其制备及在合成聚氨酯中的用途	
6	2009/2/27	使烯属不饱和醇异构化的方法	异构化
7	2002/4/30	α,β - 不饱和高碳醇的制备	
8	2002/12/6	在 Pt/ZnO 催化剂存在下选择性液相加氢羰基化合物得到相应醇	加氢
9	2005/2/19	炔丙醇和烯丙醇的制备方法	加氢
10	2002/12/4	烯丙基醇的异构化方法	异构化
11	2002/12/4	烯丙基醇的异构化	异构化
12	2004/6/8	蒸馏分离含乙烯基醚和醇的混合物的方法	其他
13	2002/12/6	烯属不饱和羰基化合物的选择加氢	加氢

续表

序号	申请日	专利名称	技术路线
14	2003/5/21	制备多元醇的聚酯多元醇的方法	其他
15	2003/5/21	制备聚醚醇的方法	其他
16	2000/2/22	炔属醇及其下游产品的制备方法	其他
17	2001/9/18	烯丙基醇的异构化方法	异构化
18	2000/11/21	烯丙基醇类的异构化方法	异构化
19	2002/4/30	α,β－不饱和高碳醇的制备	加氢
20	2000/2/22	炔属醇及其下游产品的制备方法	其他

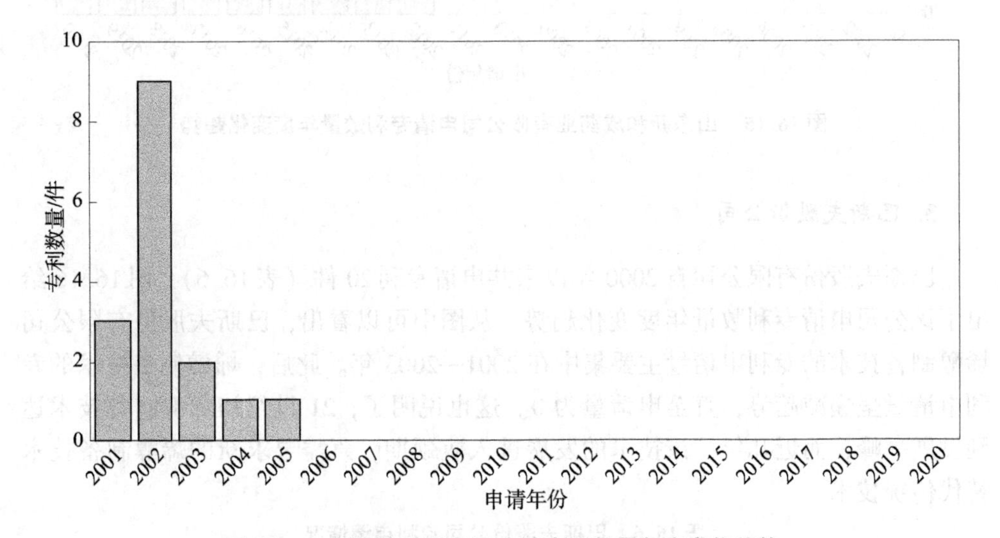

图 16.16　巴斯夫股份公司申请专利数量年度变化趋势

4. 浙江新和成股份有限公司

浙江新和成股份有限公司自2000年以来共申请专利11件（表16.7），在专利申请数量上仅次于世界化工巨头巴斯夫股份有限公司，图16.17给出了该公司申请专利数量年度变化趋势，从图中可以看出，该公司烯醇制备技术的专利申请从2007年开始，2012年至2013年专利申请数量达到峰值，2017年后专利申请数量趋于平缓。这也说明了，21世纪初烯醇制备技术达到发展高峰，而近几年，该技术的发展进入瓶颈期，急需寻求新的烯醇制备技术替代传统技术。表16.7是该公司专利申请情况的具体分析。

表 16.7　浙江新和成股份有限公司专利申请情况

序号	标题	申请日	技术路线
1	一种金属氧化物涂覆的陶瓷波纹板催化剂、制备及其在制备柠檬醛关键中间体中的应用	2020/1/17	缩合
2	一种用于炔醇选择性加氢的催化剂及其制备方法和应用	2016/8/22	加氢
3	一种用于 α,β – 不饱和醛选择性加氢制不饱和醇的催化剂及其制备方法和应用	2018/12/11	加氢
4	一种超临界法合成异戊烯醇体系中甲醛的回收方法	2017/6/15	其他
5	一种烯丙基醇经异构化法连续制备芳樟醇的方法	2015/11/3	异构化
6	一种粉状 Pd/SiO ₂催化剂及其制备方法和应用	2013/11/1	加氢
7	一种柠檬醛在水 – 有机两相体系中选择性加氢合成橙花醇和香叶醇混合物的方法	2013/6/27	加氢
8	一种 3 – 甲基 – 3 – 丁烯 – 1 – 醇在水 – 有机两相体系中催化转位合成异戊烯醇的方法	2013/6/27	异构化
9	用复合催化剂合成异戊烯醇的方法	2012/4/20	加氢
10	3 – 甲基 – 2 – 丁烯醇的制备方法	2007/9/20	缩合
11	连续化生产 3 – 甲基 – 2 – 丁烯醇的方法	2008/10/30	异构化

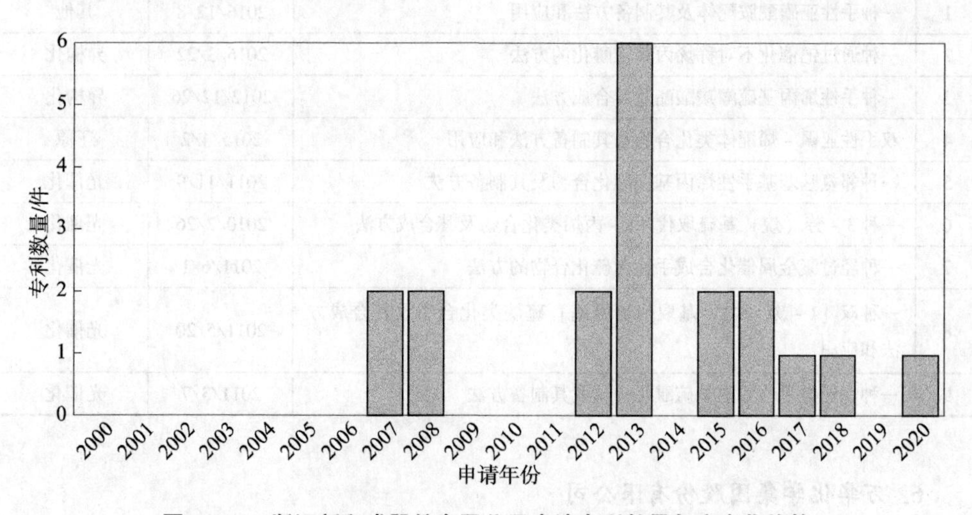

图 16.17　浙江新和成股份有限公司申请专利数量年度变化趋势

5. 同济大学

同济大学自 2000 年以来共申请 9 件烯醇制备技术相关专利，这是继浙江大学后第二大高专利申请量的高校。图 16.18 给出了同济大学申请专利数量随年度变化趋势。可以看出，同济大学自 2010 年才开始申请烯醇制备技术相关专利，并呈快速增长趋势，而后增速变缓，2017 年后，暂无新专利申请，这间接表明烯醇制备技术的发展进入瓶颈期，需要新技术、新工艺的注入。表 16.8 给出了同济大学近 20 年烯醇制备技术专利申请情况。

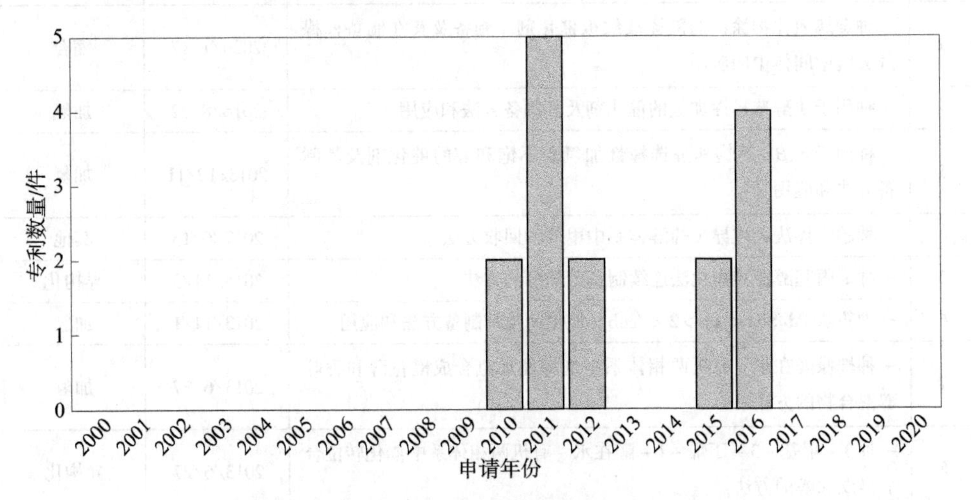

图 16.18　同济大学申请专利数量年度变化趋势

表 16.8　同济大学专利申请情况

序号	标题	申请日	技术路线
1	一种手性亚磺酰胺配体及其制备方法和应用	2016/12/8	其他
2	一种通过钯催化不对称烯丙基硫醚化的方法	2016/3/22	异构化
3	一种手性烯丙基硫醇羧酸酯及其合成方法	2012/12/26	异构化
4	双手性亚砜－烯配体类化合物及其制备方法和应用	2015/4/2	还原
5	一种邻氨基苯基手性烯丙基硫醚化合物及其制备方法	2011/11/9	光催化
6	一种 3－芳（烷）基硫取代－1－丙烯类化合物及其合成方法	2010/2/26	光催化
7	一种经过渡金属催化合成手性含硫化合物的方法	2011/6/1	光催化
8	一种双［1－芳（烷）基取代烯丙基］硫烷类化合物及其合成方法和应用	2011/5/20	光催化
9	一种烷烃类手性烯丙基硫醚化合物及其制备方法	2011/3/7	光催化

6. 万华化学集团股份有限公司

万华化学集团股份有限公司自 2000 年以来共申请专利 13 件，图 16.19 给出了该公司申请专利数量年度变化趋势，从图中可以看出，该公司烯醇制备技术的起步较晚，其专利申请从 2015 年开始，2017—2020 年专利申请数量一直很高。表 16.9 是该公司专利申请的详细情况，从表中可以看出，其专利技术主要以异构化和加氢为主。

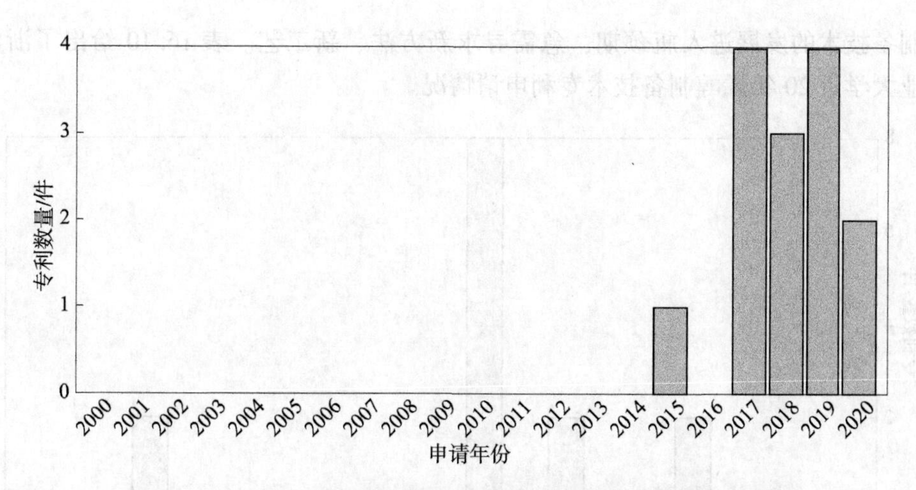

图16.19　万华化学集团股份有限公司申请专利数量年度变化趋势

表16.9　万华化学集团股份有限公司专利申请情况

序号	标题	申请日	技术路线
1	一种制备3－甲基－2－丁烯醇的方法	2017/6/23	异构化
2	一种3－甲基－2－丁烯醇的制备方法	2020/3/4	异构化
3	一种六甲基茚满醇的制备方法	2020/2/28	缩合
4	一种羟基吡啶配体及其制备方法和催化应用	2019/11/29	异构化
5	一种制备高碳支链仲醇的方法	2019/6/27	缩合
6	一种由炔醇部分加氢烯醇制备的催化剂及制备方法和利用该催化剂烯醇制备的方法	2019/5/28	加氢
7	一种同时制备甲基烯丙醇与环十二酮的方法	2015/6/10	加氢
8	一种手性氮磷配体及其制备方法，及一种拆分消旋薄荷醇的方法	2018/12/14	其他
9	用于炔丙基醇部分加氢制备烯丙基醇的催化剂及其制法	2018/12/21	加氢
10	一种炔醇经部分加氢烯醇制备的方法	2018/11/9	加氢
11	一种甲基丙烯醇的制备方法	2017/12/25	还原
12	一种环氧化物连续异构化的装置和方法	2017/11/28	异构化
13	一种制备3甲基2丁烯醇的方法	2017/6/23	异构化

7. 浙江工业大学

浙江工业大学自2000年以来共申请8件烯醇制备技术相关专利，这是继浙江大学、同济大学后第三大高专利申请量的高校。图16.20给出了浙江工业大学申请专利数量随年度变化趋势。可以看出，浙江工业大学自2004开始申请烯醇制备技术相关专利，2009年烯醇制备技术专利申请量达到最大值，2017年申请2件新专利后，再无新专利申请，且浙江工业大学烯醇制备技术的专利申请属于零星申请。这表明，对浙江工业大学来说，烯醇制备技术不是其核心重点研发技术；烯醇制备技术的发展进入瓶颈期，急需寻求新方法、新工艺。表 16.10 给出了浙江工业大学近 20 年烯醇制备技术专利申请情况。

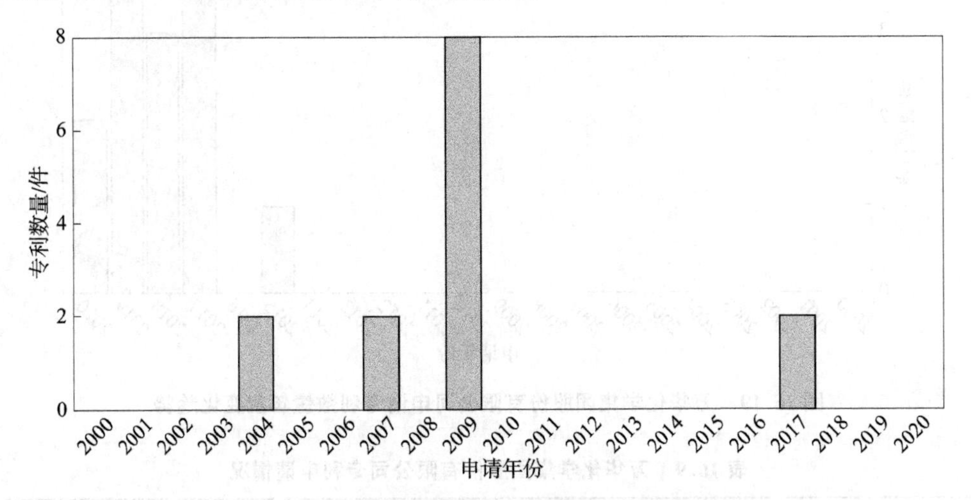

图 16.20　浙江工业大学申请专利数量年度变化趋势

表 16.10　浙江工业大学专利申请情况

序号	标题	申请日	技术路线
1	一种有机染料改性氮化碳石墨烯复合材料及其应用	2017/8/30	光催化
2	一种烯丙基磺酰胺类化合物及其制备方法和应用	2009/6/15	其他
3	一种三酮类化合物的合成方法	2009/12/12	异构化
4	含全氟烯烃基的烯丙氧乙基氨基甲酸酯及制备方法和应用	2009/9/30	其他
5	含全氟烯基的氨基甲酸烯丙酯及其制备方法和应用	2009/9/30	其他
6	一种 2 - 芳基烯丙醇化合物的合成方法	2007/11/28	异构化
7	一种 2 - 芳基烯丙醇化合物的合成方法	2007/11/28	缩合
8	一种 2 - 芳基烯丙醇的制备方法	2004/10/29	缩合

8. 中国石化

中国石化自 2000 年以来共申请专利 10 件，图 16.21 给出了该公司申请专利数量年度变化趋势，从图中可以看出，该公司烯醇制备技术自 2007 兴起，2007 年其专利申请数量为 4 件，2009 年和 2010 年分别申请 2 件和 1 件，呈递减趋势；2016 年专利申请量为 3 件，其后 2 年分别为 2 件和 1 件。表 16.11 是该公司专利申请的详细情况，从表中可以看出，其专利技术主要以异构化为主。

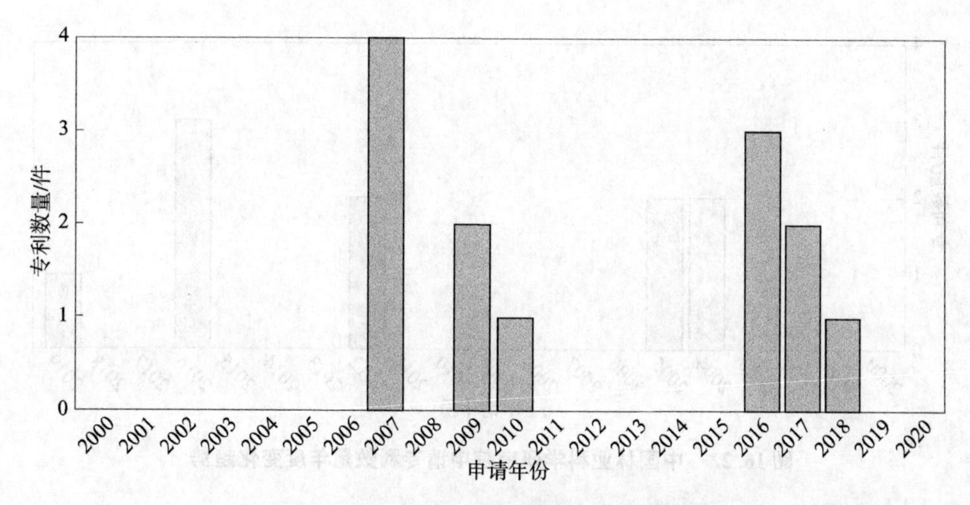

图 16.21　中国石化申请专利数量年度变化趋势

表 16.11　中国石化专利申请情况

序号	标题	申请日	技术路线
1	一种粗辛醇液相加氢催化剂及制备方法	2018/10/22	加氢
2	一种生产环氧氯丙烷的方法	2017/10/30	其他
3	一种环氧氯丙烷制备方法	2017/10/30	其他
4	一种制备二氯丙醇的方法	2016/10/18	加氢
5	一种制备1,3－二氯－2－丙醇的方法	2016/10/18	氧化
6	醋酸甲酯水解的方法	2010/3/3	水解
7	醋酸甲酯催化精馏水解的共沸方法	2007/5/16	脱水
8	由1－氯代异戊烯的生产废液制备碳五烯醇的方法	2009/10/23	氧化
9	由异戊二烯制备1－氯代异戊烯的生产废液的利用方法	2009/10/23	异构化
10	醋酸甲酯催化精馏水解的萃取方法	2007/7/18	异构化

9. 中国林业科学研究院

中国林业科学研究院自2000年以来共申请6件烯醇制备技术相关专利。图16.22给出了中国林业科学研究院申请专利数量随年度变化趋势。可以看出，中国林业科学研究院自2004开始申请烯醇制备技术相关专利，2004年申请相关专利2件，2005年申请2件，2006年至2011年专利申请出现了间断，此后，在2012年申请相关专利2件，2016年申请专利3件，2019年申请专利1件。表16.12给出了中国林业科学研究院近20年烯醇制备技术专利申请情况。

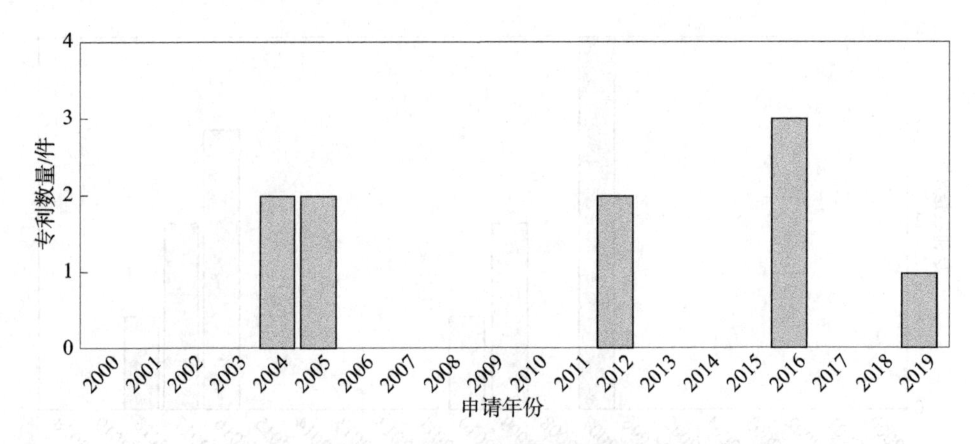

图 16.22　中国林业科学研究院申请专利数量年度变化趋势

表 16.12　中国林业科学研究院专利申请情况

序号	标题	申请日	技术路线
1	一种含醚、酯键烯丙基腰果酚单体及其制备方法	2019/2/14	氧化
2	一种 α - 蒎烯烯丙位选择性氧化方法及其产品	2016/1/12	氧化
3	一种 β - 蒎烯选择性羟基化氧化方法及其产品	2016/1/12	氧化
4	一种饱和松香三元醇及其制备方法和应用	2012/1/16	加氢
5	连续化制备 α,β - 不饱和伯醇的方法及其装置	2005/8/26	异构化
6	由含羰基的酮或醛类化合物制备 α,β - 不饱和醇的方法	2004/12/24	加氢

10. 中科院上海有机化学研究所

中科院上海有机化学研究院自 2000 年以来共申请 6 件烯醇制备技术相关专利。图 16.23 给出了中科院上海有机化学研究所申请专利数量随年度变化趋势。

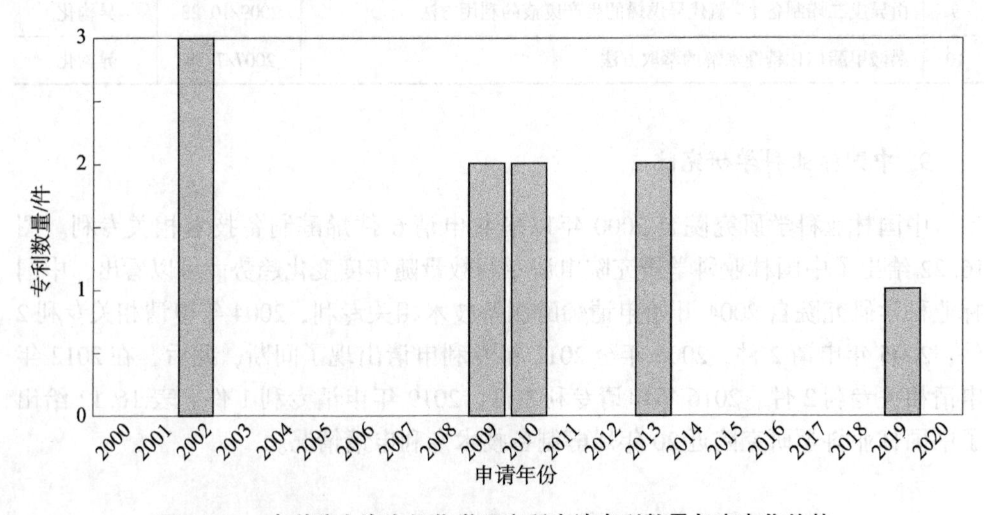

图 16.23　中科院上海有机化学研究所申请专利数量年度变化趋势

可以看出，中科院上海有机化学研究所烯醇制备技术的专利申请较早，自2002开始。2002年申请相关专利3件，2003年至2008年专利申请出现了间断，2009年和2010年均申请烯醇制备技术相关专利2件，此后，中科院上海有机化学研究所在2013年申请相关专利2件，2019年申请专利1件。表16.13给出了中科院上海有机化学研究所近20年烯醇制备技术专利申请情况。

表16.13 中科院上海有机化学研究所专利申请情况

序号	标题	申请日	技术路线
1	一种平面手性二茂铁化合物、其中间体及制备方法和应用	2019/9/20	其他
2	钯催化合成α－芳基、杂芳基或烯基－α,α－二氟烯丙基结构的方法	2013/12/6	其他
3	α,β位有两个手性中心的烯丙基酰基硅化合物、制备方法和应用	2010/9/28	其他
4	3－二磺酰基氟甲烷取代－1－丙烯类化合物、合成方法和用途	2009/6/2	光催化
5	光学活性2,3－联烯醇和联烯醇酯、合成方法及其用途	2002/11/29	光催化
6	光学活性2,3－联烯醇和联烯醇酯、合成方法及其用途	2002/6/25	光催化

在烯醇制备技术的研究和应用中，浙江大学在基础研究方面做出贡献较多，山东新和成药业股份有限公司在工业化应用方面提供了技术参考。结合各专利申请人在烯醇制备专利申请技术分析，可以看出，高效、研究院所和企业均以加氢、异构化技术为主，缩合等技术涉及较少。

16.4 小结

基于incoPat数据，对烯醇制备技术整体专利态势进行了分析。通过分析可以看出，烯醇制备技术的相关专利申请在20世纪末就已出现，但发展缓慢，自2008年起专利申请数量才开始出现实质性增长，2013年达到峰值，之后，专利申请量增速缓慢，这表明烯醇制备技术趋于平缓发展阶段，需要寻求新的方法刺激或促进技术改革，这是挑战更是机遇。

从专利申请人类别来看，企业的专利申请量占据一半以上，专利申请量不少于20件的申请人分别是浙江大学、山东新和成药业有限公司、巴斯夫股份有限公司，烯醇制备技术专利申请量排名前10位的重要专利申请人中，有3位是高校，2位是研究院，其余5位是企业。

从烯醇制备技术重要专利申请人数据来看，中国人申请专利数量501件，日本申请专利数量41件，美国申请专利数量32人，德国申请专利数量30件，中国申请人虽然在专利申请数量上有优势，但基本都以国内申请为主，缺乏国际技术影响力。

就中国专利来说，在烯醇制备技术的研究和应用中，浙江大学在基础研究方面做出贡献较多，山东新和成药业股份有限公司在工业化应用方面提供了技术参考。结合各专利申请人在烯醇制备专利申请技术分析，可以看出，高效、研究院所和企业均以加氢、异构化技术为主，缩合等技术涉及较少。

通过对烯醇制备技术的申请人情况分析、催化剂应用情况分析、工艺技术分布分析、催化剂与技术分布情况分析、产物情况分析等可以得到：浙江大学是烯醇制备技术中专利申请数量最多的科研院校，山东新和成药业有限公司是烯醇制备技术中专利申请数量最多的企业。加氢和异构化是烯醇制备技术中最主要的两条技术路线，但缩合是烯醇制备技术中最有发展前景的技术路线，可以着重考虑。活性金属中心、无机酸、无机碱是烯醇制备技术中应用较广泛的催化剂，这与加氢和异构化是烯醇制备技术中最主要的两条技术路线相对应。

致 谢

感谢编委会成员的辛勤工作以及在书稿的研讨和修改过程中付出的努力。

感谢中国科学院科技促进发展局知识产权处及相关领导和专家对本书编写提供的指导和建议。

感谢辽宁省知识产权局、大连市知识产权局、青岛市知识产权局相关领导和专家对本书给予的指导。

感谢中国科学院大连化学物理研究所和中国科学院青岛生物能源与过程研究所相关领导和专家在本书的编写过程中给予的大力支持。

感谢中国科学院洁净能源创新研究院能源战略研究中心在本书的编写过程中给予的大力支持。

本书的编写及修改过程中也得到了国家知识洁净能源产业知识产权运营中心、大连化学物理研究所技术与创新支持中心（WIPO - TISC)、中国科学院知识产权运营管理中心、辽宁洁净能源知识产权运营中心、大连市清洁能源专利运营中心、北京助天科技集团、北京元周律知识产权代理有限公司、北京合享智慧科技有限公司的大力帮助和支持，在此一并感谢。

附录　申请人名称缩略表

缩略名称	申请人或专利权人全称
中科院大连化物所	中国科学院大连化学物理研究所
中科院青岛能源所	中国科学院青岛生物能源与过程研究所
中科院金属所	中国科学院金属研究所
融科储能	大连融科储能技术发展有限公司
东方电气	中国东方电气集团有限公司
上海电气	上海电气集团股份有限公司
湖南银峰新能源	湖南省银峰新能源有限公司
国网武汉南瑞	国网电力科学研究院武汉南瑞有限责任公司
先进金属研究院	成都先进金属材料产业技术研究院股份有限公司
电科院	中国电力科学研究院有限公司
山东东岳	山东东岳高分子材料有限公司
北京普能	北京普能世纪科技有限公司
中国石化	中国石油化工股份有限公司
中粮集团	中国中粮集团有限公司
日本住友电工	日本住友电气工业株式会社
日本关西电力	日本关西电力公司
日本昭和电工	日本昭和电工株式会社
日本本田	本田技研工业株式会社
日本丰田	丰田自动车株式会社
日本松下集团	松下电器产业株式会社
日本精工爱普生	精工爱普生株式会社
日本森村集团	森村商事株式会社
日本出光集团	日本出光兴产株式会社
日本东芝	东芝株式会社
日本日立	株式会社日立制作所

续表

缩略名称	申请人或专利权人全称
日本日产	日产自动车株式会社
日本三菱	日本三菱重工业股份有限公司
日本电装	日本电装株式会社
韩国乐金	韩国 LG 集团
韩国乐天	韩国乐天化学
韩国现代	现代汽车公司
韩国三星	三星电子株式会社
美国 3M 公司	美国明尼苏达矿业及机器制造公司
美国通用	美国通用汽车公司
德国西门子	德国西门子股份公司
阿尔斯通	法国阿尔斯通公司
大洋电机	中山大洋电机股份有限公司